中国杧果
主栽品种果实挥发性成分鉴定

◎ 丛汉卿　乔　飞　罗海燕　主编

中国农业科学技术出版社

图书在版编目(CIP)数据

中国杜果主栽品种果实挥发性成分鉴定／丛汉卿，乔飞，罗海燕主编 . -- 北京 ：中国农业科学技术出版社，2024.8.
ISBN 978-7-5116-7041-0

Ⅰ. S667.724

中国国家版本馆 CIP 数据核字第 2024TV5327 号

责任编辑	史咏竹
责任校对	马广洋
责任印制	姜义伟　王思文

出 版 者	中国农业科学技术出版社
	北京市中关村南大街 12 号　　邮编：100081
电　　话	(010) 82105169（编辑室）　　　(010) 82106624（发行部）
	(010) 82109709（读者服务部）
网　　址	https://castp.caas.cn
经 销 者	各地新华书店
印 刷 者	北京建宏印刷有限公司
开　　本	185 mm×260 mm　1/16
印　　张	31
字　　数	755 千字
版　　次	2024 年 8 月第 1 版　2024 年 8 月第 1 次印刷
定　　价	128.00 元

前　言

　　杧果（*Mangifera india* L.）属漆树科（Anacardiaceae）杧果属（*Mangifera*）（英文名 mango，中文又名芒果、檬果、蜜望、漭果等），被誉为"热带果王"（陈业渊等，2020），尤其是近半个世纪以来，杧果种植已经逐渐成为我国热带、亚热带地区重点推广的特色产业之一。2021 年，全球杧果种植面积 8 521.50 万亩（1 亩≈666.7 米²），产量 5 054.90 万吨，我国种植面积 515.1 万亩，产量 331.2 万吨，居世界第二位（胡祎等，2015）。

　　水果的品质是由它们的味道和颜色决定的。当不同品种供比较时，风味，即香气、味道和质地的结合，是决定水果市场价值的一个重要标准。通常，挥发性成分构成了风味的主要部分，并赋予其可区分的特征。杧果是水果中一个很有代表性的例子，与其他水果相比气味特征明显，具有多样性，每个不同的品种都有其独特的气味，并且这些挥发性化合物的浓度相当高。目前，已经报道的杧果中的香味物质有 400 多种，其种类大致可分为单萜烯烃、倍半萜烃、氧化单萜烯、氧化倍半萜、酯类、内酯、呋喃酮、醛、醇、酸等。香气挥发物的种类和比例在很大程度上影响了杧果的整体感官品质。

　　比较分析发现，在所有研究的品种中萜烯都是主要挥发性物质，并且不同品种之间萜烯化合物存在重要且明显的差异。

　　除了品种外，杧果果实的香气会受到很多因素的影响。杧果采收的时间会影响果实的香气，较晚收获的果实中所含萜烯较少。在采收后，若杧果通风不良会使果实中萜类物质发生降解，低温和气调贮藏的气体组成等也会影响杧果香气的产生。杧果果实成熟过程中会合成大量挥发性物质，这是乙烯调控的结果，挥发性成分在表皮和果肉中积累，可以改善水果的香气和风味。

　　目前，关于杧果香气的研究一方面侧重于各个品种的挥发性成分的鉴定和分析，另一方面侧重于研究香气的实际应用，缺少较为系统对国内杧果主产区主栽品种的挥发性成分鉴定。2019—2021 年，本研究利用固相微萃取气质联用（SPME-GC-MS）技术，分析了海南、广西、云南、四川、贵州等我国杧果主产区主栽杧果品种及种质资源果实的挥发性成分，共涉及 176 份样品（174 份熟果，2 份青果）。通过多地的检测，基本明确了我国杧果主栽品种和部分种质资源果实的挥发性成分特征，可供从事杧果育种的科技工作者参考，并为杧果香气育种工作提供协助。本书在海南省重大科技计划项目（ZDKJ2021012）、国家重点研发计划专项（2018YFD1000504）、海南省重大科技计划项目（ZDKJ2021014）、财政部和农业农村部国家现代农业产业技术体系资助项目（CARS-31）、海南省自然科学基金（322MS133）、广西杧果生物学重点实验室开放课题（GKLBM02205）等项目的支持下完成。

编　者

2023 年 12 月

目　　录

第一章

检测仪器与方法

1. 样品制备

采摘成熟度、大小、外观均一致的杧果果实。剥取果皮，将果肉样品用榨汁机匀浆，并于-20 ℃短期保存。

2. 实验仪器

固相微萃取纤维：Supelco 50/30 μm，CAR/PDMS/DVB
气相色谱：Agilent GC7890B，Agilent MSD5977A
HP-5ms 毛细管柱：30 m×0.25 mm，0.25 μm 内径，膜厚 0.25 mm

3. GC-MS 检测方法

将杧果果肉称取 5 g 放入顶空瓶中，浸没在 40 ℃水浴锅中并使用固相微萃取纤维对上述样品所产生的挥发性气体富集 30 min，随后将萃取纤维插入进样口中解析 1 min，进行数据采集。用 GC-MS 对挥发物进行定量分析（乔飞等，2015）。

GC-MS 条件：气相色谱采用 HP-5ms 毛细管柱。以氦气为载气，流速为 1 mL/min，分流比为 20∶1。进样口温度为 250 ℃，离子源温度为 230 ℃，四极杆温度为 150 ℃。升温程序为：初始温度为 60 ℃，保持 1 min，以 4 ℃/min 的速度迅速升温至 120 ℃；再以 5 ℃/min 的速度升温至 200 ℃并保持 3 min。电离方式为 EI，电子能量为 70 eV。质量扫描范围为 35～500 m/z。使用 Masshunter 软件对检测结果进行分析，并利用 NIST14.L 库对气体产物进行匹配。

4. 主要挥发性成分的气味 ABC 分析

香气的量化描述采用 ABC 法进行分析（林翔云，2013），将每种挥发性物质气味的 ABC 量化值、相对含量和香比强值结合，绘制成香韵分布雷达图，更直观地表现其整体香韵。

第二章

2019 年样品果实挥发性成分

1. 爱文杧青果（海南儋州）

经 GC-MS 检测和分析（图 1-1），其果肉中挥发性成分相对含量超过 0.1% 的共有 22 种化合物（表 1-1），主要为萜烯类化合物，占 96.56%（图 1-2），其中，比例最高的挥发性成分为 β-蒎烯，占 75.28%。

已知挥发性成分的气味 ABC 分析显示：果肉香味主要涵盖 10 种香型，各香味荷载从大到小依次为松柏香、药香、食品香、柑橘香、木香、玫瑰香、土壤香、冰凉香、辛香料香、香膏香；其中，松柏香、药香、食品香、柑橘香荷载远大于其他香味，可视为该杧果的主要香韵（图 1-3）。

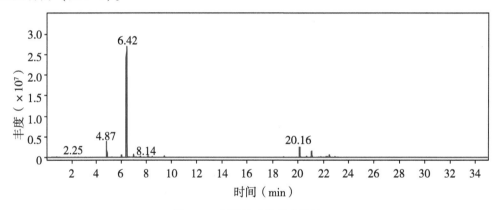

图 1-1　挥发性成分总离子流

表 1-1　挥发性成分 GC-MS 分析结果

编号	保留时间（min）	化合物	分子式	CAS 号	面积加和百分比（%）	中文名称	类别
1	6.38	beta-Pinene	$C_{10}H_{16}$	127-91-3	75.28	β-蒎烯	萜烯及其衍生物
2	4.82	alpha-Pinene	$C_{10}H_{16}$	80-56-8	6.95	α-蒎烯	萜烯及其衍生物
3	20.16	Caryophyllene	$C_{15}H_{24}$	87-44-5	4.92	石竹烯	萜烯及其衍生物

（续表）

编号	保留时间（min）	化合物	分子式	CAS 号	面积加和百分比（%）	中文名称	类别
4	21.10	1,4,7,-Cycloundecatriene,1,5,9,9-tetramethyl-,Z,Z,Z-	$C_{15}H_{24}$	1000062-61-9	3.04	1,5,9,9-四甲基-1,4,7-环己三烯	其他
5	6.93	3-Carene	$C_{10}H_{16}$	13466-78-9	1.23	3-蒈烯	萜烯及其衍生物
6	5.97	Bicyclo［3.1.1］heptane,6,6-dimethyl-2-methylene-,（1S）-	$C_{10}H_{16}$	18172-67-3	1.09	（-）-β-蒎烯	萜烯及其衍生物
7	22.49	Azulene,1,2,3,5,6,7,8,8a-octahydro-1,4-dimethyl-7-（1-methylethenyl）-,［1S-（1alpha,7alpha,8abeta）］-	$C_{15}H_{24}$	3691-11-0	0.96	D-愈创木烯	萜烯及其衍生物
8	9.42	Cyclohexene,1-methyl-4-（1-methylethylidene）-	$C_{10}H_{16}$	586-62-9	0.92	萜品油烯	萜烯及其衍生物
9	8.11	beta-Ocimene	$C_{10}H_{16}$	13877-91-3	0.90	β-罗勒烯	萜烯及其衍生物
10	7.50	D-Limonene	$C_{10}H_{16}$	5989-27-5	0.73	D-柠檬烯	萜烯及其衍生物
11	8.46	gamma-Terpinene	$C_{10}H_{16}$	99-85-4	0.38	γ-萜品烯	萜烯及其衍生物
12	20.67	alpha-Guaiene	$C_{15}H_{24}$	3691-12-1	0.33	α-愈创木烯	萜烯及其衍生物
13	21.80	Azulene,1,2,3,3a,4,5,6,7-octahydro-1,4-dimethyl-7-（1-methylethenyl）-,［1R-（1alpha,3abeta,4alpha,7beta）］-	$C_{15}H_{24}$	22567-17-5	0.32	（+）-γ-古芸烯	萜烯及其衍生物
14	22.33	alpha-Guaiene	$C_{15}H_{24}$	3691-12-1	0.32	α-愈创木烯	萜烯及其衍生物
15	22.94	Naphthalene,1,2,3,5,6,8a-hexahydro-4,7-dimethyl-1-（1-methylethyl）-,（1S-cis）-	$C_{15}H_{24}$	483-76-1	0.28	Δ-杜松烯	萜烯及其衍生物
16	22.22	2-Isopropenyl-4a,8-dimethyl-1,2,3,4,4a,5,6,8a-octahydronaphthalene	$C_{15}H_{24}$	1000193-57-0	0.26	（-）-α-芹子烯	萜烯及其衍生物
17	7.13	1,3-Cyclohexadiene,1-methyl-4-（1-methylethyl）-	$C_{10}H_{16}$	99-86-5	0.22	α-萜品烯	萜烯及其衍生物

（续表）

编号	保留时间（min）	化合物	分子式	CAS 号	面积加和百分比（%）	中文名称	类别
18	18.89	alpha-Copaene	$C_{15}H_{24}$	1000360-33-0	0.21	α-古巴烯	萜烯及其衍生物
19	5.21	Camphene	$C_{10}H_{16}$	79-92-5	0.16	莰烯	萜烯及其衍生物
20	0.57	Dimethyl sulfide	C_2H_6S	75-18-3	0.13	二甲硫醚	其他
21	0.72	n-Hexane	C_6H_{14}	110-54-3	0.13	正己烷	其他
22	0.47	Dimethylamine	C_2H_7N	124-40-3	0.10	二甲胺	其他

注：因实验中使用的气相质谱分辨率为 0.1，数据库为 NIST14. L 版本，受设备与数据库版本限制，导致本书中挥发性成分 GC-MS 分析结果存在极个别不准确现象，即保留时间不同但结构具有极高相似性的不同物质在结果中显示为相同的化合物名称，特此说明。

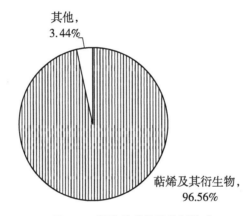

图 1-2　挥发性成分的比例构成

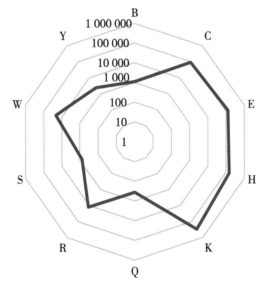

B—冰凉香；C—柑橘香；E—食品香；H—药香；K—松柏香；Q—香膏香；
R—玫瑰香；S—辛香料香；W—木香；Y—土壤香

图 1-3　香韵分布雷达

2. 澳杧青果（海南儋州）

经 GC-MS 检测和分析（图 2-1），其果肉中挥发性成分相对含量超过 0.1% 的共有 17 种化合物（表 2-1），主要为萜烯类化合物，占 98.83%（图 2-2），其中，比例最高的挥发性成分为萜品油烯，占 66.85%。

已知挥发性成分的气味 ABC 分析显示：果肉香味主要涵盖 12 种香型，各香味荷载从大到小依次为松柏香、柑橘香、药香、玫瑰香、脂肪香、香膏香、木香、青香、果香、冰凉香、土壤香、辛香料香；其中，松柏香、柑橘香、药香、玫瑰香荷载远大于其他香味，可视为该杧果的主要香韵（图 2-3）。

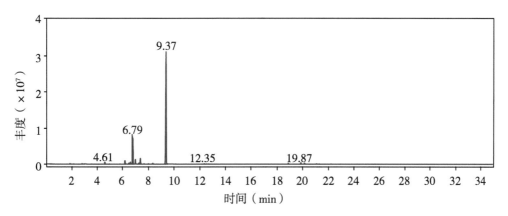

图 2-1　挥发性成分总离子流

表 2-1　挥发性成分 GC-MS 分析结果

编号	保留时间（min）	化合物	分子式	CAS 号	面积加和百分比（%）	中文名称	类别
1	9.41	Cyclohexene,1-methyl-4-（1-methylethylidene）-	$C_{10}H_{16}$	586-62-9	66.85	萜品油烯	萜烯及其衍生物
2	6.88	3-Carene	$C_{10}H_{16}$	13466-78-9	20.63	3-蒈烯	萜烯及其衍生物
3	7.45	D-Limonene	$C_{10}H_{16}$	5989-27-5	2.97	D-柠檬烯	萜烯及其衍生物
4	7.07	1,3-Cyclohexadiene,1-methyl-4-（1-methylethyl）-	$C_{10}H_{16}$	99-86-5	2.10	α-萜品烯	萜烯及其衍生物
5	6.29	beta-Myrcene	$C_{10}H_{16}$	123-35-3	1.21	β-月桂烯	萜烯及其衍生物
6	6.70	alpha-Phellandrene	$C_{10}H_{16}$	99-83-2	0.87	α-水芹烯	萜烯及其衍生物
7	4.74	alpha-Pinene	$C_{10}H_{16}$	80-56-8	0.83	α-蒎烯	萜烯及其衍生物

（续表）

编号	保留时间（min）	化合物	分子式	CAS 号	面积加和百分比（%）	中文名称	类别
8	19.87	1H－Cycloprop［e］azulene,1a,2,3,4,4a,5,6,7b-octa-hydro-1,1,4,7-tetramethyl-,［1aR-（1aalpha,4alpha,4abeta,7balpha）］-	$C_{15}H_{24}$	489-40-7	0.58	（-）-α-古云烯	萜烯及其衍生物
9	6.59	Cyclohexene,1-methyl-4-（1-methylethylidene）-	$C_{10}H_{16}$	586-62-9	0.43	萜品油烯	萜烯及其衍生物
10	2.98	3－Hexen－1－ol,（E）-	$C_6H_{12}O$	928-97-2	0.42	反式-3-己烯-1-醇	醇类
11	20.15	Caryophyllene	$C_{15}H_{24}$	87-44-5	0.40	石竹烯	萜烯及其衍生物
12	7.32	Benzene,1-meth-yl-3-（1-methyle-thyl）-	$C_{10}H_{14}$	535-77-3	0.38	间伞花烃	其他
13	8.42	gamma-Terpinene	$C_{10}H_{16}$	99-85-4	0.31	γ-萜品烯	萜烯及其衍生物
14	18.88	alpha-Copaene	$C_{15}H_{24}$	1000360-33-0	0.27	α-古巴烯	萜烯及其衍生物
15	2.06	Hexanal	$C_6H_{12}O$	66-25-1	0.23	己醛	醛类
16	21.10	Humulene	$C_{15}H_{24}$	6753-98-6	0.16	葎草烯	萜烯及其衍生物
17	3.21	1-Hexanol	$C_6H_{14}O$	111-27-3	0.13	正己醇	醇类

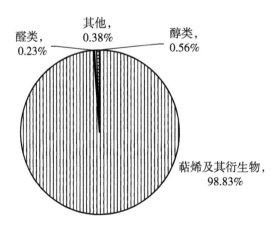

图 2-2 挥发性成分的比例构成

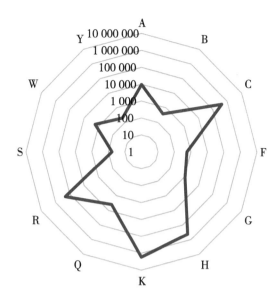

A—脂肪香；B—冰凉香；C—柑橘香；F—果香；G—青香；H—药香；K—松柏香；
Q—香膏香；R—玫瑰香；S—辛香料香；W—木香；Y—土壤香

图 2-3　香韵分布雷达

3. 红杞 6 号（海南儋州）

经 GC-MS 检测和分析（图 3-1），其果肉中挥发性成分相对含量超过 0.1% 的共有 14 种化合物（表 3-1），主要为萜烯类化合物，占 99.52%（图 3-2），其中，比例最高的挥发性成分为 3-蒈烯，占 68.65%。

已知挥发性成分的气味 ABC 分析显示：果肉香味主要涵盖 12 种香型，各香味荷载从大到小依次为松柏香、药香、玫瑰香、柑橘香、脂肪香、香膏香、木香、青香、冰凉香、果香、土壤香、辛香料香；其中，松柏香、药香、玫瑰香、柑橘香荷载远大于其他香味，可视为该杞果的主要香韵（图 3-3）。

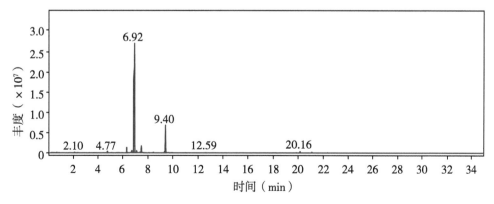

图 3-1　挥发性成分总离子流

表 3-1 挥发性成分 GC-MS 分析结果

编号	保留时间（min）	化合物	分子式	CAS 号	面积加和百分比（%）	中文名称	类别
1	6.44	3-Carene	$C_{10}H_{16}$	13466-78-9	68.65	3-蒈烯	萜烯及其衍生物
2	9.11	Cyclohexene,1-methyl-4-(1-methylethylidene)-	$C_{10}H_{16}$	586-62-9	19.70	萜品油烯	萜烯及其衍生物
3	7.04	D-Limonene	$C_{10}H_{16}$	5989-27-5	3.90	D-柠檬烯	萜烯及其衍生物
4	5.80	beta-Myrcene	$C_{10}H_{16}$	123-35-3	2.44	β-月桂烯	萜烯及其衍生物
5	6.64	1,3-Cyclohexadiene,1-methyl-4-(1-methylethyl)-	$C_{10}H_{16}$	99-86-5	1.15	α-萜品烯	萜烯及其衍生物
6	6.23	alpha-Phellandrene	$C_{10}H_{16}$	99-83-2	1.12	α-水芹烯	萜烯及其衍生物
7	4.08	alpha-Pinene	$C_{10}H_{16}$	80-56-8	0.61	α-蒎烯	萜烯及其衍生物
8	9.03	Cyclohexene,3-methyl-6-(1-methylethylidene)-	$C_{10}H_{16}$	586-63-0	0.47	闹二烯	萜烯及其衍生物
9	20.12	Caryophyllene	$C_{15}H_{24}$	87-44-5	0.46	石竹烯	萜烯及其衍生物
10	6.93	3-{(1S,5S,6R)-2,6-Dimethylbicyclo[3.1.1]hept-2-en-6-yl}propanal	$C_{12}H_{18}O$	203499-08-5	0.29	3-{(1S,5S,6R)-2,6-二甲基二环[3.1.1]庚-2-烯-6-基}丙醛	醛类
11	21.08	Humulene	$C_{15}H_{24}$	6753-98-6	0.21	葎草烯	萜烯及其衍生物
12	1.09	Hexanal	$C_6H_{12}O$	66-25-1	0.19	己醛	醛类
13	8.07	gamma-Terpinene	$C_{10}H_{16}$	99-85-4	0.18	γ-萜品烯	萜烯及其衍生物
14	6.11	(+)-4-Carene	$C_{10}H_{16}$	29050-33-7	0.16	4-蒈烯	萜烯及其衍生物

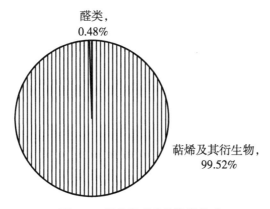

图 3-2　挥发性成分的比例构成

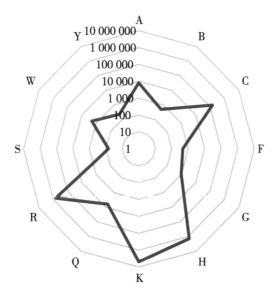

A—脂肪香；B—冰凉香；C—柑橘香；F—果香；G—青香；H—药香；K—松柏香；
Q—香膏香；R—玫瑰香；S—辛香料香；W—木香；Y—土壤香

图 3-3　香韵分布雷达

4. 秋杠（海南儋州）

经 GC-MS 检测和分析（图 4-1），其果肉中挥发性成分相对含量超过 0.1% 的共有 13 种化合物（表 4-1），主要为萜烯类化合物，占 99.46%（图 4-2），其中，比例最高的挥发性成分为 3-蒈烯，占 80.34%。

已知挥发性成分的气味 ABC 分析显示：果肉香味主要涵盖 9 种香型，各香味荷载从大到小依次为松柏香、药香、玫瑰香、柑橘香、香膏香、木香、冰凉香、土壤香、辛香料香；其中，松柏香、药香、玫瑰香、柑橘香荷载远大于其他香味，可视为该杠果的主要香韵（图 4-3）。

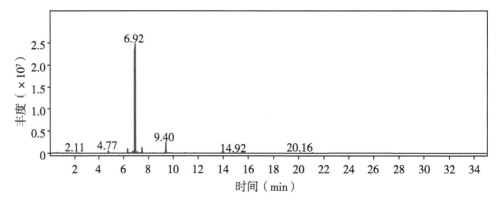

图 4-1 挥发性成分总离子流

表 4-1 挥发性成分 GC-MS 分析结果

编号	保留时间（min）	化合物	分子式	CAS 号	面积加和百分比（%）	中文名称	类别
1	6.77	3-Carene	$C_{10}H_{16}$	13466-78-9	80.34	3-蒈烯	萜烯及其衍生物
2	9.30	Cyclohexene,1-methyl-4-（1-methylethylidene）-	$C_{10}H_{16}$	586-62-9	6.90	萜品油烯	萜烯及其衍生物
3	7.34	D-Limonene	$C_{10}H_{16}$	5989-27-5	3.86	D-柠檬烯	萜烯及其衍生物
4	6.16	beta-Myrcene	$C_{10}H_{16}$	123-35-3	2.31	β-月桂烯	萜烯及其衍生物
5	4.56	alpha-Pinene	$C_{10}H_{16}$	80-56-8	1.26	α-蒎烯	萜烯及其衍生物
6	6.57	alpha-Phellandrene	$C_{10}H_{16}$	99-83-2	1.19	α-水芹烯	萜烯及其衍生物
7	6.96	1,3-Cyclohexadiene,1-methyl-4-（1-methylethyl）-	$C_{10}H_{16}$	99-86-5	0.78	α-萜品烯	萜烯及其衍生物
8	20.14	Caryophyllene	$C_{15}H_{24}$	87-44-5	0.53	石竹烯	萜烯及其衍生物
9	9.23	Cyclohexene,3-methyl-6-（1-methylethylidene）-	$C_{10}H_{16}$	586-63-0	0.43	闹二烯	萜烯及其衍生物
10	21.09	Humulene	$C_{15}H_{24}$	6753-98-6	0.43	葎草烯	萜烯及其衍生物
11	0.31	n-Hexane	$C_{6}H_{14}$	110-54-3	0.39	正己烷	其他
12	8.32	gamma-Terpinene	$C_{10}H_{16}$	99-85-4	0.17	γ-萜品烯	萜烯及其衍生物
13	10.90	2-Cyclohexen-1-ol,1-methyl-4-（1-methylethenyl）-,trans-	$C_{10}H_{16}O$	7212-40-0	0.14	反式-1-甲基-4-（1-甲基乙烯基）环己-2-烯-1-醇	醇类

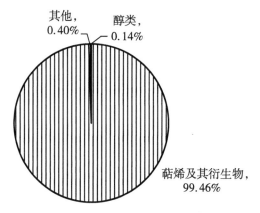

其他，0.40%　醇类，0.14%

萜烯及其衍生物，99.46%

图 4-2　挥发性成分的比例构成

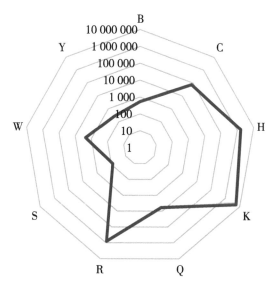

B—冰凉香；C—柑橘香；H—药香；K—松柏香；Q—香膏香；
R—玫瑰香；S—辛香料香；W—木香；Y—土壤香

图 4-3　香韵分布雷达

5. 台农 1 号（海南儋州）

经 GC-MS 检测和分析（图 5-1），其果肉中挥发性成分相对含量超过 0.1% 的共有 9 种化合物（表 5-1），主要为萜烯类化合物，占 97.42%（图 5-2）；其中，比例最高的挥发性成分为萜品油烯，占 95.92%。

已知挥发性成分的气味 ABC 分析显示：果肉香味仅涵盖 2 种香型，香味荷载从大到小依次为柑橘香、松柏香，这两种香型也是该杧果的主要香韵（图 5-3）。

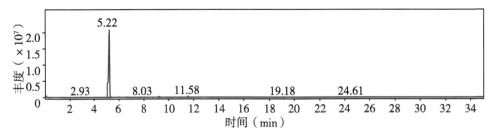

图 5-1 挥发性成分总离子流

表 5-1 挥发性成分 GC-MS 分析结果

编号	保留时间（min）	化合物	分子式	CAS 号	面积加和百分比（%）	中文名称	类别
1	5.22	Cyclohexene,1-methyl-4-(1-methylethylidene)-	$C_{10}H_{16}$	586-62-9	95.92	萜品油烯	萜烯及其衍生物
2	9.21	2,6-Nonadienal,(E,Z)-	$C_9H_{14}O$	557-48-2	0.93	反式-2-，顺式-6-壬二烯醛	醛类
3	11.58	Octanoic acid, ethyl ester	$C_{10}H_{20}O_2$	106-32-1	0.81	辛酸乙酯	酯类
4	5.93	(Z,Z)-3,6-Nona-dienal	$C_9H_{14}O$	21944-83-2	0.37	顺式-3,顺式-6-壬二烯醛	醛类
5	2.93	gamma-Terpinene	$C_{10}H_{16}$	99-85-4	0.36	γ-萜品烯	萜烯及其衍生物
6	6.66	1,3,8-p-Mentha-triene	$C_{10}H_{14}$	18368-95-1	0.24	1,3,8-对-薄荷基三烯	萜烯及其衍生物
7	10.81	Benzenemethanol, alpha, alpha, 4-tri-methyl-	$C_{10}H_{14}O$	1197-01-9	0.23	均三甲苯甲醇	醇类
8	19.18	Decanoic acid, ethyl ester	$C_{12}H_{24}O_2$	110-38-3	0.22	癸酸乙酯	酯类
9	8.03	p-Mentha-1,5,8-triene	$C_{10}H_{14}$	21195-59-5	0.17	1,5,8-对-薄荷基三烯	萜烯及其衍生物

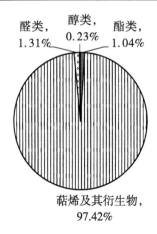

醛类，1.31%　醇类，0.23%　酯类，1.04%

萜烯及其衍生物，97.42%

图 5-2 挥发性成分的比例构成

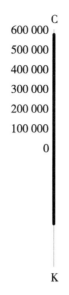

C—柑橘香；K—松柏香

图 5-3　香韵分布雷达

6. 土杧（海南儋州）

经 GC-MS 检测和分析（图 6-1），其果肉中挥发性成分相对含量超过 0.1% 的共有 35 种化合物（表 6-1），主要为萜烯类化合物，占 69.21%（图 6-2），其中，比例最高的挥发性成分为萜品油烯，占 58.44%。

已知挥发性成分的气味 ABC 分析显示：果肉香味主要涵盖 8 种香型，各香味荷载从大到小依次为松柏香、柑橘香、药香、果香、玫瑰香、乳酪香、冰凉香、香膏香；其中，松柏香、柑橘香荷载远大于其他香味，可视为该杧果的主要香韵（图 6-3）。

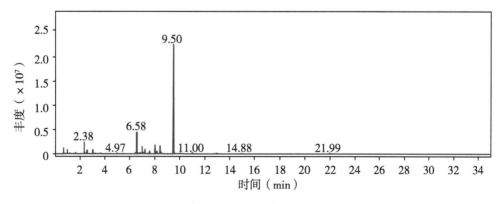

图 6-1　挥发性成分总离子流

表 6-1 挥发性成分 GC-MS 分析结果

编号	保留时间（min）	化合物	分子式	CAS 号	面积加和百分比（%）	中文名称	类别
1	9.50	Cyclohexene,1-methyl-4-(1-methylethylidene)-	$C_{10}H_{16}$	586-62-9	58.44	萜品油烯	萜烯及其衍生物
2	6.58	Butanoic acid, butyl ester	$C_8H_{16}O_2$	109-21-7	8.96	丁酸丁酯	酯类
3	8.02	2-Butenoic acid, butyl ester	$C_8H_{14}O_2$	7299-91-4	4.06	巴豆酸正丁酯	酯类
4	8.43	Butanoic acid, 3-methylbutyl ester	$C_9H_{18}O_2$	106-27-4	3.50	丁酸异戊酯	酯类
5	7.03	3-Carene	$C_{10}H_{16}$	13466-78-9	3.13	3-蒈烯	萜烯及其衍生物
6	2.38	Butanoic acid, ethyl ester	$C_6H_{12}O_2$	105-54-4	3.11	丁酸乙酯	酯类
7	7.22	1,3-Cyclohexadiene, 1-methyl-4-(1-methylethyl)-	$C_{10}H_{16}$	99-86-5	1.96	α-萜品烯	萜烯及其衍生物
8	0.70	Dimethyl ether	C_2H_6O	115-10-6	1.70	二甲醚	其他
9	2.59	Ethyl cyclopropane-carboxylate	$C_6H_{10}O_2$	4606-07-9	1.53	环丙基甲酸乙酯	酯类
10	7.59	D-Limonene	$C_{10}H_{16}$	5989-27-5	1.47	D-柠檬烯	萜烯及其衍生物
11	3.05	2-Butenoic acid, ethyl ester, (E)-	$C_6H_{10}O_2$	623-70-1	1.40	巴豆酸乙酯	酯类
12	8.19	beta-Ocimene	$C_{10}H_{16}$	13877-91-3	1.13	β-罗勒烯	萜烯及其衍生物
13	1.00	Ethyl Acetate	$C_4H_8O_2$	141-78-6	0.88	乙酸乙酯	酯类
14	8.51	Propanoic acid, 2-methyl-, 2-methyl-butyl ester	$C_9H_{18}O_2$	2445-69-4	0.88	2-甲基丙酸-2-甲基丁酯	酯类
15	11.00	n-Butyl tiglate	$C_9H_{16}O_2$	7785-66-2	0.78	正丁基惕酸酯	酯类
16	12.92	Hexanoic acid, hexyl ester	$C_{12}H_{24}O_2$	6378-65-0	0.54	己酸己酯	酯类
17	7.11	5,6-Decanediol	$C_{10}H_{22}O_2$	54884-84-3	0.48	5,6-癸二醇	醇类
18	6.86	alpha-Phellandrene	$C_{10}H_{16}$	99-83-2	0.47	α-水芹烯	萜烯及其衍生物

（续表）

编号	保留时间 （min）	化合物	分子式	CAS 号	面积加和 百分比 （%）	中文名称	类别
19	6.46	beta-Myrcene	$C_{10}H_{16}$	123-35-3	0.46	β-月桂烯	萜烯及其 衍生物
20	10.03	Cyclopropanecar-boxylic acid,3-methylbutyl ester	$C_9H_{16}O_2$	1000245-65-3	0.42	3-甲基丁基环丙烷甲酸酯	酯类
21	4.97	alpha-Pinene	$C_{10}H_{16}$	80-56-8	0.31	α-蒎烯	萜烯及其 衍生物
22	8.12	Butanoic acid, 3-methyl-,butyl ester	$C_9H_{18}O_2$	109-19-3	0.31	3-甲基丁酸丁酯	酯类
23	6.75	Cyclohexene,1-methyl-4-(1-methylethylidene)-	$C_{10}H_{16}$	586-62-9	0.29	萜品油烯	萜烯及其 衍生物
24	21.99	Naphthalene, deca-hydro-4a-methyl-1-methylene-7-(1-methylethenyl)-,〔4aR-(4aalpha,7alpha,8abeta)〕-	$C_{15}H_{24}$	17066-67-0	0.29	(+)-β-瑟林烯	萜烯及其 衍生物
25	1.66	1-Butanol,3-meth-yl-	$C_5H_{12}O$	123-51-3	0.28	3-甲基-1-丁醇	醇类
26	7.46	o-Cymene	$C_{10}H_{14}$	527-84-4	0.28	邻伞花烃	萜烯及其 衍生物
27	6.69	Hexanoic acid,ethyl ester	$C_8H_{16}O_2$	123-66-0	0.27	己酸乙酯	酯类
28	1.20	Pentanal, 3-meth-yl-	$C_6H_{12}O$	15877-57-3	0.23	3-甲基戊醛	醛类
29	3.63	1-Butanol,3-meth-yl-,acetate	$C_7H_{14}O_2$	123-92-2	0.19	3-甲基-1-丁醇乙酸酯	酯类
30	1.70	1-Butanol,2-meth-yl-	$C_5H_{12}O$	137-32-6	0.18	2-甲基-1-丁醇	醇类
31	3.21	2-Hexenal,(E)-	$C_6H_{10}O$	6728-26-3	0.16	反式-2-己烯醛	醛类
32	3.68	1-Butanol,2-meth-yl-,acetate	$C_7H_{14}O_2$	624-41-9	0.16	2-甲基-1-丁醇乙酸酯	酯类
33	0.96	n-Hexane	C_6H_{14}	110-54-3	0.12	正己烷	其他
34	14.88	Isopentyl hexanoate	$C_{11}H_{22}O_2$	2198-61-0	0.11	异戊基己酸酯	酯类
35	3.47	1-Hexanol	$C_6H_{14}O$	111-27-3	0.10	正己醇	醇类

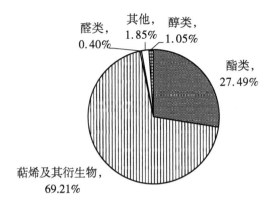

图6-2　挥发性成分的比例构成

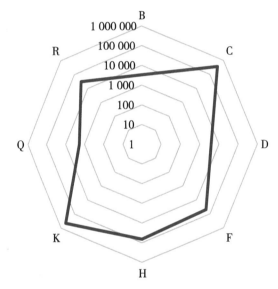

B—冰凉香；C—柑橘香；D—乳酪香；F—果香；
H—药香；K—松柏香；Q—香膏香；R—玫瑰香

图6-3　香韵分布雷达

7. 红象牙杞（海南儋州）

经 GC-MS 检测和分析（图7-1），其果肉中挥发性成分相对含量超过 0.1% 的共有 22 种化合物（表7-1），主要为萜烯类化合物，占 97.42%（图7-2），其中，比例最高的挥发性成分为萜品油烯，占 74.85%。

已知挥发性成分的气味 ABC 分析显示：果肉香味主要涵盖 9 种香型，各香味荷载从大到小依次为松柏香、柑橘香、药香、玫瑰香、香膏香、木香、冰凉香、土壤香、辛香料香；其中，松柏香、柑橘香荷载远大于其他香味，可视为该杞果的主要香韵（图7-3）。

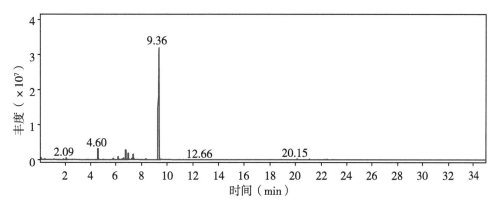

图 7-1 挥发性成分总离子流

表 7-1 挥发性成分 GC-MS 分析结果

编号	保留时间（min）	化合物	分子式	CAS 号	面积加和百分比（%）	中文名称	类别
1	9.36	Cyclohexene,1-methyl-4-(1-methylethylidene)-	$C_{10}H_{16}$	586-62-9	74.85	萜品油烯	萜烯及其衍生物
2	4.60	alpha-Pinene	$C_{10}H_{16}$	80-56-8	4.66	α-蒎烯	萜烯及其衍生物
3	6.78	3-Carene	$C_{10}H_{16}$	13466-78-9	4.59	3-蒈烯	萜烯及其衍生物
4	7.37	D-Limonene	$C_{10}H_{16}$	5989-27-5	3.28	D-柠檬烯	萜烯及其衍生物
5	6.98	1,3-Cyclohexadiene,1-methyl-4-(1-methylethyl)-	$C_{10}H_{16}$	99-86-5	3.14	α-萜品烯	萜烯及其衍生物
6	6.19	beta-Myrcene	$C_{10}H_{16}$	123-35-3	1.49	β-月桂烯	萜烯及其衍生物
7	2.09	Methacrylic acid,ethyl ester	$C_6H_{10}O_2$	97-63-2	1.01	甲基丙烯酸乙酯	酯类
8	6.60	alpha-Phellandrene	$C_{10}H_{16}$	99-83-2	0.83	α-水芹烯	萜烯及其衍生物
9	7.24	o-Cymene	$C_{10}H_{14}$	527-84-4	0.74	邻伞花烃	萜烯及其衍生物
10	5.79	Bicyclo［3.1.1］heptane,6,6-dimethyl-2-methylene-,(1S)-	$C_{10}H_{16}$	18172-67-3	0.63	(−)-β-蒎烯	萜烯及其衍生物
11	8.35	gamma-Terpinene	$C_{10}H_{16}$	99-85-4	0.50	γ-萜品烯	萜烯及其衍生物
12	6.49	Cyclohexene,1-methyl-4-(1-methylethylidene)-	$C_{10}H_{16}$	586-62-9	0.42	萜品油烯	萜烯及其衍生物

（续表）

编号	保留时间（min）	化合物	分子式	CAS号	面积加和百分比（%）	中文名称	类别
13	0.14	Oxalic acid	$C_2H_2O_4$	144-62-7	0.41	乙二酸	酸类
14	1.86	4 - Pentenal, 2 - methyl-	$C_6H_{10}O$	5187-71-3	0.41	2-甲基-4-戊烯醛	醛类
15	20.15	Caryophyllene	$C_{15}H_{24}$	87-44-5	0.39	石竹烯	萜烯及其衍生物
16	21.09	Humulene	$C_{15}H_{24}$	6753-98-6	0.32	葎草烯	萜烯及其衍生物
17	1.13	2 - Butenoic acid, methyl ester, (Z) -	$C_5H_8O_2$	4358-59-2	0.28	(Z)-丁烯酸甲酯	酯类
18	22.49	Azulene, 1, 2, 3, 5, 6, 7, 8, 8a - octahydro-1, 4-dimethyl-7-（1-methylethenyl）-, ［1S-（1alpha, 7alpha, 8abeta）］-	$C_{15}H_{24}$	3691-11-0	0.24	D-愈创木烯	萜烯及其衍生物
19	0.44	Ethyl Acetate	$C_4H_8O_2$	141-78-6	0.18	乙酸乙酯	酯类
20	0.39	n-Hexane	C_6H_{14}	110-54-3	0.13	正己烷	其他
21	2.59	2 - Butenoic acid, ethyl ester, (Z) -	$C_6H_{10}O_2$	6776-19-8	0.13	顺式-巴豆酸乙酯	酯类
22	7.66	trans - beta - Ocimene	$C_{10}H_{16}$	3779-61-1	0.10	反式-β-罗勒烯	萜烯及其衍生物

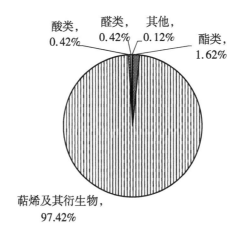

图7-2 挥发性成分的比例构成

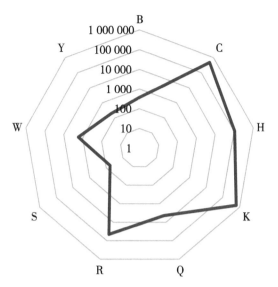

B—冰凉香；C—柑橘香；H—药香；K—松柏香；Q—香膏香；
R—玫瑰香；S—辛香料香；W—木香；Y—土壤香

图 7-3　香韵分布雷达

8. 南逗迈 4 号—样品 1 （海南儋州）

经 GC-MS 检测和分析（图 8-1），其果肉中挥发性成分相对含量超过 0.1% 的共有 29 种化合物（表 8-1），其中，醛类化合物占比最大，占 22.91%（图 8-2），而比例最高的挥发性成分为 3-甲基环戊烯，占 20.47%。

已知挥发性成分的气味 ABC 分析显示：果肉香味主要涵盖 8 种香型，各香味荷载从大到小依次为脂肪香、松柏香、柑橘香、木香、药香、玫瑰香、土壤香、辛香料香；其中，脂肪香、松柏香荷载远大于其他香味，可视为该杧果的主要香韵（图 8-3）。

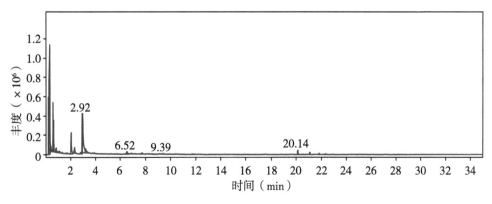

图 8-1　挥发性成分总离子流

表 8-1　挥发性成分 GC-MS 分析结果

编号	保留时间（min）	化合物	分子式	CAS 号	面积加和百分比（%）	中文名称	类别
1	2.97	Cyclopentene, 3-methyl-	C_6H_{10}	1120-62-3	20.47	3-甲基环戊烯	其他
2	0.34	Dimethyl ether	C_2H_6O	115-10-6	18.23	二甲醚	其他
3	2.92	2-Hexenal, (E)-	$C_6H_{10}O$	6728-26-3	9.92	反式-2-己烯醛	醛类
4	2.05	4-Pentenal, 2-methyl-	$C_6H_{10}O$	5187-71-3	8.07	2-甲基-4-戊烯醛	醛类
5	0.24	(2-Aziridinylethyl) amine	$C_4H_{10}N_2$	4025-37-0	6.60	2-（氮杂环丙烷-1-基）乙胺	其他
6	0.64	Ethyl Acetate	$C_4H_8O_2$	141-78-6	6.39	乙酸乙酯	酯类
7	0.60	n-Hexane	C_6H_{14}	110-54-3	6.33	正己烷	其他
8	0.30	Alanine	$C_3H_7NO_2$	56-41-7	4.42	丙氨酸	其他
9	3.20	9-Oxabicyclo[6.1.0]nonane	$C_8H_{14}O$	286-62-4	3.81	1,2-环氧环辛烷	其他
10	0.39	Pentanal, 2-methyl-	$C_6H_{12}O$	123-15-9	1.83	2-甲基戊醛	醛类
11	20.14	Caryophyllene	$C_{15}H_{24}$	87-44-5	1.40	石竹烯	萜烯及其衍生物
12	0.44	Acetic acid, methyl ester	$C_3H_6O_2$	79-20-9	1.20	乙酸甲酯	酯类
13	21.09	Humulene	$C_{15}H_{24}$	6753-98-6	0.70	葎草烯	萜烯及其衍生物
14	0.49	2-Hexanone, 3-methyl-	$C_7H_{14}O$	2550-21-2	0.68	3-甲基-2-己酮	酮及内酯
15	0.86	Butanal, 2-methyl-	$C_5H_{10}O$	96-17-3	0.65	2-甲基丁醛	醛类
16	0.81	Butanal, 3-methyl-	$C_5H_{10}O$	590-86-3	0.49	3-甲基丁醛	醛类
17	2.80	2-Hexenal, (E)-	$C_6H_{10}O$	6728-26-3	0.48	反式-2-己烯醛	醛类
18	7.73	trans-.beta.-Ocimene	$C_{10}H_{16}$	3779-61-1	0.40	反式-β-罗勒烯	萜烯及其衍生物
19	21.84	Germacrene D	$C_{15}H_{24}$	23986-74-5	0.39	大根香叶烯 D	萜烯及其衍生物
20	1.33	2-Butenoic acid, methyl ester, (Z)-	$C_5H_8O_2$	4358-59-2	0.37	（Z）-丁烯酸甲酯	酯类
21	1.15	Acetoin	$C_4H_8O_2$	513-86-0	0.30	乙酰丙酮	酮及内酯
22	3.91	Heptanal	$C_7H_{14}O$	111-71-7	0.27	庚醛	醛类
23	9.39	Cyclohexene, 1-methyl-4-(1-methylethylidene)-	$C_{10}H_{16}$	586-62-9	0.26	萜品油烯	萜烯及其衍生物
24	1.08	Furan, 2-ethyl-	C_6H_8O	3208-16-0	0.21	2-乙基-呋喃	其他
25	1.76	Prenol	$C_5H_{10}O$	556-82-1	0.20	香叶醇	萜烯及其衍生物

（续表）

编号	保留时间（min）	化合物	分子式	CAS 号	面积加和百分比（%）	中文名称	类别
26	6.44	Butanoic acid, butyl ester	$C_8H_{16}O_2$	109-21-7	0.20	丁酸丁酯	酯类
27	0.95	2-Penten-1-ol,(Z)-	$C_5H_{10}O$	1576-95-0	0.19	(Z)-2-戊烯-1-醇	醇类
28	1.69	Toluene	C_7H_8	108-88-3	0.16	甲苯	其他
29	6.87	3-Carene	$C_{10}H_{16}$	13466-78-9	0.15	3-蒈烯	萜烯及其衍生物

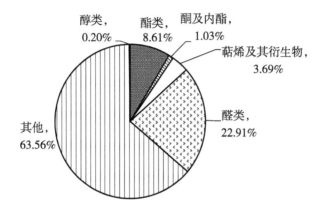

图 8-2 挥发性成分的比例构成

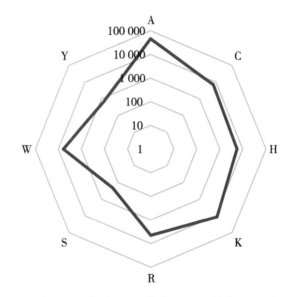

A—脂肪香；C—柑橘香；H—药香；K—松柏香；R—玫瑰香；
S—辛香料香；W—木香；Y—土壤香

图 8-3 香韵分布雷达

9. 南逗迈4号—样品2（海南儋州）

经GC-MS检测和分析（图9-1），其果肉中挥发性成分相对含量超过0.1%的共有42种化合物（表9-1），主要为萜烯类化合物，占58.42%（图9-2），其中，比例最高的挥发性成分为反式-β-罗勒烯，占21.50%。

已知挥发性成分的气味ABC分析显示：果肉香味主要涵盖8种香型，各香味荷载从大到小依次为青香、木香、土壤香、辛香料香、柑橘香、松柏香、药香、香膏香；其中，青香、木香荷载远大于其他香味，可视为该杧果的主要香韵（图9-3）。

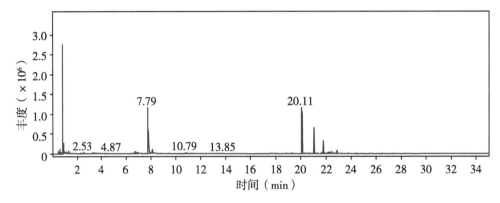

图9-1 挥发性成分总离子流

表9-1 挥发性成分 GC-MS 分析结果

编号	保留时间（min）	化合物	分子式	CAS号	面积加和百分比（%）	中文名称	类别
1	7.79	trans–beta–Ocimene	$C_{10}H_{16}$	3779-61-1	21.50	反式-β-罗勒烯	萜烯及其衍生物
2	0.84	n-Hexane	C_6H_{14}	110-54-3	19.35	正己烷	其他
3	20.11	Caryophyllene	$C_{15}H_{24}$	87-44-5	18.41	石竹烯	萜烯及其衍生物
4	21.05	1,4,7,–Cycloundecatriene,1,5,9,9–tetramethyl–,Z,Z,Z-	$C_{15}H_{24}$	1000062-61-9	10.77	1,5,9,9-四甲基-1,4,7-环己三烯	其他
5	21.80	（1R,2S,6S,7S,8S）-8-Isopropyl-1-methyl-3-methylenetricyclo〔4.4.0.02,7〕decane–rel-	$C_{15}H_{24}$	18252-44-3	5.49	β-古巴烯	萜烯及其衍生物

（续表）

编号	保留时间（min）	化合物	分子式	CAS号	面积加和百分比（%）	中文名称	类别
6	6.70	trans-2-(2-Pentenyl)furan	$C_9H_{12}O$	70424-14-5	2.16	反式-2-(2-戊烯基)呋喃	其他
7	8.13	1,3,6-Octatriene,3,7-dimethyl-,(Z)-	$C_{10}H_{16}$	3338-55-4	2.04	（Z）-β-罗勒烯	萜烯及其衍生物
8	3.29	3-Hexen-1-ol,(Z)-	$C_6H_{12}O$	928-96-1	1.73	叶醇	醇类
9	22.90	Naphthalene,1,2,3,5,6,8a-hexahydro-4,7-dimethyl-1-(1-methylethyl)-,(1S-cis)-	$C_{15}H_{24}$	483-76-1	1.42	Δ-杜松烯	萜烯及其衍生物
10	0.63	Methyl isocyanide	C_2H_3N	593-75-9	1.12	甲基异腈	其他
11	10.79	2,4,6-Octatriene,2,6-dimethyl-,(E,Z)-	$C_{10}H_{16}$	7216-56-0	1.12	（E,Z）-别罗勒烯	萜烯及其衍生物
12	22.20	1,5-Cyclodecadiene,1,5-dimethyl-8-(1-methylethylidene)-,(E,E)-	$C_{15}H_{24}$	15423-57-1	0.93	（E,E）-1,5-二甲基-8-(1-甲基乙基亚甲基)-1,5-环癸二烯	其他
13	22.45	Azulene,1,2,3,5,6,7,8,8a-octahydro-1,4-dimethyl-7-(1-methylethenyl)-,[1S-(1alpha,7alpha,8abeta)]-	$C_{15}H_{24}$	3691-11-0	0.84	D-愈创木烯	萜烯及其衍生物
14	22.28	alpha-Guaiene	$C_{15}H_{24}$	3691-12-1	0.76	α-愈创木烯	萜烯及其衍生物
15	1.32	Furan,2-ethyl-	C_6H_8O	3208-16-0	0.68	2-乙基-呋喃	其他
16	0.49	3-Methoxyamphetamine	$C_{10}H_{15}NO$	17862-85-0	0.53	3-甲氧基苯乙胺	其他
17	0.59	Dimethyl ether	C_2H_6O	115-10-6	0.44	二甲醚	其他
18	21.67	gamma-Muurolene	$C_{15}H_{24}$	30021-74-0	0.42	γ-愈创木烯	萜烯及其衍生物

（续表）

编号	保留时间（min）	化合物	分子式	CAS 号	面积加和百分比（%）	中文名称	类别
19	0.74	2 - Hexanone, 3 - methyl-	$C_7H_{14}O$	2550-21-2	0.39	3-甲基-2-己酮	酮类
20	22.66	Naphthalene, 1, 2, 3, 4, 4a, 5, 6, 8a - octahydro-7-methyl-4-methylene - 1 - (1 - methylethyl) -, (1alpha, 4abeta, 8aalpha) -	$C_{15}H_{24}$	39029-41-9	0.36	(+)-γ-荜澄茄烯	萜烯及其衍生物
21	21.31	cis-Muurola-4 (15), 5-diene	$C_{15}H_{24}$	157477-72-0	0.34	顺式-愈创木烷-4(15), 5-二烯	萜烯及其衍生物
22	0.55	Formic acid, ethenyl ester	$C_3H_4O_2$	692-45-5	0.33	乙烯甲酸酯	酯类
23	2.29	Pentanoic acid, 2, 2, 4 - trimethyl-3-hydroxy -, isobutyl ester	$C_{12}H_{24}O_3$	244074-78-0	0.33	2,2,4-三甲基-3-羟基戊酸异丁酯	酯类
24	6.95	Cyclohexane, 1 - methylene-4 - (1 - methylethenyl) -	$C_{10}H_{16}$	499-97-8	0.30	伪柠檬烯	萜烯及其衍生物
25	19.33	1, 5 - Cyclodecadiene, 1, 5 - dimethyl-8 - (1 - methylethenyl) -, [S-(Z, E)]-	$C_{15}H_{24}$	75023-40-4	0.30	(S,1Z,5E)-1,5-二甲基-8-异丙烯基-1,5-环癸二烯	萜烯及其衍生物
26	21.93	alpha-Guaiene	$C_{15}H_{24}$	3691-12-1	0.30	α-愈创木烯	萜烯及其衍生物
27	20.64	alpha-Guaiene	$C_{15}H_{24}$	3691-12-1	0.29	α-愈创木烯	萜烯及其衍生物
28	11.22	Bicyclo [3.1.0] hex-2-ene, 4, 4, 6, 6-tetramethyl-	$C_{10}H_{16}$	19487-09-3	0.28	4,4,6,6-四甲基二环[3.1.0]己-2-烯	萜烯及其衍生物
29	20.35	beta-ylangene	$C_{15}H_{24}$	1000374-19-1	0.27	β-依兰烯	萜烯及其衍生物
30	1.10	Butanal, 2-methyl-	$C_5H_{10}O$	96-17-3	0.26	2-甲基丁醛	醛类

（续表）

编号	保留时间（min）	化合物	分子式	CAS 号	面积加和百分比（%）	中文名称	类别
31	9.42	Cyclohexene,1-methyl-4-(1-methylethylidene)-	$C_{10}H_{16}$	586-62-9	0.19	萜品油烯	萜烯及其衍生物
32	23.76	1,5-Cyclodecadiene,1,5-dimethyl-8-(1-methylethylidene)-,(E,E)-	$C_{15}H_{24}$	15423-57-1	0.19	(E,E)-1,5-二甲基-8-(1-甲基乙基亚甲基)-1,5-环癸二烯	其他
33	18.85	alpha-Cubebene	$C_{15}H_{24}$	17699-14-8	0.18	α-荜澄茄油烯	萜烯及其衍生物
34	6.39	beta-Myrcene	$C_{10}H_{16}$	123-35-3	0.17	β-月桂烯	萜烯及其衍生物
35	0.79	2-Ethyl-oxetane	$C_5H_{10}O$	1000386-40-2	0.15	2-乙基氧杂环丁烷	其他
36	22.06	Cyclohexene,6-ethenyl-6-methyl-1-(1-methylethyl)-3-(1-methylethylidene)-,(S)-	$C_{15}H_{24}$	5951-67-7	0.15	(S)-6-乙烯基-6-甲基-1-(1-甲基乙基)-3-(1-甲基乙基亚甲基)环己烯	萜烯及其衍生物
37	17.68	Cyclohexene,3-methyl-6-(1-methylethylidene)-	$C_{10}H_{16}$	586-63-0	0.14	闹二烯	萜烯及其衍生物
38	23.25	alpha-Muurolene	$C_{15}H_{24}$	31983-22-9	0.11	α-衣兰油烯	萜烯及其衍生物
39	1.06	Butanal,3-methyl-	$C_5H_{10}O$	590-86-3	0.10	3-甲基丁醛	醛类
40	1.20	1-Penten-3-ol	$C_5H_{10}O$	616-25-1	0.10	1-戊烯-3-醇	醇类
41	13.85	1-Cyclohexene-1-carboxaldehyde,2,6,6-trimethyl-	$C_{10}H_{16}O$	432-25-7	0.10	β-环柠檬醛	萜烯及其衍生物
42	18.05	alpha-Cubebene	$C_{15}H_{24}$	17699-14-8	0.10	α-荜澄茄油烯	萜烯及其衍生物

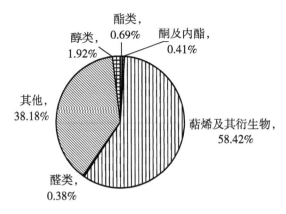

图 9-2 挥发性成分的比例构成

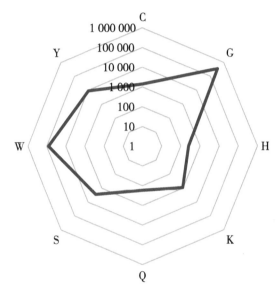

C—柑橘香；G—青香；H—药香；K—松柏香；
Q—香膏香；S—辛香料香；W—木香；Y—土壤香

图 9-3 香韵分布雷达

10. 攀育 2 号（海南儋州）

经 GC-MS 检测和分析（图 10-1），其果肉中挥发性成分相对含量超过 0.1% 的共有 20 种化合物（表 10-1），主要为萜烯类化合物，占 97.21%（图 10-2），其中，比例最高的挥发性成分为萜品油烯，占 73.30%。

已知挥发性成分的气味 ABC 分析显示：果肉香味主要涵盖 9 种香型，各香味荷载从大到小依次为松柏香、柑橘香、药香、玫瑰香、木香、香膏香、土壤香、冰凉香、辛香料香；其中，松柏香、柑橘香、药香荷载远大于其他香味，可视为该杞果的主要香韵（图 10-3）。

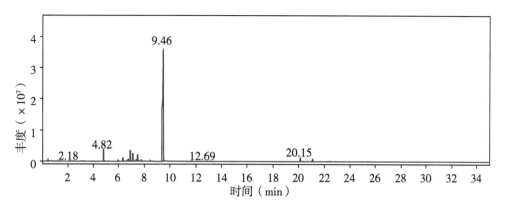

图 10-1　挥发性成分总离子流

表 10-1　挥发性成分 GC-MS 分析结果

编号	保留时间（min）	化合物	分子式	CAS 号	面积加和百分比（%）	中文名称	类别
1	9.46	Cyclohexene,1-methyl-4-(1-methylethylidene)-	$C_{10}H_{16}$	586-62-9	73.30	萜品油烯	萜烯及其衍生物
2	6.93	3-Carene	$C_{10}H_{16}$	13466-78-9	4.43	3-蒈烯	萜烯及其衍生物
3	4.82	alpha-Pinene	$C_{10}H_{16}$	80-56-8	4.28	α-蒎烯	萜烯及其衍生物
4	7.13	1,3-Cyclohexadiene,1-methyl-4-(1-methylcthyl)-	$C_{10}H_{16}$	99-86-5	3.44	α-萜品烯	萜烯及其衍生物
5	7.51	D-Limonene	$C_{10}H_{16}$	5989-27-5	3.34	D-柠檬烯	萜烯及其衍生物
6	20.15	Caryophyllene	$C_{15}H_{24}$	87-44-5	1.72	石竹烯	萜烯及其衍生物
7	6.36	beta-Myrcene	$C_{10}H_{16}$	123-35-3	1.51	β-月桂烯	萜烯及其衍生物
8	21.10	1,4,7,-Cycloundecatriene,1,5,9,9-tetramethyl-,Z,Z,Z-	$C_{15}H_{24}$	1000062-61-9	1.22	1,5,9,9-四甲基-1,4,7-环己三烯	其他
9	7.38	o-Cymene	$C_{10}H_{14}$	527-84-4	0.96	邻伞花烃	萜烯及其衍生物
10	6.76	alpha-Phellandrene	$C_{10}H_{16}$	99-83-2	0.80	α-水芹烯	萜烯及其衍生物
11	0.48	Propanamide,2-hydroxy-	$C_3H_7NO_2$	2043-43-8	0.72	2-羟基丙酰胺	其他
12	7.78	trans-beta-Ocimene	$C_{10}H_{16}$	3779-61-1	0.58	反式-β-罗勒烯	萜烯及其衍生物

（续表）

编号	保留时间（min）	化合物	分子式	CAS 号	面积加和百分比（%）	中文名称	类别
13	5.97	Bicyclo〔3.1.1〕heptane, 6,6-dimethyl-2-methylene-, (1S)-	$C_{10}H_{16}$	18172-67-3	0.46	(-)-β-蒎烯	萜烯及其衍生物
14	8.46	gamma-Terpinene	$C_{10}H_{16}$	99-85-4	0.44	γ-萜品烯	萜烯及其衍生物
15	6.65	2-Carene	$C_{10}H_{16}$	554-61-0	0.30	2-蒈烯	萜烯及其衍生物
16	3.05	2-Hexenal, (E)-	$C_6H_{10}O$	6728-26-3	0.26	反式-2-己烯醛	醛类
17	8.51	3(2H)-Furanone, 4-methoxy-2,5-dimethyl-	$C_7H_{10}O_3$	4077-47-8	0.24	4-甲氧基-2,5-二甲基-3(2H)-呋喃酮	其他
18	22.49	Azulene, 1,2,3,5,6,7,8,8a-octahydro-1,4-dimethyl-7-(1-methylethenyl)-,〔1S-(1alpha, 7alpha, 8abeta)〕-	$C_{15}H_{24}$	3691-11-0	0.21	D-愈创木烯	萜烯及其衍生物
19	2.18	4-Pentenal, 2-methyl-	$C_6H_{10}O$	5187-71-3	0.19	2-甲基-4-戊醛	醛类
20	0.73	n-Hexane	C_6H_{14}	110-54-3	0.12	正己烷	其他

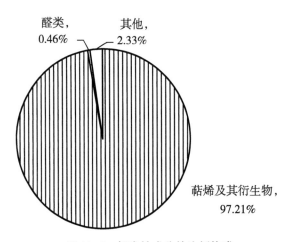

醛类，0.46%　　其他，2.33%

萜烯及其衍生物，97.21%

图 10-2　挥发性成分的比例构成

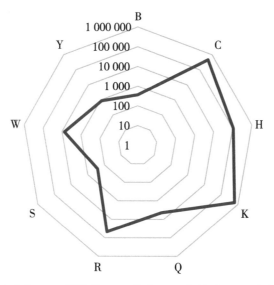

B—冰凉香；C—柑橘香；H—药香；K—松柏香；Q—香膏香；
R—玫瑰香；S—辛香料香；W—木香；Y—土壤香

图 10-3　香韵分布雷达

11. 椰香杧（海南儋州）

经 GC-MS 检测和分析（图 11-1），其果肉中挥发性成分相对含量超过 0.1% 的共有 28 种化合物（表 11-1），主要为萜烯类化合物，占 66.72%（图 11-2），其中，比例最高的挥发性成分为 D-柠檬烯，占 64.36%。

已知挥发性成分的气味 ABC 分析显示：果肉香味主要涵盖 12 种香型，各香味荷载从大到小依次为柑橘香、脂肪香、香膏香、果香、青香、药香、乳酪香、松柏香、木香、土壤香、冰凉香、辛香料香；其中，柑橘香、脂肪香、香膏香荷载远大于其他香味，可视为该杧果的主要香韵（图 11-3）。

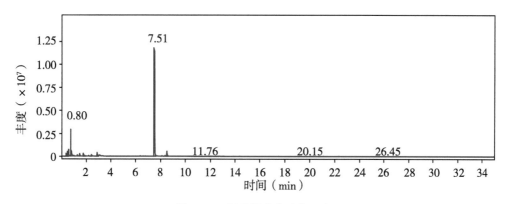

图 11-1　挥发性成分总离子流

表 11-1 挥发性成分 GC-MS 分析结果

编号	保留时间（min）	化合物	分子式	CAS 号	面积加和百分比（%）	中文名称	类别
1	7.51	D-Limonene	$C_{10}H_{16}$	5989-27-5	64.36	D-柠檬烯	萜烯及其衍生物
2	0.80	Ethyl Acetate	$C_4H_8O_2$	141-78-6	10.94	乙酸乙酯	酯类
3	8.51	3(2H)-Furanone, 4-methoxy-2,5-dimethyl-	$C_7H_{10}O_3$	4077-47-8	3.72	4-甲氧基-2,5-二甲基-3(2H)-呋喃酮	其他
4	2.88	2-Butenoic acid, ethyl ester,(E)-	$C_6H_{10}O_2$	623-70-1	3.15	巴豆酸乙酯	酯类
5	1.77	2-Butenoic acid, methyl ester,(E)-	$C_5H_8O_2$	623-43-8	2.98	(E)-丁烯酸甲酯	酯类
6	0.61	Acetic acid, methyl ester	$C_3H_6O_2$	79-20-9	2.85	乙酸甲酯	酯类
7	0.50	Dimethyl ether	C_2H_6O	115-10-6	2.62	二甲醚	其他
8	1.49	2-Butenoic acid, methyl ester,(Z)-	$C_5H_8O_2$	4358-59-2	1.88	(Z)-丁烯酸甲酯	酯类
9	0.40	3-Methoxyamphetamine	$C_{10}H_{15}NO$	17862-85-0	0.70	3-甲氧基苯乙胺	其他
10	2.42	Methacrylic acid, ethyl ester	$C_6H_{10}O_2$	97-63-2	0.70	甲基丙烯酸乙酯	酯类
11	0.45	Alanine	$C_3H_7NO_2$	56-41-7	0.57	丙氨酸	其他
12	1.30	Propanoic acid, ethyl ester	$C_5H_{10}O_2$	105-37-3	0.52	丙酸乙酯	酯类
13	8.36	Butanoic acid, 3-methylbutyl ester	$C_9H_{18}O_2$	106-27-4	0.43	丁酸异戊酯	酯类
14	2.20	Butanoic acid,2,2-dimethyl-	$C_6H_{12}O_2$	595-37-9	0.37	2,2-二甲基丁酸	酸类
15	0.76	n-Hexane	C_6H_{14}	110-54-3	0.33	正己烷	其他
16	8.12	beta-Ocimene	$C_{10}H_{16}$	13877-91-3	0.32	β-罗勒烯	萜烯及其衍生物
17	6.37	beta-Myrcene	$C_{10}H_{16}$	123-35-3	0.28	β-月桂烯	萜烯及其衍生物
18	1.02	Butanal,2-methyl-	$C_5H_{10}O$	96-17-3	0.23	2-甲基丁醛	醛类

（续表）

编号	保留时间（min）	化合物	分子式	CAS 号	面积加和百分比（%）	中文名称	类别
19	0.97	Butanal,3-methyl-	$C_5H_{10}O$	590-86-3	0.21	3-甲基丁醛	醛类
20	3.10	3-Hexen-1-ol,（E）-	$C_6H_{12}O$	928-97-2	0.21	反式-3-己烯-1-醇	醇类
21	20.15	Caryophyllene	$C_{15}H_{24}$	87-44-5	0.17	石竹烯	萜烯及其衍生物
22	9.43	Cyclohexene,1-methyl-4-（1-methylethylidene）-	$C_{10}H_{16}$	586-62-9	0.15	萜品油烯	萜烯及其衍生物
23	6.76	alpha-Phellandrene	$C_{10}H_{16}$	99-83-2	0.14	α-水芹烯	萜烯及其衍生物
24	3.94	Oxime-,methoxy-phenyl-_	$C_8H_9NO_2$	1000222-86-6	0.13	N-羟基-苯甲亚胺酸甲酯	酯类
25	4.84	Bicyclo［3.1.1］hept-2-ene,3,6,6-trimethyl-	$C_{10}H_{16}$	4889-83-2	0.12	3,6,6-三甲基-双环(3.1.1)庚-2-烯	萜烯及其衍生物
26	21.10	Humulene	$C_{15}H_{24}$	6753-98-6	0.11	葎草烯	萜烯及其衍生物
27	3.32	2-Pentenoic acid,2-methyl-	$C_6H_{10}O_2$	3142-72-1	0.10	2-甲基-2-戊烯酸	酸类
28	9.95	Nonanal	$C_9H_{18}O$	124-19-6	0.10	壬醛	醛类

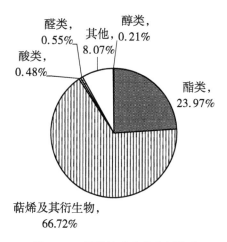

图 11-2 挥发性成分的比例构成

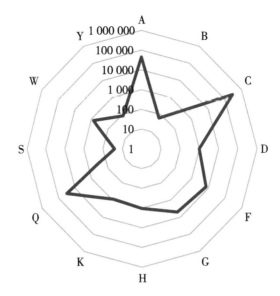

A—脂肪香；B—冰凉香；C—柑橘香；D—乳酪香；F—果香；G—青香；
H—药香；K—松柏香；Q—香膏香；S—辛香料香；W—木香；Y—土壤香

图11-3　香韵分布雷达

12. 贵妃杧（海南儋州）

经 GC-MS 检测和分析（图 12-1），其果肉中挥发性成分相对含量超过 0.1% 的共有 25 种化合物（表 12-1），主要为萜烯类化合物，占 88.07%（图 12-2），其中，比例最高的挥发性成分为萜品油烯，占 60.01%。

已知挥发性成分的气味 ABC 分析显示：果肉香味主要涵盖 9 种香型，各香味荷载从大到小依次为松柏香、药香、柑橘香、玫瑰香、脂肪香、青香、果香、香膏香、冰凉香；其中，松柏香荷载远大于其他香味，可视为该杧果的主要香韵（图 12-3）。

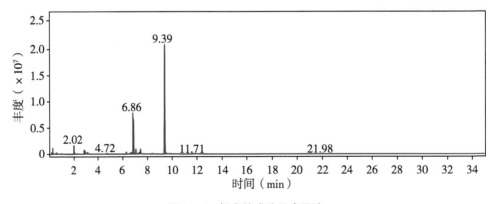

图12-1　挥发性成分总离子流

表 12-1 挥发性成分 GC-MS 分析结果

编号	保留时间（min）	化合物	分子式	CAS 号	面积加和百分比（%）	中文名称	类别
1	9.39	Cyclohexene,1-methyl-4-(1-methylethylidene)-	$C_{10}H_{16}$	586-62-9	60.01	萜品油烯	萜烯及其衍生物
2	6.86	3-Carene	$C_{10}H_{16}$	13466-78-9	18.53	3-蒈烯	萜烯及其衍生物
3	2.02	Hexanal	$C_6H_{12}O$	66-25-1	3.65	己醛	醛类
4	7.44	D-Limonene	$C_{10}H_{16}$	5989-27-5	2.55	D-柠檬烯	萜烯及其衍生物
5	2.94	Ethyl (Z)-hex-3-enyl carbonate	$C_9H_{16}O_3$	1000373-83-6	2.47	(Z)-己-3-烯基碳酸乙酯	酯类
6	7.06	1,3-Cyclohexadiene,1-methyl-4-(1-methylethyl)-	$C_{10}H_{16}$	99-86-5	2.23	α-萜品烯	萜烯及其衍生物
7	2.89	2-Hexenal,(E)-	$C_6H_{10}O$	6728-26-3	1.51	反式-2-己烯醛	醛类
8	0.32	Dimethyl ether	C_2H_6O	115-10-6	1.39	二甲醚	其他
9	3.17	1-Hexanol	$C_6H_{14}O$	111-27-3	0.96	正己醇	醇类
10	6.28	beta-Myrcene	$C_{10}H_{16}$	123-35-3	0.89	β-月桂烯	萜烯及其衍生物
11	6.68	alpha-Phellandrene	$C_{10}H_{16}$	99-83-2	0.78	α-水芹烯	萜烯及其衍生物
12	7.31	o-Cymene	$C_{10}H_{14}$	527-84-4	0.72	邻伞花烃	萜烯及其衍生物
13	0.62	Ethyl Acetate	$C_4H_8O_2$	141-78-6	0.35	乙酸乙酯	酯类
14	4.72	alpha-Pinene	$C_{10}H_{16}$	80-56-8	0.32	α-蒎烯	萜烯及其衍生物
15	0.22	(2-Aziridinylethyl)amine	$C_4H_{10}N_2$	4025-37-0	0.29	2-(氮杂环丙烷-1-基)乙胺	其他
16	6.57	2-Carene	$C_{10}H_{16}$	554-61-0	0.27	2-蒈烯	萜烯及其衍生物
17	8.41	gamma-Terpinene	$C_{10}H_{16}$	99-85-4	0.27	γ-萜品烯	萜烯及其衍生物
18	0.57	n-Hexane	C_6H_{14}	110-54-3	0.19	正己烷	其他
19	0.28	Alanine	$C_3H_7NO_2$	56-41-7	0.17	丙氨酸	其他
20	0.96	1-Penten-3-one	C_5H_8O	1629-58-9	0.17	1-戊烯-3-酮	酮及内酯
21	11.59	2,6-Nonadienal,(E,Z)-	$C_9H_{14}O$	557-48-2	0.15	反式-2-顺式-6-壬二烯醛	醛类
22	0.36	1-Propene,3-propoxy-	$C_6H_{12}O$	1471-03-0	0.11	3-丙氧基-1-丙烯	其他

（续表）

编号	保留时间（min）	化合物	分子式	CAS 号	面积加和百分比（%）	中文名称	类别
23	2.26	6, 8 - Dioxabicyclo [3.2.1] octane	$C_6H_{10}O_2$	280-16-0	0.11	6,8-二氧杂双环 [3.2.1] 辛烷	其他
24	5.31	2-Heptenal, (E) -	$C_7H_{12}O$	18829-55-5	0.11	(E)-2-庚烯醛	醛类
25	1.67	2 - Penten - 1 - ol, (Z) -	$C_5H_{10}O$	1576-95-0	0.10	(Z)-2-戊烯-1-醇	醇类

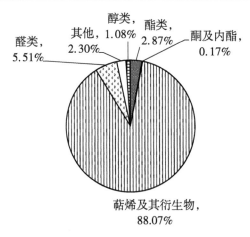

图 12-2　挥发性成分的比例构成

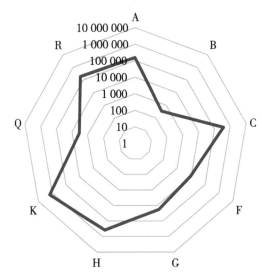

A—脂肪香；B—冰凉香；C—柑橘香；F—果香；
G—青香；H—药香；K—松柏香；Q—香膏香；R—玫瑰香

图 12-3　香韵分布雷达

13. 桂七杧（海南儋州）

经 GC-MS 检测和分析（图 13-1），其果肉中挥发性成分相对含量超过 0.1% 的共有 26 种化合物（表 13-1），主要为萜烯类化合物，占 94.76%（图 13-2），其中，比例最高的挥发性成分为 β-罗勒烯，占 74.51%。

已知挥发性成分的气味 ABC 分析显示：果肉香味主要涵盖 9 种香型，各香味荷载从大到小依次为松柏香、药香、柑橘香、木香、果香、冰凉香、土壤香、香膏香、辛香料香；其中，松柏香荷载远大于其他香味，可视为该杧果的主要香韵（图 13-3）。

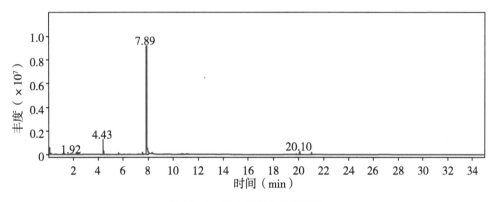

图 13-1　挥发性成分总离子流

表 13-1　挥发性成分 GC-MS 分析结果

编号	保留时间（min）	化合物	分子式	CAS 号	面积加和百分比（%）	中文名称	类别
1	7.89	beta-Ocimene	$C_{10}H_{16}$	13877-91-3	74.51	β-罗勒烯	萜烯及其衍生物
2	4.43	(1R)-2,6,6-Trimethylbicyclo[3.1.1]hept-2-ene	$C_{10}H_{16}$	7785-70-8	7.73	(+)-α-蒎烯	萜烯及其衍生物
3	0.15	n-Hexane	C_6H_{14}	110-54-3	2.00	正己烷	其他
4	20.10	Caryophyllene	$C_{15}H_{24}$	87-44-5	1.92	石竹烯	萜烯及其衍生物
5	7.54	trans-beta-Ocimene	$C_{10}H_{16}$	3779-61-1	1.64	反式-β-罗勒烯	萜烯及其衍生物
6	10.68	2,4,6-Octatriene, 2,6-dimethyl-, (E,Z)-	$C_{10}H_{16}$	7216-56-0	1.48	(E,Z)-别罗勒烯	萜烯及其衍生物
7	21.04	Humulene	$C_{15}H_{24}$	6753-98-6	1.32	葎草烯	萜烯及其衍生物
8	11.07	2,4,6-Octatriene, 2,6-dimethyl-, (E,Z)-	$C_{10}H_{16}$	7216-56-0	1.22	(E,Z)-别罗勒烯	萜烯及其衍生物

（续表）

编号	保留时间（min）	化合物	分子式	CAS 号	面积加和百分比（%）	中文名称	类别
9	8.31	3（2H）- Furanone, 4 - methoxy - 2, 5 - dimethyl -	$C_7H_{10}O_3$	4077-47-8	1.13	4-甲氧基-2,5-二甲基-3(2H)-呋喃酮	其他
10	5.63	Bicyclo［3.1.1］heptane, 6,6-dime-thyl - 2 - methyl-ene-,（1S）-	$C_{10}H_{16}$	18172-67-3	0.91	（-）-β-蒎烯	萜烯及其衍生物
11	7.24	D-Limonene	$C_{10}H_{16}$	5989-27-5	0.45	D-柠檬烯	萜烯及其衍生物
12	19.81	1H - Cycloprop［e］azulene, 1a, 2, 3, 4, 4a, 5, 6, 7b - octa-hydro-1, 1, 4, 7-tet-ramethyl -,［1aR -（1alpha, 4alpha, 4abeta,7balpha）］-	$C_{15}H_{24}$	489-40-7	0.39	（-）-α-古云烯	萜烯及其衍生物
13	6.50	8-Hydroxymethyl-trans - bicyclo［4.3.0］non-3-ene	$C_{10}H_{16}O$	1000099-21-8	0.37	8-羟甲基-反式-双环［4.3.0］壬-3-烯	其他
14	0.63	Cyclohexanol, 4-methyl-, trans-	$C_7H_{14}O$	7731-29-5	0.31	反式-4-甲基环己醇	醇类
15	1.64	Butanoic acid, ethyl ester	$C_6H_{12}O_2$	105-54-4	0.31	丁酸乙酯	酯类
16	6.39	trans-2-（2-Pente-nyl）furan	$C_9H_{12}O$	70424-14-5	0.30	反式-2-（2-戊烯基）呋喃	其他
17	6.05	beta-Myrcene	$C_{10}H_{16}$	123-35-3	0.28	β-月桂烯	萜烯及其衍生物
18	13.42	（3E, 5E）- 2, 6 - Dimethylocta - 3, 5, 7-trien-2-ol	$C_{10}H_{16}O$	206115-88-0	0.28	（3E,5E）-2,6-二甲基-3,5,7-辛三烯-2-醇	醇类
19	9.22	4 - Terpinenyl ace-tate	$C_{12}H_{20}O_2$	4821-04-9	0.24	萜品烯4-乙酸酯	萜烯及其衍生物
20	7.11	Benzene, 1-methyl-3-（1-methylethyl）-	$C_{10}H_{14}$	535-77-3	0.17	间伞花烃	其他
21	10.39	1, 3, 8 - p - Mentha-triene	$C_{10}H_{14}$	18368-95-1	0.16	1,3,8-对-薄荷基三烯	萜烯及其衍生物
22	4.83	Camphene	$C_{10}H_{16}$	79-92-5	0.15	莰烯	萜烯及其衍生物
23	13.77	1-Cyclohexene-1-carboxaldehyde, 2, 6,6-trimethyl-	$C_{10}H_{16}O$	432-25-7	0.14	β-环柠檬醛	萜烯及其衍生物
24	1.52	Furan, 2-propyl-	$C_7H_{10}O$	4229-91-8	0.13	2-丙基呋喃	其他

（续表）

编号	保留时间（min）	化合物	分子式	CAS 号	面积加和百分比（%）	中文名称	类别
25	9.36	Benzofuran-2-one, 2,3-dihydro-3,3-dimethyl-4-nitro-	$C_{10}H_9NO_4$	1000129-53-4	0.12	2,3-二氢-3,3-二甲基-4-硝基苯并呋喃-2-酮	酮及内酯
26	11.63	2,4,6-Octatriene, 2,6-dimethyl-,(E,Z)-	$C_{10}H_{16}$	7216-56-0	0.11	(E,Z)-别罗勒烯	萜烯及其衍生物

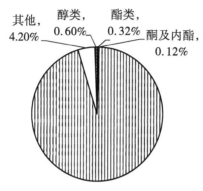

图 13-2　挥发性成分的比例构成

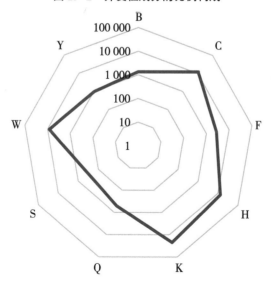

B—冰凉香；C—柑橘香；F—果香；H—药香；K—松柏香；
Q—香膏香；S—辛香料香；W—木香；Y—土壤香

图 13-3　香韵分布雷达

14. 桂热 10 号 （海南儋州）

经 GC-MS 检测和分析（图 14-1），其果肉中挥发性成分相对含量超过 0.1% 的共有 23 种化合物（表 14-1），主要为萜烯类化合物，占 88.67%（图 14-2），其中，比例最高的挥发性成分为 β-月桂烯，占 47.93%。

已知挥发性成分的气味 ABC 分析显示：果肉香味主要涵盖 8 种香型，各香味荷载从大到小依次为药香、柑橘香、松柏香、香膏香、冰凉香、木香、土壤香、辛香料香；其中，药香、柑橘香、松柏香、香膏香荷载远大于其他香味，可视为该杧果的主要香韵（图 14-3）。

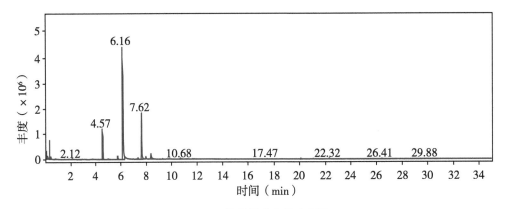

图 14-1 挥发性成分总离子流

表 14-1 挥发性成分 GC-MS 分析结果

编号	保留时间（min）	化合物	分子式	CAS 号	面积加和百分比（%）	中文名称	类别
1	6.16	beta-Myrcene	$C_{10}H_{16}$	123-35-3	47.93	β-月桂烯	萜烯及其衍生物
2	7.62	trans - beta - Oci-mene	$C_{10}H_{16}$	3779-61-1	20.72	反式-β-罗勒烯	萜烯及其衍生物
3	4.57	(1R)-2,6,6-Trimethylbicyclo［3.1.1］hept-2-ene	$C_{10}H_{16}$	7785-70-8	10.37	(+)-α-蒎烯	萜烯及其衍生物
4	8.37	3（2H）- Furanone, 4 - methoxy - 2, 5 - dimethyl-	$C_{7}H_{10}O_{3}$	4077-47-8	3.98	4-甲氧基-2,5-二甲基-3(2H)-呋喃酮	其他
5	0.38	n-Hexane	$C_{6}H_{14}$	110-54-3	3.74	正己烷	其他
6	0.13	Dimethyl ether	$C_{2}H_{6}O$	115-10-6	1.75	二甲醚	其他

（续表）

编号	保留时间（min）	化合物	分子式	CAS 号	面积加和百分比（%）	中文名称	类别
7	5.75	Bicyclo［3.1.1］heptane, 6,6-dimethyl-2-methylene-,（1S）-	$C_{10}H_{16}$	18172-67-3	1.37	(-)-β-蒎烯	萜烯及其衍生物
8	7.96	1,3,6-Octatriene, 3,7-dimethyl-,（Z）-	$C_{10}H_{16}$	3338-55-4	1.13	(Z)-β-罗勒烯	萜烯及其衍生物
9	10.68	2,4,6-Octatriene, 2,6-dimethyl-,（E,Z）-	$C_{10}H_{16}$	7216-56-0	1.12	(E,Z)-别罗勒烯	萜烯及其衍生物
10	7.33	D-Limonene	$C_{10}H_{16}$	5989-27-5	0.71	D-柠檬烯	萜烯及其衍生物
11	0.78	1-Penten-3-one	C_5H_8O	1629-58-9	0.43	1-戊烯-3-酮	酮及内酯
12	3.76	4-Ethylbenzoic acid, 2-pentyl ester	$C_{14}H_{20}O_2$	1000293-31-9	0.31	4-乙基苯甲酸-2-戊酯	酯类
13	11.12	2,4,6-Octatriene, 2,6-dimethyl-,（E,Z）-	$C_{10}H_{16}$	7216-56-0	0.28	(E,Z)-别罗勒烯	萜烯及其衍生物
14	20.10	Caryophyllene	$C_{15}H_{24}$	87-44-5	0.28	石竹烯	萜烯及其衍生物
15	4.97	Camphene	$C_{10}H_{16}$	79-92-5	0.21	莰烯	萜烯及其衍生物
16	21.04	Humulene	$C_{15}H_{24}$	6753-98-6	0.20	葎草烯	萜烯及其衍生物
17	9.29	Cyclohexene, 1-methyl-4-（1-methylethylidene）-	$C_{10}H_{16}$	586-62-9	0.18	萜品油烯	萜烯及其衍生物
18	1.85	Butanoic acid, 2,2-dimethyl-	$C_6H_{12}O_2$	595-37-9	0.17	2,2-二甲基丁酸	酸类
19	9.84	1,2-Epoxy-5,9-cyclododecadiene	$C_{12}H_{18}O$	943-93-1	0.17	1,2-环氧-5,9-环十二烷二烯	其他
20	9.66	1,2-Epoxy-5,9-cyclododecadiene	$C_{12}H_{18}O$	943-93-1	0.15	1,2-环氧-5,9-环十二烷二烯	其他
21	2.92	Ethylbenzene	C_8H_{10}	100-41-4	0.13	乙苯	其他
22	6.94	4-Terpinenyl acetate	$C_{12}H_{20}O_2$	4821-04-9	0.11	萜品烯4-乙酸酯	萜烯及其衍生物
23	7.21	o-Cymene	$C_{10}H_{14}$	527-84-4	0.11	邻伞花烃	萜烯及其衍生物

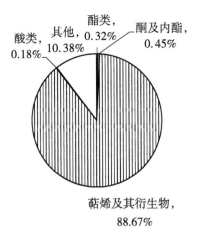

图 14-2　挥发性成分的比例构成

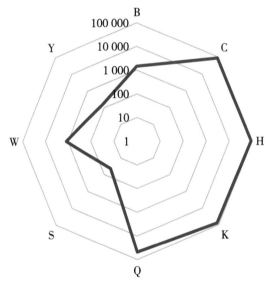

B—冰凉香；C—柑橘香；H—药香；K—松柏香；
Q—香膏香；S—辛香料香；W—木香；Y—土壤香

图 14-3　香韵分布雷达

15. 桂热 82 号（海南儋州）

经 GC-MS 检测和分析（图 15-1），其果肉中挥发性成分相对含量超过 0.1% 的共有 21 种化合物（表 15-1），主要为萜烯类化合物，占 96.37%（图 15-2），其中，比例最高的挥发性成分为 β-罗勒烯，占 84.57%。

已知挥发性成分的气味 ABC 分析显示：果肉香味主要涵盖 8 种香型，各香味荷载从大到小依次为松柏香、药香、柑橘香、玫瑰香、木香、香膏香、土壤香、辛香料香；其中，松柏香荷载远大于其他香味，可视为该杧果的主要香韵（图 15-3）。

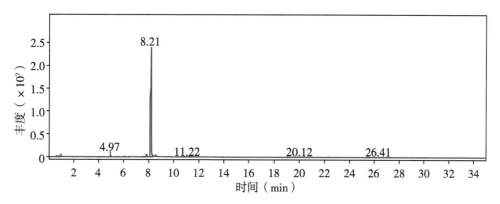

图 15-1　挥发性成分总离子流

表 15-1　挥发性成分 GC-MS 分析结果

编号	保留时间（min）	化合物	分子式	CAS 号	面积加和百分比（%）	中文名称	类别
1	8.09	beta-Ocimene	$C_{10}H_{16}$	13877-91-3	84.57	β-罗勒烯	萜烯及其衍生物
2	4.75	alpha-Pinene	$C_{10}H_{16}$	80-56-8	2.55	α-蒎烯	萜烯及其衍生物
3	7.73	trans-beta-Ocimene	$C_{10}H_{16}$	3779-61-1	1.95	反式-β-罗勒烯	萜烯及其衍生物
4	10.78	2,6-Dimethyl-1,3,5,7-octatetraene, E,E-	$C_{10}H_{14}$	460-01-5	1.60	波斯菊萜	萜烯及其衍生物
5	11.16	2,4,6-Octatriene, 2,6-dimethyl-, (E,Z)-	$C_{10}H_{16}$	7216-56-0	1.50	(E,Z)-别罗勒烯	萜烯及其衍生物
6	8.45	3(2H)-Furanone, 4-methoxy-2,5-dimethyl-	$C_7H_{10}O_3$	4077-47-8	1.35	4-甲氧基-2,5-二甲基-3(2H)-呋喃酮	其他
7	0.67	n-Hexane	C_6H_{14}	110-54-3	0.45	正己烷	其他
8	0.31	(2-Aziridinylethyl)amine	$C_4H_{10}N_2$	4025-37-0	0.40	2-（氮杂环丙烷-1-基)乙胺	其他
9	5.91	Bicyclo［3.1.1］heptane, 6,6-dimethyl-2-methylene-, (1S)-	$C_{10}H_{16}$	18172-67-3	0.39	(-)-β-蒎烯	萜烯及其衍生物
10	3.89	Oxime-, methoxy-phenyl-_	$C_8H_9NO_2$	1000222-86-6	0.35	N-羟基-苯甲亚胺酸甲酯	酯类
11	8.34	3,4-Dimethylbenzyl alcohol	$C_9H_{12}O$	6966-10-5	0.27	3,4-二甲基苄醇	醇类

（续表）

编号	保留时间（min）	化合物	分子式	CAS 号	面积加和百分比（%）	中文名称	类别
12	7.45	D-Limonene	$C_{10}H_{16}$	5989-27-5	0.25	D-柠檬烯	萜烯及其衍生物
13	10.50	2,6-Dimethyl-1,3,5,7-octatetraene,E,E-	$C_{10}H_{14}$	460-01-5	0.25	波斯菊萜	萜烯及其衍生物
14	0.37	Cyclobutanol	C_4H_8O	2919-23-5	0.21	环丁醇	醇类
15	6.30	beta-Myrcene	$C_{10}H_{16}$	123-35-3	0.21	β-月桂烯	萜烯及其衍生物
16	0.46	Acetone	C_3H_6O	67-64-1	0.17	丙酮	酮类
17	6.71	3-Carene	$C_{10}H_{16}$	13466-78-9	0.16	3-蒈烯	萜烯及其衍生物
18	0.42	Dimethyl ether	C_2H_6O	115-10-6	0.12	二甲醚	其他
19	20.11	Caryophyllene	$C_{15}H_{24}$	87-44-5	0.11	石竹烯	萜烯及其衍生物
20	12.58	2-Cyclopenten-1-one,2-(2-butenyl)-3-methyl-,(Z)-	$C_{10}H_{14}O$	17190-71-5	0.10	（Z）-2-（2-丁烯基）-3-甲基-2-环戊烯-1-酮	酮类
21	13.48	2,6-Dimethyl-3,5,7-octatriene-2-ol,,E,E-	$C_{10}H_{16}O$	1000141-11-8	0.10	E,E-2,6-二甲基-3,5,7-辛三烯-2-醇	醇类

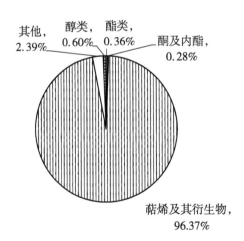

图 15-2 挥发性成分的比例构成

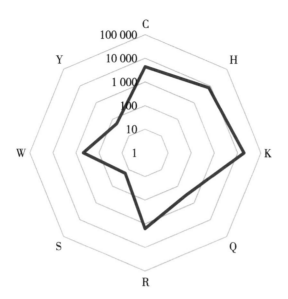

C—柑橘香；H—药香；K—松柏香；Q—香膏香；
R—玫瑰香；S—辛香料香；W—木香；Y—土壤香

图 15-3　香韵分布雷达

16. 攀育 2 号—样品 1（四川攀枝花）

经 GC-MS 检测和分析（图 16-1），其果肉中挥发性成分相对含量超过 0.1% 的共有 24 种化合物（表 16-1），主要为萜烯类化合物，占 98.72%（图 16-2），其中，比例最高的挥发性成分为萜品油烯，占 63.78%。

已知挥发性成分的气味 ABC 分析显示：果肉香味主要涵盖 10 种香型，各香味荷载从大到小依次为松柏香、柑橘香、药香、玫瑰香、香膏香、木香、青香、冰凉香、土壤香、辛香料香；其中，松柏香、柑橘香荷载远大于其他香味，可视为该杧果的主要香韵（图 16-3）。

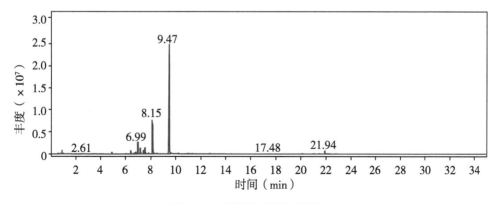

图 16-1　挥发性成分总离子流

表 16-1 挥发性成分 GC-MS 分析结果

编号	保留时间（min）	化合物	分子式	CAS 号	面积加和百分比（%）	中文名称	类别
1	9.47	Cyclohexene,1-methyl-4-(1-methylethylidene)-	$C_{10}H_{16}$	586-62-9	63.78	萜品油烯	萜烯及其衍生物
2	8.15	beta-Ocimene	$C_{10}H_{16}$	13877-91-3	15.31	β-罗勒烯	萜烯及其衍生物
3	6.99	3-Carene	$C_{10}H_{16}$	13466-78-9	4.55	3-蒈烯	萜烯及其衍生物
4	7.55	D-Limonene	$C_{10}H_{16}$	5989-27-5	3.04	D-柠檬烯	萜烯及其衍生物
5	7.18	1,3-Cyclohexadiene,1-methyl-4-(1-methylethyl)-	$C_{10}H_{16}$	99-86-5	2.37	α-萜品烯	萜烯及其衍生物
6	7.42	o-Cymene	$C_{10}H_{14}$	527-84-4	1.61	邻伞花烃	萜烯及其衍生物
7	21.94	Naphthalene, deca-hydro-4a-methyl-1-methylene-7-(1-methylethenyl)-,[4aR-(4aalpha,7alpha,8abeta)]-	$C_{15}H_{24}$	17066-67-0	1.48	(+)-β-瑟林烯	萜烯及其衍生物
8	6.42	beta-Myrcene	$C_{10}H_{16}$	123-35-3	1.28	β-月桂烯	萜烯及其衍生物
9	6.82	alpha-Phellandrene	$C_{10}H_{16}$	99-83-2	0.76	α-水芹烯	萜烯及其衍生物
10	0.93	n-Hexane	$C_{6}H_{14}$	110-54-3	0.69	正己烷	其他
11	4.92	(1R)-2,6,6-Trimethylbicyclo[3.1.1]hept-2-ene	$C_{10}H_{16}$	7785-70-8	0.59	(+)-α-蒎烯	萜烯及其衍生物
12	6.70	Cyclohexene,1-methyl-4-(1-methylethylidene)-	$C_{10}H_{16}$	586-62-9	0.46	萜品油烯	萜烯及其衍生物
13	7.82	trans-beta-Ocimene	$C_{10}H_{16}$	3779-61-1	0.36	反式-β-罗勒烯	萜烯及其衍生物
14	12.70	Benzenemethanol,alpha,alpha,4-tri-methyl-	$C_{10}H_{14}O$	1197-01-9	0.36	α,α,4-三甲基苯甲醇	醇类
15	8.49	gamma-Terpinene	$C_{10}H_{16}$	99-85-4	0.34	γ-萜品烯	萜烯及其衍生物
16	10.21	1,3,8-p-Mentha-triene	$C_{10}H_{14}$	18368-95-1	0.26	1,3,8-对-薄荷基三烯	萜烯及其衍生物
17	20.11	Caryophyllene	$C_{15}H_{24}$	87-44-5	0.23	石竹烯	萜烯及其衍生物
18	11.00	p-Mentha-1,5,8-triene	$C_{10}H_{14}$	21195-59-5	0.21	1,5,8-对-薄荷基三烯	萜烯及其衍生物

（续表）

编号	保留时间（min）	化合物	分子式	CAS 号	面积加和百分比（%）	中文名称	类别
19	22.18	Naphthalene, 1, 2, 3, 4, 4a, 5, 6, 8a - octahydro - 4a, 8 - dimethyl - 2 - (1 - methylethenyl) -, [2R - (2alpha, 4aalpha, 8abeta)]-	$C_{15}H_{24}$	473-13-2	0.21	[2R-(2α, 4aα,8aβ)]-构型-1, 2, 3, 4, 4a, 5, 6, 8a - 八氢 - 4a, 8 - 二甲基-2-(1-甲基乙烯基)萘	其他
20	11.34	p - Mentha - 1, 8 - dien-7-ol	$C_{10}H_{16}O$	536-59-4	0.16	紫苏醇	萜烯及其衍生物
21	21.05	Humulene	$C_{15}H_{24}$	6753-98-6	0.13	葎草烯	萜烯及其衍生物
22	11.21	2, 4, 6 - Octatriene, 2, 6 - dimethyl -, (E,Z) -	$C_{10}H_{16}$	7216-56-0	0.12	(E, Z) - 别罗勒烯	萜烯及其衍生物
23	21.49	(4S, 4aR, 6R) - 4, 4a - Dimethyl - 6 - (prop-1-en-2-yl) - 1,2,3,4,4a,5,6,7- octahydronaphthalene	$C_{15}H_{24}$	54868-40-5	0.11	(4S, 4aR, 6R)-4,4a-二甲基-6-(丙烯-1-烯-2-基)-1, 2, 3, 4, 4a, 5, 6, 7-八氢萘	萜烯及其衍生物
24	22.12	Naphthalene, 1, 2, 3,5,6,7,8,8a-oc-tahydro - 1, 8a - dimethyl - 7 - (1 - methylethenyl) -, [1R-(1alpha,7beta, 8aalpha)] -	$C_{15}H_{24}$	4630-07-3	0.11	(+)-瓦伦亚烯	萜烯及其衍生物

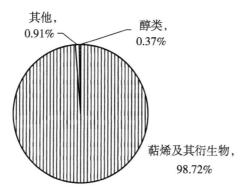

图 16-2　挥发性成分的比例构成

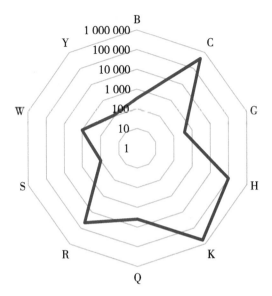

B—冰凉香；C—柑橘香；G—青香；H—药香；K—松柏香；
Q—香膏香；R—玫瑰香；S—辛香料香；W—木香；Y—土壤香

图 16-3　香韵分布雷达

17. 攀育 2 号—样品 2（四川攀枝花）

经 GC-MS 检测和分析（图 17-1），其果肉中挥发性成分相对含量超过 0.1% 的共有
40 种化合物（表 17-1），主要为萜烯类化合物，占 90.63%（图 17-2），其中，比例最高
的挥发性成分为萜品油烯，占 61.47%。

已知挥发性成分的气味 ABC 分析显示：果肉香味主要涵盖 10 种香型，各香味荷载从
大到小依次为松柏香、柑橘香、药香、玫瑰香、香膏香、木香、青香、冰凉香、土壤香、
辛香料香；其中，松柏香、柑橘香荷载远大于其他香味，可视为该杞果的主要香韵
（图 17-3）。

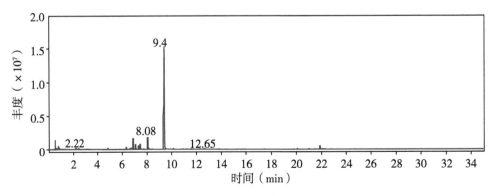

图 17-1　挥发性成分总离子流

表 17-1 挥发性成分 GC-MS 分析结果

编号	保留时间（min）	化合物	分子式	CAS 号	面积加和百分比（%）	中文名称	类别
1	9.40	Cyclohexene,1-methyl-4-(1-methylethylidene)-	$C_{10}H_{16}$	586-62-9	61.47	萜品油烯	萜烯及其衍生物
2	8.08	beta-Ocimene	$C_{10}H_{16}$	13877-91-3	6.58	β-罗勒烯	萜烯及其衍生物
3	6.91	3-Carene	$C_{10}H_{16}$	13466-78-9	5.17	3-蒈烯	萜烯及其衍生物
4	0.55	Methyltartronic acid	$C_4H_6O_5$	595-98-2	3.69	甲基酒石酸	酸类
5	7.48	D-Limonene	$C_{10}H_{16}$	5989-27-5	3.15	D-柠檬烯	萜烯及其衍生物
6	7.11	Cyclohexene,1-methyl-4-(1-methylethylidene)-	$C_{10}H_{16}$	586-62-9	2.56	萜品油烯	萜烯及其衍生物
7	7.35	o-Cymene	$C_{10}H_{14}$	527-84-4	2.11	邻伞花烃	萜烯及其衍生物
8	21.91	Naphthalene, deca-hydro-4a-methyl-1-methylene-7-(1-methylethenyl)-,[4aR-(4aalpha,7alpha,8abeta)]-	$C_{15}H_{24}$	17066-67-0	2.07	(+)-β-瑟林烯	萜烯及其衍生物
9	6.34	beta-Myrcene	$C_{10}H_{16}$	123-35-3	1.26	β-月桂烯	萜烯及其衍生物
10	0.80	n-Hexane	C_6H_{14}	110-54-3	0.91	正己烷	其他
11	2.44	Methacrylic acid, ethyl ester	$C_6H_{10}O_2$	97-63-2	0.85	甲基丙烯酸乙酯	酯类
12	6.74	alpha-Phellandrene	$C_{10}H_{16}$	99-83-2	0.77	α-水芹烯	萜烯及其衍生物
13	2.22	Butanoic acid, 2-methylpropyl ester	$C_8H_{16}O_2$	539-90-2	0.68	丁酸异丁酯	酯类
14	0.84	Ethyl Acetate	$C_4H_8O_2$	141-78-6	0.64	乙酸乙酯	酯类
15	12.65	Benzenemethanol, alpha, alpha, 4-tri-methyl-	$C_{10}H_{14}O$	1197-01-9	0.62	α,α,4-三甲基苯甲醇	醇类
16	6.63	2-Carene	$C_{10}H_{16}$	554-61-0	0.60	2-蒈烯	萜烯及其衍生物
17	4.83	(1R)-2,6,6-Trimethylbicyclo[3.1.1]hept-2-ene	$C_{10}H_{16}$	7785-70-8	0.55	(+)-α-蒎烯	萜烯及其衍生物
18	10.15	1,3,8-p-Mentha-triene	$C_{10}H_{14}$	18368-95-1	0.39	1,3,8-对-薄荷基三烯	萜烯及其衍生物
19	10.95	p-Mentha-1,5,8-triene	$C_{10}H_{14}$	21195-59-5	0.36	1,5,8-对-薄荷基三烯	萜烯及其衍生物

（续表）

编号	保留时间（min）	化合物	分子式	CAS 号	面积加和百分比（%）	中文名称	类别
20	3.12	Propanenitrile, 3-(5-diethylamino-1-mcthyl-3-pcntynyloxy)-	$C_{13}H_{22}N_2O$	16454-78-7	0.34	3-（5-二乙氨基-1-甲基-3-戊炔氧基）丙腈	其他
21	20.08	Caryophyllene	$C_{15}H_{24}$	87-44-5	0.32	石竹烯	萜烯及其衍生物
22	22.15	1H-Cyclopropa[a]naphthalene, deca-hydro-1,1,3a-tri-methyl-7-methyl-ene-,[1aS-(1aalpha,3aalpha,7abeta,7balpha)]-	$C_{15}H_{24}$	20071-49-2	0.26	1,1,3a-三甲基-7-亚甲基十氢-1H-环丙烯[a]萘	其他
23	7.75	trans-beta-Ocimene	$C_{10}H_{16}$	3779-61-1	0.23	反式-β-罗勒烯	萜烯及其衍生物
24	0.50	Alanine	$C_3H_7NO_2$	56-41-7	0.22	丙氨酸	其他
25	21.02	Humulene	$C_{15}H_{24}$	6753-98-6	0.19	葎草烯	萜烯及其衍生物
26	3.08	2-Hexenal, (E)-	$C_6H_{10}O$	6728-26-3	0.17	反式-2-己烯醛	醛类
27	8.43	gamma-Terpinene	$C_{10}H_{16}$	99-85-4	0.17	γ-萜品烯	萜烯及其衍生物
28	3.34	Cyclopentane, (3-methylbutyl)-	$C_{10}H_{20}$	1005-68-1	0.16	异戊基环戊烷	其他
29	4.02	4-Ethylbenzoic acid, 6-ethyl-3-octyl ester	$C_{19}H_{30}O_2$	1000293-32-3	0.16	4-乙基苯甲酸,6-乙基-3-辛酯	酯类
30	11.29	p-Mentha-1,8-dien-7-ol	$C_{10}H_{16}O$	536-59-4	0.16	紫苏醇	萜烯及其衍生物
31	13.82	1-Cyclohexene-1-carboxaldehyde, 2,6,6-trimethyl-	$C_{10}H_{16}O$	432-25-7	0.16	β-环柠檬醛	萜烯及其衍生物
32	2.92	2-Butenoic acid, ethyl ester, (E)-	$C_6H_{10}O_2$	623-70-1	0.15	巴豆酸乙酯	酯类
33	11.58	Carveol	$C_{10}H_{16}O$	99-48-9	0.15	香芹醇	萜烯及其衍生物
34	21.46	(4S,4aR,6R)-4,4a-Dimethyl-6-(prop-1-en-2-yl)-1,2,3,4,4a,5,6,7-octahydron-aphthalene	$C_{15}H_{24}$	54868-40-5	0.15	（4S,4aR,6R）-4,4a-二甲基-6-（丙烯-1-烯-2-基）-1,2,3,4,4a,5,6,7-八氢萘	萜烯及其衍生物

（续表）

编号	保留时间（min）	化合物	分子式	CAS 号	面积加和百分比（%）	中文名称	类别
35	3.25	Acetamide, N－benzyl-2－(4H－[1,2,4]triazol-3-yl)－	$C_{11}H_{12}N_4O$	1000302-15-7	0.14	N-苄基-2-(4H-[1,2,4]三唑-3-基)乙酰胺	其他
36	22.09	Naphthalene, 1,2,3,5,6,7,8,8a-octahydro－1,8a－dimethyl－7－(1－methylethenyl)－,[1R-(1alpha,7beta,8aalpha)]－	$C_{15}H_{24}$	4630-07-3	0.14	(+)－瓦伦亚烯	萜烯及其衍生物
37	12.34	cis－p－mentha－1(7),8-dien-2-ol	$C_{10}H_{16}O$	1000374-16-8	0.11	顺式－对－薄荷基－1(7),8－二烯－1－醇	萜烯及其衍生物
38	14.38	cis－p－Mentha－2,8-dien-1-ol	$C_{10}H_{16}O$	3886-78-0	0.11	顺式－对－薄荷基－2,8－二烯－1－醇	萜烯及其衍生物
39	1.06	Butanal,2-methyl-	$C_5H_{10}O$	96-17-3	0.10	2－甲基丁醛	醛类
40	12.27	3-Cyclohexene-1-methanol, 5－hydroxy-alpha,alpha,4-trimethyl-,(1S-trans)－	$C_{10}H_{18}O_2$	38235-58-4	0.10	(1S-反式)－5-羟基-α,α,4－三甲基-3-环己烯-1-甲醇	醇类

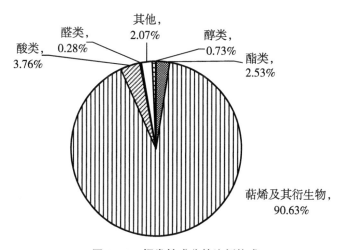

图 17-2 挥发性成分的比例构成

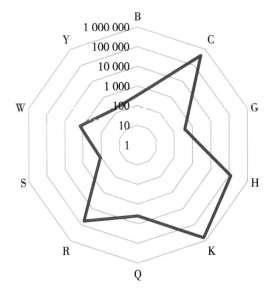

B—冰凉香；C—柑橘香；G—青香；H—药香；K—松柏香；
Q—香膏香；R—玫瑰香；S—辛香料香；W—木香；Y—土壤香

图 17-3 香韵分布雷达

18. 热品 16 号（海南儋州）

经 GC-MS 检测和分析（图 18-1），其果肉中挥发性成分相对含量超过 0.1% 的共有 30 种化合物（表 18-1），主要为萜烯类化合物，占 93.09%（图 18-2），其中，比例最高的挥发性成分为 3-蒈烯，占 73.04%。

已知挥发性成分的气味 ABC 分析显示：果肉香味主要涵盖 12 种香型，各香味荷载从大到小依次为松柏香、药香、玫瑰香、柑橘香、脂肪香、木香、香膏香、青香、土壤香、果香、冰凉香、辛香料香；其中，松柏香、药香、玫瑰香荷载远大于其他香味，可视为该杞果的主要香韵（图 18-3）。

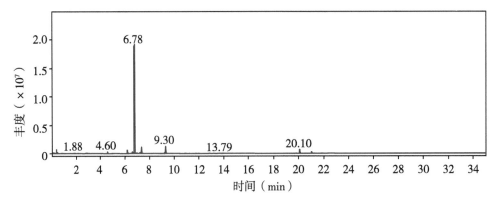

图 18-1 挥发性成分总离子流

表 18-1 挥发性成分 GC-MS 分析结果

编号	保留时间（min）	化合物	分子式	CAS 号	面积加和百分比（%）	中文名称	类别
1	6.78	3-Carene	$C_{10}H_{16}$	13466-78-9	73.04	3-蒈烯	萜烯及其衍生物
2	9.30	Cyclohexene,1-methyl-4-（1-methylethylidene）-	$C_{10}H_{16}$	586-62-9	5.40	萜品油烯	萜烯及其衍生物
3	7.35	D-Limonene	$C_{10}H_{16}$	5989-27-5	4.93	D-柠檬烯	萜烯及其衍生物
4	20.10	Caryophyllene	$C_{15}H_{24}$	87-44-5	2.46	石竹烯	萜烯及其衍生物
5	6.17	beta-Myrcene	$C_{10}H_{16}$	123-35-3	2.29	β-月桂烯	萜烯及其衍生物
6	21.05	1,4,7,-Cycloundecatriene,1,5,9,9-tetramethyl-,Z,Z,Z-	$C_{15}H_{24}$	1000062-61-9	1.15	1,5,9,9-四甲基-1,4,7-环己三烯	其他
7	0.41	n-Hexane	C_6H_{14}	110-54-3	1.08	正己烷	其他
8	6.59	alpha-Phellandrene	$C_{10}H_{16}$	99-83-2	0.98	α-水芹烯	萜烯及其衍生物
9	7.22	trans-3-Caren-2-ol	$C_{10}H_{16}O$	1000151-75-4	0.90	反式3-蒈烯-2-醇	萜烯及其衍生物
10	4.60	（1R）-2,6,6-Trimethylbicyclo［3.1.1］hept-2-ene	$C_{10}H_{16}$	7785-70-8	0.80	（+）-α-蒎烯	萜烯及其衍生物
11	2.85	3-Hexen-1-ol,（E）-	$C_6H_{12}O$	928-97-2	0.72	反式-3-己烯-1-醇	醇类
12	6.97	1,3-Cyclohexadiene,1-methyl-4-（1-methylethyl）-	$C_{10}H_{16}$	99-86-5	0.62	α-萜品烯	萜烯及其衍生物
13	0.47	Furan,2-methyl-	C_5H_6O	534-22-5	0.60	2-甲基呋喃	其他
14	9.22	Cyclohexene,3-methyl-6-（1-methylethylidene）-	$C_{10}H_{16}$	586-63-0	0.54	闹二烯	萜烯及其衍生物
15	2.11	Methacrylic acid,ethyl ester	$C_6H_{10}O_2$	97-63-2	0.52	甲基丙烯酸乙酯	酯类
16	1.88	Hexanal	$C_6H_{12}O$	66-25-1	0.36	己醛	醛类

（续表）

编号	保留时间（min）	化合物	分子式	CAS 号	面积加和百分比（%）	中文名称	类别
17	3.07	4-Penten-1-ol, 3-methyl-	$C_6H_{12}O$	51174-44-8	0.29	3-甲基-4-戊烯-1-醇	醇类
18	0.12	Cyclobutanol	C_4H_8O	2919-23-5	0.25	环丁醇	醇类
19	0.21	Pentanal, 2-methyl-	$C_6H_{12}O$	123-15-9	0.25	2-甲基戊醛	醛类
20	1.16	2-Butenoic acid, methyl ester, (Z)-	$C_5H_8O_2$	4358-59-2	0.23	(Z)-2-丁烯酸甲酯	酯类
21	0.90	Furan, 2-ethyl-	C_6H_8O	3208-16-0	0.22	2-乙基-呋喃	其他
22	0.26	2-Buten-1-ol, 3-methyl-, acetate	$C_7H_{12}O_2$	1191-16-8	0.20	3-甲基-2-丁烯-1-醇乙酸酯	酯类
23	6.49	Cyclohexene, 5-methyl-3-(1-methylethenyl)-, trans-(-)-	$C_{10}H_{16}$	56816-08-1	0.19	反式-5-甲基-3-(1-甲基乙烯基)环己烯	其他
24	0.80	2H-Pyran, 3,4-dihydro-	C_5H_8O	110-87-2	0.18	3,4-二氢-2H-吡喃	其他
25	10.88	2-Cyclohexen-1-ol, 1-methyl-4-(1-methylethenyl)-, trans-	$C_{10}H_{16}O$	7212-40-0	0.15	反式-1-甲基-4-(1-甲基乙烯基)-2-环己烯-1-醇	醇类
26	21.25	(1R,9R,E)-4,11,11-Trimethyl-8-methylenebicyclo[7.2.0]undec-4-ene	$C_{15}H_{24}$	68832-35-9	0.13	(1R,9R,E)-4,11,11-三甲基-8-亚甲基二环[7.2.0]十一碳-4-烯	萜烯及其衍生物
27	0.16	Dimethyl ether	C_2H_6O	115-10-6	0.12	二甲醚	其他
28	0.77	1-Penten-3-ol	$C_5H_{10}O$	616-25-1	0.12	1-戊烯-3-醇	醇类
29	0.86	(R*,S*)-5-Hydroxy-4-methyl-3-heptanone	$C_8H_{16}O_2$	71699-35-9	0.11	(4S,5R)-5-羟基-4-甲基-3-庚酮	酮及内酯
30	3.77	Heptanal	$C_7H_{14}O$	111-71-7	0.10	庚醛	醛类

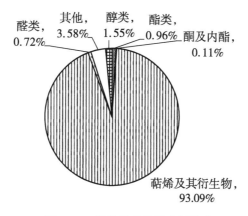

图 18-2 挥发性成分的比例构成

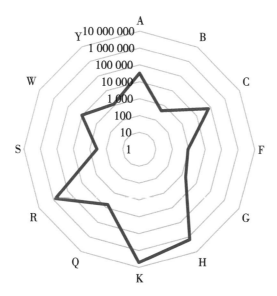

A—脂肪香；B—冰凉香；C—柑橘香；F—果香；G—青香；H—药香；
K—松柏香；Q—香膏香；R—玫瑰香；S—辛香料香；W—木香；Y—土壤香

图 18-3 香韵分布雷达

19. 金煌杧（广西百色田东）

经 GC-MS 检测和分析（图 19-1），其果肉中挥发性成分相对含量超过 0.1% 的共有 10 种化合物（表 19-1），主要为醇类化合物，占 71.06%（图 19-2），其中，比例最高的挥发性成分为反式-3-己烯-1-醇，占 66.00%。

已知挥发性成分的气味 ABC 分析显示：果肉香味主要涵盖 6 种香型，各香味荷载从大到小依次为脂肪香、松柏香、青香、药香、玫瑰香、柑橘香；其中，脂肪香、松柏香荷载远大于其他香味，可视为该杧果的主要香韵（图 19-3）。

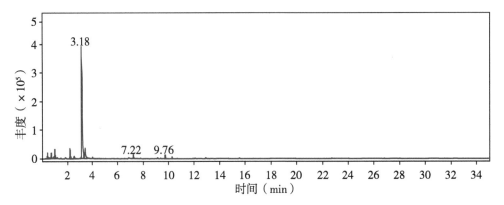

图 19-1　挥发性成分总离子流

表 19-1　挥发性成分 GC-MS 分析结果

编号	保留时间（min）	化合物	分子式	CAS 号	面积加和百分比（%）	中文名称	类别
1	3.18	3 - Hexen - 1 - ol，(E) -	$C_6H_{12}O$	928-97-2	66.00	反式-3-己烯-1-醇	醇类
2	3.43	Cyclohexane，(1,1-dimethylethyl) -	$C_{10}H_{20}$	3178-22-1	10.49	叔丁基环己烷	其他
3	2.22	2-Hexenal，(E) -	$C_6H_{10}O$	6728-26-3	6.08	反式-2-己烯醛	醛类
4	0.73	2，5 - Diamino - 2 - methylpentanoic acid	$C_6H_{14}N_2O_2$	1000191-43-4	2.15	2，5-二氨基-2-甲基戊酸	酸类
5	0.46	Propanal	C_3H_6O	123-38-6	2.10	丙醛	醛类
6	9.76	Cyclohexene，1-methyl-4-(1-methylethylidene) -	$C_{10}H_{16}$	586-62-9	1.97	萜品油烯	萜烯及其衍生物
7	7.22	3-Carene	$C_{10}H_{16}$	13466-78-9	1.90	3-蒈烯	萜烯及其衍生物
8	10.28	Nonanal	$C_9H_{18}O$	124-19-6	0.84	壬醛	醛类
9	0.97	Butanal，2-methyl-	$C_5H_{10}O$	96-17-3	0.69	2-甲基丁醛	醛类
10	0.42	Propanal	C_3H_6O	123-38-6	0.66	丙醛	醛类

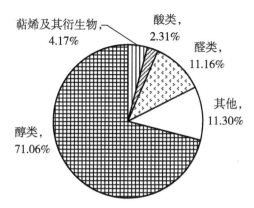

图 19-2 挥发性成分的比例构成

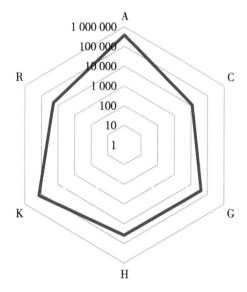

A—脂肪香；C—柑橘香；G—青香；H—药香；K—松柏香；R—玫瑰香

图 19-3 香韵分布雷达

20. 金穗杧（广西百色田东）

经 GC-MS 检测和分析（图 20-1），其果肉中挥发性成分相对含量超过 0.1% 的共有 24 种化合物（表 20-1），主要为萜烯类化合物，占 69.31%（图 20-2），其中，比例最高的挥发性成分为萜品油烯，占 55.82%。

已知挥发性成分的气味 ABC 分析显示：果肉香味主要涵盖 9 种香型，各香味荷载从大到小依次为松柏香、柑橘香、药香、玫瑰香、木香、香膏香、土壤香、冰凉香、辛香料香；其中，松柏香、柑橘香荷载远大于其他香味，可视为该杧果的主要香韵（图 20-3）。

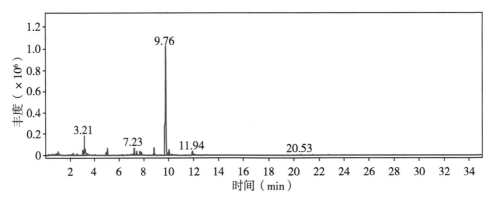

图 20-1　挥发性成分总离子流

表 20-1　挥发性成分 GC-MS 分析结果

编号	保留时间（min）	化合物	分子式	CAS 号	面积加和百分比（%）	中文名称	类别
1	9.76	Cyclohexene,1-methyl-4-(1-methylethylidene)-	$C_{10}H_{16}$	586-62-9	55.82	萜品油烯	萜烯及其衍生物
2	3.21	3-Hexen-1-ol,(E)-	$C_6H_{12}O$	928-97-2	10.62	反式-3-己烯-1-醇	醇类
3	8.83	3(2H)-Furanone,4-methoxy-2,5-dimethyl-	$C_7H_{10}O_3$	4077-47-8	3.78	4-甲氧基-2,5-二甲基-3(2H)-呋喃酮	其他
4	10.02	(Z,Z)-3,6-Nonadienal	$C_9H_{14}O$	21944-83-2	3.43	顺式-3,顺式-6-壬二烯醛	醛类
5	7.23	3-Carene	$C_{10}H_{16}$	13466-78-9	3.18	3-蒈烯	萜烯及其衍生物
6	3.07	3-Hexen-1-ol,(E)-	$C_6H_{12}O$	928-97-2	2.96	反式-3-己烯-1-醇	醇类
7	5.04	(1R)-2,6,6-Trimethylbicyclo[3.1.1]hept-2-ene	$C_{10}H_{16}$	7785-70-8	2.71	(+)-α-蒎烯	萜烯及其衍生物
8	7.69	Benzene,1-methyl-3-(1-methylethyl)-	$C_{10}H_{14}$	535-77-3	2.08	间伞花烃	其他
9	11.94	2,6-Nonadienal,(E,E)-	$C_9H_{14}O$	17587-33-6	1.95	(E,E)-2,6-壬二烯醛	醛类
10	7.80	3-Carene	$C_{10}H_{16}$	13466-78-9	1.67	3-蒈烯	萜烯及其衍生物
11	7.43	1,3-Cyclohexadiene,1-methyl-4-(1-methylethyl)-	$C_{10}H_{16}$	99-86-5	1.48	α-萜品烯	萜烯及其衍生物

（续表）

编号	保留时间（min）	化合物	分子式	CAS 号	面积加和百分比（%）	中文名称	类别
12	2.24	3 - Methylpenta - 1, 3 - diene - 5 - ol, (E) -	$C_6H_{10}O$	1572-08-3	0.81	(E)-3-甲基戊-1,3-二烯-5-醇	醇类
13	3.45	Cyclopentane, (2 - methylpropyl) -	C_9H_{18}	3788-32-7	0.77	异丁基环戊烷	其他
14	12.06	2-Nonyn-1-ol	$C_9H_{16}O$	5921-73-3	0.62	2-壬烯-1-醇	醇类
15	0.61	Pentanoic acid, ethyl ester	$C_7H_{14}O_2$	539-82-2	0.53	戊酸乙酯	酯类
16	10.28	11-Tridecyn-1-ol	$C_{13}H_{24}O$	33925-75-6	0.50	11-十三炔-1-醇	醇类
17	2.08	1 - Pentene, 3, 3 - dimethyl-	C_7H_{14}	3404-73-7	0.35	3,3-二甲基-1-戊烯	其他
18	0.77	Pentanoic acid, ethyl ester	$C_7H_{14}O_2$	539-82-2	0.28	戊酸乙酯	酯类
19	6.24	Bicyclo [3.1.0] hex - 2 - ene, 4 - methyl - 1 - (1 - methylethyl) -	$C_{10}H_{16}$	28634-89-1	0.27	β-侧柏烯	萜烯及其衍生物
20	4.05	Oxime -, methoxy - phenyl-_	$C_8H_9NO_2$	1000222-86-6	0.24	N-羟基-苯甲亚胺酸甲酯	酯类
21	7.04	alpha-Phellandrene	$C_{10}H_{16}$	99-83-2	0.20	α-水芹烯	萜烯及其衍生物
22	0.31	Propanal	C_3H_6O	123-38-6	0.19	丙醛	醛类
23	20.53	Caryophyllene	$C_{15}H_{24}$	87-44-5	0.18	石竹烯	萜烯及其衍生物
24	6.63	beta-Myrcene	$C_{10}H_{16}$	123-35-3	0.17	β-月桂烯	萜烯及其衍生物

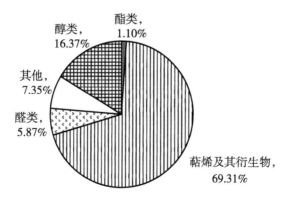

图 20-2 挥发性成分的比例构成

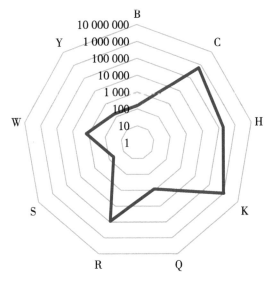

B—冰凉香；C—柑橘香；H—药香；K—松柏香；
Q—香膏香；R—玫瑰香；S—辛香料香；W—木香；Y—土壤香

图 20-3　香韵分布雷达

21. 台农 1 号（广西百色田东）

经 GC-MS 检测和分析（图 21-1），其果肉中挥发性成分相对含量超过 0.1% 的共有 12 种化合物（表 21-1），主要为萜烯类化合物，占 99.28%（图 21-2），其中，比例最高的挥发性成分为萜品油烯，占 80.96%。

已知挥发性成分的气味 ABC 分析显示：果肉香味主要涵盖 6 种香型，各香味荷载从大到小依次为松柏香、柑橘香、药香、玫瑰香、香膏香、冰凉香；其中，松柏香、柑橘香荷载远大于其他香味，可视为该杧果的主要香韵（图 21-3）。

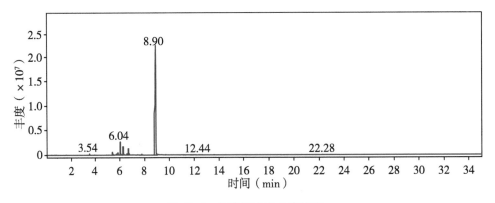

图 21-1　挥发性成分总离子流

表 21-1 挥发性成分 GC-MS 分析结果

编号	保留时间（min）	化合物	分子式	CAS 号	面积加和百分比（%）	中文名称	类别
1	8.90	Cyclohexene,1-methyl-4-(1-methylethylidene)-	$C_{10}H_{16}$	586-62-9	80.96	萜品油烯	萜烯及其衍生物
2	6.04	3-Carene	$C_{10}H_{16}$	13466-78-9	6.08	3-蒈烯	萜烯及其衍生物
3	6.27	Cyclohexene,1-methyl-4-(1-methylethylidene)-	$C_{10}H_{16}$	586-62-9	4.06	萜品油烯	萜烯及其衍生物
4	6.69	Cyclohexane,1-methylene-4-(1-methylethenyl)-	$C_{10}H_{16}$	499-97-8	3.47	伪柠檬烯	萜烯及其衍生物
5	5.39	beta-Myrcene	$C_{10}H_{16}$	123-35-3	1.42	β-月桂烯	萜烯及其衍生物
6	5.84	alpha-Phellandrene	$C_{10}H_{16}$	99-83-2	1.06	α-水芹烯	萜烯及其衍生物
7	6.55	Benzene,1-methyl-3-(1-methylethyl)-	$C_{10}H_{14}$	535-77-3	0.72	间伞花烃	其他
8	3.54	(1R)-2,6,6-Trimethylbicyclo[3.1.1]hept-2-ene	$C_{10}H_{16}$	7785-70-8	0.46	(+)-α-蒎烯	萜烯及其衍生物
9	5.71	(+)-4-Carene	$C_{10}H_{16}$	29050-33-7	0.45	4-蒈烯	萜烯及其衍生物
10	7.78	gamma-Terpinene	$C_{10}H_{16}$	99-85-4	0.39	γ-萜品烯	萜烯及其衍生物
11	7.42	3-Carene	$C_{10}H_{16}$	13466-78-9	0.17	3-蒈烯	萜烯及其衍生物
12	7.05	trans-beta-Ocimene	$C_{10}H_{16}$	3779-61-1	0.12	反式-β-罗勒烯	萜烯及其衍生物

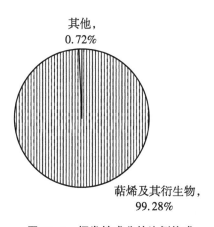

其他，
0.72%

萜烯及其衍生物，
99.28%

图 21-2 挥发性成分的比例构成

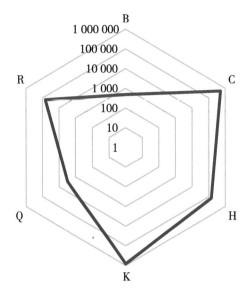

B—冰凉香；C—柑橘香；H—药香；K—松柏香；Q—香膏香；R—玫瑰香

图 21-3　香韵分布雷达

22. 红玉杞（四川攀枝花）

经 GC-MS 检测和分析（图 22-1），其果肉中挥发性成分相对含量超过 0.1% 的共有 31 种化合物（表 22-1），主要为萜烯类化合物，占 84.47%（图 22-2），其中，比例最高的挥发性成分为萜品油烯，占 52.86%。

已知挥发性成分的气味 ABC 分析显示：果肉香味主要涵盖 12 种香型，各香味荷载从大到小依次为松柏香、柑橘香、药香、玫瑰香、脂肪香、青香、香膏香、木香、果香、冰凉香、土壤香、辛香料香；其中，松柏香、柑橘香、药香、玫瑰香、脂肪香荷载远大于其他香味，可视为该杞果的主要香韵（图 22-3）。

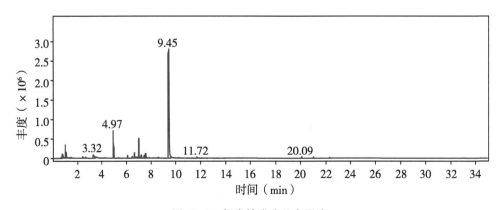

图 22-1　挥发性成分总离子流

表 22-1　挥发性成分 GC-MS 分析结果

编号	保留时间（min）	化合物	分子式	CAS 号	面积加和百分比（%）	中文名称	类别
1	9.45	Cyclohexene,1-methyl-4-(1-methylethylidene)-	$C_{10}H_{16}$	586-62-9	52.86	萜品油烯	萜烯及其衍生物
2	4.97	alpha-Pinene	$C_{10}H_{16}$	80-56-8	9.33	α-蒎烯	萜烯及其衍生物
3	7.01	3-Carene	$C_{10}H_{16}$	13466-78-9	7.77	3-蒈烯	萜烯及其衍生物
4	3.32	3-Hexen-1-ol,(E)-	$C_6H_{12}O$	928-97-2	3.81	反式-3-己烯-1-醇	醇类
5	7.58	D-Limonene	$C_{10}H_{16}$	5989-27-5	3.00	D-柠檬烯	萜烯及其衍生物
6	1.07	Ethyl Acetate	$C_4H_8O_2$	141-78-6	2.93	乙酸乙酯	酯类
7	1.01	n-Hexane	C_6H_{14}	110-54-3	2.74	正己烷	其他
8	7.21	1,3-Cyclohexadiene,1-methyl-4-(1-methylethyl)-	$C_{10}H_{16}$	99-86-5	1.58	α-萜品烯	萜烯及其衍生物
9	7.45	o-Cymene	$C_{10}H_{14}$	527-84-4	1.58	邻伞花烃	萜烯及其衍生物
10	0.77	Dimethyl ether	C_2H_6O	115-10-6	1.20	二甲醚	其他
11	6.08	Bicyclo［3.1.1］heptane,6,6-dimethyl-2-methylene-,(1S)-	$C_{10}H_{16}$	18172-67-3	1.01	(-)-β-蒎烯	萜烯及其衍生物
12	0.81	Methyl isocyanide	C_2H_3N	593-75-9	0.91	甲基异腈	其他
13	2.42	Hexanal	$C_6H_{12}O$	66-25-1	0.85	己醛	醛类
14	6.45	beta-Myrcene	$C_{10}H_{16}$	123-35-3	0.79	β-月桂烯	萜烯及其衍生物
15	8.58	3(2H)-Furanone,4-methoxy-2,5-dimethyl-	$C_7H_{10}O_3$	4077-47-8	0.77	4-甲氧基-2,5-二甲基-3(2H)-呋喃酮	其他
16	20.09	Caryophyllene	$C_{15}H_{24}$	87-44-5	0.69	石竹烯	萜烯及其衍生物
17	21.03	Humulene	$C_{15}H_{24}$	6753-98-6	0.55	葎草烯	萜烯及其衍生物
18	0.72	Cyclobutanol	C_4H_8O	2919-23-5	0.53	环丁醇	醇类
19	6.85	alpha-Phellandrene	$C_{10}H_{16}$	99-83-2	0.50	α-水芹烯	萜烯及其衍生物
20	6.74	(+)-2-Carene	$C_{10}H_{16}$	1000149-94-6	0.44	(+)-2-蒈烯	萜烯及其衍生物
21	3.52	4-Penten-1-ol,3-methyl-	$C_6H_{12}O$	51174-44-8	0.31	3-甲基-4-戊烯-1-醇	醇类

（续表）

编号	保留时间（min）	化合物	分子式	CAS 号	面积加和百分比（%）	中文名称	类别
22	7.85	trans - beta - Ocimene	$C_{10}H_{16}$	3779-61-1	0.29	反式-β-罗勒烯	萜烯及其衍生物
23	8.17	beta-Ocimene	$C_{10}H_{16}$	13877-91-3	0.26	β-罗勒烯	萜烯及其衍生物
24	8.50	gamma-Terpinene	$C_{10}H_{16}$	99-85-4	0.24	γ-萜品烯	萜烯及其衍生物
25	0.66	Amphetamine - 3 - methyl	$C_{10}H_{15}N$	588-06-7	0.21	3-甲基安非他明	其他
26	1.49	Formic acid,cis-4-methylcyclohexyl ester	$C_8H_{14}O_2$	1000368-24-7	0.19	4-甲基环己基甲酸酯	酯类
27	5.35	Camphene	$C_{10}H_{16}$	79-92-5	0.18	莰烯	萜烯及其衍生物
28	1.37	1-Penten-3-ol	$C_5H_{10}O$	616-25-1	0.17	1-戊烯-3-醇	醇类
29	10.22	8-Hydroxymethyl-trans-bicyclo［4.3.0］non-3-ene	$C_{10}H_{16}O$	1000099-21-8	0.17	8-羟甲基-反式-二环[4.3.0]壬-3-烯	其他
30	11.00	p-Mentha-1,5,8-triene	$C_{10}H_{14}$	21195-59-5	0.16	1,5,8-对-薄荷基三烯	萜烯及其衍生物
31	4.20	4-Ethylbenzoic acid, cyclohexyl ester	$C_{15}H_{20}O_2$	1000293-32-1	0.15	4-乙基苯甲酸环己酯	酯类

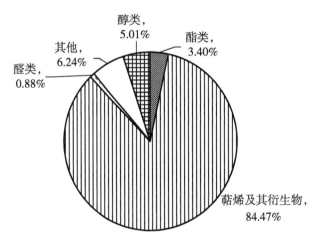

图 22-2 挥发性成分的比例构成

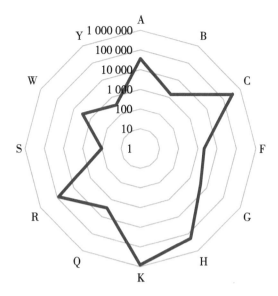

A—脂肪香；B—冰凉香；C—柑橘香；F—果香；G—青香；H—药香；
K—松柏香；Q—香膏香；R—玫瑰香；S—辛香料香；W—木香；Y—土壤香

图 22-3　香韵分布雷达

23. 金桂杞（四川攀枝花）

经 GC-MS 检测和分析（图 23-1），其果肉中挥发性成分相对含量超过 0.1% 的共有 22 种化合物（表 23-1），主要为萜烯类化合物，占 99.30%（图 23-2），其中，比例最高的挥发性成分为萜品油烯，占 73.03%。

已知挥发性成分的气味 ABC 分析显示：果肉香味主要涵盖 12 种香型，各香味荷载从大到小依次为松柏香、柑橘香、药香、玫瑰香、脂肪香、香膏香、木香、冰凉香、青香、果香、土壤香、辛香料香；其中，松柏香、柑橘香荷载远大于其他香味，可视为该杞果的主要香韵（图 23-3）。

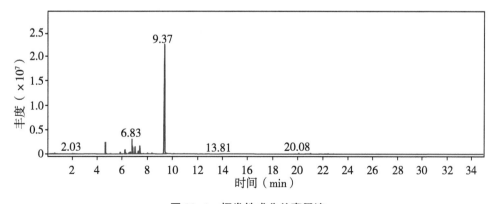

图 23-1　挥发性成分总离子流

表 23-1　挥发性成分 GC-MS 分析结果

编号	保留时间（min）	化合物	分子式	CAS 号	面积加和百分比（%）	中文名称	类别
1	9.37	Cyclohexene,1-methyl-4-(1-methylethylidene)-	$C_{10}H_{16}$	586-62-9	73.03	萜品油烯	萜烯及其衍生物
2	6.83	3-Carene	$C_{10}H_{16}$	13466-78-9	6.17	3-蒈烯	萜烯及其衍生物
3	4.69	(1R)-2,6,6-Trimethylbicyclo[3.1.1]hept-2-ene	$C_{10}H_{16}$	7785-70-8	4.54	(+)-α-蒎烯	萜烯及其衍生物
4	7.40	D-Limonene	$C_{10}H_{16}$	5989-27-5	4.07	D-柠檬烯	萜烯及其衍生物
5	7.02	Cyclohexene,1-methyl-4-(1-methylethylidene)-	$C_{10}H_{16}$	586-62-9	3.20	萜品油烯	萜烯及其衍生物
6	6.24	beta-Myrcene	$C_{10}H_{16}$	123-35-3	1.92	β-月桂烯	萜烯及其衍生物
7	7.27	o-Cymene	$C_{10}H_{14}$	527-84-4	1.38	邻伞花烃	萜烯及其衍生物
8	6.65	alpha-Phellandrene	$C_{10}H_{16}$	99-83-2	0.89	α-水芹烯	萜烯及其衍生物
9	5.85	Bicyclo[3.1.1]heptane,6,6-dimethyl-2-methylene-,(1S)-	$C_{10}H_{16}$	18172-67-3	0.66	(-)-β-蒎烯	萜烯及其衍生物
10	8.02	beta-Ocimene	$C_{10}H_{16}$	13877-91-3	0.47	β-罗勒烯	萜烯及其衍生物
11	8.36	gamma-Terpinene	$C_{10}H_{16}$	99-85-4	0.43	γ-萜品烯	萜烯及其衍生物
12	6.54	(+)-4-Carene	$C_{10}H_{16}$	29050-33-7	0.42	4-蒈烯	萜烯及其衍生物
13	20.08	Caryophyllene	$C_{15}H_{24}$	87-44-5	0.34	石竹烯	萜烯及其衍生物
14	21.03	Humulene	$C_{15}H_{24}$	6753-98-6	0.26	葎草烯	萜烯及其衍生物
15	0.57	n-Hexane	C_6H_{14}	110-54-3	0.24	正己烷	其他
16	2.03	Hexanal	$C_6H_{12}O$	66-25-1	0.19	己醛	醛类
17	22.42	Azulene,1,2,3,5,6,7,8,8a-octahydro-1,4-dimethyl-7-(1-methylethenyl)-,[1S-(1alpha,7alpha,8abeta)]-	$C_{15}H_{24}$	3691-11-0	0.14	D-愈创木烯	萜烯及其衍生物
18	0.37	1-Propene,3-propoxy-	$C_6H_{12}O$	1471-03-0	0.13	3-丙氧基-1-丙烯	其他
19	7.69	trans-beta-Ocimene	$C_{10}H_{16}$	3779-61-1	0.13	反式-β-罗勒烯	萜烯及其衍生物

（续表）

编号	保留时间 （min）	化合物	分子式	CAS 号	面积加和 百分比 （%）	中文名称	类别
20	8.44	3（2H）-Furanone,4 - methoxy - 2,5 - dimethyl-	$C_7H_{10}O_3$	4077-47-8	0.13	4-甲氧基-2,5-二甲基-3（2H）-呋喃酮	其他
21	5.09	Camphene	$C_{10}H_{16}$	79-92-5	0.11	莰烯	萜烯及其衍生物
22	10.12	1,3,8-p-Mentha-triene	$C_{10}H_{14}$	18368-95-1	0.10	1,3,8-对-薄荷基三烯	萜烯及其衍生物

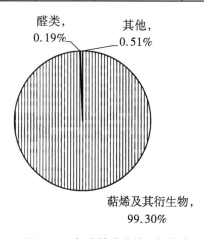

图 23-2 挥发性成分的比例构成

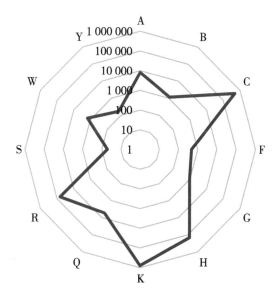

A—脂肪香；B—冰凉香；C—柑橘香；F—果香；G—青香；H—药香；K—松柏香；
Q—香膏香；R—玫瑰香；S—辛香料香；W—木香；Y—土壤香

图 23-3 香韵分布雷达

24. 南逗迈4号（四川攀枝花）

经GC-MS检测和分析（图24-1），其果肉中挥发性成分相对含量超过0.1%的共有32种化合物（表24-1），主要为萜烯类化合物，占79.94%（图24-2），其中，比例最高的挥发性成分为反式-β-罗勒烯，占44.56%。

已知挥发性成分的气味ABC分析显示：果肉香味主要涵盖9种香型，各香味荷载从大到小依次为木香、脂肪香、土壤香、青香、辛香料香、柑橘香、松柏香、果香、药香；其中，木香、脂肪香荷载远大于其他香味，可视为该杧果的主要香韵（图24-3）。

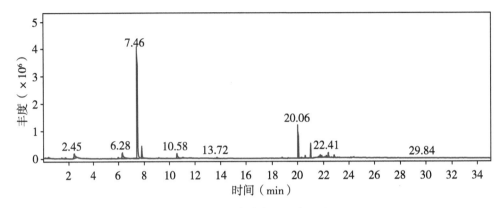

图24-1　挥发性成分总离子流

表24-1　挥发性成分GC-MS分析结果

编号	保留时间（min）	化合物	分子式	CAS号	面积加和百分比（%）	中文名称	类别
1	7.46	trans－beta－Ocimene	$C_{10}H_{16}$	3779－61－1	44.56	反式-β-罗勒烯	萜烯及其衍生物
2	20.06	Caryophyllene	$C_{15}H_{24}$	87－44－5	12.61	石竹烯	萜烯及其衍生物
3	7.80	beta－Ocimene	$C_{10}H_{16}$	13877－91－3	6.03	β-罗勒烯	萜烯及其衍生物
4	21.01	1,4,7,－Cyclounde-catriene,1,5,9,9－tetramethyl－,Z,Z,Z-	$C_{15}H_{24}$	1000062－61－9	5.72	1,5,9,9-四甲基-1,4,7-环己三烯	其他
5	6.28	trans－2－（2-Pentenyl）furan	$C_9H_{12}O$	70424－14－5	5.56	反式－2－（2－戊烯基）呋喃	其他
6	2.45	3－Hexen－1－ol,（E）-	$C_6H_{12}O$	928－97－2	4.56	反式-3-己烯-1-醇	醇类
7	10.58	2,4,6－Octatriene,2,6－dimethyl－,（E,Z）-	$C_{10}H_{16}$	7216－56－0	4.30	（E,Z）-别罗勒烯	萜烯及其衍生物

（续表）

编号	保留时间 （min）	化合物	分子式	CAS 号	面积加和 百分比 （%）	中文名称	类别
8	22.41	Azulene, 1, 2, 3, 5, 6, 7, 8, 8a - octa- hydro-1, 4-dimeth- yl-7-（1-methyle- thenyl）-, ［1S-（1alpha, 7alpha, 8abeta）］-	$C_{15}H_{24}$	3691-11-0	1.85	D - 愈创木烯	萜烯及其衍生物
9	21.76	（1R, 2S, 6S, 7S, 8S）-8-Isopropyl- 1-methyl-3-meth- ylenetricyclo［4.4. 0.02, 7］decane - rel-	$C_{15}H_{24}$	18252-44-3	1.34	β-古巴烯	萜烯及其衍生物
10	22.86	Naphthalene, 1, 2, 3, 5, 6, 8a - hexa- hydro-4, 7-dimeth- yl-1-（1-methyle- thyl）-,（1S-cis）-	$C_{15}H_{24}$	483-76-1	1.06	Δ-杜松烯	萜烯及其衍生物
11	22.24	beta-Longipinene	$C_{15}H_{24}$	41432-70-6	0.94	β-长叶蒎烯	萜烯及其衍生物
12	20.59	alpha-Guaiene	$C_{15}H_{24}$	3691-12-1	0.93	α-愈创木烯	萜烯及其衍生物
13	21.88	3-Buten-2-one, 4- （2, 6, 6-trimethyl- 1-cyclohexen-1- yl）-	$C_{13}H_{20}O$	14901-07-6	0.72	4-（2,6,6-三甲基-1-环己烯-1-基）-3-丁烯-2-酮	酮及内酯
14	11.02	2, 4, 6-Octatriene, 2, 6 - dimethyl -,（E,Z）-	$C_{10}H_{16}$	7216-56-0	0.63	（E,Z）-别罗勒烯	萜烯及其衍生物
15	1.46	Hexanal	$C_6H_{12}O$	66-25-1	0.46	己醛	醛类
16	21.63	（3R, 3aR, 3bR, 4S, 7R, 7aR）-4-Iso- propyl-3, 7-dime- thyloctahydro-1H- cyclopenta［1,3］cy- clopropa［1,2］ben- zen-3-ol	$C_{15}H_{26}O$	38230-60-3	0.46	（3R, 3aR, 3bR,4S,7R, 7aR）-4-异丙基-3,7-二甲基八氢-1H-环戊［1,3］环丙［1,2］苯-3-醇	其他
17	13.72	1-Cyclohexene-1- carboxaldehyde, 2, 6,6-trimethyl-	$C_{10}H_{16}O$	432-25-7	0.45	β-环柠檬醛	萜烯及其衍生物
18	20.31	beta-Ylangene	$C_{15}H_{24}$	1000374-19-1	0.44	β-依兰烯	萜烯及其衍生物

（续表）

编号	保留时间（min）	化合物	分子式	CAS 号	面积加和百分比（%）	中文名称	类别
19	18.79	alpha-Copaene	$C_{15}H_{24}$	1000360-33-0	0.39	α-古巴烯	萜烯及其衍生物
20	22.13	Thujopsene-I3	$C_{15}H_{24}$	1000162-77-8	0.37	I3-岁汉柏烯	萜烯及其衍生物
21	9.16	Cyclohexene,1-methyl-4-(1-methylethylidene)-	$C_{10}H_{16}$	586-62-9	0.28	萜品油烯	萜烯及其衍生物
22	22.63	5-Isopropylidene-6-methyldeca-3,6,9-trien-2-one	$C_{14}H_{20}O$	1000197-84-7	0.28	5-异丙叉-6-甲基癸-3,6,9-烯-2-酮	酮及内酯
23	19.27	Cyclohexane,1-ethenyl-1-methyl-2,4-bis(1-methylethenyl)-,[1S-(1alpha,2beta,4beta)]-	$C_{15}H_{24}$	515-13-9	0.24	(-)-β-榄香烯	萜烯及其衍生物
24	3.44	4-Ethylbenzoic acid,6-ethyl-3-octyl ester	$C_{19}H_{30}O_2$	1000293-32-3	0.23	4-乙基苯甲酸 6-乙基-3-辛酯	酯类
25	25.72	1,4-Di-O-acetyl-2,3,5-tri-O-methylribitol	$C_{12}H_{22}O_7$	84925-40-6	0.22	1,4-二-O-乙酰基-2,3,5-三-O-甲基核糖醇	其他
26	7.16	1,5,5-Trimethyl-6-methylene-cyclohexene	$C_{10}H_{16}$	514-95-4	0.21	1,5,5-三甲基-6-亚甲基-环己烯	其他
27	9.84	Cyclopropaneacetic acid,2-hexyl-	$C_{11}H_{20}O_2$	35936-15-3	0.20	2-己基环丙烷乙酸	酸类
28	24.37	2,5-Octadecadiynoic acid,methyl ester	$C_{19}H_{30}O_2$	57156-91-9	0.20	2,5-十八碳二炔酸甲酯	酯类
29	0.22	Butanal,4-hydroxy-3-methyl-	$C_5H_{10}O_2$	56805-34-6	0.14	4-羟基-3-甲基丁醛	醛类
30	7.34	Cyclohexanone,2,2,6-trimethyl-	$C_9H_{16}O$	2408-37-9	0.14	2,2,6-三甲基环己酮	酮及内酯
31	0.18	Butanal,3-methyl-	$C_5H_{10}O$	590-86-3	0.11	3-甲基丁醛	醛类
32	5.42	beta-Phellandrene	$C_{10}H_{16}$	555-10-2	0.11	β-萜品烯	萜烯及其衍生物

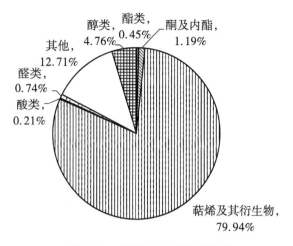

图 24-2　挥发性成分的比例构成

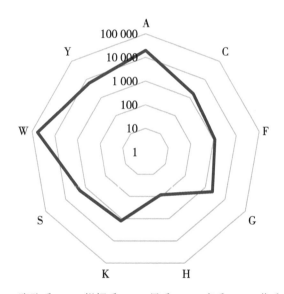

A—脂肪香；C—柑橘香；F—果香；G—青香；H—药香；
K—松柏香；S—辛香料香；W—木香；Y—土壤香

图 24-3　香韵分布雷达

25. 帕拉英达（四川攀枝花）

经 GC-MS 检测和分析（图 25-1），其果肉中挥发性成分相对含量超过 0.1% 的共有 10 种化合物（表 25-1），主要为萜烯类化合物，占 99.45%（图 25-2），其中，比例最高的挥发性成分为 β-罗勒烯，占 78.86%。

已知挥发性成分的气味 ABC 分析显示：果肉香味主要涵盖 7 种香型，各香味荷载从大到小依次为脂肪香、青香、松柏香、药香、柑橘香、果香、香膏香；其中，脂肪香荷载远大于其他香味，可视为该杧果的主要香韵（图 25-3）。

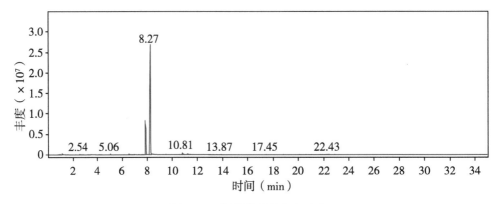

图 25-1 挥发性成分总离子流

表 25-1 挥发性成分 GC-MS 分析结果

编号	保留时间（min）	化合物	分子式	CAS 号	面积加和百分比（%）	中文名称	类别
1	8.27	beta-Ocimene	$C_{10}H_{16}$	13877-91-3	78.86	β-罗勒烯	萜烯及其衍生物
2	7.90	trans - beta - Oci-mene	$C_{10}H_{16}$	3779-61-1	15.08	反式-β-罗勒烯	萜烯及其衍生物
3	10.81	2,4,6 - Octatriene, 2,6 - dimethyl -, (E,Z)-	$C_{10}H_{16}$	7216-56-0	1.58	（E,Z）-别罗勒烯	萜烯及其衍生物
4	11.23	2,4,6 - Octatriene, 2,6 - dimethyl -, (E,Z)-	$C_{10}H_{16}$	7216-56-0	1.11	（E,Z）-别罗勒烯	萜烯及其衍生物
5	1.15	n-Hexane	C_6H_{14}	110-54-3	0.35	正己烷	其他
6	6.52	beta-Myrcene	$C_{10}H_{16}$	123-35-3	0.28	β-月桂烯	萜烯及其衍生物
7	5.06	(1R)-2,6,6-Trimethylbicyclo［3.1.1］hept-2-ene	$C_{10}H_{16}$	7785-70-8	0.25	（+）-α-蒎烯	萜烯及其衍生物
8	2.54	Hexanal	$C_6H_{12}O$	66-25-1	0.19	己醛	醛类
9	9.49	Cyclohexene, 3 - methyl - 6 - (1 - methylethylidene) -	$C_{10}H_{16}$	586-63-0	0.14	闹二烯	萜烯及其衍生物
10	22.43	Azulene, 1, 2, 3, 5, 6, 7, 8, 8a - octa-hydro-1,4-dimeth-yl-7-(1-methyle-thenyl)-,［1S-(1alpha, 7alpha, 8abeta）］-	$C_{15}H_{24}$	3691-11-0	0.13	D-愈创木烯	萜烯及其衍生物

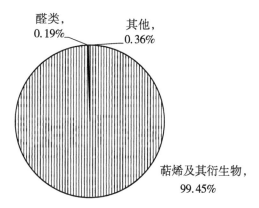

图 25-2 挥发性成分的比例构成

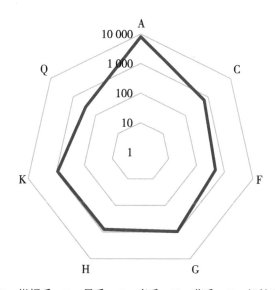

A—脂肪香；C—柑橘香；F—果香；G—青香；H—药香；K—松柏香；Q—香膏香

图 25-3 香韵分布雷达

26. 热品 16 号（海南三亚）

经 GC-MS 检测和分析（图 26-1），其果肉中挥发性成分相对含量超过 0.1% 的共有 30 种化合物（表 26-1），主要为萜烯类化合物，占 90.15%（图 26-2），其中，比例最高的挥发性成分为 3-蒈烯，占 69.85%。

已知挥发性成分的气味 ABC 分析显示：果肉香味主要涵盖 13 种香型，各香味荷载从大到小依次为松柏香、药香、玫瑰香、柑橘香、脂肪香、兰花香、辛香料香、香膏香、青香、木香、果香、冰凉香、土壤香；其中，松柏香、药香荷载远大于其他香味，可视为该杧果的主要香韵（图 26-3）。

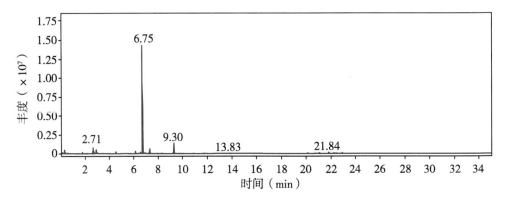

图 26-1 挥发性成分总离子流

表 26-1 挥发性成分 GC-MS 分析结果

编号	保留时间（min）	化合物	分子式	CAS 号	面积加和百分比（%）	中文名称	类别
1	6.75	3-Carene	$C_{10}H_{16}$	13466-78-9	69.85	3-蒈烯	萜烯及其衍生物
2	9.30	Cyclohexene,1-methyl-4-(1-methylethylidene)-	$C_{10}H_{16}$	586-62-9	7.20	萜品油烯	萜烯及其衍生物
3	2.71	3-Hexen-1-ol,(E)-	$C_6H_{12}O$	928-97-2	3.87	反式-3-己烯-1-醇	醇类
4	7.33	D-Limonene	$C_{10}H_{16}$	5989-27-5	3.34	D-柠檬烯	萜烯及其衍生物
5	2.95	1-Hexanol	$C_6H_{14}O$	111-27-3	2.18	正己醇	醇类
6	6.15	beta-Myrcene	$C_{10}H_{16}$	123-35-3	1.37	β-月桂烯	萜烯及其衍生物
7	0.30	n-Hexane	C_6H_{14}	110-54-3	0.97	正己烷	其他
8	2.67	2-Hexenal,(E)-	$C_6H_{10}O$	6728-26-3	0.95	反式-2-己烯醛	醛类
9	4.54	alpha-Pinene	$C_{10}H_{16}$	80-56-8	0.85	α-蒎烯	萜烯及其衍生物
10	21.84	（1R,2S,6S,7S,8S）-8-Isopropyl-1-methyl-3-methylenetricyclo［4.4.0.02,7］decane-rel-	$C_{15}H_{24}$	18252-44-3	0.85	β-古巴烯	萜烯及其衍生物
11	6.57	alpha-Phellandrene	$C_{10}H_{16}$	99-83-2	0.80	α-水芹烯	萜烯及其衍生物
12	6.94	1,3-Cyclohexadiene,1-methyl-4-(1-methylethyl)-	$C_{10}H_{16}$	99-86-5	0.64	α-萜品烯	萜烯及其衍生物
13	1.78	Hexanal	$C_6H_{12}O$	66-25-1	0.63	己醛	醛类

（续表）

编号	保留时间（min）	化合物	分子式	CAS 号	面积加和百分比（%）	中文名称	类别
14	22.93	Naphthalene, 1, 2, 3, 5, 6, 8a - hexahydro-4,7-dimethyl-1-(1-methylethyl)-, (1S-cis)-	$C_{15}H_{24}$	483-76-1	0.55	Δ-杜松烯	萜烯及其衍生物
15	20.15	Caryophyllene	$C_{15}H_{24}$	87-44-5	0.51	石竹烯	萜烯及其衍生物
16	21.09	Humulene	$C_{15}H_{24}$	6753-98-6	0.51	葎草烯	萜烯及其衍生物
17	22.25	(1S, 2E, 6E, 10R)-3,7,11,11-Tetramethylbicyclo[8.1.0]undeca-2,6-diene	$C_{15}H_{24}$	24703-35-3	0.42	(1S,2E,6E,10R)-3,7,11,11-四甲基二环[8.1.0]十一碳-2,6-二烯	其他
18	7.20	trans-3-Caren-2-ol	$C_{10}H_{16}O$	1000151-75-4	0.41	反式3-蒈烯-2-醇	萜烯及其衍生物
19	9.23	Cyclohexene,1-methyl-4-(1-methylethylidene)-	$C_{10}H_{16}$	586-62-9	0.37	萜品油烯	萜烯及其衍生物
20	11.76	trans-3-Caren-2-ol	$C_{10}H_{16}O$	1000151-75-4	0.19	反式3-蒈烯-2-醇	萜烯及其衍生物
21	0.23	Cyclopentane	C_5H_{10}	287-92-3	0.17	环戊烷	其他
22	13.83	1-Cyclohexene-1-carboxaldehyde, 2,6,6-trimethyl-	$C_{10}H_{16}O$	432-25-7	0.17	β-环柠檬醛	萜烯及其衍生物
23	7.97	1,3,6-Octatriene, 3,7-dimethyl-, (Z)-	$C_{10}H_{16}$	3338-55-4	0.14	(Z)-β-罗勒烯	萜烯及其衍生物
24	22.49	Azulene, 1,2,3,5,6,7,8,8a-octahydro-1,4-dimethyl-7-(1-methylethenyl)-, [1S-(1alpha, 7alpha, 8abeta)]-	$C_{15}H_{24}$	3691-11-0	0.14	D-愈创木烯	萜烯及其衍生物
25	8.31	gamma-Terpinene	$C_{10}H_{16}$	99-85-4	0.13	γ-萜品烯	萜烯及其衍生物
26	3.50	Styrene	C_8H_8	100-42-5	0.12	苯乙烯	其他
27	21.95	3-Buten-2-one,4-(2,6,6-trimethyl-1-cyclohexen-1-yl)-	$C_{13}H_{20}O$	14901-07-6	0.12	4-(2,6,6-三甲基-1-环己烯-1-基)-3-丁烯-2-酮	酮及内酯
28	0.56	Butanal, 2-methyl-	$C_5H_{10}O$	96-17-3	0.10	2-甲基丁醛	醛类

（续表）

编号	保留时间（min）	化合物	分子式	CAS号	面积加和百分比（%）	中文名称	类别
29	11.57	2 - Isopropylidene - 5 - methylhex - 4 - enal	$C_{10}H_{16}O$	3304-28-7	0.10	2-异亚丙基-5-甲基己-4-烯醛	醛类
30	11.99	p - Mentha - 1, 5 - dien-8-ol	$C_{10}H_{16}O$	1686-20-0	0.10	对-1,5-薄荷基二烯-8-醇	萜烯及其衍生物

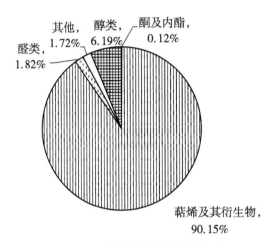

图 26-2　挥发性成分的比例构成

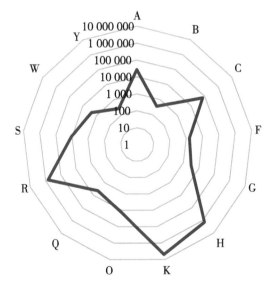

A—脂肪香；B—冰凉香；C—柑橘香；F—果香；G—青香；H—药香；K—松柏香；
O—兰花香；Q—香膏香；R—玫瑰香；S—辛香料香；W—木香；Y—土壤香

图 26-3　香韵分布雷达

27. 圣德隆（海南三亚）

经 GC-MS 检测和分析（图 27-1），其果肉中挥发性成分相对含量超过 0.1%的共有 24 种化合物（表 27-1），主要为萜烯类化合物，占 94.02%（图 27-2），其中，比例最高的挥发性成分为 β-月桂烯，占 63.62%。

已知挥发性成分的气味 ABC 分析显示：果肉香味主要涵盖 9 种香型，各香味荷载从大到小依次为松柏香、药香、柑橘香、玫瑰香、香膏香、冰凉香、木香、土壤香、辛香料香；其中，松柏香、药香荷载远大于其他香味，可视为该杧果的主要香韵（图 27-3）。

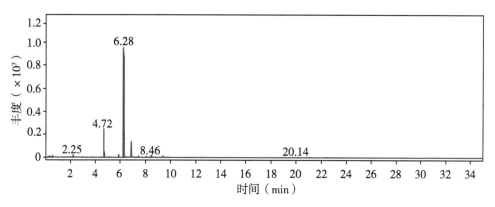

图 27-1　挥发性成分总离子流

表 27-1　挥发性成分 GC-MS 分析结果

编号	保留时间（min）	化合物	分子式	CAS 号	面积加和百分比（%）	中文名称	类别
1	6.28	beta-Myrcene	$C_{10}H_{16}$	123-35-3	63.62	β-月桂烯	萜烯及其衍生物
2	4.72	alpha-Pinene	$C_{10}H_{16}$	80-56-8	14.92	α-蒎烯	萜烯及其衍生物
3	6.86	3-Carene	$C_{10}H_{16}$	13466-78-9	9.63	3-蒈烯	萜烯及其衍生物
4	8.46	3(2H)-Furanone, 4-methoxy-2,5-dimethyl-	$C_7H_{10}O_3$	4077-47-8	1.84	4-甲氧基-2,5-二甲基-3(2H)-呋喃酮	其他
5	5.89	Bicyclo［3.1.1］heptane,6,6-dimethyl-2-methylene-,(1S)-	$C_{10}H_{16}$	18172-67-3	1.52	(-)-β-蒎烯	萜烯及其衍生物
6	2.25	Methacrylic acid, ethyl ester	$C_6H_{10}O_2$	97-63-2	1.47	甲基丙烯酸乙酯	酯类

（续表）

编号	保留时间（min）	化合物	分子式	CAS号	面积加和百分比（%）	中文名称	类别
7	9.38	Cyclohexene,1-methyl-4-(1-methylethylidene)-	$C_{10}H_{16}$	586-62-9	0.87	萜品油烯	萜烯及其衍生物
8	7.44	D-Limonene	$C_{10}H_{16}$	5989-27-5	0.78	D-柠檬烯	萜烯及其衍生物
9	8.06	beta-Ocimene	$C_{10}H_{16}$	13877-91-3	0.72	β-罗勒烯	萜烯及其衍生物
10	0.32	Dimethyl ether	C_2H_6O	115-10-6	0.53	二甲醚	其他
11	0.57	n-Hexane	C_6H_{14}	110-54-3	0.47	正己烷	其他
12	0.62	Ethyl Acetate	$C_4H_8O_2$	141-78-6	0.35	乙酸乙酯	酯类
13	5.12	Camphene	$C_{10}H_{16}$	79-92-5	0.28	莰烯	萜烯及其衍生物
14	6.41	Benzene,{[(1-ethenyl-1,5-dimethyl-4-hexenyl)oxy]methyl}-	$C_{17}H_{24}O$	77611-58-6	0.25	{[(1-乙烯基-1,5-二甲基-4-己烯基)氧基]甲基}-苯	其他
15	8.40	gamma-Terpinene	$C_{10}H_{16}$	99-85-4	0.24	γ-萜品烯	萜烯及其衍生物
16	0.26	Alanine	$C_3H_7NO_2$	56-41-7	0.22	丙氨酸	其他
17	20.14	Caryophyllene	$C_{15}H_{24}$	87-44-5	0.22	石竹烯	萜烯及其衍生物
18	7.06	1,3-Cyclohexadiene,1-methyl-4-(1-methylethyl)-	$C_{10}H_{16}$	99-86-5	0.21	α-萜品烯	萜烯及其衍生物
19	0.22	3-Methoxyamphetamine	$C_{10}H_{15}NO$	17862-85-0	0.20	3-甲氧基苯乙胺	其他
20	0.47	1-Butanol,2-methyl-,acetate	$C_7H_{14}O_2$	624-41-9	0.20	2-甲基-1-丁醇乙酸酯	酯类
21	21.09	Humulene	$C_{15}H_{24}$	6753-98-6	0.16	葎草烯	萜烯及其衍生物
22	0.36	Pentanal	$C_5H_{10}O$	110-62-3	0.15	戊醛	醛类
23	2.03	Butanoic acid,2,2-dimethyl-	$C_6H_{12}O_2$	595-37-9	0.15	2,2-二甲基丁酸	酸类
24	1.92	Bicyclo[4.1.0]hept-2-ene	C_7H_{10}	2566-57-6	0.10	二环[4.1.0]庚-2-烯	其他

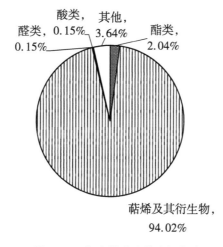

图 27-2　挥发性成分的比例构成

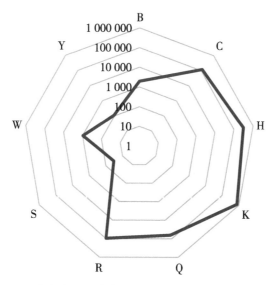

B—冰凉香；C—柑橘香；H—药香；K—松柏香；
Q—香膏香；R—玫瑰香；S—辛香料香；W—木香；Y—土壤香

图 27-3　香韵分布雷达

28. 澳杜（海南三亚）

经 GC-MS 检测和分析（图 28-1），其果肉中挥发性成分相对含量超过 0.1% 的共有 23 种化合物（表 28-1），主要为萜烯类化合物，占 93.98%（图 28-2），其中，比例最高的挥发性成分为萜品油烯，占 63.58%。

已知挥发性成分的气味 ABC 分析显示：果肉香味主要涵盖 8 种香型，各香味荷载从大到小依次为松柏香、药香、柑橘香、玫瑰香、香膏香、果香、冰凉香、乳酪香；其中，松柏香、药香、柑橘香、玫瑰香荷载远大于其他香味，可视为该杜果的主要香韵（图 28-3）。

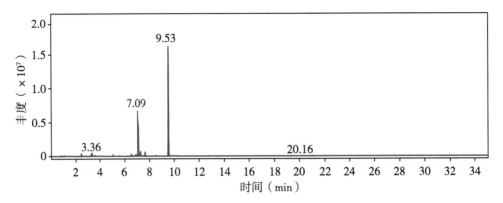

图 28-1 挥发性成分总离子流

表 28-1 挥发性成分 GC-MS 分析结果

编号	保留时间（min）	化合物	分子式	CAS 号	面积加和百分比（%）	中文名称	类别
1	9.53	Cyclohexene, 1-methyl-4-(1-methylethylidene)-	$C_{10}H_{16}$	586-62-9	63.58	萜品油烯	萜烯及其衍生物
2	7.09	3-Carene	$C_{10}H_{16}$	13466-78-9	22.15	3-蒈烯	萜烯及其衍生物
3	7.65	D-Limonene	$C_{10}H_{16}$	5989-27-5	2.44	D-柠檬烯	萜烯及其衍生物
4	7.28	1,3-Cyclohexadiene, 1-methyl-4-(1-methylethyl)-	$C_{10}H_{16}$	99-86-5	2.25	α-萜品烯	萜烯及其衍生物
5	3.36	3-Hexen-1-ol, (E)-	$C_6H_{12}O$	928-97-2	1.77	反式-3-己烯-1-醇	醇类
6	2.50	4-Pentenal, 2-methyl-	$C_6H_{10}O$	5187-71-3	1.54	2-甲基-4-戊烯醛	醛类
7	6.53	beta-Myrcene	$C_{10}H_{16}$	123-35-3	0.82	β-月桂烯	萜烯及其衍生物
8	6.92	alpha-Phellandrene	$C_{10}H_{16}$	99-83-2	0.72	α-水芹烯	萜烯及其衍生物
9	3.32	2-Hexenal, (E)-	$C_6H_{10}O$	6728-26-3	0.64	反式-2-己烯醛	醛类
10	5.05	alpha-Pinene	$C_{10}H_{16}$	80-56-8	0.57	α-蒎烯	萜烯及其衍生物
11	3.58	1-Hexanol	$C_6H_{14}O$	111-27-3	0.37	正己醇	醇类
12	8.57	gamma-Terpinene	$C_{10}H_{16}$	99-85-4	0.30	γ-萜品烯	萜烯及其衍生物
13	7.52	Benzene, 1-methyl-3-(1-methylethyl)-	$C_{10}H_{14}$	535-77-3	0.28	间伞花烃	其他

（续表）

编号	保留时间（min）	化合物	分子式	CAS 号	面积加和百分比（%）	中文名称	类别
14	6.82	Cyclohexene,1-methyl-4-(1-methylethylidene)-	$C_{10}H_{16}$	586-62-9	0.27	萜品油烯	萜烯及其衍生物
15	9.79	Bicyclo［4.1.0］heptane,-3-cyclopropyl,-7-hydroxymethyl,(cis)	$C_{11}H_{18}O$	1000223-00-7	0.25	顺式-3-环丙基-7-羟甲基二环［4.1.0］庚烷	其他
16	8.47	Butanoic acid, 3-methylbutyl ester	$C_9H_{18}O_2$	106-27-4	0.21	丁酸异戊酯	酯类
17	0.90	3-Buten-2-ol,3-methyl-	$C_5H_{10}O$	10473-14-0	0.19	3-甲基-3-丁烯-2-醇	醇类
18	1.10	n-Hexane	C_6H_{14}	110-54-3	0.14	正己烷	其他
19	5.55	Butanoic acid, 2-methylpropyl ester	$C_8H_{16}O_2$	539-90-2	0.13	丁酸异丁酯	酯类
20	0.75	2-(4,5-Dihydro-3-methyl-5-oxo-1-phenyl-4-pyrazolyl)-5-nitrobenzoic acid	$C_{17}H_{13}N_5O_5$	20307-76-0	0.12	2-(4,5-二氢-3-甲基-5-氧代-1-苯基-4-吡唑基)-5-硝基苯甲酸	酸类
21	0.79	Cyclobutanol	C_4H_8O	2919-23-5	0.11	环丁醇	醇类
22	0.84	4-Penten-2-ol	$C_5H_{10}O$	625-31-0	0.11	4-戊烯-2-醇	醇类
23	1.03	1-Propanamine, N,2-dimethyl-N-nitroso-	$C_5H_{12}N_2O$	34419-76-6	0.10	N,2-二甲基-N-亚硝基-1-丙胺	其他

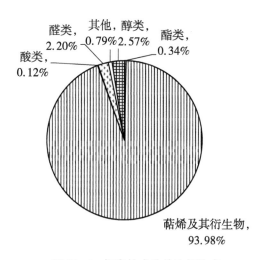

图 28-2 挥发性成分的比例构成

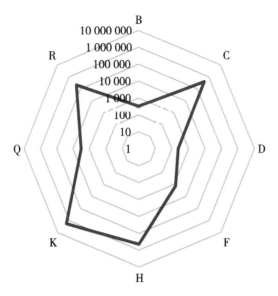

B—冰凉香；C—柑橘香；D—乳酪香；F—果香；
H—药香；K—松柏香；Q—香膏香；R—玫瑰香

图 28-3　香韵分布雷达

29. 红象牙（海南三亚）

经 GC-MS 检测和分析（图 29-1），其果肉中挥发性成分相对含量超过 0.1% 的共有 21 种化合物（表 29-1），主要为萜烯类化合物，占 97.81%（图 29-2），其中，比例最高的挥发性成分为萜品油烯，占 81.84%。

已知挥发性成分的气味 ABC 分析显示：果肉香味主要涵盖 10 种香型，各香味荷载从大到小依次为松柏香、柑橘香、药香、玫瑰香、脂肪香、香膏香、青香、果香、冰凉香、辛香料香；其中，松柏香、柑橘香荷载远大于其他香味，可视为该杧果的主要香韵（图 29-3）。

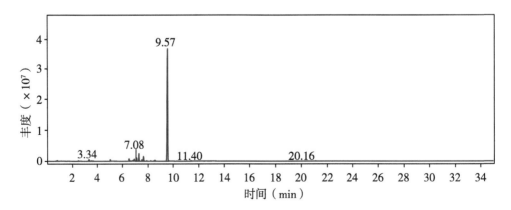

图 29-1　挥发性成分总离子流

表 29-1　挥发性成分 GC-MS 分析结果

编号	保留时间（min）	化合物	分子式	CAS 号	面积加和百分比（%）	中文名称	类别
1	9.57	Cyclohexene, 1-methyl-4-(1-methylethylidene)-	$C_{10}H_{16}$	586-62-9	81.84	萜品油烯	萜烯及其衍生物
2	7.08	3-Carene	$C_{10}H_{16}$	13466-78-9	5.01	3-蒈烯	萜烯及其衍生物
3	7.27	1,3-Cyclohexadiene, 1-methyl-4-(1-methylethyl)-	$C_{10}H_{16}$	99-86-5	3.25	α-萜品烯	萜烯及其衍生物
4	7.64	D-Limonene	$C_{10}H_{16}$	5989-27-5	2.54	D-柠檬烯	萜烯及其衍生物
5	6.51	beta-Myrcene	$C_{10}H_{16}$	123-35-3	0.94	β-月桂烯	萜烯及其衍生物
6	3.34	3-Hexen-1-ol, (E)-	$C_6H_{12}O$	928-97-2	0.78	反式-3-己烯-1-醇	醇类
7	6.91	alpha-Phellandrene	$C_{10}H_{16}$	99-83-2	0.77	α-水芹烯	萜烯及其衍生物
8	7.51	o-Cymene	$C_{10}H_{14}$	527-84-4	0.61	邻伞花烃	萜烯及其衍生物
9	5.04	alpha-Pinene	$C_{10}H_{16}$	80-56-8	0.57	α-蒎烯	萜烯及其衍生物
10	8.57	gamma-Terpinene	$C_{10}H_{16}$	99-85-4	0.48	γ-萜品烯	萜烯及其衍生物
11	6.81	Cyclohexene, 1-methyl-4-(1-methylethylidene)-	$C_{10}H_{16}$	586-62-9	0.36	萜品油烯	萜烯及其衍生物
12	3.30	2-Hexenal, (E)-	$C_6H_{10}O$	6728-26-3	0.32	反式-2-己烯醛	醛类
13	0.82	Oxalic acid	$C_2H_2O_4$	144-62-7	0.29	乙二酸	酸类
14	3.56	Cyclobutane, butyl-	C_8H_{16}	13152-44-8	0.27	丁基环丁烷	其他
15	11.40	p-Mentha-1,8-dien-7-ol	$C_{10}H_{16}O$	536-59-4	0.22	紫苏醇	萜烯及其衍生物
16	8.23	beta-Ocimene	$C_{10}H_{16}$	13877-91-3	0.17	β-罗勒烯	萜烯及其衍生物
17	7.90	trans-beta-Ocimene	$C_{10}H_{16}$	3779-61-1	0.16	反式-β-罗勒烯	萜烯及其衍生物
18	8.46	Propanoic acid, 2-methyl-, 2-methyl-butyl ester	$C_9H_{18}O_2$	2445-69-4	0.16	2-甲基丙酸-2-甲基丁酯	酯类
19	2.48	Hexanal	$C_6H_{12}O$	66-25-1	0.14	己醛	醛类
20	12.74	Alpha, alpha, 4-trimethylbenzyl carbanilate	$C_{17}H_{19}NO_2$	7366-54-3	0.11	2-(4-甲苯基)-2-丙基-苯氨基甲酸甲酯	酯类
21	6.64	Butanoic acid, butyl ester	$C_8H_{16}O_2$	109-21-7	0.10	丁酸丁酯	酯类

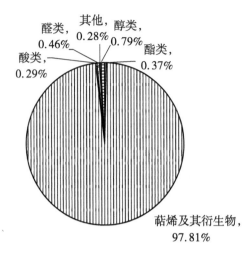

图 29-2 挥发性成分的比例构成

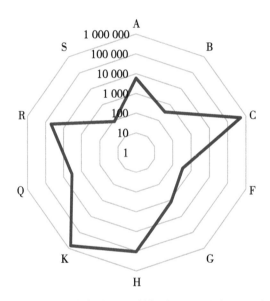

A—脂肪香；B—冰凉香；C—柑橘香；F—果香；G—青香；
H—药香；K—松柏香；Q—香膏香；R—玫瑰香；S—辛香料香

图 29-3 香韵分布雷达

30. 桂热 10 号（海南三亚）

经 GC-MS 检测和分析（图 30-1），其果肉中挥发性成分相对含量超过 0.1% 的共有 39 种化合物（表 30-1），主要为萜烯类化合物，占 89.61%（图 30-2），其中，比例最高的挥发性成分为 β-月桂烯，占 33.80%。

已知挥发性成分的气味 ABC 分析显示：果肉香味主要涵盖 9 种香型，各香味荷载从大到小依次为松柏香、药香、柑橘香、香膏香、木香、玫瑰香、土壤香、冰凉香、辛香料香；其中，松柏香、药香、柑橘香荷载远大于其他香味，可视为该杜果的主要香韵（图 30-3）。

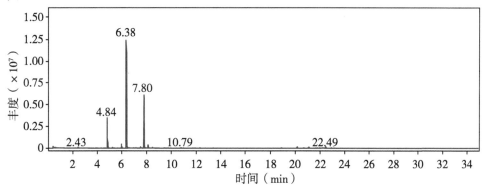

图 30-1 挥发性成分总离子流

表 30-1 挥发性成分 GC-MS 分析结果

编号	保留时间（min）	化合物	分子式	CAS 号	面积加和百分比（%）	中文名称	类别
1	6.40	beta-Myrcene	$C_{10}H_{16}$	123-35-3	33.80	β-月桂烯	萜烯及其衍生物
2	7.82	trans-beta-Ocimene	$C_{10}H_{16}$	3779-61-1	21.46	反式-β-罗勒烯	萜烯及其衍生物
3	4.88	alpha-Pinene	$C_{10}H_{16}$	80-56-8	10.16	α-蒎烯	萜烯及其衍生物
4	20.16	Caryophyllene	$C_{15}H_{24}$	87-44-5	6.20	石竹烯	萜烯及其衍生物
5	21.10	1,4,7,-Cycloundecatriene,1,5,9,9-tetramethyl-,Z,Z,Z-	$C_{15}H_{24}$	1000062-61-9	4.71	1,5,9,9-四甲基-1,4,7-环己三烯	其他
6	22.49	Azulene,1,2,3,5,6,7,8,8a-octahydro-1,4-dimethyl-7-(1-methylethenyl)-,[1S-(1alpha,7alpha,8abeta)]-	$C_{15}H_{24}$	3691-11-0	4.61	D-愈创木烯	萜烯及其衍生物
7	21.99	Naphthalene,decahydro-4a-methyl-1-methylene-7-(1-methylethenyl)-,[4aR-(4aalpha,7alpha,8abeta)]-	$C_{15}H_{24}$	17066-67-0	1.88	(+)-β-瑟林烯	萜烯及其衍生物
8	22.22	1H-Cyclopropa[a]naphthalene,decahydro-1,1,3a-trimethyl-7-methylene-,[1aS-(1aalpha,3aalpha,7abeta,7balpha)]-	$C_{15}H_{24}$	20071-49-2	1.57	1,1,3a-三甲基-7-亚甲基十氢-1H-环丙烯[a]萘	其他

（续表）

编号	保留时间（min）	化合物	分子式	CAS 号	面积加和百分比（%）	中文名称	类别
9	8.14	beta-Ocimene	$C_{10}H_{16}$	13877-91-3	1.37	β-罗勒烯	萜烯及其衍生物
10	22.32	alpha-Guaiene	$C_{15}H_{24}$	3691-12-1	1.37	α-愈创木烯	萜烯及其衍生物
11	6.02	Bicyclo [3.1.1] heptane, 6,6-dimethyl-2-methylene-, (1S)-	$C_{10}H_{16}$	18172-67-3	1.23	(-)-β-蒎烯	萜烯及其衍生物
12	20.68	alpha-Guaiene	$C_{15}H_{24}$	3691-12-1	0.99	α-愈创木烯	萜烯及其衍生物
13	22.93	Naphthalene, 1,2,3,5,6,8a-hexahydro-4,7-dimethyl-1-(1-methylethyl)-, (1S-cis)-	$C_{15}H_{24}$	483-76-1	0.93	Δ-杜松烯	萜烯及其衍生物
14	21.80	Azulene, 1,2,3,3a,4,5,6,7-octahydro-1,4-dimethyl-7-(1-methylethenyl)-, [1R-(1alpha,3abeta,4alpha,7beta)]-	$C_{15}H_{24}$	22567-17-5	0.86	(+)-γ-古芸烯	萜烯及其衍生物
15	5.39	Butanoic acid, 2-methylpropyl ester	$C_8H_{16}O_2$	539-90-2	0.83	丁酸异丁酯	酯类
16	6.98	3-Carene	$C_{10}H_{16}$	13466-78-9	0.63	3-蒈烯	萜烯及其衍生物
17	0.47	(2-Aziridinylethyl)amine	$C_4H_{10}N_2$	4025-37-0	0.61	2-(氮杂环丙烷-1-基)乙胺	其他
18	18.89	alpha-Copaene	$C_{15}H_{24}$	1000360-33-0	0.51	α-古巴烯	萜烯及其衍生物
19	0.82	n-Hexane	C_6H_{14}	110-54-3	0.50	正己烷	其他
20	7.54	D-Limonene	$C_{10}H_{16}$	5989-27-5	0.43	D-柠檬烯	萜烯及其衍生物
21	8.49	gamma-Terpinene	$C_{10}H_{16}$	99-85-4	0.39	γ-萜品烯	萜烯及其衍生物
22	9.45	Cyclohexene,1-methyl-4-(1-methylethylidene)-	$C_{10}H_{16}$	586-62-9	0.38	萜品油烯	萜烯及其衍生物
23	7.62	Eucalyptol	$C_{10}H_{18}O$	470-82-6	0.36	桉油精	萜烯及其衍生物
24	0.56	Dimethyl ether	C_2H_6O	115-10-6	0.31	二甲醚	其他
25	21.63	Naphthalene, 1,2,3,5,6,8a-hexahydro-4,7-dimethyl-1-(1-methylethyl)-, (1S-cis)-	$C_{15}H_{24}$	483-76-1	0.29	Δ-杜松烯	萜烯及其衍生物

（续表）

编号	保留时间（min）	化合物	分子式	CAS 号	面积加和百分比（%）	中文名称	类别
26	21.01	（1S,4S,4aS）-1-Isopropyl-4,7-dimethyl-1,2,3,4,4a,5-hexahydronaphthalene	$C_{15}H_{24}$	267665-20-3	0.28	（1S,4S,4aS）-1-异丙基-4,7-二甲基-1,2,3,4,4a,5-六氢萘	其他
27	7.17	4-Terpinenyl acetate	$C_{12}H_{20}O_2$	4821-04-9	0.25	萜品烯 4-乙酸酯	萜烯及其衍生物
28	0.62	Pentanal	$C_5H_{10}O$	110-62-3	0.23	戊醛	醛类
29	0.53	Alanine	$C_3H_7NO_2$	56-41-7	0.22	丙氨酸	其他
30	5.27	Camphene	$C_{10}H_{16}$	79-92-5	0.21	莰烯	萜烯及其衍生物
31	23.16	Naphthalene, 1,2,3,4,4a,7-hexahydro-1,6-dimethyl-4-（1-methylethyl）-	$C_{15}H_{24}$	16728-99-7	0.19	1,2,3,4,4a,7-六氢-1,6-二甲基-4-（1-甲基乙基）萘	其他
32	6.88	3-Hexen-1-ol, acetate,（E）-	$C_8H_{14}O_2$	3681-82-1	0.17	（E）-3-己烯-1-醇乙酸酯	酯类
33	2.48	Methacrylic acid, ethyl ester	$C_6H_{10}O_2$	97-63-2	0.16	甲基丙烯酸乙酯	酯类
34	0.66	CH3C（O）O（CH2）3CH＝CH2	$C_7H_{12}O_2$	1576-85-8	0.15	甲基-5-己烯基酮	酮及内酯
35	10.80	2,4,6-Octatriene, 2,6-dimethyl-,（E,E）-	$C_{10}H_{16}$	3016-19-1	0.13	（E,E）-别罗勒烯	萜烯及其衍生物
36	13.41	Bicyclo［3.1.1］heptan-2-one,3,6,6-trimethyl-	$C_{10}H_{16}O$	16022-08-5	0.13	3,6,6-三甲基二环［3.1.1］庚烷-2-酮	酮及内酯
37	0.87	2-Hexanamine, 5-methyl-	$C_7H_{17}N$	28292-43-5	0.11	5-甲基-2-己胺	其他
38	21.53	（4S,4aR,6R）-4,4a-Dimethyl-6-（prop-1-en-2-yl）-1,2,3,4,4a,5,6,7-octahydronaphthalene	$C_{15}H_{24}$	54868-40-5	0.11	（4S,4aR,6R）-4,4a-二甲基-6-（丙烯-1-烯-2-基）-1,2,3,4,4a,5,6,7-八氢萘	萜烯及其衍生物
39	0.75	Propanoic acid, 2-methyl-	$C_4H_8O_2$	79-31-2	0.10	2-甲基丙酸	酸类

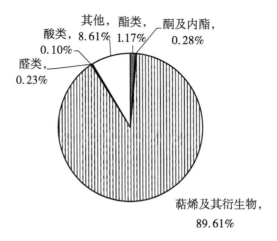

图 30-2 挥发性成分的比例构成

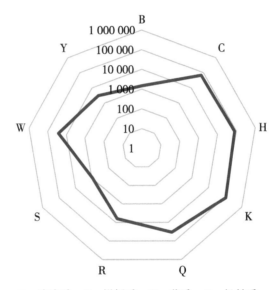

B—冰凉香；C—柑橘香；H—药香；K—松柏香；
Q—香膏香；R—玫瑰香；S—辛香料香；W—木香；Y—土壤香

图 30-3 香韵分布雷达

31. 秋杜—样品 1（海南三亚）

经 GC-MS 检测和分析（图 31-1），其果肉中挥发性成分相对含量超过 0.1% 的共有 22 种化合物（表 31-1），主要为萜烯类化合物，占 96.21%（图 31-2），其中，比例最高的挥发性成分为 3-蒈烯，占 80.33%。

已知挥发性成分的气味 ABC 分析显示：果肉香味主要涵盖 12 种香型，各香味荷载从大到小依次为松柏香、药香、玫瑰香、柑橘香、脂肪香、香膏香、青香、果香、木香、冰凉香、土壤香、辛香料香；其中，松柏香、药香、玫瑰香、柑橘香荷载远大于其他香味，可视为该杜果的主要香韵（图 31-3）。

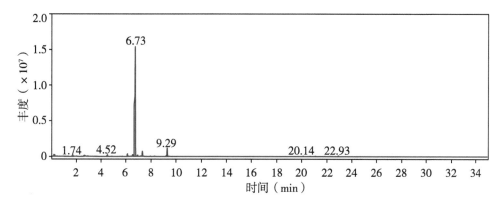

图 31-1 挥发性成分总离子流

表 31-1 挥发性成分 GC-MS 分析结果

编号	保留时间（min）	化合物	分子式	CAS 号	面积加和百分比（%）	中文名称	类别
1	6.73	3-Carene	$C_{10}H_{16}$	13466-78-9	80.33	3-蒈烯	萜烯及其衍生物
2	9.29	Cyclohexene,1-methyl-4-（1-methylethylidene）-	$C_{10}H_{16}$	586-62-9	5.53	萜品油烯	萜烯及其衍生物
3	7.31	D-Limonene	$C_{10}H_{16}$	5989-27-5	3.61	D-柠檬烯	萜烯及其衍生物
4	6.13	beta-Myrcene	$C_{10}H_{16}$	123-35-3	1.46	β-月桂烯	萜烯及其衍生物
5	0.23	Ethyl Acetate	$C_4H_8O_2$	141-78-6	1.07	乙酸乙酯	酯类
6	6.54	alpha-Phellandrene	$C_{10}H_{16}$	99-83-2	1.07	α-水芹烯	萜烯及其衍生物
7	4.52	alpha-Pinene	$C_{10}H_{16}$	80-56-8	1.06	α-蒎烯	萜烯及其衍生物
8	6.92	1,3-Cyclohexadiene,1-methyl-4-（1-methylethyl）-	$C_{10}H_{16}$	99-86-5	0.84	α-萜品烯	萜烯及其衍生物
9	1.74	Butanoic acid, 2-methylpropyl ester	$C_8H_{16}O_2$	539-90-2	0.77	丁酸异丁酯	酯类
10	2.69	3-Hexen-1-ol,（E）-	$C_6H_{12}O$	928-97-2	0.56	反式-3-己烯-1-醇	醇类
11	0.30	Ethyl Acetate	$C_4H_8O_2$	141-78-6	0.46	乙酸乙酯	酯类
12	9.22	Cyclohexene, 3-methyl-6-（1-methylethylidene）-	$C_{10}H_{16}$	586-63-0	0.37	闹二烯	萜烯及其衍生物

（续表）

编号	保留时间（min）	化合物	分子式	CAS 号	面积加和百分比（%）	中文名称	类别
13	2.64	2-Hexenal,(E)-	$C_6H_{10}O$	6728-26-3	0.34	反式-2-己烯醛	醛类
14	22.93	Naphthalene,1,2,3,5,6,8a-hexahydro-4,7-dimethyl-1-(1-methylethyl)-,(1S-cis)-	$C_{15}H_{24}$	483-76-1	0.34	Δ-杜松烯	萜烯及其衍生物
15	1.68	Hexanal	$C_6H_{12}O$	66-25-1	0.31	己醛	醛类
16	2.93	Cyclobutane,butyl-	C_8H_{16}	13152-44-8	0.24	丁基环丁烷	其他
17	20.14	Caryophyllene	$C_{15}H_{24}$	87-44-5	0.17	石竹烯	萜烯及其衍生物
18	7.95	beta-Ocimene	$C_{10}H_{16}$	13877-91-3	0.13	β-罗勒烯	萜烯及其衍生物
19	8.30	gamma-Terpinene	$C_{10}H_{16}$	99-85-4	0.13	γ-萜品烯	萜烯及其衍生物
20	21.09	Humulene	$C_{15}H_{24}$	6753-98-6	0.13	葎草烯	萜烯及其衍生物
21	4.87	Bicyclo［2.2.1］heptane,7,7-dimethyl-2-methylene-	$C_{10}H_{16}$	471-84-1	0.06	α-小茴香烯	萜烯及其衍生物
22	21.83	Germacrene D	$C_{15}H_{24}$	23986-74-5	0.06	大根香叶烯D	萜烯及其衍生物

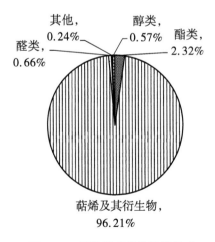

图 31-2 挥发性成分的比例构成

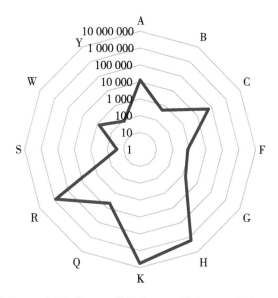

A—脂肪香；B—冰凉香；C—柑橘香；F—果香；G—青香；H—药香；
K—松柏香；Q—香膏香；R—玫瑰香；S—辛香料香；W—木香；Y—土壤香

图 31-3　香韵分布雷达

32. 秋杧—样品 2（海南三亚）

经 GC-MS 检测和分析（图 32-1），其果肉中挥发性成分相对含量超过 0.1% 的共有 15 种化合物（表 32-1），主要为萜烯类化合物，占 99.05%（图 32-2），其中，比例最高的挥发性成分为 3-蒈烯，占 81.61%。

已知挥发性成分的气味 ABC 分析显示：果肉香味主要涵盖 12 种香型，各香味荷载从大到小依次为松柏香、药香、玫瑰香、柑橘香、脂肪香、香膏香、木香、青香、果香、冰凉香、土壤香、辛香料香；其中，松柏香、药香、玫瑰香荷载远大于其他香味，可视为该杧果的主要香韵（图 32-3）。

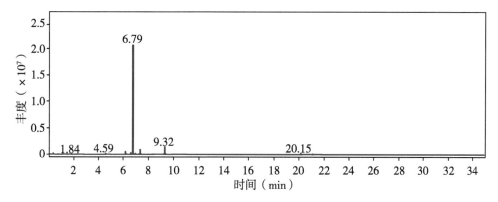

图 32-1　挥发性成分总离子流

表 32-1 挥发性成分 GC-MS 分析结果

编号	保留时间（min）	化合物	分子式	CAS 号	面积加和百分比（%）	中文名称	类别
1	6.79	3-Carene	$C_{10}H_{16}$	13466-78-9	81.61	3-蒈烯	萜烯及其衍生物
2	9.32	Cyclohexene，3-methyl-6-(1-methylethylidene)-	$C_{10}H_{16}$	586-63-0	5.90	闹二烯	萜烯及其衍生物
3	7.36	D-Limonene	$C_{10}H_{16}$	5989-27-5	4.08	D-柠檬烯	萜烯及其衍生物
4	6.18	beta-Myrcene	$C_{10}H_{16}$	123-35-3	1.94	β-月桂烯	萜烯及其衍生物
5	6.59	alpha-Phellandrene	$C_{10}H_{16}$	99-83-2	1.16	α-水芹烯	萜烯及其衍生物
6	20.15	Caryophyllene	$C_{15}H_{24}$	87-44-5	0.89	石竹烯	萜烯及其衍生物
7	4.59	alpha-Pinene	$C_{10}H_{16}$	80-56-8	0.74	α-蒎烯	萜烯及其衍生物
8	6.97	1,3-Cyclohexadiene，1-methyl-4-(1-methylethyl)-	$C_{10}H_{16}$	99-86-5	0.70	α-萜品烯	萜烯及其衍生物
9	21.09	Humulene	$C_{15}H_{24}$	6753-98-6	0.45	葎草烯	萜烯及其衍生物
10	9.24	Cyclohexene,1-methyl-4-(1-methylethylidene)-	$C_{10}H_{16}$	586-62-9	0.43	萜品油烯	萜烯及其衍生物
11	0.36	n-Hexane	C_6H_{14}	110-54-3	0.34	正己烷	其他
12	7.25	3-{(1S,5S,6R)-2,6-Dimethylbicyclo[3.1.1]hept-2-en-6-yl}propanal	$C_{12}H_{18}O$	203499-08-5	0.33	3-{(1S,5S,6R)-2,6-二甲基二环[3.1.1]庚-2-烯-6-基}丙醛	醛类
13	1.84	Hexanal	$C_6H_{12}O$	66-25-1	0.27	己醛	醛类
14	8.34	gamma-Terpinene	$C_{10}H_{16}$	99-85-4	0.14	γ-萜品烯	萜烯及其衍生物
15	6.48	Cyclohexene,1-methyl-4-(1-methylethylidene)-	$C_{10}H_{16}$	586-62-9	0.10	萜品油烯	萜烯及其衍生物

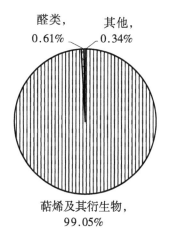

醛类,0.61%　其他,0.34%

萜烯及其衍生物,99.05%

图 32-2 挥发性成分的比例构成

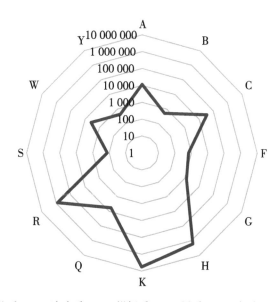

A—脂肪香；B—冰凉香；C—柑橘香；F—果香；G—青香；H—药香；
K—松柏香；Q—香膏香；R—玫瑰香；S—辛香料香；W—木香；Y—土壤香

图 32-3 香韵分布雷达

33. 凯特杧（海南三亚）

经 GC-MS 检测和分析（图 33-1），其果肉中挥发性成分相对含量超过 0.1% 的共有 23 种化合物（表 33-1），主要为萜烯类化合物，占 92.25%（图 33-2），其中，比例最高的挥发性成分为 3-蒈烯，占 70.98%。

已知挥发性成分的气味 ABC 分析显示：果肉香味主要涵盖 10 种香型，各香味荷载从大到小依次为松柏香、药香、玫瑰香、柑橘香、香膏香、果香、木香、冰凉香、土壤香、辛香料香；其中，松柏香、药香、玫瑰香荷载远大于其他香味，可视为该杧果的主要香韵

（图 33-3）。

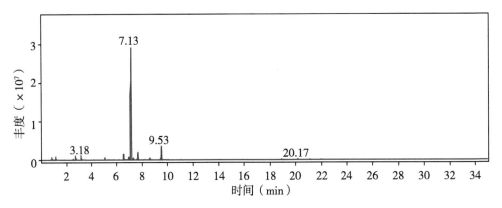

图 33-1　挥发性成分总离子流

表 33-1　挥发性成分 GC-MS 分析结果

编号	保留时间（min）	化合物	分子式	CAS 号	面积加和百分比（%）	中文名称	类别
1	7.13	3-Carene	$C_{10}H_{16}$	13466-78-9	70.98	3-蒈烯	萜烯及其衍生物
2	9.53	Cyclohexene,1-methyl-4-(1-methylethylidene)-	$C_{10}H_{16}$	586-62-9	7.92	萜品油烯	萜烯及其衍生物
3	7.66	D-Limonene	$C_{10}H_{16}$	5989-27-5	4.76	D-柠檬烯	萜烯及其衍生物
4	6.54	beta-Myrcene	$C_{10}H_{16}$	123-35-3	2.81	β-月桂烯	萜烯及其衍生物
5	3.18	2-Butenoic acid, ethyl ester,（E）-	$C_6H_{10}O_2$	623-70-1	1.88	巴豆酸乙酯	酯类
6	2.74	Methacrylic acid, ethyl ester	$C_6H_{10}O_2$	97-63-2	1.60	甲基丙烯酸乙酯	酯类
7	6.94	alpha-Phellandrene	$C_{10}H_{16}$	99-83-2	1.45	α-水芹烯	萜烯及其衍生物
8	8.62	3（2H）-Furanone, 4-methoxy-2,5-dimethyl-	$C_7H_{10}O_3$	4077-47-8	1.37	4-甲氧基-2,5-二甲基-3（2H）-呋喃酮	其他
9	0.87	Dimethyl ether	C_2H_6O	115-10-6	0.98	二甲醚	其他
10	7.30	1,3-Cyclohexadiene, 1-methyl-4-(1-methylethyl)-	$C_{10}H_{16}$	99-86-5	0.91	α-萜品烯	萜烯及其衍生物
11	5.07	alpha-Pinene	$C_{10}H_{16}$	80-56-8	0.88	α-蒎烯	萜烯及其衍生物
12	1.17	Ethyl Acetate	$C_4H_8O_2$	141-78-6	0.87	乙酸乙酯	酯类
13	9.46	Cyclohexene, 3-methyl-6-(1-methylethylidene)-	$C_{10}H_{16}$	586-63-0	0.65	闹二烯	萜烯及其衍生物

（续表）

编号	保留时间（min）	化合物	分子式	CAS 号	面积加和百分比（%）	中文名称	类别
14	20.17	Caryophyllene	$C_{15}H_{24}$	87-44-5	0.33	石竹烯	萜烯及其衍生物
15	7.56	Cyclohexene,1-methyl-5-(1-methylethenyl)-	$C_{10}H_{16}$	13898-73-2	0.28	1-甲基-5-(1-甲基乙烯基)环己烯	其他
16	2.53	Butanoic acid, ethyl ester	$C_6H_{12}O_2$	105-54-4	0.26	丁酸乙酯	酯类
17	18.90	alpha-Copaene	$C_{15}H_{24}$	1000360-33-0	0.22	α-古巴烯	萜烯及其衍生物
18	1.13	n-Hexane	C_6H_{14}	110-54-3	0.17	正己烷	其他
19	21.11	Humulene	$C_{15}H_{24}$	6753-98-6	0.16	葎草烯	萜烯及其衍生物
20	6.67	Butanoic acid, butyl ester	$C_8H_{16}O_2$	109-21-7	0.13	丁酸丁酯	酯类
21	8.50	Bicyclo[3.1.1]hept-3-ene,4,6,6-trimethyl-2-vinyloxy-	$C_{12}H_{18}O$	1000163-23-1	0.13	4,6,6-三甲基-2-乙烯氧基二环[3.1.1]庚-3-烯	其他
22	8.24	beta-Ocimene	$C_{10}H_{16}$	13877-91-3	0.12	β-罗勒烯	萜烯及其衍生物
23	21.99	Naphthalene, deca-hydro-4a-methyl-1-methylene-7-(1-methylethenyl)-,[4aR-(4aalpha,7alpha,8abeta)]-	$C_{15}H_{24}$	17066-67-0	0.12	(+)-β-瑟林烯	萜烯及其衍生物

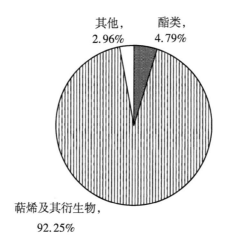

其他，2.96% 酯类，4.79%

萜烯及其衍生物，92.25%

图 33-2 挥发性成分的比例构成

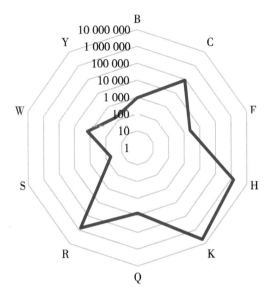

B—冰凉香；C—柑橘香；F—果香；H—药香；K—松柏香；
Q—香膏香；R—玫瑰香；S—辛香料香；W—木香；Y—土壤香

图33-3　香韵分布雷达

34. 马秋苏杞（海南三亚）

经 GC-MS 检测和分析（图34-1），其果肉中挥发性成分相对含量超过 0.1% 的共有 30 种化合物（表34-1），主要为萜烯类化合物，占 82.80%（图34-2），其中，比例最高的挥发性成分为 3-蒈烯，占 67.06%。

已知挥发性成分的气味 ABC 分析显示：果肉香味主要涵盖 9 种香型，各香味荷载从大到小依次为松柏香、药香、玫瑰香、柑橘香、香膏香、木香、冰凉香、土壤香、辛香料香；其中，松柏香、药香、玫瑰香荷载远大于其他香味，可视为该杞果的主要香韵（图34-3）。

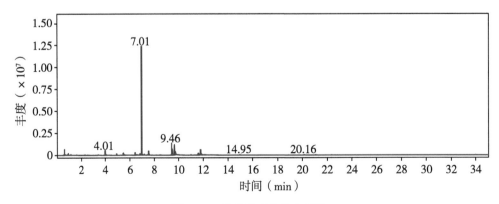

图34-1　挥发性成分总离子流

表 34-1 挥发性成分 GC-MS 分析结果

编号	保留时间（min）	化合物	分子式	CAS 号	面积加和百分比（%）	中文名称	类别
1	7.14	3-Carene	$C_{10}H_{16}$	13466-78-9	67.06	3-蒈烯	萜烯及其衍生物
2	9.54	Cyclohexene, 3-methyl-6-(1-methylethylidene)-	$C_{10}H_{16}$	586-63-0	5.94	闹二烯	萜烯及其衍生物
3	9.72	4-Nonenal, (E)-	$C_9H_{16}O$	2277-16-9	4.64	反式-4-壬烯醛	醛类
4	11.87	2-Nonenal, (E)-	$C_9H_{16}O$	18829-56-6	4.07	反式-2-壬烯醛	醛类
5	7.68	D-Limonene	$C_{10}H_{16}$	5989-27-5	3.52	D-柠檬烯	萜烯及其衍生物
6	9.80	(Z,Z)-3,6-Nona-dienal	$C_9H_{14}O$	21944-83-2	2.05	顺式-3,顺式-6-壬二烯醛	醛类
7	6.56	beta-Myrcene	$C_{10}H_{16}$	123-35-3	1.80	β-月桂烯	萜烯及其衍生物
8	11.67	2,6-Nonadienal, (E,Z)-	$C_9H_{14}O$	557-48-2	1.64	反式-2-,顺式-6-壬二烯醛	醛类
9	0.93	Dimethyl ether	C_2H_6O	115-10-6	1.26	二甲醚	其他
10	4.22	4-Heptenal, (Z)-	$C_7H_{12}O$	6728-31-0	1.08	(Z)-4-庚烯醛	醛类
11	6.96	alpha-Phellandrene	$C_{10}H_{16}$	99-83-2	0.99	α-水芹烯	萜烯及其衍生物
12	5.63	3-Hepten-1-ol, (E)-	$C_7H_{14}O$	2108-05-6	0.95	(E)-3-庚烯-1-醇	醇类
13	5.10	alpha-Pinene	$C_{10}H_{16}$	80-56-8	0.65	α-蒎烯	萜烯及其衍生物
14	7.32	1,3-Cyclohexadiene, 1-methyl-4-(1-methylethyl)-	$C_{10}H_{16}$	99-86-5	0.62	α-萜品烯	萜烯及其衍生物
15	9.47	Cyclohexene, 3-methyl-6-(1-methylethylidene)-	$C_{10}H_{16}$	586-63-0	0.45	闹二烯	萜烯及其衍生物
16	7.58	trans-3-Caren-2-ol	$C_{10}H_{16}O$	1000151-75-4	0.33	反式3-蒈烯-2-醇	萜烯及其衍生物
17	6.69	Butanoic acid, butyl ester	$C_8H_{16}O_2$	109-21-7	0.26	丁酸丁酯	酯类
18	1.23	Ethyl Acetate	$C_4H_8O_2$	141-78-6	0.24	乙酸乙酯	酯类
19	8.60	gamma-Terpinene	$C_{10}H_{16}$	99-85-4	0.18	γ-萜品烯	萜烯及其衍生物

（续表）

编号	保留时间（min）	化合物	分子式	CAS 号	面积加和百分比（%）	中文名称	类别
20	11.08	（3E，5E）-2，6-Dimethylocta-3，5，7-trien-2-ol	$C_{10}H_{16}O$	206115-88-0	0.18	（3E，5E）-2，6-二甲基-3，5，7-辛三烯-2-醇	醇类
21	20.17	Caryophyllene	$C_{15}H_{24}$	87-44-5	0.16	石竹烯	萜烯及其衍生物
22	1.19	n-Hexane	C_6H_{14}	110-54-3	0.14	正己烷	其他
23	0.84	（2-Aziridinylethyl）amine	$C_4H_{10}N_2$	4025-37-0	0.12	2-（氮杂环丙烷-1-基）乙胺	其他
24	14.98	4，7，7-Trimethylbicyclo[4.1.0]hept-3-en-2-one	$C_{10}H_{14}O$	81800-50-2	0.12	3-蒈烯-5酮	萜烯及其衍生物
25	21.11	Humulene	$C_{15}H_{24}$	6753-98-6	0.12	葎草烯	萜烯及其衍生物
26	8.52	Butyric acid, 2-phenyl-, 3-methyl-but-2-yl ester	$C_{15}H_{22}O_2$	1000406-85-4	0.11	2-苯基丁酸-3-甲基-2-丁酯	酯类
27	0.89	Alanine	$C_3H_7NO_2$	56-41-7	0.10	丙氨酸	其他
28	1.43	Pentanal, 3-methyl-	$C_6H_{12}O$	15877-57-3	0.10	3-甲基戊醛	醛类
29	8.27	beta-Ocimene	$C_{10}H_{16}$	13877-91-3	0.10	β-罗勒烯	萜烯及其衍生物
30	11.46	2-Nonenal, (E)-	$C_9H_{16}O$	18829-56-6	0.10	反式-2-壬烯醛	醛类

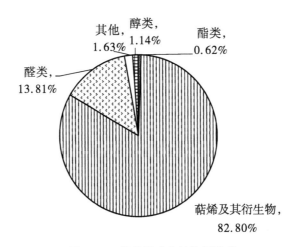

图 34-2　挥发性成分的比例构成

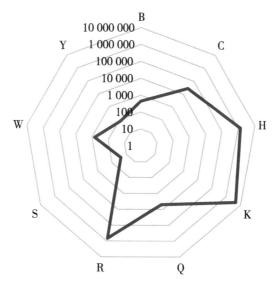

B—冰凉香；C—柑橘香；H—药香；K—松柏香；
Q—香膏香；R—玫瑰香；S—辛香料香；W—木香；Y—土壤香

图 34-3　香韵分布雷达

35. 澳杧（海南三亚）

经 GC-MS 检测和分析（图 35-1），其果肉中挥发性成分相对含量超过 0.1% 的共有 18 种化合物（表 35-1），主要为萜烯类化合物，占 98.99%（图 35-2），其中，比例最高的挥发性成分为萜品油烯，占 82.25%。

已知挥发性成分的气味 ABC 分析显示：果肉香味主要涵盖 12 种香型，各香味荷载从大到小依次为松柏香、柑橘香、药香、玫瑰香、脂肪香、香膏香、青香、木香、果香、冰凉香、土壤香、辛香料香；其中，松柏香、柑橘香荷载远大于其他香味，可视为该杧果的主要香韵（图 35-3）。

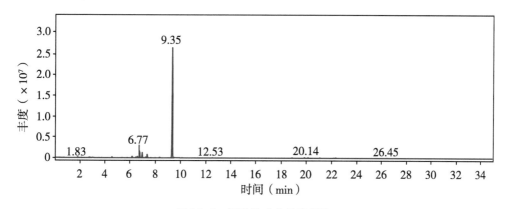

图 35-1　挥发性成分总离子流

6。5。666

表 35-1 挥发性成分 GC-MS 分析结果

编号	保留时间（min）	化合物	分子式	CAS 号	面积加和百分比（%）	中文名称	类别
1	9.35	Cyclohexene, 1-methyl-4-(1-methylethylidene)-	$C_{10}H_{16}$	586-62-9	82.25	萜品油烯	萜烯及其衍生物
2	6.77	3-Carene	$C_{10}H_{16}$	13466-78-9	6.97	3-蒈烯	萜烯及其衍生物
3	6.97	1,3-Cyclohexadiene, 1-methyl-4-(1-methylethyl)-	$C_{10}H_{16}$	99-86-5	2.93	α-萜品烯	萜烯及其衍生物
4	7.36	D-Limonene	$C_{10}H_{16}$	5989-27-5	2.28	D-柠檬烯	萜烯及其衍生物
5	6.17	beta-Myrcene	$C_{10}H_{16}$	123-35-3	0.75	β-月桂烯	萜烯及其衍生物
6	6.59	alpha-Phellandrene	$C_{10}H_{16}$	99-83-2	0.67	α-水芹烯	萜烯及其衍生物
7	2.77	3-Hexen-1-ol, (E)-	$C_6H_{12}O$	928-97-2	0.41	反式-3-己烯-1-醇	醇类
8	4.58	alpha-Pinene	$C_{10}H_{16}$	80-56-8	0.39	α-蒎烯	萜烯及其衍生物
9	7.22	o-Cymene	$C_{10}H_{14}$	527-84-4	0.39	邻伞花烃	萜烯及其衍生物
10	1.83	Hexanal	$C_6H_{12}O$	66-25-1	0.36	己醛	醛类
11	6.47	Cyclohexene, 1-methyl-4-(1-methylethylidene)-	$C_{10}H_{16}$	586-62-9	0.35	萜品油烯	萜烯及其衍生物
12	8.34	gamma-Terpinene	$C_{10}H_{16}$	99-85-4	0.31	γ-萜品烯	萜烯及其衍生物
13	20.14	Caryophyllene	$C_{15}H_{24}$	87-44-5	0.30	石竹烯	萜烯及其衍生物
14	19.87	1H-Cycloprop[e]azulene, 1a,2,3,4,4a,5,6,7b-octahydro-1,1,4,7-tetramethyl-, [1aR-(1aalpha, 4alpha, 4abeta,7balpha)]-	$C_{15}H_{24}$	489-40-7	0.28	(-)-α-古云烯	萜烯及其衍生物
15	18.87	alpha-Copaene	$C_{15}H_{24}$	1000360-33-0	0.15	α-古巴烯	萜烯及其衍生物
16	21.09	Humulene	$C_{15}H_{24}$	6753-98-6	0.14	葎草烯	萜烯及其衍生物
17	3.01	1-Hexanol	$C_6H_{14}O$	111-27-3	0.13	正己醇	醇类
18	2.73	2-Hexenal, (E)-	$C_6H_{10}O$	6728-26-3	0.10	反式-2-己烯醛	醛类

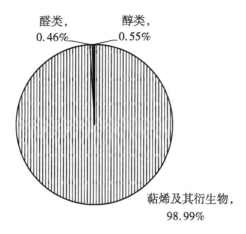

图 35-2 挥发性成分的比例构成

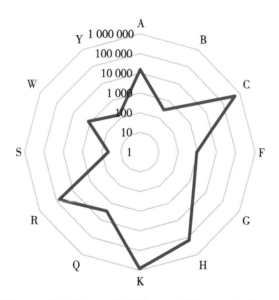

A—脂肪香；B—冰凉香；C—柑橘香；F—果香；G—青香；H—药香；
K—松柏香；Q—香膏香；R—玫瑰香；S—辛香料香；W—木香；Y—土壤香

图 35-3 香韵分布雷达

36. 红杧 6 号（海南三亚）

经 GC-MS 检测和分析（图 36-1），其果肉中挥发性成分相对含量超过 0.1% 的共有 17 种化合物（表 36-1），主要为萜烯类化合物，占 90.42%（图 36-2），其中，比例最高的挥发性成分为反式 3-蒈烯-2-醇，占 82.25%。

已知挥发性成分的气味 ABC 分析显示：果肉香味主要涵盖 12 种香型，各香味荷载从大到小依次为果香、脂肪香、麻醉香、松柏香、柑橘香、动物香、青香、药香、木香、香膏香、土壤香、辛香料香；其中，果香、脂肪香荷载远大于其他香味，可视为该杧果的主要香韵（图 36-3）。

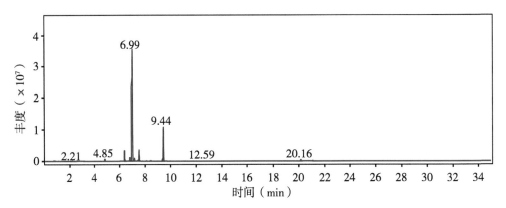

图 36-1　挥发性成分总离子流

表 36-1　挥发性成分 GC-MS 分析结果

编号	保留时间（min）	化合物	分子式	CAS 号	面积加和百分比（%）	中文名称	类别
1	7.21	trans-3-Caren-2-ol	$C_{10}H_{16}O$	1000151-75-4	82.25	反式 3-蒈烯-2-醇	萜烯及其衍生物
2	5.54	Benzene, 1, 3-diethyl-	$C_{10}H_{14}$	141-93-5	6.97	1,3-二乙基苯	其他
3	5.73	Bicyclo［3.1.0］hexane, 4-methylene-1-（1-methylethyl）-	$C_{10}H_{16}$	3387-41-5	2.93	（±）-桧烯	萜烯及其衍生物
4	6.44	Cyclohexene, 3-methyl-6-（1-methylethylidene）-	$C_{10}H_{16}$	586-63-0	2.28	闹二烯	萜烯及其衍生物
5	4.53	alpha-Pinene	$C_{10}H_{16}$	80-56-8	0.75	α-蒎烯	萜烯及其衍生物
6	5.31	Benzaldehyde	C_7H_6O	100-52-7	0.67	苯甲醛	醛类
7	1.75	Hexanal	$C_6H_{12}O$	66-25-1	0.41	己醛	醛类
8	2.84	Ethylbenzene	C_8H_{10}	100-41-4	0.39	乙苯	其他
9	6.13	beta-Myrcene	$C_{10}H_{16}$	123-35-3	0.39	β-月桂烯	萜烯及其衍生物
10	0.62	1-Penten-3-ol	$C_5H_{10}O$	616-25-1	0.36	1-戊烯-3-醇	醇类
11	4.88	Bicyclo［2.2.1］heptane, 2,2-dimethyl-3-methylene-,（1R）-	$C_{10}H_{16}$	5794-03-6	0.35	（-）-莰烯	萜烯及其衍生物
12	7.10	1, 3, 5-Cycloheptatriene, 3,7,7-trimethyl-	$C_{10}H_{14}$	3479-89-8	0.31	3,7,7-三甲基-1,3,5-环庚三烯	其他
13	10.31	Cyclohexene,1-methyl-4-（1-methylethylidene）-	$C_{10}H_{16}$	586-62-9	0.30	萜品油烯	萜烯及其衍生物

（续表）

编号	保留时间（min）	化合物	分子式	CAS 号	面积加和百分比（%）	中文名称	类别
14	10.08	Cycloheptane, 1, 3, 5-tris(methylene)-	$C_{10}H_{14}$	68284-24-2	0.28	1,3,5-三亚甲基环庚烷	其他
15	9.30	Cyclohexene,1-methyl-4-(1-methylethylidene)-	$C_{10}H_{16}$	586-62-9	0.15	萜品油烯	萜烯及其衍生物
16	20.14	Caryophyllene	$C_{15}H_{24}$	87-44-5	0.14	石竹烯	萜烯及其衍生物
17	1.37	Cyclobutene,2-propenylidene-	C_7H_8	52097-85-5	0.10	2-丙烯叉基环丁烯	其他

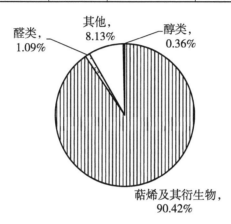

图 36-2 挥发性成分的比例构成

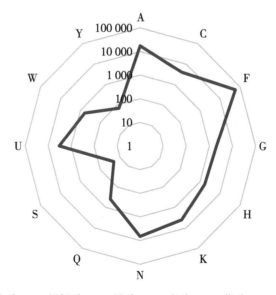

A—脂肪香；C—柑橘香；F—果香；G—青香；H—药香；K—松柏香；
N—麻醉香；Q—香膏香；S—辛香料香；U—动物香；W—木香；Y—土壤香

图 36-3 香韵分布雷达

37. 红玉杧（海南三亚）

经 GC-MS 检测和分析（图 37-1），其果肉中挥发性成分相对含量超过 0.1% 的共有 17 种化合物（表 37-1），主要为萜烯类化合物，占 99.05%（图 37-2），其中，比例最高的挥发性成分为闹二烯，占 80.31%。

已知挥发性成分的气味 ABC 分析显示：果肉香味主要涵盖 9 种香型，各香味荷载从大到小依次为松柏香、药香、玫瑰香、柑橘香、木香、香膏香、土壤香、冰凉香、辛香料香；其中，松柏香、药香荷载远大于其他香味，可视为该杧果的主要香韵（图 37-3）。

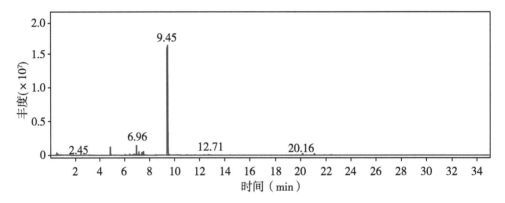

图 37-1　挥发性成分总离子流

表 37-1　挥发性成分 GC-MS 分析结果

编号	保留时间（min）	化合物	分子式	CAS 号	面积加和百分比（%）	中文名称	类别
1	9.28	Cyclohexene, 3-methyl-6-(1-methylethylidene)-	$C_{10}H_{16}$	586-63-0	80.31	闹二烯	萜烯及其衍生物
2	6.64	3-Carene	$C_{10}H_{16}$	13466-78-9	4.99	3-蒈烯	萜烯及其衍生物
3	7.24	D-Limonene	$C_{10}H_{16}$	5989-27-5	2.82	D-柠檬烯	萜烯及其衍生物
4	4.39	alpha-Pinene	$C_{10}H_{16}$	80-56-8	2.57	α-蒎烯	萜烯及其衍生物
5	6.84	1,3-Cyclohexadiene, 1-methyl-4-(1-methylethyl)-	$C_{10}H_{16}$	99-86-5	2.26	α-萜品烯	萜烯及其衍生物
6	7.10	o-Cymene	$C_{10}H_{14}$	527-84-4	1.30	邻伞花烃	萜烯及其衍生物
7	6.04	beta-Myrcene	$C_{10}H_{16}$	123-35-3	1.02	β-月桂烯	萜烯及其衍生物
8	20.14	Caryophyllene	$C_{15}H_{24}$	87-44-5	0.84	石竹烯	萜烯及其衍生物

（续表）

编号	保留时间（min）	化合物	分子式	CAS 号	面积加和百分比（%）	中文名称	类别
9	21.08	1,4,7,-Cyclounde-catriene,1,5,9,9-tetramethyl-,Z,Z,Z-	$C_{15}H_{24}$	1000062-61-9	0.73	1,5,9,9-四甲基-1,4,7-环己三烯	其他
10	6.45	alpha-Phellandrene	$C_{10}H_{16}$	99-83-2	0.63	α-水芹烯	萜烯及其衍生物
11	6.33	Cyclohexene,1-methyl-4-(1-methylethylidene)-	$C_{10}H_{16}$	586-62-9	0.39	萜品油烯	萜烯及其衍生物
12	8.24	gamma-Terpinene	$C_{10}H_{16}$	99-85-4	0.30	γ-萜品烯	萜烯及其衍生物
13	5.62	Bicyclo［3.1.1］heptane,6,6-dimethyl-2-methylene-,(1S)-	$C_{10}H_{16}$	18172-67-3	0.29	(-)-β-蒎烯	萜烯及其衍生物
14	7.54	trans-beta-Ocimene	$C_{10}H_{16}$	3779-61-1	0.27	反式-β-罗勒烯	萜烯及其衍生物
15	12.59	Benzeneethanol,alpha,alpha-dimethyl-,acetate	$C_{12}H_{16}O_2$	151-05-3	0.21	α,α-二甲基苯乙醇乙酸酯	酯类
16	10.04	1,3,8-p-Mentha-triene	$C_{10}H_{14}$	18368-95-1	0.15	1,3,8-对-薄荷基三烯	萜烯及其衍生物
17	10.86	p-Mentha-1,5,8-triene	$C_{10}H_{14}$	21195-59-5	0.10	1,5,8-对-薄荷基三烯	萜烯及其衍生物

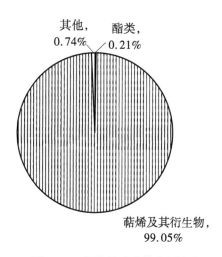

图 37-2 挥发性成分的比例构成

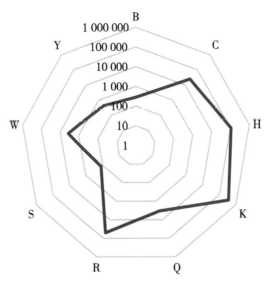

B—冰凉香；C—柑橘香；H—药香；K—松柏香；
Q—香膏香；R—玫瑰香；S—辛香料香；W—木香；Y—土壤香

图 37-3　香韵分布雷达

38. 金煌杧—样品 1（海南三亚）

经 GC-MS 检测和分析（图 38-1），其果肉中挥发性成分相对含量超过 0.1% 的共有 34 种化合物（表 38-1），主要为酯类化合物，占 64.30%（图 38-2），其中，比例最高的挥发性成分为巴豆酸乙酯，占 30.25%。

已知挥发性成分的气味 ABC 分析显示：果肉香味主要涵盖 9 种香型，各香味荷载从大到小依次为松柏香、药香、果香、玫瑰香、冰凉香、柑橘香、香膏香、乳酪香、青香；其中，松柏香、药香、果香荷载远大于其他香味，可视为该杧果的主要香韵（图 38-3）。

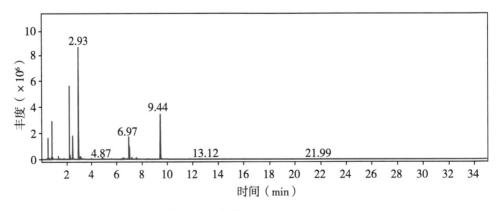

图 38-1　挥发性成分总离子流

表 38-1 挥发性成分 GC-MS 分析结果

编号	保留时间（min）	化合物	分子式	CAS 号	面积加和百分比（%）	中文名称	类别
1	2.93	2 - Butenoic acid, ethyl ester, (E) -	$C_6H_{10}O_2$	623-70-1	30.25	巴豆酸乙酯	酯类
2	9.44	Cyclohexene, 3 - methyl - 6 - (1 - methylethylidene) -	$C_{10}H_{16}$	586-63-0	18.61	闹二烯	萜烯及其衍生物
3	2.25	Butanoic acid, ethyl ester	$C_6H_{12}O_2$	105-54-4	16.77	丁酸乙酯	酯类
4	6.97	3-Carene	$C_{10}H_{16}$	13466-78-9	8.38	3-蒈烯	萜烯及其衍生物
5	0.86	Ethyl Acetate	$C_4H_8O_2$	141-78-6	6.28	乙酸乙酯	酯类
6	2.47	Methacrylic acid, ethyl ester	$C_6H_{10}O_2$	97-63-2	5.95	甲基丙烯酸乙酯	酯类
7	0.56	Dimethyl ether	C_2H_6O	115-10-6	4.00	二甲醚	其他
8	3.09	Butanoic acid, 3 - methyl-, ethyl ester	$C_7H_{14}O_2$	108-64-5	0.96	3 - 甲基丁酸乙酯	酯类
9	7.54	D-Limonene	$C_{10}H_{16}$	5989-27-5	0.83	D-柠檬烯	萜烯及其衍生物
10	4.87	Butanoic acid, 3 - hydroxy -, ethyl ester	$C_6H_{12}O_3$	5405-41-4	0.77	3 - 羟基丁酸乙酯	酯类
11	3.15	4 - Hexen - 1 - ol, (E) -	$C_6H_{12}O$	928-92-7	0.71	(E) - 4 - 己烯 - 1 - 醇	醇类
12	7.16	1,3-Cyclohexadiene, 1 - methyl - 4 - (1 - methylethyl) -	$C_{10}H_{16}$	99-86-5	0.68	α-萜品烯	萜烯及其衍生物
13	1.36	Propanoic acid, ethyl ester	$C_5H_{10}O_2$	105-37-3	0.66	丙酸乙酯	酯类
14	6.53	Butanoic acid, butyl ester	$C_8H_{16}O_2$	109-21-7	0.60	丁酸丁酯	酯类
15	0.82	n-Hexane	C_6H_{14}	110-54-3	0.40	正己烷	其他
16	3.03	Butanoic acid, 2 - methyl-, ethyl ester	$C_7H_{14}O_2$	7452-79-1	0.33	2 - 甲基丁酸乙酯	酯类
17	0.52	Alanine	$C_3H_7NO_2$	56-41-7	0.28	丙氨酸	其他
18	6.40	beta-Myrcene	$C_{10}H_{16}$	123-35-3	0.23	β-月桂烯	萜烯及其衍生物
19	0.71	1, 2, 4 - Trioxolane, 3,5-dipropyl-	$C_8H_{16}O_3$	1696-03-3	0.22	3,5 - 二丙基-1,2,4-三氧杂环己烷	其他
20	3.99	Butanoic acid, propyl ester	$C_7H_{14}O_2$	105-66-8	0.21	丙酸丙酯	酯类
21	0.47	(2-Aziridinylethyl) amine	$C_4H_{10}N_2$	4025-37-0	0.19	2-(氮杂环丙烷 - 1 - 基)乙胺	其他

（续表）

编号	保留时间（min）	化合物	分子式	CAS 号	面积加和百分比（%）	中文名称	类别
22	5.59	Ethyl 2,3-epoxybutyrate	$C_6H_{10}O_3$	19780-35-9	0.18	乙基 2,3-环氧丁酸酯	酯类
23	6.80	alpha-Phellandrene	$C_{10}H_{16}$	99-83-2	0.18	α-水芹烯	萜烯及其衍生物
24	0.67	2,3-Butanediol, dinitrate	$C_4H_8N_2O_6$	6423-45-6	0.17	2,3-丁二醇二硝酸盐	其他
25	1.77	Propanoic acid, 2-methyl-, ethyl ester	$C_6H_{12}O_2$	97-62-1	0.15	2-甲基丙酸乙酯	酯类
26	3.38	2-Pentenoic acid, 2-methyl-	$C_6H_{10}O_2$	3142-72-1	0.15	2-甲基-2-戊烯酸	酸类
27	5.00	Ethyltiglate	$C_7H_{12}O_2$	5837-78-5	0.13	惕各酸乙酯	酯类
28	1.84	2-Butenoic acid, methyl ester, (E)-	$C_5H_8O_2$	623-43-8	0.12	(E)-2-丁烯酸甲酯	酯类
29	8.39	Butanoic acid, 3-methylbutyl ester	$C_9H_{18}O_2$	106-27-4	0.12	丁酸异戊酯	酯类
30	7.41	o-Cymene	$C_{10}H_{14}$	527-84-4	0.11	邻伞花烃	萜烯及其衍生物
31	8.49	Bicyclo[3.1.1]hept-3-ene,4,6,6-trimethyl-2-vinyloxy-	$C_{12}H_{18}O$	1000163-23-1	0.11	4,6,6-三甲基-2-乙烯氧基二环[3.1.1]庚-3-烯	其他
32	9.65	Cyclohexene,1-methyl-4-(1-methylethylidene)-	$C_{10}H_{16}$	586-62-9	0.11	萜品油烯	萜烯及其衍生物
33	1.44	Butanoic acid, methyl ester	$C_5H_{10}O_2$	623-42-7	0.10	丁酸甲酯	酯类
34	2.06	Diethyl carbonate	$C_5H_{10}O_3$	105-58-8	0.10	碳酸二乙酯	酯类

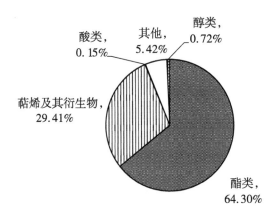

图 38-2 挥发性成分的比例构成

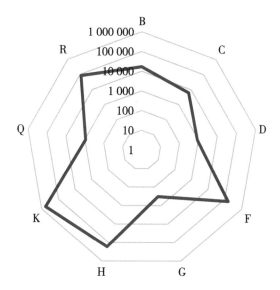

B—冰凉香；C—柑橘香；D—乳酪香；F—果香；
G—青香；H—药香；K—松柏香；Q—香膏香；R—玫瑰香

图 38-3 香韵分布雷达

39. 金煌杧—样品 2（海南三亚）

经 GC-MS 检测和分析（图 39-1），其果肉中挥发性成分相对含量超过 0.1% 的共有 27 种化合物（表 39-1），主要为萜烯类化合物，占 94.04%（图 39-2），其中，比例最高的挥发性成分为萜品油烯，占 55.02%。

已知挥发性成分的气味 ABC 分析显示：果肉香味主要涵盖 9 种香型，各香味荷载从大到小依次为松柏香、药香、柑橘香、玫瑰香、脂肪香、青香、香膏香、果香、冰凉香；其中，松柏香、药香、柑橘香、玫瑰香荷载远大于其他香味，可视为该杧果的主要香韵（图 39-3）。

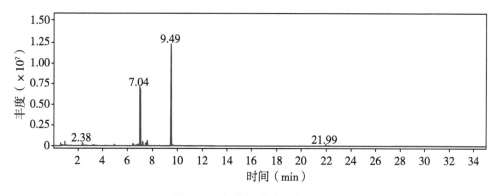

图 39-1 挥发性成分总离子流

表 39-1 挥发性成分 GC-MS 分析结果

编号	保留时间（min）	化合物	分子式	CAS 号	面积加和百分比（%）	中文名称	类别
1	9.49	Cyclohexene,1-methyl-4-(1-methylethylidene)-	$C_{10}H_{16}$	586-62-9	55.02	萜品油烯	萜烯及其衍生物
2	7.04	3-Carene	$C_{10}H_{16}$	13466-78-9	27.68	3-蒈烯	萜烯及其衍生物
3	7.59	D-Limonene	$C_{10}H_{16}$	5989-27-5	3.02	D-柠檬烯	萜烯及其衍生物
4	7.22	1,3-Cyclohexadiene,1-methyl-4-(1-methylethyl)-	$C_{10}H_{16}$	99-86-5	1.91	α-萜品烯	萜烯及其衍生物
5	7.47	o-Cymene	$C_{10}H_{14}$	527-84-4	1.59	邻伞花烃	萜烯及其衍生物
6	2.38	Hexanal	$C_6H_{12}O$	66-25-1	1.22	己醛	醛类
7	6.46	beta-Myrcene	$C_{10}H_{16}$	123-35-3	1.08	β-月桂烯	萜烯及其衍生物
8	0.96	n-Hexane	C_6H_{14}	110-54-3	1.03	正己烷	其他
9	3.23	2-Hexenal,(E)-	$C_6H_{10}O$	6728-26-3	0.89	反式-2-己烯醛	醛类
10	21.99	Naphthalene,deca-hydro-4a-methyl-1-methylene-7-(1-methylethenyl)-,〔4aR-(4aalpha,7alpha,8abeta)〕-	$C_{15}H_{24}$	17066-67-0	0.78	(+)-β-瑟林烯	萜烯及其衍生物
11	6.86	alpha-Phellandrene	$C_{10}H_{16}$	99-83-2	0.70	α-水芹烯	萜烯及其衍生物
12	1.01	Ethyl Acetate	$C_4H_8O_2$	141-78-6	0.51	乙酸乙酯	酯类
13	4.97	alpha-Pinene	$C_{10}H_{16}$	80-56-8	0.48	α-蒎烯	萜烯及其衍生物
14	0.61	(2-Aziridinylethyl)amine	$C_4H_{10}N_2$	4025-37-0	0.44	2-(氮杂环丙烷-1-基)乙胺	其他
15	6.76	Cyclohexene,5-methyl-3-(1-methylethenyl)-,trans-(-)-	$C_{10}H_{16}$	56816-08-1	0.44	反式-5-甲基-3-(1-甲基乙烯基)环己烯	其他
16	3.48	2-Hexenal,(E)-	$C_6H_{10}O$	6728-26-3	0.25	反式-2-己烯醛	醛类
17	8.53	gamma-Terpinene	$C_{10}H_{16}$	99-85-4	0.20	γ-萜品烯	萜烯及其衍生物
18	0.67	Alanine	$C_3H_7NO_2$	56-41-7	0.19	丙氨酸	其他

（续表）

编号	保留时间（min）	化合物	分子式	CAS 号	面积加和百分比（%）	中文名称	类别
19	0.71	Dimethyl ether	C_2H_6O	115-10-6	0.19	二甲醚	其他
20	3.40	6, 9, 12 - Octadeca-trienoic acid, phenyl-methyl ester, (Z, Z, Z)-	$C_{25}H_{36}O_2$	77509-03-6	0.16	（6Z，9Z，12Z）-6,9,12-十八碳三烯酸苄基酯	其他
21	11.04	Cycloheptane, 1, 3, 5-tris(methylene)-	$C_{10}H_{14}$	68284-24-2	0.13	1,3,5-三亚甲基环庚烷	其他
22	1.44	Cyclopentene, 4, 4 - dimethyl-	C_7H_{12}	19037-72-0	0.12	4,4-二甲基环戊烯	其他
23	10.25	1, 3, 8 - p - Mentha-triene	$C_{10}H_{14}$	18368-95-1	0.12	1,3,8-对-薄荷基三烯	萜烯及其衍生物
24	22.22	Guaia-1(10), 11 - diene	$C_{15}H_{24}$	1000374-19-7	0.12	δ-愈创木烯	萜烯及其衍生物
25	2.61	Methacrylic acid, ethyl ester	$C_6H_{10}O_2$	97-63-2	0.11	甲基丙烯酸乙酯	酯类
26	6.59	Butanoic acid, butyl ester	$C_8H_{16}O_2$	109-21-7	0.10	丁酸丁酯	酯类
27	12.73	Alpha, alpha, 4 - tri-methylbenzyl carba-nilate	$C_{17}H_{19}NO_2$	7366-54-3	0.10	2-（4-甲苯基）-2-丙基-苯氨基甲酸甲酯	酯类

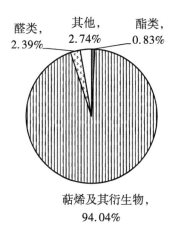

图 39-2 挥发性成分的比例构成

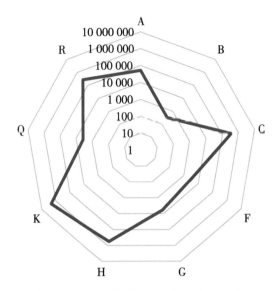

A—脂肪香；B—冰凉香；C—柑橘香；F—果香；
G—青香；H—药香；K—松柏香；Q—香膏香；R—玫瑰香

图 39-3　香韵分布雷达

第三章

2020 年样品果实挥发性成分

40. 澳杧（海南三亚水果岛）

经 GC-MS 检测和分析（图 40-1），其果肉中挥发性成分相对含量超过 0.1% 的共有 23 种化合物（表 40-1），主要为萜烯类化合物，占 96.06%（图 40-2），其中，比例最高的挥发性成分为萜品油烯，占 79.76%。

已知挥发性成分的气味 ABC 分析显示：果肉香味主要涵盖 12 种香型，各香味荷载从大到小依次为松柏香、柑橘香、药香、脂肪香、玫瑰香、青香、果香、香膏香、木香、冰凉香、土壤香、辛香料香；其中，松柏香、柑橘香荷载远大于其他香味，可视为该杧果的主要香韵（图 40-3）。

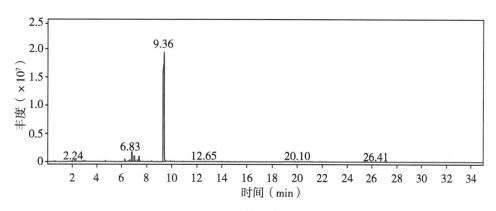

图 40-1　挥发性成分总离子流

表 40-1　挥发性成分 GC-MS 分析结果

编号	保留时间（min）	化合物	分子式	CAS 号	面积加和百分比（%）	中文名称	类别
1	9.36	Cyclohexene,1-methyl-4-(1-methylethylidene)-	$C_{10}H_{16}$	586-62-9	79.76	萜品油烯	萜烯及其衍生物
2	6.83	3-Carene	$C_{10}H_{16}$	13466-78-9	5.05	3-蒈烯	萜烯及其衍生物
3	7.40	D-Limonene	$C_{10}H_{16}$	5989-27-5	3.24	D-柠檬烯	萜烯及其衍生物

（续表）

编号	保留时间（min）	化合物	分子式	CAS号	面积加和百分比（%）	中文名称	类别
4	7.02	1,3-Cyclohexadiene, 1-methyl-4-(1-methylethyl)-	$C_{10}H_{16}$	99-86-5	2.98	α-萜品烯	萜烯及其衍生物
5	6.25	Bicyclo[3.1.1]heptane, 6,6-dimethyl-2-methylene-,(1S)-	$C_{10}H_{16}$	18172-67-3	1.20	(−)-β-蒎烯	萜烯及其衍生物
6	7.27	Benzene, 1-methyl-3-(1-methylethyl)-	$C_{10}H_{14}$	535-77-3	0.99	间伞花烃	其他
7	2.95	cis-3-Hexenyl cis-3-hexenoate	$C_{12}H_{20}O_2$	61444-38-0	0.87	顺式-3-己烯酸顺式-3-己烯酯	酯类
8	6.65	alpha-Phellandrene	$C_{10}H_{16}$	99-83-2	0.83	α-水芹烯	萜烯及其衍生物
9	2.24	2-(E)-Hexen-1-ol,(4S)-4-amino-5-methyl-	$C_7H_{15}NO$	1000164-21-1	0.78	(2E)-4-氨基-5-甲基-2-己烯-1-醇	醇类
10	2.02	Butanoic acid, ethy lester	$C_6H_{12}O_2$	105-54-4	0.46	丁酸乙酯	酯类
11	6.54	1,3-Cyclohexadiene, 1-methyl-4-(1-methylethyl)-	$C_{10}H_{16}$	99-86-5	0.45	α-萜品烯	萜烯及其衍生物
12	4.69	3-Carene	$C_{10}H_{16}$	13466-78-9	0.41	3-蒈烯	萜烯及其衍生物
13	8.36	gamma-Terpinene	$C_{10}H_{16}$	99-85-4	0.32	γ-萜品烯	萜烯及其衍生物
14	20.10	Caryophyllene	$C_{15}H_{24}$	87-44-5	0.25	石竹烯	萜烯及其衍生物
15	12.65	Benzenemethanol, alpha, alpha, 4-trimethyl-	$C_{10}H_{14}O$	1197-01-9	0.24	α,α,4-三甲基苯甲醇	醇类
16	9.88	Nonanal	$C_9H_{18}O$	124-19-6	0.22	壬醛	醛类
17	0.61	Pentanoic acid, ethyl ester	$C_7H_{14}O_2$	539-82-2	0.19	戊酸乙酯	酯类
18	10.12	1,3,8-p-Menthatriene	$C_{10}H_{14}$	18368-95-1	0.19	1,3,8-对-薄荷基三烯	萜烯及其衍生物
19	19.81	1H-Cycloprop[e]azulene, 1a,2,3,4,4a,5,6,7b-octahydro-1,1,4,7-tetramethyl-,[1aR-(1alpha,4alpha,4abeta,7balpha)]-	$C_{15}H_{24}$	489-40-7	0.18	(−)-α-古云烯	萜烯及其衍生物

（续表）

编号	保留时间（min）	化合物	分子式	CAS 号	面积加和百分比（%）	中文名称	类别
20	10.92	p-Mentha-1,5,8-triene	$C_{10}H_{14}$	21195-59-5	0.17	1,5,8-对-薄荷基三烯	萜烯及其衍生物
21	21.04	1,4,7,-Cyclounde-catriene,1,5,9,9-tetramethyl-,Z,Z,Z-	$C_{15}H_{24}$	1000062-61-9	0.16	1,5,9,9-四甲基-1,4,7-环己三烯	其他
22	8.03	3-Carene	$C_{10}H_{16}$	13466-78-9	0.12	3-蒈烯	萜烯及其衍生物
23	7.69	3-Carene	$C_{10}H_{16}$	13466-78-9	0.10	3-蒈烯	萜烯及其衍生物

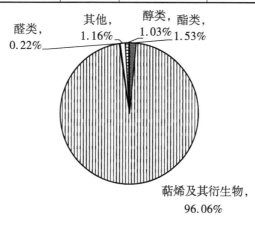

图 40-2　挥发性成分的比例构成

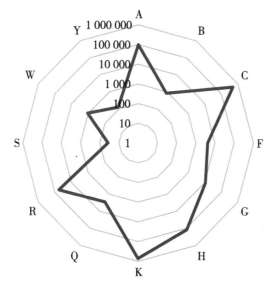

A—脂肪香；B—冰凉香；C—柑橘香；F—果香；G—青香；H—药香；
K—松柏香；Q—香膏香；R—玫瑰香；S—辛香料香；W—木香；Y—土壤香

图 40-3　香韵分布雷达

41. 贵妃杞（海南三亚水果岛）

经 GC-MS 检测和分析（图 41-1），其果肉中挥发性成分相对含量超过 0.1% 的共有 17 种化合物（表 41-1），主要为萜烯类化合物，占 78.26%（图 41-2），其中，比例最高的挥发性成分为萜品油烯，占 53.28%。

已知挥发性成分的气味 ABC 分析显示：果肉香味主要涵盖 6 种香型，各香味荷载从大到小依次为松柏香、柑橘香、药香、玫瑰香、香膏香、冰凉香；其中，松柏香荷载远大于其他香味，可视为该杞果的主要香韵（图 41-3）。

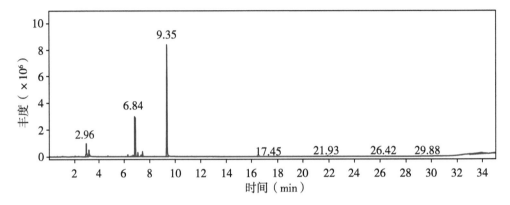

图 41-1　挥发性成分总离子流

表 41-1　挥发性成分 GC-MS 分析结果

编号	保留时间（min）	化合物	分子式	CAS 号	面积加和百分比（%）	中文名称	类别
1	9.35	Cyclohexene,1-methyl-4-(1-methylethylidene)-	$C_{10}H_{16}$	586-62-9	53.28	萜品油烯	萜烯及其衍生物
2	6.84	3-Carene	$C_{10}H_{16}$	13466-78-9	16.36	3-蒈烯	萜烯及其衍生物
3	33.94	12-Oleanen-3-yl acetate,(3alpha)-	$C_{32}H_{52}O_2$	33055-28-6	9.47	(3α)-12-乌苏烯-3-基乙酸酯	酯类
4	2.96	3-Hexen-1-ol,(E)-	$C_6H_{12}O$	928-97-2	7.36	反式-3-己烯-1-醇	醇类
5	3.19	(S)-(+)-3-Methyl-1-pentanol	$C_6H_{14}O$	42072-39-9	2.88	(S)-(+)-3-甲基-1-戊醇	醇类
6	7.42	D-Limonene	$C_{10}H_{16}$	5989-27-5	2.66	D-柠檬烯	萜烯及其衍生物

（续表）

编号	保留时间（min）	化合物	分子式	CAS 号	面积加和百分比（%）	中文名称	类别
7	7.04	1,3-Cyclohexadiene, 1-methyl-4-(1-methylethyl)-	$C_{10}H_{16}$	99-86-5	1.78	α-萜品烯	萜烯及其衍生物
8	6.27	Bicyclo［3.1.1］heptane, 6,6-dimethyl-2-methylene-,(1S)-	$C_{10}H_{16}$	18172-67-3	0.86	(−)-β-蒎烯	萜烯及其衍生物
9	7.29	Benzene, 1-methyl-3-(1-methylethyl)-	$C_{10}H_{14}$	535-77-3	0.83	间伞花烃	其他
10	6.67	alpha-Phellandrene	$C_{10}H_{16}$	99-83-2	0.63	α-水芹烯	萜烯及其衍生物
11	21.93	Naphthalene, decahydro-4a-methyl-1-methylene-7-(1-methylethenyl)-,［4aR-(4alpha,7alpha,8abeta)］-	$C_{15}H_{24}$	17066-67-0	0.43	(+)-β-瑟林烯	萜烯及其衍生物
12	1.09	Cyclohexanol, 2-methyl-, propionate, trans-	$C_{10}H_{18}O_2$	15287-79-3	0.34	反式-2-甲基环己醇丙酸酯	酯类
13	4.72	3-Carene	$C_{10}H_{16}$	13466-78-9	0.26	3-蒈烯	萜烯及其衍生物
14	34.98	(3aS,5S,8S)-3a-Hydroxy-1,5,8-trimethyl-4,5,8,9-tetrahydronaphtho［2,1-b］furan-2,6(3aH,7H)-dione	$C_{15}H_{18}O_4$	1147340-35-9	0.21	(3aS,5S,8S)-3a-羟基-1,5,8-三甲基-4,5,8,9-四氢萘并［2,1-b］呋喃-2,6(3aH,7H)-二酮	酮及内酯
15	8.38	gamma-Terpinene	$C_{10}H_{16}$	99-85-4	0.18	γ-萜品烯	萜烯及其衍生物
16	0.66	Pentanoic acid, ethyl ester	$C_7H_{14}O_2$	539-82-2	0.17	戊酸乙酯	酯类
17	10.13	1,3,8-p-Menthatriene	$C_{10}H_{14}$	18368-95-1	0.11	1,3,8-对-薄荷基三烯	萜烯及其衍生物

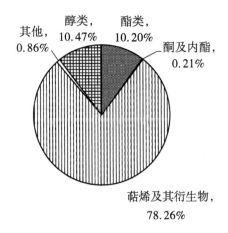

图 41-2　挥发性成分的比例构成

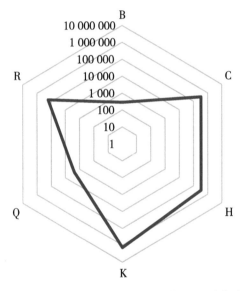

B—冰凉香；C—柑橘香；H—药香；K—松柏香；Q—香膏香；R—玫瑰香

图 41-3　香韵分布雷达

42. 台农 1 号（海南三亚水果岛）

经 GC-MS 检测和分析（图 42-1），其果肉中挥发性成分相对含量超过 0.1% 的共有 24 种化合物（表 42-1），主要为萜烯类化合物，占 93.93%（图 42-2），其中，比例最高的挥发性成分为萜品油烯，占 77.05%。

已知挥发性成分的气味 ABC 分析显示：果肉香味主要涵盖 6 种香型，各香味荷载从大到小依次为松柏香、柑橘香、药香、玫瑰香、香膏香、冰凉香；其中，松柏香、柑橘香荷载远大于其他香味，可视为该杧果的主要香韵（图 42-3）。

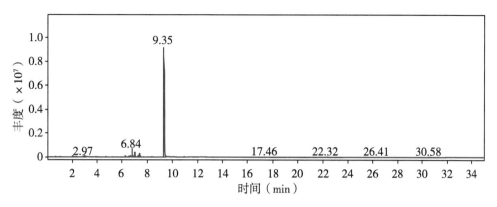

图 42-1 挥发性成分总离子流

表 42-1 挥发性成分 GC-MS 分析结果

编号	保留时间（min）	化合物	分子式	CAS 号	面积加和百分比（%）	中文名称	类别
1	9.35	Cyclohexene,1-methyl-4-（1-methylethylidene）-	$C_{10}H_{16}$	586-62-9	77.05	萜品油烯	萜烯及其衍生物
2	6.84	3-Carene	$C_{10}H_{16}$	13466-78-9	4.82	3-蒈烯	萜烯及其衍生物
3	7.04	1,3-Cyclohexadiene,1-methyl-4-（1-methylethyl）-	$C_{10}H_{16}$	99-86-5	3.05	α-萜品烯	萜烯及其衍生物
4	7.42	D-Limonene	$C_{10}H_{16}$	5989-27-5	2.71	D-柠檬烯	萜烯及其衍生物
5	2.97	cis-3-Hexenyl cis-3-hexenoate	$C_{12}H_{20}O_2$	61444-38-0	1.87	顺式-3-己烯酸顺式-3-己烯酯	酯类
6	7.29	Benzene,1-methyl-3-（1-methylethyl）-	$C_{10}H_{14}$	535-77-3	1.15	间伞花烃	其他
7	2.04	2-Hexenal,（E）-	$C_6H_{10}O$	6728-26-3	1.10	反式-2-己烯醛	醛类
8	6.67	alpha-Phellandrene	$C_{10}H_{16}$	99-83-2	0.76	α-水芹烯	萜烯及其衍生物
9	6.27	Bicyclo［3.1.1］heptane,6,6-dimethyl-2-methylene-,（1S）-	$C_{10}H_{16}$	18172-67-3	0.75	（-）-β-蒎烯	萜烯及其衍生物
10	3.88	Oxime-,methoxy-phenyl-_	$C_8H_9NO_2$	1000222-86-6	0.45	N-羟基-苯甲亚胺酸甲酯	酯类

（续表）

编号	保留时间（min）	化合物	分子式	CAS 号	面积加和百分比（%）	中文名称	类别
11	30.58	Tetradecane, 2, 6, 10-trimethyl-	$C_{17}H_{36}$	14905-56-7	0.41	2,6,10-三甲基十四烷	其他
12	6.56	2 Carene	$C_{10}H_{16}$	554-61-0	0.38	2-蒈烯	萜烯及其衍生物
13	4.72	3-Carene	$C_{10}H_{16}$	13466-78-9	0.31	3-蒈烯	萜烯及其衍生物
14	8.37	gamma-Terpinene	$C_{10}H_{16}$	99-85-4	0.30	γ-萜品烯	萜烯及其衍生物
15	0.65	1H-Pyrazole, 1-methyl-	$C_4H_6N_2$	930-36-9	0.27	1-甲基-1H-吡唑	其他
16	10.93	1, 3, 8-p-Mentha-triene	$C_{10}H_{14}$	18368-95-1	0.27	1,3,8-对-薄荷基三烯	萜烯及其衍生物
17	10.13	1, 3, 8-p-Mentha-triene	$C_{10}H_{14}$	18368-95-1	0.25	1,3,8-对-薄荷基三烯	萜烯及其衍生物
18	9.88	1,2-15,16-Diepoxyhexadecane	$C_{16}H_{30}O_2$	1000192-65-0	0.19	1,2-15,16-二环氧十六烷	其他
19	12.68	2-Hydroxymethyl-2-methylbrendane	$C_{11}H_{18}O$	1000139-74-2	0.16	2-羟甲基-2-甲基布伦丹	其他
20	9.66	Caryophylla-4(12),8(13)-dien-5alpha-ol	$C_{15}H_{24}O$	19431-79-9	0.15	肉豆蔻-4（12），8（13）-二烯-5α-醇	醇类
21	23.80	(E)-3,7-Dimethylocta-2,6-dien-1-yldodecanoate	$C_{22}H_{40}O_2$	72934-09-9	0.13	(E)-3,7-二甲基-2,6-辛二烯-1-基十二烷酸酯	酯类
22	5.25	Benzoic acid,2-formyl-4,6-dimethoxy-,8,8-dimethoxyoct-2-yl ester	$C_{20}H_{30}O_7$	312305-58-1	0.11	临薄荷基-1(7),8-二烯-3-醇	萜烯及其衍生物
23	2.80	(1R,2R,3S,5R)-(-)-2,3-Pinanediol	$C_{10}H_{18}O_2$	22422-34-0	0.10	（1R，2R，3S，5R）-(-)-2,3-蒎烷二醇	萜烯及其衍生物
24	8.04	3-Carene	$C_{10}H_{16}$	13466-78-9	0.10	3-蒈烯	萜烯及其衍生物

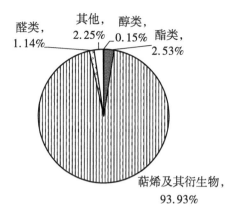

图 42-2 挥发性成分的比例构成

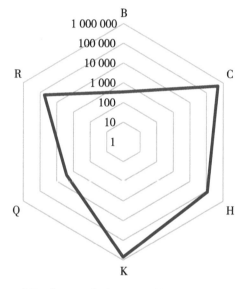

B—冰凉香；C—柑橘香；H—药香；K—松柏香；Q—香膏香；R—玫瑰香

图 42-3 香韵分布雷达

43. 贵妃杧（云南）

经 GC-MS 检测和分析（图 43-1），其果肉中挥发性成分相对含量超过 0.1% 的共有 23 种化合物（表 43-1），主要为萜烯类化合物，占 69.97%（图 43-2），其中，比例最高的挥发性成分为闹二烯，占 46.94%。

已知挥发性成分的气味 ABC 分析显示：果肉香味主要涵盖 6 种香型，各香味荷载从大到小依次为松柏香、药香、玫瑰香、柑橘香、香膏香、冰凉香；其中，松柏香、药香、玫瑰香荷载远大于其他香味，可视为该杧果的主要香韵（图 43-3）。

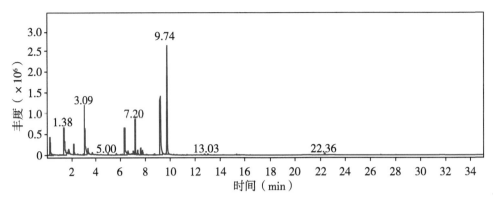

图 43-1 挥发性成分总离子流

表 43-1 挥发性成分 GC-MS 分析结果

编号	保留时间（min）	化合物	分子式	CAS 号	面积加和百分比（%）	中文名称	类别
1	9.75	Cyclohexene, 3-methyl-6-(1-methylethylidene)-	$C_{10}H_{16}$	586-63-0	46.94	闹二烯	萜烯及其衍生物
2	3.10	2-Octenal, (E)-	$C_8H_{14}O$	2548-87-0	17.06	反式-2-辛烯醛	醛类
3	7.20	3-Carene	$C_{10}H_{16}$	13466-78-9	15.72	3-蒈烯	萜烯及其衍生物
4	2.19	Cyclohexane, (1,1-dimethylethyl)-	$C_{10}H_{20}$	3178-22-1	6.95	叔丁基环己烷	其他
5	3.39	Undecane, 5-methylene-	$C_{12}H_{24}$	5698-48-6	2.15	5-亚甲基十一烷	其他
6	7.79	D-Limonene	$C_{10}H_{16}$	5989-27-5	2.03	D-柠檬烯	萜烯及其衍生物
7	3.06	2-Hexenal, (E)-	$C_6H_{10}O$	6728-26-3	1.91	反式-2-己烯醛	醛类
8	7.40	1,3-Cyclohexadiene, 1-methyl-4-(1-methylethyl)-	$C_{10}H_{16}$	99-86-5	1.51	α-萜品烯	萜烯及其衍生物
9	7.66	Benzene, 1-methyl-3-(1-methylethyl)-	$C_{10}H_{14}$	535-77-3	0.90	间伞花烃	其他
10	8.75	1,5-Heptadien-4-ol, 3,3,6-trimethyl-	$C_{10}H_{18}O$	27644-04-8	0.56	3,3,6-三甲基-1,5-庚二烯-4-醇	萜烯及其衍生物
11	6.60	Bicyclo[3.1.1]heptane, 6,6-dimethyl-2-methylene-, (1S)-	$C_{10}H_{16}$	18172-67-3	0.54	(-)-β-蒎烯	萜烯及其衍生物

（续表）

编号	保留时间（min）	化合物	分子式	CAS 号	面积加和百分比（%）	中文名称	类别
12	7.02	alpha-Phellandrene	$C_{10}H_{16}$	99-83-2	0.50	α-水芹烯	萜烯及其衍生物
13	22.36	Naphthalene, decahydro-4a-methyl-1-methylene-7-(1-methylethenyl)-, [4aR-(4aalpha, 7alpha, 8abeta)]-	$C_{15}H_{24}$	17066-67-0	0.38	(+)-β-瑟林烯	萜烯及其衍生物
14	5.01	3-Carene	$C_{10}H_{16}$	13466-78-9	0.33	3-蒈烯	萜烯及其衍生物
15	2.97	2-Hexenal, (E)-	$C_6H_{10}O$	6728-26-3	0.31	反式-2-己烯醛	醛类
16	6.91	1,3-Cyclohexadiene, 1-methyl-4-(1-methylethyl)-	$C_{10}H_{16}$	99-86-5	0.21	α-萜品烯	萜烯及其衍生物
17	13.03	alpha, alpha, 4-trimethylbenzyl carbanilate	$C_{17}H_{19}NO_2$	7366-54-3	0.17	2-(4-甲苯基)-2-丙基-苯氨基甲酸甲酯	酯类
18	1.07	1-Penten-3-one	C_5H_8O	1629-58-9	0.14	1-戊烯-3-酮	酮及内酯
19	10.53	1,3,8-p-Menthatriene	$C_{10}H_{14}$	18368-95-1	0.13	1,3,8-对-薄荷基三烯	萜烯及其衍生物
20	11.35	1,3,8-p-Menthatriene	$C_{10}H_{14}$	18368-95-1	0.13	1,3,8-对-薄荷基三烯	萜烯及其衍生物
21	15.32	4,7,7-Trimethylbicyclo[4.1.0]hept-3-en-2-one	$C_{10}H_{14}O$	81800-50-2	0.12	3-蒈烯-5酮	萜烯及其衍生物
22	5.67	(E)-4-Oxohex-2-enal	$C_6H_8O_2$	1000374-04-2	0.11	(E)-4-氧代-2-己烷醛	醛类
23	12.78	Terpinen-4-ol	$C_{10}H_{18}O$	562-74-3	0.11	4-萜烯醇	萜烯及其衍生物

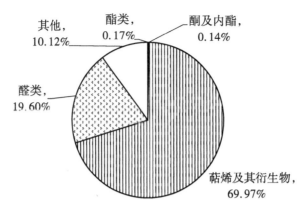

图 43-2　挥发性成分的比例构成

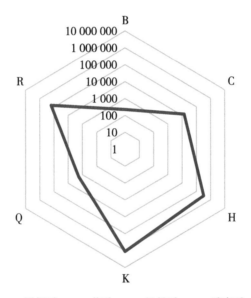

B—冰凉香；C—柑橘香；H—药香；K—松柏香；Q—香膏香；R—玫瑰香

图 43-3　香韵分布雷达

44. 南逗迈（云南）

经 GC-MS 检测和分析（图 44-1），其果肉中挥发性成分相对含量超过 0.1% 的共有 22 种化合物（表 44-1），主要为醛类化合物，占 68.51%（图 44-2），其中，比例最高的挥发性成分为反式-2-己烯醛，占 43.36%。

已知挥发性成分的气味 ABC 分析显示：果肉香味主要涵盖 6 种香型，各香味荷载从大到小依次为脂肪香、松柏香、青香、药香、玫瑰香、柑橘香；其中，脂肪香荷载远大于其他香味，可视为该杞果的主要香韵（图 44-3）。

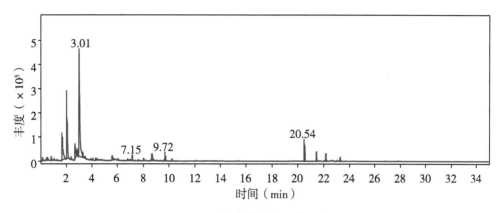

图 44-1　挥发性成分总离子流

表 44-1　挥发性成分 GC-MS 分析结果

编号	保留时间（min）	化合物	分子式	CAS 号	面积加和百分比（%）	中文名称	类别
1	2.05	2-Hexenal, (E)-	$C_6H_{10}O$	6728-26-3	43.36	反式-2-己烯醛	醛类
2	3.00	2-Hexenal, (E)-	$C_6H_{10}O$	6728-26-3	20.78	反式-2-己烯醛	醛类
3	3.05	Cyclopentene, 1-methyl-	C_6H_{10}	693-89-0	16.54	1-甲基环戊烯	其他
4	0.57	Ethyl Acetate	$C_4H_8O_2$	141-78-6	2.02	乙酸乙酯	酯类
5	2.87	2-Hexenal, (E)-	$C_6H_{10}O$	6728-26-3	1.98	反式-2-己烯醛	醛类
6	3.30	trans-2,4-Dimethylthiane, S,S-dioxide	$C_7H_{14}O_2S$	1000215-67-6	1.42	反式-2,4-二甲基硫代噻烷, S,S-二氧化物	其他
7	20.53	Bicyclo[7.2.0]undec-4-ene, 4,11,11-trimethyl-8-methylene-, [1R-(1R*,4Z,9S*)]-	$C_{15}H_{24}$	118-65-0	1.34	(-)-异丁香烯	萜烯及其衍生物
8	8.69	2-Pentene, 1-ethoxy-4,4-dimethyl-	$C_9H_{18}O$	55702-60-8	1.31	(2E)-1-乙氧基-4,4-二甲基-2-戊烯	其他
9	9.71	Cyclohexene,1-methyl-4-(1-methylethylidene)-	$C_{10}H_{16}$	586-62-9	1.31	萜品油烯	萜烯及其衍生物
10	4.31	Cyclohexene, 1-methyl-	C_7H_{12}	591-49-1	1.25	1-甲基环己烯	其他
11	5.61	Cyclohexanemethanol	$C_7H_{14}O$	100-49-2	0.96	环己基甲醇	醇类
12	22.21	Germacrene D	$C_{15}H_{24}$	23986-74-5	0.77	大根香叶烯 D	萜烯及其衍生物

（续表）

编号	保留时间（min）	化合物	分子式	CAS号	面积加和百分比（%）	中文名称	类别
13	7.14	3-Carene	$C_{10}H_{16}$	13466-78-9	0.69	3-蒈烯	萜烯及其衍生物
14	21.47	Humulene	$C_{15}H_{24}$	6753-98-6	0.60	葎草烯	萜烯及其衍生物
15	1.10	Furan,2-ethyl-	C_6H_8O	3208-16-0	0.58	2-乙基-呋喃	其他
16	6.03	Bicyclo〔3.1.0〕hex-2-ene,4-methyl-1-（1-methylethyl）-	$C_{10}H_{16}$	28634-89-1	0.35	β-侧柏烯	萜烯及其衍生物
17	10.23	Nonanal	$C_9H_{18}O$	124-19-6	0.32	壬醛	醛类
18	27.19	Methanone,（1-hydroxycyclohexyl）phenyl-	$C_{13}H_{16}O_2$	947-19-3	0.32	1-羟基环己基苯基甲酮	酮及内酯
19	3.49	Undecane,3-methylene-	$C_{12}H_{24}$	71138-64-2	0.30	3-亚甲基十一烷	其他
20	1.75	Prenol	$C_5H_{10}O$	556-82-1	0.29	香叶醇	萜烯及其衍生物
21	4.06	.+/-.-trans-2-Cyclohexene-1,4-diol	$C_6H_{10}O_2$	41513-32-0	0.25	反式-1,4-环己烯二醇	醇类
22	3.92	Oxime-,methoxy-phenyl-＿	$C_8H_9NO_2$	1000222-86-6	0.24	N-羟基-苯甲亚胺酸甲酯	酯类

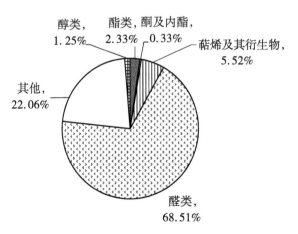

图44-2 挥发性成分的比例构成

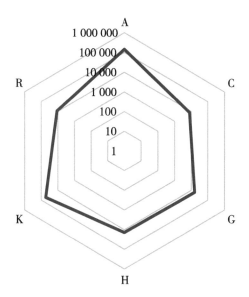

A—脂肪香；C—柑橘香；G—青香；H—药香；K—松柏香；R—玫瑰香

图 44-3　香韵分布雷达

45. 凯特杧（云南华坪）

经 GC-MS 检测和分析（图 45-1），其果肉中挥发性成分相对含量超过 0.1% 的共有 22 种化合物（表 45-1），主要为萜烯类化合物，占 92.83%（图 45-2），其中，比例最高的挥发性成分为 3-蒈烯，占 79.63%。

已知挥发性成分的气味 ABC 分析显示：果肉香味主要涵盖 6 种香型，各香味荷载从大到小依次为松柏香、药香、玫瑰香、柑橘香、香膏香、冰凉香；其中，松柏香、药香、玫瑰香荷载远大于其他香味，可视为该杧果的主要香韵（图 45-3）。

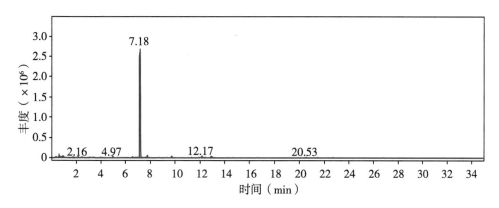

图 45-1　挥发性成分总离子流

表 45-1 挥发性成分 GC-MS 分析结果

编号	保留时间（min）	化合物	分子式	CAS 号	面积加和百分比（%）	中文名称	类别
1	7.18	3-Carene	$C_{10}H_{16}$	13466-78-9	79.63	3-蒈烯	萜烯及其衍生物
2	7.75	D-Limonene	$C_{10}H_{16}$	5989-27-5	2.34	D-柠檬烯	萜烯及其衍生物
3	0.65	Ethyl Acetate	$C_4H_8O_2$	141-78-6	2.02	乙酸乙酯	酯类
4	12.17	p-Mentha-1,5-dien-8-ol	$C_{10}H_{16}O$	1686-20-0	1.53	对-1,5-薄荷基二烯-8-醇	萜烯及其衍生物
5	9.73	Cyclohexene,1-methyl-4-(1-methylethylidene)-	$C_{10}H_{16}$	586-62-9	1.30	萜品油烯	萜烯及其衍生物
6	12.91	Naphthalene	$C_{10}H_8$	91-20-3	1.24	萘	其他
7	4.97	3-Carene	$C_{10}H_{16}$	13466-78-9	0.85	3-蒈烯	萜烯及其衍生物
8	7.63	Benzene,1-methyl-3-(1-methylethyl)-	$C_{10}H_{14}$	535-77-3	0.79	间伞花烃	其他
9	6.57	beta-Myrcene	$C_{10}H_{16}$	123-35-3	0.72	β-月桂烯	萜烯及其衍生物
10	13.01	Benzene,2-ethenyl-1,4-dimethyl-	$C_{10}H_{12}$	2039-89-6	0.55	2-乙烯基-1,4-二甲基苯	其他
11	3.08	Cyclopentane,(2-methylpropyl)-	C_9H_{18}	3788-32-7	0.43	异丁基环戊烷	其他
12	0.38	Propanal	C_3H_6O	123-38-6	0.40	丙醛	醛类
13	0.45	2-Amino-4-methyl-4-pentenoic acid	$C_6H_{11}NO_2$	1000133-00-5	0.37	2-氨基-4-甲基-4-戊烯酸	酸类
14	0.60	4-Pentenoic acid,3-hydroxy-,ethyl ester	$C_7H_{12}O_3$	38996-01-9	0.31	3-羟基-4-戊烯酸乙酯	酯类
15	6.99	alpha-Phellandrene	$C_{10}H_{16}$	99-83-2	0.31	α-水芹烯	萜烯及其衍生物
16	3.97	Oxime-,methoxy-phenyl-_	$C_8H_9NO_2$	1000222-86-6	0.30	N-羟基-苯甲亚胺酸甲酯	酯类
17	7.37	gamma-Terpinene	$C_{10}H_{16}$	99-85-4	0.28	γ-萜品烯	萜烯及其衍生物
18	20.53	Bicyclo[7.2.0]undec-4-ene,4,11,11-trimethyl-8-methylene-,[1R-(1R*,4Z,9S*)]-	$C_{15}H_{24}$	118-65-0	0.28	(-)-异丁香烯	萜烯及其衍生物
19	12.40	p-Mentha-1,5-dien-8-ol	$C_{10}H_{16}O$	1686-20-0	0.27	对-1,5-薄荷基二烯-8-醇	萜烯及其衍生物

（续表）

编号	保留时间 （min）	化合物	分子式	CAS 号	面积加和 百分比 （%）	中文名称	类别
20	11.92	2, 6 - Nonadienal, (E, E) -	$C_9H_{14}O$	17587-33-6	0.23	(E, E) - 2, 6 - 壬 二 烯 醛	醛类
21	21.48	Humulene	$C_{15}H_{24}$	6753-98-6	0.23	葎草烯	萜烯及其 衍生物
22	11.33	cis - Chrysanthenyl formate	$C_{11}H_{16}O_2$	241123-18-2	0.14	顺式 - 菊花 基甲酸酯	酯类

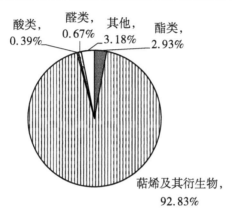

图 45-2　挥发性成分的比例构成

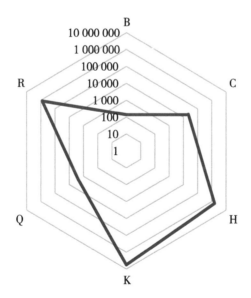

B—冰凉香；C—柑橘香；H—药香；K—松柏香；Q—香膏香；R—玫瑰香

图 45-3　香韵分布雷达

46. 景东晚熟杞（云南华坪）

经 GC-MS 检测和分析（图 46-1），其果肉中挥发性成分相对含量超过 0.1% 的共有 20 种化合物（表 46-1），主要为萜烯类化合物，占 90.82%（图 46-2），其中，比例最高的挥发性成分为萜品油烯，占 59.36%。

已知挥发性成分的气味 ABC 分析显示：果肉香味主要涵盖 7 种香型，各香味荷载从大到小依次为松柏香、药香、柑橘香、玫瑰香、果香、冰凉香、香膏香；其中，松柏香荷载远大于其他香味，可视为该杞果的主要香韵（图 46-3）。

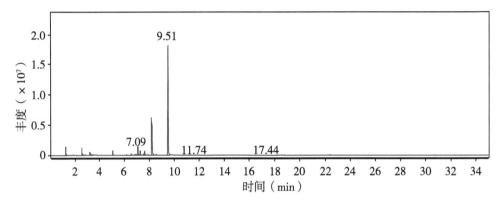

图 46-1　挥发性成分总离子流

表 46-1　挥发性成分 GC-MS 分析结果

编号	保留时间（min）	化合物	分子式	CAS 号	面积加和百分比（%）	中文名称	类别
1	9.51	Cyclohexene,1-methyl-4-(1-methylethylidene)-	$C_{10}H_{16}$	586-62-9	59.36	萜品油烯	萜烯及其衍生物
2	8.22	3-Carene	$C_{10}H_{16}$	13466-78-9	18.10	3-蒈烯	萜烯及其衍生物
3	7.09	3-Carene	$C_{10}H_{16}$	13466-78-9	3.53	3-蒈烯	萜烯及其衍生物
4	2.58	Butanoic acid, ethyl ester	$C_6H_{12}O_2$	105-54-4	2.87	丁酸乙酯	酯类
5	1.24	Ethyl Acetate	$C_4H_8O_2$	141-78-6	2.61	乙酸乙酯	酯类
6	3.24	2-Butenoic acid, ethyl ester,(E)-	$C_6H_{10}O_2$	623-70-1	2.57	巴豆酸乙酯	酯类
7	7.64	D-Limonene	$C_{10}H_{16}$	5989-27-5	2.23	D-柠檬烯	萜烯及其衍生物
8	7.27	1,3-Cyclohexadiene,1-methyl-4-(1-methylethyl)-	$C_{10}H_{16}$	99-86-5	2.13	α-萜品烯	萜烯及其衍生物
9	5.07	3-Carene	$C_{10}H_{16}$	13466-78-9	1.63	3-蒈烯	萜烯及其衍生物

（续表）

编号	保留时间（min）	化合物	分子式	CAS 号	面积加和百分比（%）	中文名称	类别
10	6.53	Bicyclo［3.1.1］heptane,6,6-dimethyl-2-methylene-,（1S）-	$C_{10}H_{16}$	18172-67-3	0.70	（-）-β-蒎烯	萜烯及其衍生物
11	6.92	alpha-Phellandrene	$C_{10}H_{16}$	99-83-2	0.52	α-水芹烯	萜烯及其衍生物
12	7.51	o-Cymene	$C_{10}H_{14}$	527-84-4	0.51	邻伞花烃	萜烯及其衍生物
13	6.81	Ethyl（1-adamantylamino）carbothioylcarbamate	$C_{14}H_{22}N_2O_2S$	36997-89-4	0.33	（1-金刚烷基氨基）硫代氨基甲酸乙酯	酯类
14	7.90	3-Carene	$C_{10}H_{16}$	13466-78-9	0.33	3-蒈烯	萜烯及其衍生物
15	2.83	4,6-di-tert-Butyl-resorcinol	$C_{14}H_{22}O_2$	5374-06-1	0.29	4,6-二叔丁基间苯二酚	其他
16	8.56	gamma-Terpinene	$C_{10}H_{16}$	99-85-4	0.27	γ-萜品烯	萜烯及其衍生物
17	13.14	Octanoic acid,ethyl ester	$C_{10}H_{20}O_2$	106-32-1	0.23	辛酸乙酯	酯类
18	6.17	Cyclohexane,1-methylene-4-（1-methylethenyl）-	$C_{10}H_{16}$	499-97-8	0.19	伪柠檬烯	萜烯及其衍生物
19	1.85	3,4,4-Trimethyl-3-pentanol	$C_8H_{18}O$	7294-05-5	0.16	3,4,4-三甲基-3-戊醇	醇类
20	11.24	2,4,6-Octatriene,2,6-dimethyl-,（E,Z）-	$C_{10}H_{16}$	7216-56-0	0.16	（E,Z）-别罗勒烯	萜烯及其衍生物

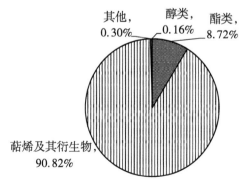

图 46-2　挥发性成分的比例构成

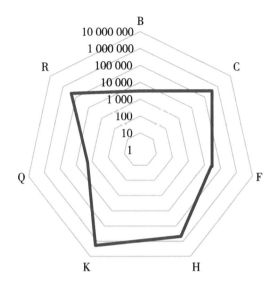

B—冰凉香；C—柑橘香；F—果香；H—药香；K—松柏香；Q—香膏香；R—玫瑰香

图 46-3　香韵分布雷达

47. 0922 号资源（云南华坪）

经 GC-MS 检测和分析（图 47-1），其果肉中挥发性成分相对含量超过 0.1% 的共有 32 种化合物（表 47-1），主要为萜烯类化合物，占 70.67%（图 47-2），其中，比例最高的挥发性成分为 3-蒈烯，占 48.57%。

已知挥发性成分的气味 ABC 分析显示：果肉香味主要涵盖 11 种香型，各香味荷载从大到小依次为松柏香、药香、玫瑰香、果香、柑橘香、香膏香、冰凉香、木香、土壤香、青香、辛香料香；其中，松柏香、药香、玫瑰香荷载远大于其他香味，可视为该杜果的主要香韵（图 47-3）。

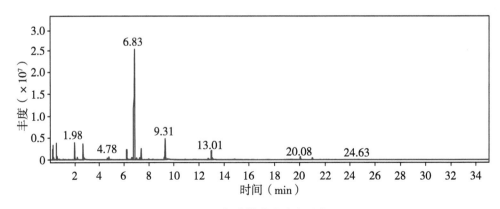

图 47-1　挥发性成分总离子流

表 47-1 挥发性成分 GC-MS 分析结果

编号	保留时间（min）	化合物	分子式	CAS 号	面积加和百分比（%）	中文名称	类别
1	6.83	3-Carene	$C_{10}H_{16}$	13466-78-9	48.57	3-蒈烯	萜烯及其衍生物
2	9.31	Cyclohexene, 3-methyl-6-(1-methylethylidene)-	$C_{10}H_{16}$	586-63-0	8.02	闹二烯	萜烯及其衍生物
3	0.28	Dimethyl ether	C_2H_6O	115-10-6	5.52	二甲醚	其他
4	2.67	2-Butenoic acid, ethyl ester, (E)-	$C_6H_{10}O_2$	623-70-1	5.13	巴豆酸乙酯	酯类
5	1.98	Butanoic acid, ethyl ester	$C_6H_{12}O_2$	105-54-4	4.48	丁酸乙酯	酯类
6	0.57	Ethyl Acetate	$C_4H_8O_2$	141-78-6	4.17	乙酸乙酯	酯类
7	7.38	D-Limonene	$C_{10}H_{16}$	5989-27-5	4.12	D-柠檬烯	萜烯及其衍生物
8	13.01	Octanoic acid, ethyl ester	$C_{10}H_{20}O_2$	106-32-1	3.97	辛酸乙酯	酯类
9	6.22	beta-Myrcene	$C_{10}H_{16}$	123-35-3	3.50	β-月桂烯	萜烯及其衍生物
10	4.78	Ethyltiglate	$C_7H_{12}O_2$	5837-78-5	1.15	惕各酸乙酯	酯类
11	20.08	Caryophyllene	$C_{15}H_{24}$	87-44-5	1.08	石竹烯	萜烯及其衍生物
12	2.20	Ethylcyclopropane-carboxylate	$C_6H_{10}O_2$	4606-07-9	0.89	环丙烷甲酸乙酯	酯类
13	6.63	alpha Phellandrene	$C_{10}H_{16}$	99-83-2	0.89	α-水芹烯	萜烯及其衍生物
14	7.25	trans-3-Caren-2-ol	$C_{10}H_{16}O$	1000151-75-4	0.87	反式3-蒈烯-2-醇	萜烯及其衍生物
15	9.24	Cyclohexene, 3-methyl-6-(1-methylethylidene)-	$C_{10}H_{16}$	586-63-0	0.80	闹二烯	萜烯及其衍生物
16	21.02	1,4,7,-Cycloundecatriene, 1,5,9,9-tetramethyl-, Z,Z,Z-	$C_{15}H_{24}$	1000062-61-9	0.67	1,5,9,9-四甲基-1,4,7-环己三烯	其他
17	7.00	1,3-Cyclohexadiene, 1-methyl-4-(1-methylethyl)-	$C_{10}H_{16}$	99-86-5	0.58	α-萜品烯	萜烯及其衍生物
18	12.74	4-Octenoic acid, ethyl ether	$C_{10}H_{18}O_2$	1000132-45-5	0.57	4-辛烯酸乙酯	酯类
19	2.77	Butanoic acid, 2-methyl-, ethyl ester	$C_7H_{14}O_2$	7452-79-1	0.51	2-甲基丁酸乙酯	酯类
20	4.66	(1R)-2,6,6-Trimethylbicyclo[3.1.1]hept-2-ene	$C_{10}H_{16}$	7785-70-8	0.51	(+)-α-蒎烯	萜烯及其衍生物

（续表）

编号	保留时间（min）	化合物	分子式	CAS号	面积加和百分比（%）	中文名称	类别
21	2.83	2 - Butenoic acid, ethyl ester, (E)-	$C_6H_{10}O_2$	623-70-1	0.36	巴豆酸乙酯	酯类
22	7.99	1,3,6-Octatriene, 3,7-dimethyl-, (Z)-	$C_{10}H_{16}$	3338-55-4	0.30	(Z)-β-罗勒烯	萜烯及其衍生物
23	6.51	Hexanoic acid, ethyl ester	$C_8H_{16}O_2$	123-66-0	0.26	己酸乙酯	酯类
24	0.78	1-Butanol	$C_4H_{10}O$	71-36-3	0.21	1-丁醇	醇类
25	10.89	Myrtenyl tiglate	$C_{15}H_{22}O_2$	1000383-62-3	0.21	丁香油基虎皮酯	酯类
26	14.84	4,7,7-Trimethylbicyclo[4.1.0]hept-3-en-2-one	$C_{10}H_{14}O$	81800-50-2	0.21	3-蒈烯-5酮	萜烯及其衍生物
27	9.51	2,4-Hexadienoic acid, ethyl ester, (2E,4E)-	$C_8H_{12}O_2$	2396-84-1	0.20	(2E,4E)-2,4-己二烯酸乙酯	酯类
28	6.36	Butanoic acid, butyl ester	$C_8H_{16}O_2$	109-21-7	0.19	丁酸丁酯	酯类
29	1.07	Propanoic acid, ethyl ester	$C_5H_{10}O_2$	105-37-3	0.18	丙酸乙酯	酯类
30	8.34	gamma-Terpinene	$C_{10}H_{16}$	99-85-4	0.15	γ-萜品烯	萜烯及其衍生物
31	1.78	Diethyl carbonate	$C_5H_{10}O_3$	105-58-8	0.12	碳酸二乙酯	酯类
32	7.87	2-Butenoic acid, butyl ester	$C_8H_{14}O_2$	7299-91-4	0.10	巴豆酸正丁酯	酯类

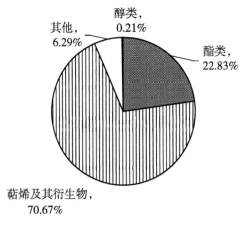

图47-2 挥发性成分的比例构成

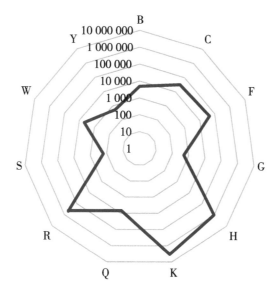

B—冰凉香；C—柑橘香；F—果香；G—青香；H—药香；

K—松柏香；Q—香膏香；R—玫瑰香；S—辛香料香；W—木香；Y—土壤香

图 47-3　香韵分布雷达

48. 软杧（云南华坪）

经 GC-MS 检测和分析（图 48-1），其果肉中挥发性成分相对含量超过 0.1% 的共有 35 种化合物（表 48-1），主要为萜烯类化合物，占 68.29%（图 48-2），其中，比例最高的挥发性成分为反式-β-罗勒烯，占 48.09%。

已知挥发性成分的气味 ABC 分析显示：果肉香味主要涵盖 10 种香型，各香味荷载从大到小依次为松柏香、果香、药香、玫瑰香、木香、冰凉香、柑橘香、香膏香、土壤香、辛香料香；其中，松柏香、果香、药香荷载远大于其他香味，可视为该杧果的主要香韵（图 48-3）。

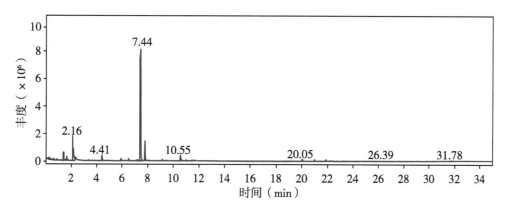

图 48-1　挥发性成分总离子流

表 48-1 挥发性成分 GC-MS 分析结果

编号	保留时间（min）	化合物	分子式	CAS 号	面积加和百分比（%）	中文名称	类别
1	7.44	trans – beta – Oci-mene	$C_{10}H_{16}$	3779-61-1	48.09	反式-β-罗勒烯	萜烯及其衍生物
2	2.16	2 – Butenoic acid, ethyl ester, (E)	$C_6H_{10}O_2$	623-70-1	12.41	巴豆酸乙酯	酯类
3	7.79	1,3,6 – Octatriene, 3,7 – dimethyl –, (Z) –	$C_{10}H_{16}$	3338-55-4	9.19	(Z)-β-罗勒烯	萜烯及其衍生物
4	10.55	2,4,6 – Octatriene, 2,6 – dimethyl –, (E,Z) –	$C_{10}H_{16}$	7216-56-0	4.16	(E,Z)-别罗勒烯	萜烯及其衍生物
5	1.42	Butanoic acid, ethyl ester	$C_6H_{12}O_2$	105-54-4	3.26	丁酸乙酯	酯类
6	4.41	Ethyltiglate	$C_7H_{12}O_2$	5837-78-5	2.84	惕各酸乙酯	酯类
7	1.65	Methacrylic acid, ethyl ester	$C_6H_{10}O_2$	97-63-2	2.38	甲基丙烯酸乙酯	酯类
8	2.34	2-Hexenal, (E) –	$C_6H_{10}O$	6728-26-3	1.23	反式-2-己烯醛	醛类
9	20.05	Caryophyllene	$C_{15}H_{24}$	87-44-5	1.01	石竹烯	萜烯及其衍生物
10	5.93	beta-Myrcene	$C_{10}H_{16}$	123-35-3	0.99	β-月桂烯	萜烯及其衍生物
11	0.32	1-Penten-3-one	C_5H_8O	1629-58-9	0.92	1-戊烯-3-酮	酮及内酯
12	6.53	3-Carene	$C_{10}H_{16}$	13466-78-9	0.84	3-蒈烯	萜烯及其衍生物
13	9.14	1,3-Cyclohexadiene, 1 – methyl – 4 – (1 – methylethyl) –	$C_{10}H_{16}$	99-86-5	0.77	α-萜品烯	萜烯及其衍生物
14	11.00	1,5,5 – Trimethyl – 6 – methylene – cyclohexene	$C_{10}H_{16}$	514-95-4	0.76	1,5,5-三甲基-6-亚甲基-环己烯	其他
15	21.00	1,4,7, –Cyclounde-catriene, 1,5,9,9 – tetramethyl –, Z,Z,Z-	$C_{15}H_{24}$	1000062-61-9	0.73	1,5,9,9-四甲基-1,4,7-环己三烯	其他
16	7.23	5 – Ethylcyclopent – 1 – enecarboxaldehyde	$C_8H_{12}O$	36431-60-4	0.68	5-乙基环戊-1-烯甲醛	醛类
17	0.65	1-Butanol, 3-meth-yl-	$C_5H_{12}O$	123-51-3	0.67	3-甲基-1-丁醇	醇类

（续表）

编号	保留时间（min）	化合物	分子式	CAS号	面积加和百分比（%）	中文名称	类别
18	21.89	1H–Cycloprop［e］azulene,1a,2,3,5,6,7,7a,7b–octahydro–1,1,4,7–tetramethyl–,［1aR–（1aalpha,7alpha,7abeta,7balpha）］–	$C_{15}H_{24}$	21747–46–6	0.63	（+）–喇叭烯	萜烯及其衍生物
19	31.78	Cyclopropanetetradecanoic acid, 2–octyl–,methyl ester	$C_{26}H_{50}O_2$	52355–42–7	0.51	2–辛基环丙烷十四烷酸甲酯	酯类
20	3.38	Oxime –, methoxy – phenyl–_	$C_8H_9NO_2$	1000222–86–6	0.47	N–羟基–苯甲亚胺酸甲酯	酯类
21	11.64	Cyclopropaneoctanoic acid,2–｛［2–［（2–ethylcyclopropyl）methyl］cyclopropyl］methyl｝–, methyl ester	$C_{22}H_{38}O_2$	10152–71–3	0.45	2–｛［2–［（2–乙基环丙基）甲基］环丙基］甲基｝环丙烷辛酸甲酯	酯类
22	9.45	2,5–Octadecadiynoic acid,methyl ester	$C_{19}H_{30}O_2$	57156–91–9	0.44	2,5–十八碳二炔酸甲酯	酯类
23	0.90	2,6–Nonadienal,3,7–dimethyl–	$C_{11}H_{18}O$	41448–29–7	0.42	3,7–二甲基–2,6–壬二烯醛	醛类
24	11.45	Geranyl vinyl ether	$C_{12}H_{20}O$	1000132–11–4	0.41	牻牛儿基乙烯醚	其他
25	7.14	Cyclohexanol, 2–methyl – 5 –（1–methylethenyl）–	$C_{10}H_{18}O$	619–01–2	0.38	2–甲基–5–（1–甲基乙烯基）环己醇	醇类
26	0.18	Aziridine, 1 –（2–buten–2–yl）–	$C_6H_{11}N$	1000158–95–2	0.27	1–（2–丁烯–2–基）氮杂环丙烷	其他
27	0.47	o–Acetyl–L–serine	$C_5H_9NO_4$	5147–00–2	0.27	O–乙酰基–L–丝氨酸	其他
28	10.30	Carveol	$C_{10}H_{16}O$	99–48–9	0.23	香芹醇	萜烯及其衍生物
29	8.16	Oleic Acid	$C_{18}H_{34}O_2$	112–80–1	0.22	油酸	酸类

（续表）

编号	保留时间（min）	化合物	分子式	CAS 号	面积加和百分比（%）	中文名称	类别
30	8.07	N-(1-Hydroxy-4-oxo-1-phenylperhydroquinolizin-3-yl) carbamic acid, benzyl ester	$C_{23}H_{26}N_2O_4$	1000287-93-3	0.20	N-(1-羟基-4-氧代-1-苯基全氢喹啉-3-基)氨基甲酸苄酯	酯类
31	24.67	15-Hexadecenoic acid, 14-hydroxy-15-methyl-	$C_{17}H_{32}O_3$	89328-43-8	0.20	14-羟基-15-甲基十六碳-15-烯酸	酸类
32	2.65	Dodecanoic acid,3-hydroxy-	$C_{12}H_{24}O_3$	1883-13-2	0.13	3-羟基十二烷酸	酸类
33	0.61	[1,1′-Bicyclopropyl]-2-octanoic acid, 2′-hexyl-, methyl ester	$C_{21}H_{38}O_2$	56687-68-4	0.12	2-己基-1,1′-双环丙烷-2-辛酸甲酯	酯类
34	4.85	3,7-Dimethylocta-2,6-dien-1-ol,4-(phenylthio)-	$C_{16}H_{22}OS$	1000196-46-7	0.12	4-(苯硫基)-3,7-二甲基辛-2,6-二烯-1-醇	醇类
35	9.70	1,2-15,16-Diepoxyhexadecane	$C_{16}H_{30}O_2$	1000192-65-0	0.12	1,2-15,16-二环氧己烷	其他

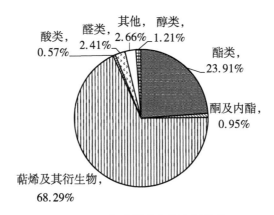

酸类，0.57%
醛类，2.41%
其他，2.66%
醇类，1.21%
酯类，23.91%
酮及内酯，0.95%
萜烯及其衍生物，68.29%

图48-2 挥发性成分的比例构成

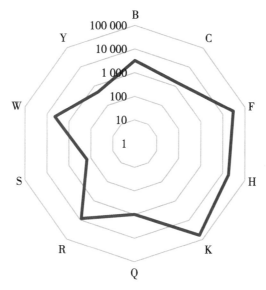

B—冰凉香；C—柑橘香；F—果香；H—药香；K—松柏香；
Q—香膏香；R—玫瑰香；S—辛香料香；W—木香；Y—土壤香

图 48-3　香韵分布雷达

49. 0913 号资源（云南华坪）

经 GC-MS 检测和分析（图 49-1），其果肉中挥发性成分相对含量超过 0.1% 的共有 38 种化合物（表 49-1），主要为萜烯类化合物，占 60.79%（图 49-2），其中，比例最高的挥发性成分为萜品油烯，占 31.91%。

已知挥发性成分的气味 ABC 分析显示：果肉香味主要涵盖 11 种香型，各香味荷载从大到小依次为松柏香、药香、柑橘香、玫瑰香、果香、冰凉香、香膏香、木香、乳酪香、土壤香、辛香料香；其中，松柏香、药香、柑橘香、玫瑰香荷载远大于其他香味，可视为该杧果的主要香韵（图 49-3）。

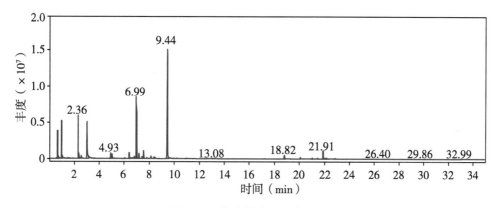

图 49-1　挥发性成分总离子流

表 49-1 挥发性成分 GC-MS 分析结果

编号	保留时间（min）	化合物	分子式	CAS 号	面积加和百分比（%）	中文名称	类别
1	9.44	Cyclohexene,1-methyl-4-(1-methylethylidene)-	$C_{10}H_{16}$	586-62-9	31.91	萜品油烯	萜烯及其衍生物
2	6.99	3-Carene	$C_{10}H_{16}$	13466-78-9	14.78	3-蒈烯	萜烯及其衍生物
3	3.02	2-Butenoic acid, ethyl ester, (E)-	$C_6H_{10}O_2$	623-70-1	9.40	巴豆酸乙酯	酯类
4	0.69	Dimethyl ether	C_2H_6O	115-10-6	8.52	二甲醚	其他
5	2.36	Butanoic acid, ethyl ester	$C_6H_{12}O_2$	105-54-4	8.05	丁酸乙酯	酯类
6	0.99	Ethyl Acetate	$C_4H_8O_2$	141-78-6	7.42	乙酸乙酯	酯类
7	7.54	D-Limonene	$C_{10}H_{16}$	5989-27-5	2.35	D-柠檬烯	萜烯及其衍生物
8	21.91	Naphthalene, deca-hydro-4a-methyl-1-methylene-7-(1-methylethenyl)-,[4aR-(4aalpha,7alpha,8abeta)]-	$C_{15}H_{24}$	17066-67-0	2.34	(+)-β-瑟林烯	萜烯及其衍生物
9	6.41	beta-Myrcene	$C_{10}H_{16}$	123-35-3	1.44	β-月桂烯	萜烯及其衍生物
10	5.04	Ethyl tiglate	$C_7H_{12}O_2$	5837-78-5	1.30	惕各酸乙酯	酯类
11	7.18	Cyclohexene,1-methyl-4-(1-methylethylidene)-	$C_{10}H_{16}$	586-62-9	1.26	萜品油烯	萜烯及其衍生物
12	4.93	(1R)-2,6,6-Trimethylbicyclo[3.1.1]hept-2-ene	$C_{10}H_{16}$	7785-70-8	1.16	(+)-α-蒎烯	萜烯及其衍生物
13	18.82	alpha-Copaene	$C_{15}H_{24}$	1000360-33-0	0.97	α-古巴烯	萜烯及其衍生物
14	3.16	2-Hexenal,(E)-	$C_6H_{10}O$	6728-26-3	0.75	反式-2-己烯醛	醛类
15	8.14	1,3,6-Octatriene,3,7-dimethyl-,(Z)-	$C_{10}H_{16}$	3338-55-4	0.71	(Z)-β-罗勒烯	萜烯及其衍生物
16	2.57	Ethyl cyclopropanecarboxylate	$C_6H_{10}O_2$	4606-07-9	0.70	环丙烷甲酸乙酯	酯类
17	7.42	Benzene,1-methyl-3-(1-methylethyl)-	$C_{10}H_{14}$	535-77-3	0.59	间伞花烃	其他
18	6.82	alpha-Phellandrene	$C_{10}H_{16}$	99-83-2	0.50	α-水芹烯	萜烯及其衍生物
19	8.38	Butanoic acid, 3-methylbutyl ester	$C_9H_{18}O_2$	106-27-4	0.45	丁酸异戊酯	酯类

（续表）

编号	保留时间（min）	化合物	分子式	CAS 号	面积加和百分比（%）	中文名称	类别
20	20.09	Caryophyllene	$C_{15}H_{24}$	87-44-5	0.43	石竹烯	萜烯及其衍生物
21	22.15	2-Isopropenyl-4a,8-dimethyl-1,2,3,4,4a,5,6,8a-octa-hydronaphthalene	$C_{15}H_{24}$	1000193-57-0	0.35	(-)-α-芹子烯	萜烯及其衍生物
22	8.47	gamma-Terpinene	$C_{10}H_{16}$	99-85-4	0.34	γ-萜品烯	萜烯及其衍生物
23	21.03	1,4,7,-Cycloundecatriene,1,5,9,9-tetramethyl-,Z,Z,Z-	$C_{15}H_{24}$	1000062-61-9	0.26	1,5,9,9-四甲基-1,4,7-环己三烯	其他
24	7.82	trans-beta-Ocimene	$C_{10}H_{16}$	3779-61-1	0.23	反式-β-罗勒烯	萜烯及其衍生物
25	21.46	(4R,4aS,6S)-4,4a-Dimethyl-6-(prop-1-en-2-yl)-1,2,3,4,4a,5,6,7-octa-hydronaphthalene	$C_{15}H_{24}$	823810-22-6	0.22	(4R,4aS,6S)-4,4a-二甲基-6-(丙烯-1-烯-2-基)-1,2,3,4,4a,5,6,7-八氢萘	萜烯及其衍生物
26	6.66	Hexanoic acid,ethyl ester	$C_8H_{16}O_2$	123-66-0	0.19	己酸乙酯	酯类
27	6.05	Bicyclo［3.1.1］heptane,6,6-dimethyl-2-methyl-ene-,(1S)-	$C_{10}H_{16}$	18172-67-3	0.17	(-)-β-蒎烯	萜烯及其衍生物
28	6.70	2-Carene	$C_{10}H_{16}$	554-61-0	0.16	2-蒈烯	萜烯及其衍生物
29	22.87	Naphthalene,1,2,3,5,6,8a-hexa-hydro-4,7-dimethyl-1-(1-methylethyl)-,(1S-cis)-	$C_{15}H_{24}$	483-76-1	0.16	Δ-杜松烯	萜烯及其衍生物
30	1.48	Propanoic acid,ethyl ester	$C_5H_{10}O_2$	105-37-3	0.15	丙酸乙酯	酯类
31	10.98	Myrtenyl tiglate	$C_{15}H_{22}O_2$	1000383-62-3	0.15	丁香油基虎皮酯	酯类
32	22.09	Spiro［5.5］undec-2-ene,3,7,7-trim-ethyl-11-methyl-ene-,(-)-	$C_{15}H_{24}$	18431-82-8	0.15	花柏烯	萜烯及其衍生物
33	13.08	Octanoic acid,ethy lester	$C_{10}H_{20}O_2$	106-32-1	0.14	辛酸乙酯	酯类
34	1.65	1-Hexanol,3-methyl-	$C_7H_{16}O$	13231-81-7	0.13	3-甲基-1-己醇	醇类

（续表）

编号	保留时间（min）	化合物	分子式	CAS 号	面积加和百分比（%）	中文名称	类别
35	6.55	Butanoic acid, butyl ester	$C_8H_{16}O_2$	109-21-7	0.13	丁酸丁酯	酯类
36	10.20	1,3,8-p-Mentha-triene	$C_{10}H_{14}$	18368-95-1	0.11	1,3,8-对-薄荷基三烯	萜烯及其衍生物
37	9.63	5-Methylene-1,3a,4,5,6,6a-hexahydropentalen-1-ol	$C_9H_{12}O$	1000193-00-3	0.10	5-亚甲基-1,3a,4,5,6,6a-六氢并戊烯-1-醇	醇类
38	17.22	n-Butyric acid 2-ethylhexyl ester	$C_{12}H_{24}O_2$	25415-84-3	0.10	正丁酸-2-乙基己酯	酯类

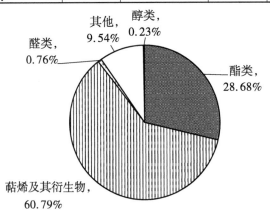

图 49-2　挥发性成分的比例构成

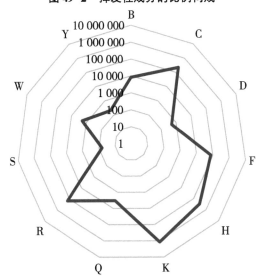

B—冰凉香；C—柑橘香；D—乳酪香；F—果香；H—药香；

K—松柏香；Q—香膏香；R—玫瑰香；S—辛香料香；W—木香；Y—土壤香

图 49-3　香韵分布雷达

50. 印度 2 号资源（云南华坪）

经 GC-MS 检测和分析（图 50-1），其果肉中挥发性成分相对含量超过 0.1% 的共有 20 种化合物（表 50-1），主要为萜烯类化合物，占 84.76%（图 50-2），其中，比例最高的挥发性成分为（-）-β-蒎烯，占 65.23%。

已知挥发性成分的气味 ABC 分析显示：果肉香味主要涵盖 10 种香型，各香味荷载从大到小依次为松柏香、药香、玫瑰香、柑橘香、果香、冰凉香、木香、香膏香、土壤香、辛香料香；其中，松柏香、药香、玫瑰香荷载远大于其他香味，可视为该杧果的主要香韵（图 50-3）。

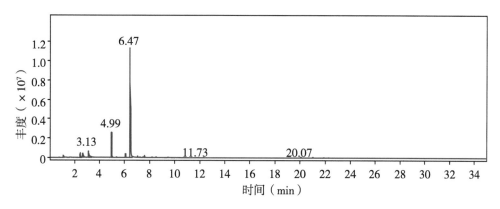

图 50-1　挥发性成分总离子流

表 50-1　挥发性成分 GC-MS 分析结果

编号	保留时间（min）	化合物	分子式	CAS 号	面积加和百分比（%）	中文名称	类别
1	6.47	Bicyclo［3.1.1］heptane,6,6-dimethyl-2-methylene-,(1S)-	$C_{10}H_{16}$	18172-67-3	65.23	(-)-β-蒎烯	萜烯及其衍生物
2	4.99	3-Carene	$C_{10}H_{16}$	13466-78-9	12.85	3-蒈烯	萜烯及其衍生物
3	3.13	2-Butenoic acid, ethyl ester,(E)-	$C_6H_{10}O_2$	623-70-1	6.65	巴豆酸乙酯	酯类
4	2.68	2-(E)-Hexen-1-ol,(4S)-4-amino-5-methyl-	$C_7H_{15}NO$	1000164-21-1	3.57	(2E)-4-氨基-5-甲基-2-己烯-1-醇	醇类
5	2.47	Butanoic acid, ethyl ester	$C_6H_{12}O_2$	105-54-4	2.99	丁酸乙酯	酯类

（续表）

编号	保留时间（min）	化合物	分子式	CAS 号	面积加和百分比（%）	中文名称	类别
6	6.10	Cyclohexane, 1-methylene-4-(1-methylethenyl)-	$C_{10}H_{16}$	499-97-8	2.04	伪柠檬烯	萜烯及其衍生物
7	7.59	D-Limonene	$C_{10}H_{16}$	5989-27-5	1.25	D-柠檬烯	萜烯及其衍生物
8	7.03	3-Carene	$C_{10}H_{16}$	13466-78-9	0.74	3-蒈烯	萜烯及其衍生物
9	1.13	1,4-Dioxane,2,3-dimethoxy-	$C_6H_{12}O_4$	23918-30-1	0.65	2,3-二甲氧基-1,4-二氧杂环己烷	其他
10	1.10	Ethyl Acetate	$C_4H_8O_2$	141-78-6	0.53	乙酸乙酯	酯类
11	8.18	3-Carene	$C_{10}H_{16}$	13466-78-9	0.47	3-蒈烯	萜烯及其衍生物
12	20.07	Caryophyllene	$C_{15}H_{24}$	87-44-5	0.45	石竹烯	萜烯及其衍生物
13	8.51	gamma-Terpinene	$C_{10}H_{16}$	99-85-4	0.43	γ-萜品烯	萜烯及其衍生物
14	21.02	1,4,7,-Cycloundecatriene,1,5,9,9-tetramethyl-,Z,Z,Z-	$C_{15}H_{24}$	1000062-61-9	0.34	1,5,9,9-四甲基-1,4,7-环己三烯	其他
15	5.37	Camphene	$C_{10}H_{16}$	79-92-5	0.31	莰烯	萜烯及其衍生物
16	9.46	1,3-Cyclohexadiene,1-methyl-4-(1-methylethyl)-	$C_{10}H_{16}$	99-86-5	0.31	α-萜品烯	萜烯及其衍生物
17	7.46	Benzene, 1-methyl-3-(1-methylethyl)-	$C_{10}H_{14}$	535-77-3	0.28	间伞花烃	其他
18	7.22	1,3-Cyclohexadiene,1-methyl-4-(1-methylethyl)-	$C_{10}H_{16}$	99-86-5	0.21	α-萜品烯	萜烯及其衍生物
19	5.13	Ethyltiglate	$C_7H_{12}O_2$	5837-78-5	0.16	惕各酸乙酯	酯类
20	21.91	Naphthalene, decahydro-4a-methyl-1-methylene-7-(1-methylethenyl)-,[4aR-(4aalpha,7alpha,8abeta)]-	$C_{15}H_{24}$	17066-67-0	0.11	(+)-β-瑟林烯	萜烯及其衍生物

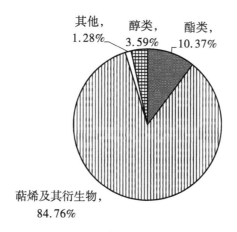

图 50-2 挥发性成分的比例构成

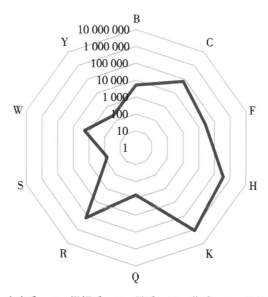

B—冰凉香；C—柑橘香；F—果香；H—药香；K—松柏香；
Q—香膏香；R—玫瑰香；S—辛香料香；W—木香；Y—土壤香

图 50-3 香韵分布雷达

51. 金煌杧（云南华坪）

经 GC-MS 检测和分析（图 51-1），其果肉中挥发性成分相对含量超过 0.1% 的共有 19 种化合物（表 51-1），主要为萜烯类化合物，占 89.76%（图 51-2），其中，比例最高的挥发性成分为 3-蒈烯，占 72.23%。

已知挥发性成分的气味 ABC 分析显示：果肉香味主要涵盖 7 种香型，各香味荷载从大到小依次为松柏香、药香、玫瑰香、柑橘香、果香、香膏香、冰凉香；其中，松柏香、药香、玫瑰香荷载远大于其他香味，可视为该杧果的主要香韵（图 51-3）。

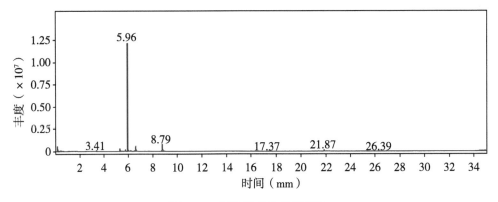

图 51-1　挥发性成分总离子流

表 51-1　挥发性成分 GC-MS 分析结果

编号	保留时间（min）	化合物	分子式	CAS 号	面积加和百分比（%）	中文名称	类别
1	5.96	3-Carene	$C_{10}H_{16}$	13466-78-9	72.23	3-蒈烯	萜烯及其衍生物
2	8.79	Cyclohexene,1-methyl-4-(1-methylethylidene)-	$C_{10}H_{16}$	586-62-9	5.56	萜品油烯	萜烯及其衍生物
3	34.70	13-Docosenamide,(Z)-	$C_{22}H_{43}NO$	112-84-5	4.45	(Z)-13-二十二碳烯酰胺	其他
4	6.61	D-Limonene	$C_{10}H_{16}$	5989-27-5	3.99	D-柠檬烯	萜烯及其衍生物
5	0.20	Butanoic acid, ethyl ester	$C_6H_{12}O_2$	105-54-4	3.46	丁酸乙酯	酯类
6	5.30	beta-Myrcene	$C_{10}H_{16}$	123-35-3	2.21	β-月桂烯	萜烯及其衍生物
7	0.45	Ethyl cyclopropane-carboxylate	$C_6H_{10}O_2$	4606-07-9	1.34	环丙烷甲酸乙酯	酯类
8	21.87	Naphthalene, decahydro-4a-methyl-1-methylene-7-(1-methylethenyl)-,〔4aR-(4aalpha,7alpha,8abeta)〕-	$C_{15}H_{24}$	17066-67-0	1.02	(+)-β-瑟林烯	萜烯及其衍生物
9	5.75	alpha-Phellandrene	$C_{10}H_{16}$	99-83-2	0.96	α-水芹烯	萜烯及其衍生物

（续表）

编号	保留时间（min）	化合物	分子式	CAS 号	面积加和百分比（%）	中文名称	类别
10	3.41	（1R）-2,6,6-Trimethylbicyclo［3.1.1］hept-2-ene	$C_{10}H_{16}$	7785-70-8	0.67	（+）-α-蒎烯	萜烯及其衍生物
11	6.19	（+）-4-Carene	$C_{10}H_{16}$	29050-33-7	0.58	4-蒈烯	萜烯及其衍生物
12	6.49	trans-3-Caren-2-ol	$C_{10}H_{16}O$	1000151-75-4	0.52	反式 3-蒈烯-2-醇	萜烯及其衍生物
13	8.71	Cyclohexene, 3-methyl-6-（1-methylethylidene）-	$C_{10}H_{16}$	586-63-0	0.51	闹二烯	萜烯及其衍生物
14	1.33	4-Penten-1-ol,3-methyl-	$C_6H_{12}O$	51174-44-8	0.42	3-甲基-4-戊烯-1-醇	醇类
15	1.05	2-Butenoic acid, ethyl ester,（E）-	$C_6H_{10}O_2$	623-70-1	0.28	巴豆酸乙酯	酯类
16	1.60	1-Nonene	C_9H_{18}	124-11-8	0.17	1-壬烯	其他
17	7.35	beta-Ocimene	$C_{10}H_{16}$	13877-91-3	0.14	β-罗勒烯	萜烯及其衍生物
18	7.72	3-Carene	$C_{10}H_{16}$	13466-78-9	0.14	3-蒈烯	萜烯及其衍生物
19	22.11	Spiro［5.5］undec-2-ene,3,7,7-trimethyl-11-methylene-,（-）-	$C_{15}H_{24}$	18431-82-8	0.14	花柏烯	萜烯及其衍生物

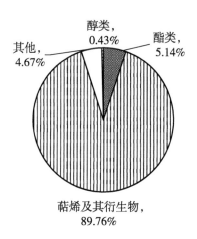

图 51-2　挥发性成分的比例构成

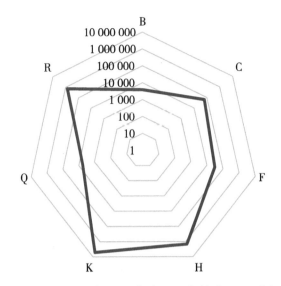

B—冰凉香；C—柑橘香；F—果香；H—药香；K—松柏香；Q—香膏香；R—玫瑰香

图 51-3　香韵分布雷达

52. 缅甸红桃杌（海南儋州）

经 GC-MS 检测和分析（图 52-1），其果肉中挥发性成分相对含量超过 0.1% 的共有 26 种化合物（表 52-1），主要为萜烯类化合物，占 87.93%（图 52-2），其中，比例最高的挥发性成分为反式-β-罗勒烯，占 68.04%。

已知挥发性成分的气味 ABC 分析显示：果肉香味主要涵盖 8 种香型，各香味荷载从大到小依次为松柏香、药香、玫瑰香、柑橘香、木香、香膏香、土壤香、辛香料香；其中，松柏香、药香、玫瑰香荷载远大于其他香味，可视为该杞果的主要香韵（图 52-3）。

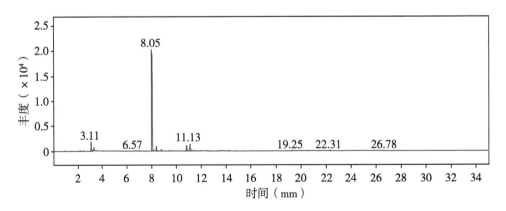

图 52-1　挥发性成分总离子流

表 52-1　挥发性成分 GC-MS 分析结果

编号	保留时间（min）	化合物	分子式	CAS 号	面积加和百分比（%）	中文名称	类别
1	8.05	trans – beta – Ocimene	$C_{10}H_{16}$	3779-61-1	68.04	反式-β-罗勒烯	萜烯及其衍生物
2	11.13	2, 6 – Dimethyl – 1, 3, 5, 7 – octatetraene, E, E-	$C_{10}H_{14}$	460-01-5	7.49	波斯菊萜	萜烯及其衍生物
3	3.11	3 – Hexen – 1 – ol, (E) –	$C_6H_{12}O$	928-97-2	6.98	反式-3-己烯-1-醇	醇类
4	10.84	2, 6 – Dimethyl – 1, 3, 5, 7 – octatetraene, E, E-	$C_{10}H_{14}$	460-01-5	4.32	波斯菊萜	萜烯及其衍生物
5	8.38	3-Carene	$C_{10}H_{16}$	13466-78-9	3.60	3-蒈烯	萜烯及其衍生物
6	3.35	3 – Undecene, 2 – methyl-, (E) –	$C_{12}H_{24}$	74630-51-6	2.14	(3E)-2-甲基-3-十一烯	其他
7	8.78	3(2H) – Furanone, 4 – methoxy – 2, 5 – dimethyl-	$C_7H_{10}O_3$	4077-47-8	1.41	4-甲氧基-2, 5-二甲基-3(2H)-呋喃酮	其他
8	9.44	1, 3, 8-p-Menthatriene	$C_{10}H_{14}$	18368-95-1	0.50	1, 3, 8-对-薄荷基三烯	萜烯及其衍生物
9	13.55	Carveol	$C_{10}H_{16}O$	99-48-9	0.45	香芹醇	萜烯及其衍生物
10	7.00	1, 3, 8-p-Menthatriene	$C_{10}H_{14}$	18368-95-1	0.43	1, 3, 8-对-薄荷基三烯	萜烯及其衍生物
11	2.17	Cyclopentanol, 3-methyl-	$C_6H_{12}O$	18729-48-1	0.42	3-甲基环戊醇	醇类
12	22.31	trans-beta-Ionone	$C_{13}H_{20}O$	79-77-6	0.40	乙位紫罗兰酮	萜烯及其衍生物
13	6.57	beta-Myrcene	$C_{10}H_{16}$	123-35-3	0.36	β-月桂烯	萜烯及其衍生物
14	14.25	1-Cyclohexene-1-carboxaldehyde, 2, 6, 6-trimethyl-	$C_{10}H_{16}O$	432-25-7	0.31	β-环柠檬醛	萜烯及其衍生物
15	13.82	Carveol	$C_{10}H_{16}O$	99-48-9	0.28	香芹醇	萜烯及其衍生物
16	9.72	Cyclohexene, 1-methyl-4-(1-methylethylidene) –	$C_{10}H_{16}$	586-62-9	0.26	萜品油烯	萜烯及其衍生物
17	19.25	alpha-Cubebene	$C_{15}H_{24}$	17699-14-8	0.24	α-荜澄茄油烯	萜烯及其衍生物
18	11.53	2, 4, 6 – Octatriene, 2, 6 – dimethyl –, (E, Z) –	$C_{10}H_{16}$	7216-56-0	0.23	(E, Z)-别罗勒烯	萜烯及其衍生物

（续表）

编号	保留时间（min）	化合物	分子式	CAS 号	面积加和百分比（%）	中文名称	类别
19	11.99	Trans-bicyclo［4.4.0］decan-1-ol-3-one	$C_{10}H_{16}O_2$	20721-86-2	0.23	8a-羟基-八氢-2-(1H)萘酮	酮及内酯
20	20.52	Caryophyllene	$C_{15}H_{24}$	87-44-5	0.20	石竹烯	萜烯及其衍生物
21	21.46	1,4,7,-Cyclounde-catriene,1,5,9,9-tetramethyl-,Z,Z,Z-	$C_{15}H_{24}$	1000062-61-9	0.20	1,5,9,9-四甲基-1,4,7-环己三烯	其他
22	5.77	6-(Hydroxy-phen-yl-methyl)-2,2-dimethyl-cyclohex-anone	$C_{15}H_{20}O_2$	1000190-38-3	0.18	6-［羟基(苯基)-甲基］-2,2-二甲基环己酮	酮及内酯
23	10.40	2,5-Dimethylcyclo-hexanol	$C_8H_{16}O$	3809-32-3	0.18	2,5-二甲基环己醇	醇类
24	10.26	Undec-10-ynoic acid,heptyl ester	$C_{18}H_{32}O_2$	1000406-16-0	0.12	10-十一碳炔酸庚酯	酯类
25	7.74	1-Hexen-3-yne,2-tert-butyl-	$C_{10}H_{16}$	99191-89-6	0.11	6,6-二甲基-5-亚甲基-3-庚炔	其他
26	14.95	Bicyclo［3.1.1］hept-3-en-2-ol,4,6,6-trimethyl-,［1S-(1alpha,2beta,5alpha)］-	$C_{10}H_{16}O$	18881-04-4	0.10	(-)-马鞭草烯醇	萜烯及其衍生物

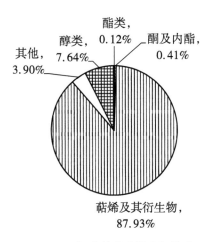

图 52-2　挥发性成分的比例构成

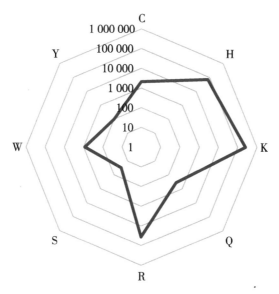

C—柑橘香；H—药香；K—松柏香；Q—香膏香；
R—玫瑰香；S—辛香料香；W—木香；Y—土壤香

图 52-3　香韵分布雷达

53. 桂热 82 号—样品 1（广西百色）

经 GC-MS 检测和分析（图 53-1），其果肉中挥发性成分相对含量超过 0.1% 的共有 11 种化合物（表 53-1），主要为萜烯类化合物，占 98.79%（图 53-2），其中，比例最高的挥发性成分为 3-蒈烯，占 93.67%。

已知挥发性成分的气味 ABC 分析显示：果肉香味主要涵盖 5 种香型，各香味荷载从大到小依次为松柏香、药香、玫瑰香、柑橘香、香膏香；其中，松柏香、药香、玫瑰香荷载远大于其他香味，可视为该杧果的主要香韵（图 53-3）。

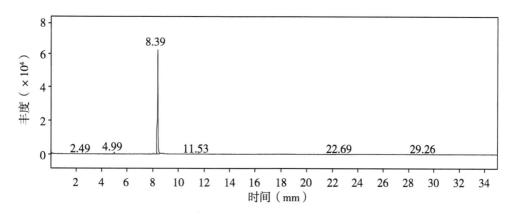

图 53-1　挥发性成分总离子流

表 53-1 挥发性成分 GC-MS 分析结果

编号	保留时间（min）	化合物	分子式	CAS 号	面积加和百分比（%）	中文名称	类别
1	8.39	3-Carene	$C_{10}H_{16}$	13466-78-9	93.67	3-蒈烯	萜烯及其衍生物
2	4.99	3-Carene	$C_{10}H_{16}$	13466-78-9	1.39	3-蒈烯	萜烯及其衍生物
3	8.05	trans - beta - Ocimene	$C_{10}H_{16}$	3779-61-1	0.84	反式-β-罗勒烯	萜烯及其衍生物
4	11.53	2, 4, 6 - Octatriene, 2, 6 - dimethyl -, (E,Z) -	$C_{10}H_{16}$	7216-56-0	0.72	(E, Z) - 别罗勒烯	萜烯及其衍生物
5	0.10	3, 4 - Dimethoxycinnamic acid	$C_{11}H_{12}O_4$	2316-26-9	0.47	3, 4 - 二甲氧基肉桂酸	酸类
6	8.82	3(2H) - Furanone, 4 - methoxy - 2, 5 - dimethyl-	$C_7H_{10}O_3$	4077-47-8	0.46	4-甲氧基-2, 5 - 二甲基-3(2H)-呋喃酮	其他
7	11.15	2, 4, 6 - Octatriene, 2, 6 - dimethyl -, (E,E) -	$C_{10}H_{16}$	3016-19-1	0.46	(E, E) - 别罗勒烯	萜烯及其衍生物
8	4.89	Bicyclo [3.1.0] hex - 2 - ene, 2 - methyl - 5 - (1 - methylethyl) -	$C_{10}H_{16}$	2867-05-2	0.29	α-侧柏烯	萜烯及其衍生物
9	29.26	Phthalic acid, di (3 - ethylphenyl) ester	$C_{24}H_{22}O_4$	1000357-08-4	0.27	邻苯二甲酸二(3-乙基苯基)酯	酯类
10	6.18	Cyclohexene, 4 - methylene - 1 - (1 - methylethyl) -	$C_{10}H_{16}$	99-84-3	0.13	β-萜品烯	萜烯及其衍生物
11	7.77	D-Limonene	$C_{10}H_{16}$	5989-27-5	0.13	D-柠檬烯	萜烯及其衍生物

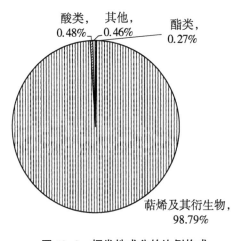

图 53-2 挥发性成分的比例构成

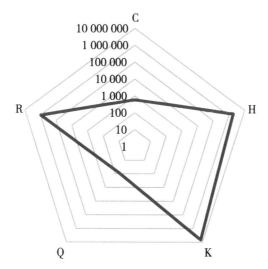

C—柑橘香；H—药香；K—松柏香；Q—香膏香；R—玫瑰香

图 53-3　香韵分布雷达

54. 桂热 82 号—样品 2（广西百色）

经 GC-MS 检测和分析（图 54-1），其果肉中挥发性成分相对含量超过 0.1%的共有 6 种化合物（表 54-1），主要为萜烯类化合物，占 93.64%（图 54-2），其中，比例最高的挥发性成分为 3-蒈烯，占 78.98%。

已知挥发性成分的气味 ABC 分析显示：果肉香味主要涵盖 3 种香型，各香味荷载从大到小依次为松柏香、药香、玫瑰香；其中，松柏香、药香荷载远大于其他香味，可视为该杧果的主要香韵（图 54-3）。

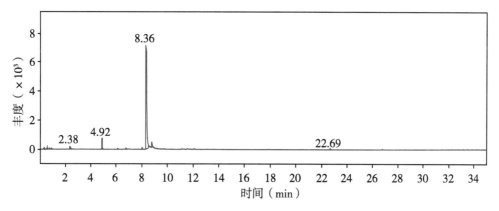

图 54-1　挥发性成分总离子流

表 54-1　挥发性成分 GC-MS 分析结果

编号	保留时间（min）	化合物	分子式	CAS 号	面积加和百分比（%）	中文名称	类别
1	8.36	3-Carene	$C_{10}H_{16}$	13466-78-9	78.98	3-蒈烯	萜烯及其衍生物
2	4.92	3-Carene	$C_{10}H_{16}$	13466-78-9	5.67	3-蒈烯	萜烯及其衍生物
3	8.77	3(2H)-Furanone,4-methoxy-2,5-dimethyl-	$C_7H_{10}O_3$	4077-47-8	4.92	4-甲氧基-2,5-二甲基-3(2H)-呋喃酮	其他
4	8.03	trans-beta-Ocimene	$C_{10}H_{16}$	3779-61-1	1.18	反式-β-罗勒烯	萜烯及其衍生物
5	0.91	1,5-Hexadien-3-ol	$C_6H_{10}O$	924-41-4	0.94	1,5-己二烯-3-醇	醇类
6	6.13	Bicyclo［3.1.0］hex-2-ene,4-methyl-1-(1-methylethyl)-	$C_{10}H_{16}$	28634-89-1	0.51	β-侧柏烯	萜烯及其衍生物

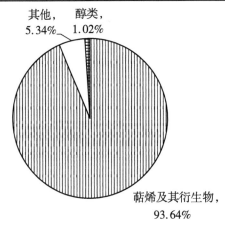

图 54-2　挥发性成分的比例构成

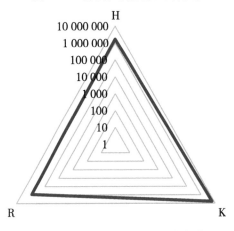

H—药香；K—松柏香；R—玫瑰香

图 54-3　香韵分布雷达

55. 桂热 82 号—样品 3（广西百色）

经 GC-MS 检测和分析（图 55-1），其果肉中挥发性成分相对含量超过 0.1% 的共有 7 种化合物（表 55-1），主要为萜烯类化合物，占 97.01%（图 55-2），其中，比例最高的挥发性成分为 3-蒈烯，占 51.76%。

已知挥发性成分的气味 ABC 分析显示：果肉香味主要涵盖 5 种香型，各香味荷载从大到小依次为松柏香、药香、玫瑰香、柑橘香、香膏香；其中，松柏香、药香、玫瑰香荷载远大于其他香味，可视为该杧果的主要香韵（图 55-3）。

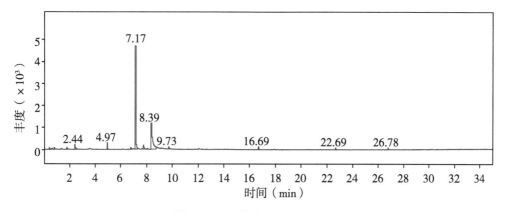

图 55-1 挥发性成分总离子流

表 55-1 挥发性成分 GC-MS 分析结果

编号	保留时间（min）	化合物	分子式	CAS 号	面积加和百分比（%）	中文名称	类别
1	7.17	3-Carene	$C_{10}H_{16}$	13466-78-9	51.76	3-蒈烯	萜烯及其衍生物
2	8.39	3-Carene	$C_{10}H_{16}$	13466-78-9	30.71	3-蒈烯	萜烯及其衍生物
3	7.77	D-Limonene	$C_{10}H_{16}$	5989-27-5	2.99	D-柠檬烯	萜烯及其衍生物
4	4.97	Bicyclo［3.1.1］hept-2-ene,3,6,6-trimethyl-	$C_{10}H_{16}$	4889-83-2	2.67	3,6,6-三甲基-双环(3.1.1)庚-2-烯	萜烯及其衍生物
5	9.73	Cyclohexene,3-methyl-6-(1-methylethylidene)-	$C_{10}H_{16}$	586-63-0	1.78	闹二烯	萜烯及其衍生物
6	16.69	Cyclohexanol,4-(1,1-dimethylethyl)-,acetate,trans-	$C_{12}H_{22}O_2$	1900-69-2	1.77	反式-4-(2-甲基-2-丙基)环己基乙酸酯	酯类

（续表）

编号	保留时间（min）	化合物	分子式	CAS 号	面积加和百分比（%）	中文名称	类别
7	1.80	Methyl 2 - O - ben- zyl – d – arabino- furanoside	$C_{13}H_{18}O_5$	1000129-90-7	1.00	甲基-2-O-苄基-D-阿拉伯糖	其他

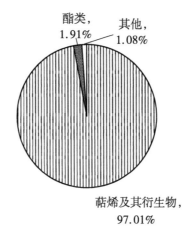

图 55-2　挥发性成分的比例构成

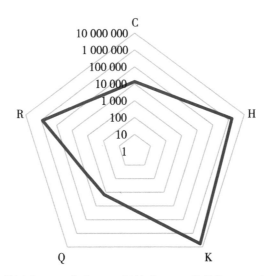

C—柑橘香；H—药香；K—松柏香；Q—香膏香；R—玫瑰香

图 55-3　香韵分布雷达

56. 桂热 82 号—样品 4（广西百色）

经 GC-MS 检测和分析（图 56-1），其果肉中挥发性成分相对含量超过 0.1% 的共有 12 种化合物（表 56-1），主要为萜烯类化合物，占 95.01%（图 56-2），其中，比例最高的挥发性成分为 3-蒈烯，占 90.00%。

已知挥发性成分的气味 ABC 分析显示：果肉香味主要涵盖 3 种香型，各香味荷载从大到小依次为松柏香、药香、玫瑰香；其中，松柏香荷载大于其他香味，可视为该杧果的主要香韵（图 56-3）。

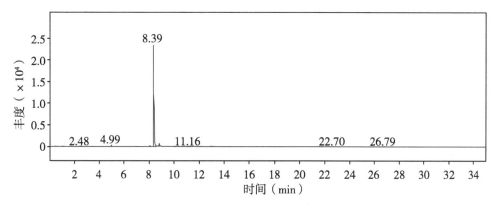

图 56-1　挥发性成分总离子流

表 56-1　挥发性成分 GC-MS 分析结果

编号	保留时间（min）	化合物	分子式	CAS 号	面积加和百分比（%）	中文名称	类别
1	8.39	3-Carene	$C_{10}H_{16}$	13466-78-9	90.00	3-蒈烯	萜烯及其衍生物
2	8.79	5,6-Epoxy-6-methyl-2-heptanone	$C_8H_{14}O_2$	1000132-01-3	3.28	5,6-环氧-6-甲基-2-庚酮	酮及内酯
3	8.05	3-Carene	$C_{10}H_{16}$	13466-78-9	1.01	3-蒈烯	萜烯及其衍生物
4	4.99	3-Carene	$C_{10}H_{16}$	13466-78-9	1.00	3-蒈烯	萜烯及其衍生物
5	11.16	2,6-Dimethyl-1,3,5,7-octatetraene,E,E-	$C_{10}H_{14}$	460-01-5	0.89	波斯菊萜	萜烯及其衍生物
6	12.95	Naphthalene	$C_{10}H_8$	91-20-3	0.75	萘	其他
7	11.53	2,4,6-Octatriene,2,6-dimethyl-,(E,Z)-	$C_{10}H_{16}$	7216-56-0	0.57	（E,Z）-别罗勒烯	萜烯及其衍生物
8	1.06	1-Penten-3-one	C_5H_8O	1629-58-9	0.50	1-戊烯-3-酮	酮及内酯

（续表）

编号	保留时间（min）	化合物	分子式	CAS 号	面积加和百分比（%）	中文名称	类别
9	1.02	Cyclobutanemethanol	$C_5H_{10}O$	4415-82-1	0.14	环丁烷甲醇	醇类
10	0.47	Cyclobutaneacetonitrile, 1-methyl-2-(1-methylethenyl)-	$C_{10}H_{15}N$	55760-15-1	0.14	1-甲基-2-（甲基乙烯基）环丁烷乙腈	其他
11	6.18	Cyclohexene, 4-methylene-1-(1-methylethyl)-	$C_{10}H_{16}$	99-84-3	0.12	β-萜品烯	萜烯及其衍生物
12	1.81	Bicyclo［3.2.0］hepta-2,6-diene	C_7H_8	2422-86-8	0.11	二环[3.2.0]庚-2,6-二烯	其他

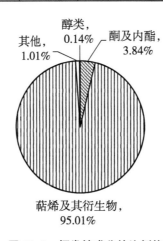

图 56-2 挥发性成分的比例构成

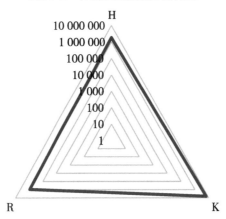

H—药香；K—松柏香；R—玫瑰香
图 56-3 香韵分布雷达

57. 帕拉英达—样品 1（云南保山）

经 GC-MS 检测和分析（图 57-1），其果肉中挥发性成分相对含量超过 0.1% 的共有 9
种化合物（表 57-1），主要为萜烯类化合物，占 97.98%（图 57-2），其中，比例最高的
挥发性成分为 3-蒈烯，占 87.13%。

已知挥发性成分的气味 ABC 分析显示：果肉香味主要涵盖 3 种香型，各香味荷载从
大到小依次为松柏香、药香、玫瑰香；其中，松柏香荷载远大于其他香味，可视为该杧果
的主要香韵（图 57-3）。

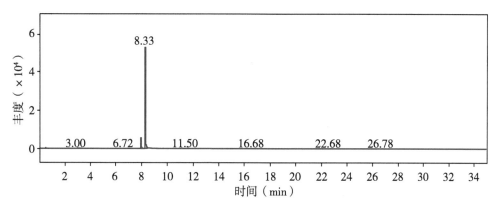

图 57-1　挥发性成分总离子流

表 57-1　挥发性成分 GC-MS 分析结果

编号	保留时间（min）	化合物	分子式	CAS 号	面积加和百分比（%）	中文名称	类别
1	8.33	3-Carene	$C_{10}H_{16}$	13466-78-9	87.13	3-蒈烯	萜烯及其衍生物
2	7.99	3-Carene	$C_{10}H_{16}$	13466-78-9	9.03	3-蒈烯	萜烯及其衍生物
3	3.00	3-Hexen-1-ol,（E）-	$C_6H_{12}O$	928-97-2	0.87	反式-3-己烯-1-醇	醇类
4	0.50	Ethyl Acetate	$C_4H_8O_2$	141-78-6	0.61	乙酸乙酯	酯类
5	11.12	2,4,6-Octatriene,2,6-dimethyl-,（E,E）-	$C_{10}H_{16}$	3016-19-1	0.53	（E,E）-别罗勒烯	萜烯及其衍生物
6	3.25	Methallylcyclohexane	$C_{10}H_{18}$	3990-93-0	0.39	甲代烯丙基环己烷	其他
7	11.50	2,4,6-Octatriene,2,6-dimethyl-,（E,Z）-	$C_{10}H_{16}$	7216-56-0	0.39	（E,Z）-别罗勒烯	萜烯及其衍生物
8	8.61	3-Carene	$C_{10}H_{16}$	13466-78-9	0.14	3-蒈烯	萜烯及其衍生物

（续表）

编号	保留时间（min）	化合物	分子式	CAS 号	面积加和百分比（%）	中文名称	类别
9	16.68	Cyclohexanol, 2-(1,1-dimethylethyl)-	$C_{10}H_{20}O$	13491-79-7	0.13	2-叔丁基环己醇	醇类

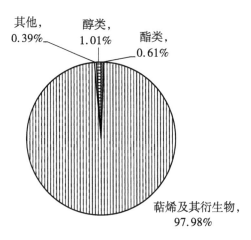

图 57-2　挥发性成分的比例构成

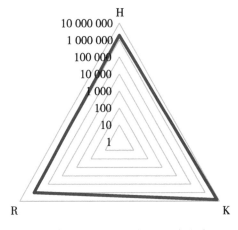

H—药香；K—松柏香；R—玫瑰香

图 57-3　香韵分布雷达

58. 帕拉英达—样品 2（云南保山）

经 GC-MS 检测和分析（图 58-1），其果肉中挥发性成分相对含量超过 0.1% 的共有 6 种化合物（表 58-1），全部为萜烯类化合物，占 100.00%（图 58-2），其中，比例最高的挥发性成分为 3-蒈烯，占 89.20%。

已知挥发性成分的气味 ABC 分析显示：果肉香味主要涵盖 4 种香型，各香味荷载从大到小依次为松柏香、药香、玫瑰香、柑橘香；其中，松柏香、药香、玫瑰香荷载远大于其他香味，可视为该杞果的主要香韵（图 58-3）。

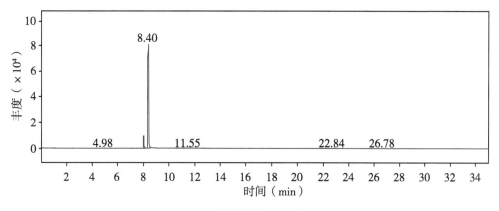

图 58-1　挥发性成分总离子流

表 58-1　挥发性成分 GC-MS 分析结果

编号	保留时间（min）	化合物	分子式	CAS 号	面积加和百分比（%）	中文名称	类别
1	8.40	3-Carene	$C_{10}H_{16}$	13466-78-9	89.20	3-蒈烯	萜烯及其衍生物
2	8.05	3-Carene	$C_{10}H_{16}$	13466-78-9	9.62	3-蒈烯	萜烯及其衍生物
3	11.55	Cyclohexene,1-methyl-4-（1-methylethylidene）-	$C_{10}H_{16}$	586-62-9	0.57	萜品油烯	萜烯及其衍生物
4	11.14	2,4,6-Octatriene, 2,6-dimethyl-,（E,E）-	$C_{10}H_{16}$	3016-19-1	0.42	（E,E）-别罗勒烯	萜烯及其衍生物
5	22.84	Azulene,1,2,3,5,6,7,8,8a-octa-hydro-1,4-dimeth-yl-7-（1-methyle-thenyl）-,［1S-（1alpha,7alpha,8abeta）］-	$C_{15}H_{24}$	3691-11-0	0.09	D-愈创木烯	萜烯及其衍生物
6	4.98	Bicyclo［3.1.0］hex-2-ene,2-methyl-5-（1-methylethyl）-	$C_{10}H_{16}$	2867-05-2	0.05	α-侧柏烯	萜烯及其衍生物

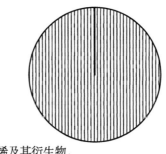

萜烯及其衍生物，
100.00%

图58-2　挥发性成分的比例构成

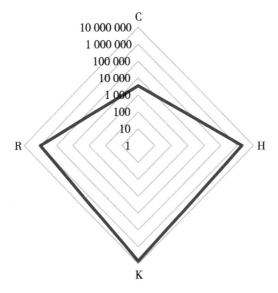

C—柑橘香；H—药香；K—松柏香；R—玫瑰香

图58-3　香韵分布雷达

59. 帕拉英达—样品3（云南保山）

经 GC-MS 检测和分析（图59-1），其果肉中挥发性成分相对含量超过 0.1% 的共有
22 种化合物（表59-1），主要为萜烯类化合物，占 99.93%（图59-2），其中，比例最高
的挥发性成分为 3-蒈烯，占 86.67%。

已知挥发性成分的气味 ABC 分析显示：果肉香味主要涵盖 5 种香型，各香味荷载从
大到小依次为松柏香、药香、玫瑰香、柑橘香、香膏香；其中，松柏香、药香、玫瑰香荷
载远大于其他香味，可视为该杜果的主要香韵（图59-3）。

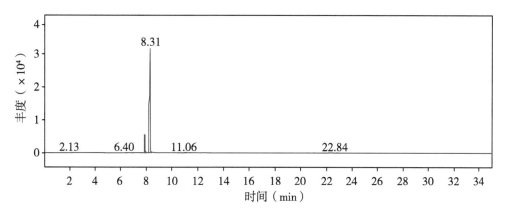

图 59-1　挥发性成分总离子流

表 59-1　挥发性成分 GC-MS 分析结果

编号	保留时间 （min）	化合物	分子式	CAS 号	面积加和 百分比 （%）	中文名称	类别
1	8.31	3-Carene	$C_{10}H_{16}$	13466-78-9	86.67	3-蒈烯	萜烯及其衍生物
2	7.91	trans - beta - Oci-mene	$C_{10}H_{16}$	3779-61-1	11.37	反式-β-罗勒烯	萜烯及其衍生物
3	11.06	2,4,6-Octatriene, 2,6-dimethyl-, (E,Z)-	$C_{10}H_{16}$	7216-56-0	0.72	(E,Z)-别罗勒烯	萜烯及其衍生物
4	11.46	2,4,6-Octatriene, 2,6-dimethyl-, (E,Z)-	$C_{10}H_{16}$	7216-56-0	0.28	(E,Z)-别罗勒烯	萜烯及其衍生物
5	22.84	Azulene,1,2,3,5,6,7,8,8a-octa-hydro-1,4-dimeth-yl-7-(1-methyle-thenyl)-,[1S-(1alpha,7alpha,8abeta)]-	$C_{15}H_{24}$	3691-11-0	0.22	D-愈创木烯	萜烯及其衍生物
6	6.40	beta-Myrcene	$C_{10}H_{16}$	123-35-3	0.10	β-月桂烯	萜烯及其衍生物
7	10.78	2,6-Dimethyl-1,3,5,7-octatet-raene,E,E-	$C_{10}H_{14}$	460-01-5	0.09	波斯菊萜	萜烯及其衍生物
8	22.68	Aciphyllene	$C_{15}H_{24}$	87745-31-1	0.08	δ-愈创木烯	萜烯及其衍生物
9	21.03	alpha-Guaiene	$C_{15}H_{24}$	3691-12-1	0.07	α-愈创木烯	萜烯及其衍生物
10	4.74	3-Carene	$C_{10}H_{16}$	13466-78-9	0.06	3-蒈烯	萜烯及其衍生物

（续表）

编号	保留时间（min）	化合物	分子式	CAS 号	面积加和百分比（%）	中文名称	类别
11	6.86	3-{(1S,5S,6R)-2,6-Dimethylbicyclo[3.1.1]hept-2-en-6-yl}propanal	$C_{12}H_{18}O$	203499-08-5	0.04	3-{(1S,5S,6R)-2,6-二甲基二环[3.1.1]庚-2-烯-6-基}丙醛	醛类
12	20.51	Bicyclo[7.2.0]undec-4-ene,4,11,11-trimethyl-8-methylene-,[1R-(1R*,4Z,9S*)]-	$C_{15}H_{24}$	118-65-0	0.04	(−)-异丁香烯	萜烯及其衍生物
13	9.35	2,6-Dimethyl-1,3,5,7-octatetraene,E,E-	$C_{10}H_{14}$	460-01-5	0.03	波斯菊萜	萜烯及其衍生物
14	19.24	alpha-Cubebene	$C_{15}H_{24}$	17699-14-8	0.03	α-荜澄茄油烯	萜烯及其衍生物
15	22.15	Azulene,1,2,3,3a,4,5,6,7-octahydro-1,4-dimethyl-7-(1-methylethenyl)-,[1R-(1alpha,3abeta,4alpha,7beta)]-	$C_{15}H_{24}$	22567-17-5	0.03	(+)-γ-古芸烯	萜烯及其衍生物
16	23.28	Naphthalene,1,2,3,5,6,8a-hexahydro-4,7-dimethyl-1-(1-methylethyl)-,(1S-cis)-	$C_{15}H_{24}$	483-76-1	0.03	△-杜松烯	萜烯及其衍生物
17	0.15	Propane,2-methoxy-2-methyl-	$C_5H_{12}O$	1634-04-4	0.02	甲基叔丁基醚	其他
18	7.62	D-Limonene	$C_{10}H_{16}$	5989-27-5	0.02	D-柠檬烯	萜烯及其衍生物
19	9.61	3-Carene	$C_{10}H_{16}$	13466-78-9	0.02	3-蒈烯	萜烯及其衍生物
20	21.44	beta-Ocimene	$C_{10}H_{16}$	13877-91-3	0.02	β-罗勒烯	萜烯及其衍生物
21	22.57	Naphthalene,decahydro-4a-methyl-1-methylene-7-(1-methylethenyl)-,[4aR-(4aalpha,7alpha,8abeta)]-	$C_{15}H_{24}$	17066-67-0	0.02	(+)-β-瑟林烯	萜烯及其衍生物
22	0.28	Cyclobutanecarboxylic acid,2-methyl-butyl ester	$C_{10}H_{18}O_2$	1000331-08-4	0.01	环丁烷甲酸-2-甲丁基酯	酯类

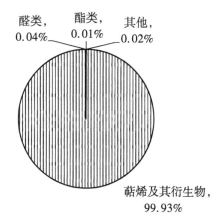

图 59-2　挥发性成分的比例构成

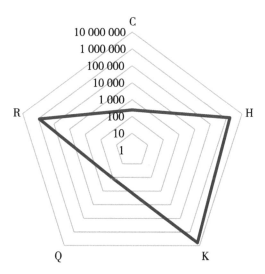

C—柑橘香；H—药香；K—松柏香；Q—香膏香；R—玫瑰香

图 59-3　香韵分布雷达

60. 帕拉英达—样品 4（云南保山）

经 GC-MS 检测和分析（图 60-1），其果肉中挥发性成分相对含量超过 0.1% 的共有 9 种化合物（表 60-1），主要为萜烯类化合物，占 99.60%（图 60-2），其中，比例最高的挥发性成分为 3- 蒈烯，占 90.10%。

已知挥发性成分的气味 ABC 分析显示：果肉香味主要涵盖 4 种香型，各香味荷载从大到小依次为松柏香、药香、玫瑰香、柑橘香；其中，松柏香荷载远大于其他香味，可视为该杧果的主要香韵（图 60-3）。

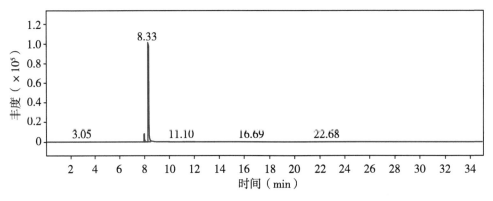

图 60-1　挥发性成分总离子流

表 60-1　挥发性成分 GC-MS 分析结果

编号	保留时间（min）	化合物	分子式	CAS 号	面积加和百分比（%）	中文名称	类别
1	8.33	3-Carene	$C_{10}H_{16}$	13466-78-9	90.10	3-蒈烯	萜烯及其衍生物
2	8.00	3-Carene	$C_{10}H_{16}$	13466-78-9	7.54	3-蒈烯	萜烯及其衍生物
3	11.56	Cyclohexene,1-methyl-4-(1-methylethylidene)-	$C_{10}H_{16}$	586-62-9	1.02	萜品油烯	萜烯及其衍生物
4	11.10	Cyclohexene,1-methyl-4-(1-methylethylidene)-	$C_{10}H_{16}$	586-62-9	0.56	萜品油烯	萜烯及其衍生物
5	3.05	Hexenyltiglate,4Z-	$C_{11}H_{18}O_2$	1000383-63-6	0.20	4Z-惕各酸己烯酯	酯类
6	2.11	Cyclohexane,(1,1-dimethylethyl)-	$C_{10}H_{20}$	3178-22-1	0.12	叔丁基环己烷	其他
7	4.88	(1R)-2,6,6-Trimethylbicyclo[3.1.1]hept-2-ene	$C_{10}H_{16}$	7785-70-8	0.12	(+)-α-蒎烯	萜烯及其衍生物
8	16.69	Cyclohexene,4-(1,1-dimethylethyl)-	$C_{10}H_{18}$	2228-98-0	0.08	4-叔丁基环己烯	其他
9	9.69	3-Carene	$C_{10}H_{16}$	13466-78-9	0.07	3-蒈烯	萜烯及其衍生物

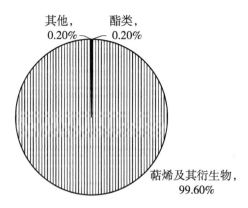

图 60-2　挥发性成分的比例构成

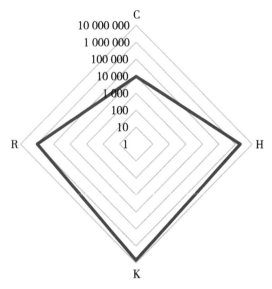

C—柑橘香；H—药香；K—松柏香；R—玫瑰香

图 60-3　香韵分布雷达

61. 帕拉英达（云南大理）

经 GC-MS 检测和分析（图 61-1），其果肉中挥发性成分相对含量超过 0.1% 的共有 12 种化合物（表 61-1），主要为萜烯类化合物，占 89.81%（图 61-2），其中，比例最高的挥发性成分为 3-蒈烯，占 76.75%。

已知挥发性成分的气味 ABC 分析显示：果肉香味主要涵盖 5 种香型，各香味荷载从大到小依次为松柏香、药香、玫瑰香、木香、土壤香；其中，松柏香、药香、玫瑰香荷载远大于其他香味，可视为该杧果的主要香韵（图 61-3）。

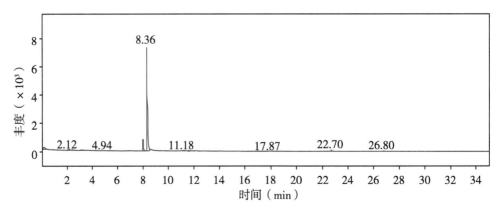

图 61-1 挥发性成分总离子流

表 61-1 挥发性成分 GC-MS 分析结果

编号	保留时间（min）	化合物	分子式	CAS 号	面积加和百分比（%）	中文名称	类别
1	8.36	3-Carene	$C_{10}H_{16}$	13466-78-9	76.75	3-蒈烯	萜烯及其衍生物
2	8.03	trans-beta-Ocimene	$C_{10}H_{16}$	3779-61-1	8.54	反式-β-罗勒烯	萜烯及其衍生物
3	0.20	12-Hydroxy-14-methyl-oxa-cyclotetradec-6-en-2-one	$C_{14}H_{24}O_3$	77761-61-6	5.67	12-羟基-14-甲基-氧杂环十四碳-6-烯-2-酮	酮及内酯
4	2.12	10-Heptadecen-8-ynoic acid, methyl ester, (E)-	$C_{18}H_{30}O_2$	16714-85-5	1.67	(E)-10-十七碳烯-8-炔酸甲酯	酯类
5	11.18	Cyclopropane, trimethyl(2-methyl-1-propenylidene)-	$C_{10}H_{16}$	14803-30-6	0.95	三甲基(2-甲基-1-丙烯亚基)环丙烷	其他
6	2.40	1,2-Benzenediol, 3,5-bis(1,1-dimethylethyl)-	$C_{14}H_{22}O_2$	1020-31-1	0.66	3,5-二叔丁基苯邻二酚	其他
7	11.57	1,5,5-Trimethyl-6-methylene-cyclohexene	$C_{10}H_{16}$	514-95-4	0.65	1,5,5-三甲基-6-亚甲基-环己烯	其他

（续表）

编号	保留时间（min）	化合物	分子式	CAS号	面积加和百分比（%）	中文名称	类别
8	22.15	{(1R,4S,5R)-1-Methyl-4-(prop-1-en-2-yl)spiro[4.5]dec-7-en-8-yl}methanol	$C_{15}H_{24}O$	149496-35-5	0.38	{(1R，4S，5R)-1-甲基-4-(丙烯-1-烯-2-基)螺[4.5]癸-7-烯-8-基}甲醇	萜烯及其衍生物
9	25.29	Cedrol	$C_{15}H_{26}O$	77-53-2	0.30	雪松醇	萜烯及其衍生物
10	4.94	5-Ethyltricyclo[4.3.1.1(2,5)]undec-3-en-10-one	$C_{13}H_{18}O$	1000196-17-2	0.19	5-乙基三环[4.3.1.1(2,5)]十一碳-3-烯-10-酮	酮及内酯
11	21.05	beta-Longipinene	$C_{15}H_{24}$	41432-70-6	0.17	β-长叶蒎烯	萜烯及其衍生物
12	22.87	Azulene,1,2,3,5,6,7,8,8a-octahydro-1,4-dimethyl-7-(1-methylethenyl)-,[1S-(1alpha,7alpha,8abeta)]-	$C_{15}H_{24}$	3691-11-0	0.16	D-愈创木烯	萜烯及其衍生物

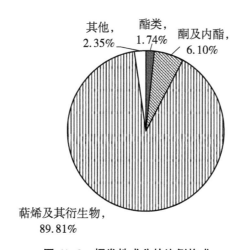

图61-2　挥发性成分的比例构成

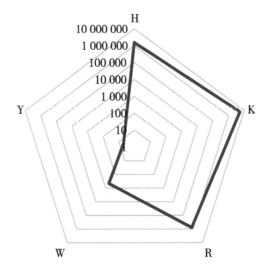

H—药香；K—松柏香；R—玫瑰香；W—木香；Y—土壤香

图 61-3　香韵分布雷达

62. 圣心杞 （云南）

　　经 GC-MS 检测和分析 （图 62-1），其果肉中挥发性成分相对含量超过 0.1% 的共有 22 种化合物 （表 62-1），主要为萜烯类化合物，占 95.91% （图 62-2），其中，比例最高的挥发性成分为 3-蒈烯，占 79.35%。

　　已知挥发性成分的气味 ABC 分析显示：果肉香味主要涵盖 9 种香型，各香味荷载从大到小依次为松柏香、药香、玫瑰香、柑橘香、香膏香、木香、土壤香、冰凉香、辛香料香；其中，松柏香、药香、玫瑰香荷载远大于其他香味，可视为该杞果的主要香韵 （图 62-3）。

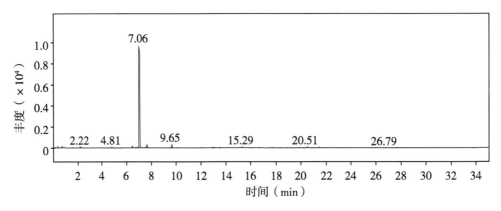

图 62-1　挥发性成分总离子流

表 62-1 挥发性成分 GC-MS 分析结果

编号	保留时间（min）	化合物	分子式	CAS 号	面积加和百分比（%）	中文名称	类别
1	7.06	3-Carene	$C_{10}H_{16}$	13466-78-9	79.35	3-蒈烯	萜烯及其衍生物
2	9.65	Cyclohexene, 3-methyl-6-(1-methylethylidene)-	$C_{10}H_{16}$	586-63-0	3.44	闹二烯	萜烯及其衍生物
3	7.65	D-Limonene	$C_{10}H_{16}$	5989-27-5	3.28	D-柠檬烯	萜烯及其衍生物
4	6.45	beta-Myrcene	$C_{10}H_{16}$	123-35-3	1.56	β-月桂烯	萜烯及其衍生物
5	15.29	4,7,7-Trimethylbicyclo[4.1.0]hept-3-en-2-one	$C_{10}H_{14}O$	81800-50-2	1.06	3-蒈烯-5酮	萜烯及其衍生物
6	0.39	Ethyl Acetate	$C_4H_8O_2$	141-78-6	0.97	乙酸乙酯	酯类
7	6.87	alpha-Phellandrene	$C_{10}H_{16}$	99-83-2	0.88	α-水芹烯	萜烯及其衍生物
8	20.51	Caryophyllene	$C_{15}H_{24}$	87-44-5	0.86	石竹烯	萜烯及其衍生物
9	12.90	Naphthalene	$C_{10}H_8$	91-20-3	0.79	萘	其他
10	21.45	Humulene	$C_{15}H_{24}$	6753-98-6	0.62	葎草烯	萜烯及其衍生物
11	7.53	trans-3-Caren-2-ol	$C_{10}H_{16}O$	1000151-75-4	0.49	反式3-蒈烯-2-醇	萜烯及其衍生物
12	4.81	(1R)-2,6,6-Trimethylbicyclo[3.1.1]hept-2-ene	$C_{10}H_{16}$	7785-70-8	0.48	(+)-α-蒎烯	萜烯及其衍生物
13	1.53	1-Phenyl-5-methylheptane	$C_{14}H_{22}$	103240-92-2	0.35	(5-甲庚基)苯	其他
14	13.49	Dodecane	$C_{12}H_{26}$	112-40-3	0.34	十二烷	其他
15	16.68	Cyclohexanol, 2-(1,1-dimethylethyl)-	$C_{10}H_{20}O$	13491-79-7	0.33	2-叔丁基环己醇	醇类
16	9.58	Cyclohexene, 3-methyl-6-(1-methylethylidene)-	$C_{10}H_{16}$	586-63-0	0.33	闹二烯	萜烯及其衍生物
17	0.18	Methyl 11,12-tetradecadienoate	$C_{15}H_{26}O_2$	1000336-32-5	0.30	11,12-十四碳二烯酸甲酯	酯类
18	7.26	(+)-4-Carene	$C_{10}H_{16}$	29050-33-7	0.30	4-蒈烯	萜烯及其衍生物
19	0.76	1-Penten-3-one	C_5H_8O	1629-58-9	0.25	1-戊烯-3-酮	酮及内酯
20	8.58	Nonane, 4,5-dimethyl-	$C_{11}H_{24}$	17302-23-7	0.22	4,5-二甲基壬烷	其他
21	19.89	Octane, 2,4,6-trimethyl-	$C_{11}H_{24}$	62016-37-9	0.21	2,4,6-三甲基辛烷	其他

（续表）

编号	保留时间（min）	化合物	分子式	CAS 号	面积加和百分比（%）	中文名称	类别
22	0.12	10-Undecen-1-al, 2-methyl-	$C_{12}H_{22}O$	1000151-82-1	0.19	2-甲基-10-十一烯醛	醛类

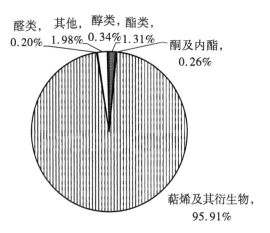

图 62-2　挥发性成分的比例构成

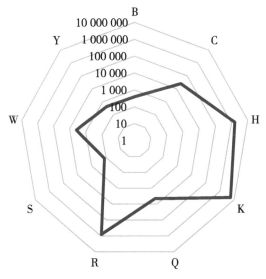

B—冰凉香；C—柑橘香；H—药香；K—松柏香；
Q—香膏香；R—玫瑰香；S—辛香料香；W—木香；Y—土壤香

图 62-3　香韵分布雷达

63. 大澳杧（云南）

经 GC-MS 检测和分析（图 63-1），其果肉中挥发性成分相对含量超过 0.1% 的共有 15 种化合物（表 63-1），主要为萜烯类化合物，占 97.70%（图 63-2），其中，比例最高的挥发性成分为萜品油烯，占 84.32%。

已知挥发性成分的气味 ABC 分析显示：果肉香味主要涵盖 9 种香型，各香味荷载从大到小依次为松柏香、柑橘香、药香、玫瑰香、木香、香膏香、土壤香、冰凉香、辛香料香；其中，松柏香、柑橘香荷载远大于其他香味，可视为该杧果的主要香韵（图 63-3）。

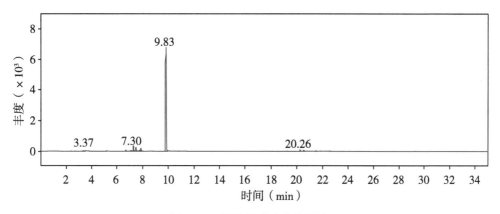

图 63-1　挥发性成分总离子流

表 63-1　挥发性成分 GC-MS 分析结果

编号	保留时间（min）	化合物	分子式	CAS 号	面积加和百分比（%）	中文名称	类别
1	9.83	Cyclohexene, 1-methyl-4-（1-methylethylidene）-	$C_{10}H_{16}$	586-62-9	84.32	萜品油烯	萜烯及其衍生物
2	7.30	3-Carene	$C_{10}H_{16}$	13466-78-9	3.44	3-蒈烯	萜烯及其衍生物
3	7.50	1,3-Cyclohexadiene, 1-methyl-4-（1-methylethyl）-	$C_{10}H_{16}$	99-86-5	2.77	α-萜品烯	萜烯及其衍生物
4	7.88	D-Limonene	$C_{10}H_{16}$	5989-27-5	2.57	D-柠檬烯	萜烯及其衍生物
5	20.26	1H-Cyclopropa［a］naphthalene, 1a, 2, 3, 3a, 4, 5, 6, 7b-octahydro-1, 1, 3a, 7-tetramethyl-,［1aR-（1aalpha, 3aalpha, 7balpha）］-	$C_{15}H_{24}$	489-29-2	1.15	β-橄榄烯	萜烯及其衍生物

（续表）

编号	保留时间（min）	化合物	分子式	CAS 号	面积加和百分比（%）	中文名称	类别
6	7.75	Benzene, 1-methyl-3-(1-methylethyl)-	$C_{10}H_{14}$	535-77-3	0.92	间伞花烃	其他
7	3.37	cis-3-Hexenyl cis-3-hexenoate	$C_{12}H_{20}O_2$	61444-38-0	0.89	顺式-3-己烯酸顺式-3-己烯酯	酯类
8	20.54	Caryophyllene	$C_{15}H_{24}$	87-44-5	0.82	石竹烯	萜烯及其衍生物
9	6.71	Bicyclo〔3.1.1〕heptane, 6,6-dimethyl-2-methylene-,(1S)-	$C_{10}H_{16}$	18172-67-3	0.81	(−)-β-蒎烯	萜烯及其衍生物
10	7.12	alpha-Phellandrene	$C_{10}H_{16}$	99-83-2	0.61	α-水芹烯	萜烯及其衍生物
11	21.47	1,4,7,-Cycloundecatriene,1,5,9,9-tetramethyl-,Z,Z,Z-	$C_{15}H_{24}$	1000062-61-9	0.49	1,5,9,9-四甲基-1,4,7-环己三烯	其他
12	8.84	gamma-Terpinene	$C_{10}H_{16}$	99-85-4	0.31	γ-萜品烯	萜烯及其衍生物
13	5.15	3-Carene	$C_{10}H_{16}$	13466-78-9	0.27	3-蒈烯	萜烯及其衍生物
14	22.58	1H-Cycloprop〔e〕azulene,1a,2,3,5,6,7,7a,7b-octahydro-1,1,4,7-tetramethyl-,〔1aR-(1aalpha,7alpha,7abeta,7balpha)〕-	$C_{15}H_{24}$	21747-46-6	0.26	(+)-喇叭烯	萜烯及其衍生物
15	7.00	Cyclohexene,1-methyl-4-(1-methylethylidene)-	$C_{10}H_{16}$	586-62-9	0.22	萜品油烯	萜烯及其衍生物

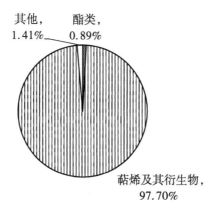

图 63-2 挥发性成分的比例构成

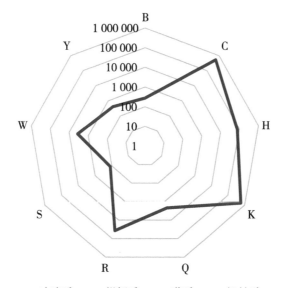

B—冰凉香；C—柑橘香；H—药香；K—松柏香；
Q—香膏香；R—玫瑰香；S—辛香料香；W—木香；Y—土壤香

图 63-3 香韵分布雷达

64. 大白玉杧（云南）

经 GC-MS 检测和分析（图 64-1），其果肉中挥发性成分相对含量超过 0.1% 的共有 23 种化合物（表 64-1），主要为萜烯类化合物，占 93.42%（图 64-2），其中，比例最高的挥发性成分为萜品油烯，占 72.49%。

已知挥发性成分的气味 ABC 分析显示：果肉香味主要涵盖 6 种香型，各香味荷载从大到小依次为松柏香、柑橘香、药香、玫瑰香、香膏香、冰凉香；其中，松柏香、柑橘香荷载远大于其他香味，可视为该杧果的主要香韵（图 64-3）。

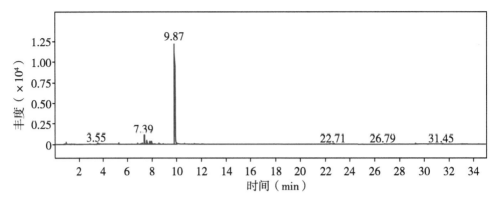

图 64-1　挥发性成分总离子流

表 64-1　挥发性成分 GC-MS 分析结果

编号	保留时间（min）	化合物	分子式	CAS 号	面积加和百分比（%）	中文名称	类别
1	9.87	Cyclohexene, 1-methyl-4-(1-methylethylidene)-	$C_{10}H_{16}$	586-62-9	72.49	萜品油烯	萜烯及其衍生物
2	7.39	3-Carene	$C_{10}H_{16}$	13466-78-9	5.86	3-蒈烯	萜烯及其衍生物
3	7.96	D-Limonene	$C_{10}H_{16}$	5989-27-5	2.70	D-柠檬烯	萜烯及其衍生物
4	7.59	1,3-Cyclohexadiene, 1-methyl-4-(1-methylethyl)-	$C_{10}H_{16}$	99-86-5	2.66	α-萜品烯	萜烯及其衍生物
5	7.83	Benzene, 1-methyl-3-(1-methylethyl)-	$C_{10}H_{14}$	535-77-3	2.30	间伞花烃	其他
6	3.55	3-Hexen-1-ol, (E)-	$C_6H_{12}O$	928-97-2	1.54	反式-3-己烯-1-醇	醇类
7	29.27	Phthalic acid, di(3-ethylphenyl) ester	$C_{24}H_{22}O_4$	1000357-08-4	0.93	邻苯二甲酸二(3-乙基苯基)酯	酯类
8	8.56	3-Carene	$C_{10}H_{16}$	13466-78-9	0.87	3-蒈烯	萜烯及其衍生物
9	5.30	3-Carene	$C_{10}H_{16}$	13466-78-9	0.86	3-蒈烯	萜烯及其衍生物
10	7.22	alpha-Phellandrene	$C_{10}H_{16}$	99-83-2	0.73	α-水芹烯	萜烯及其衍生物
11	6.81	beta-Myrcene	$C_{10}H_{16}$	123-35-3	0.70	β-月桂烯	萜烯及其衍生物
12	33.06	Dibutyl phthalate	$C_{16}H_{22}O_4$	84-74-2	0.66	邻苯二甲酸二丁酯	酯类
13	10.64	1,3,8-p-Mentha-triene	$C_{10}H_{14}$	18368-95-1	0.60	1,3,8-对-薄荷基三烯	萜烯及其衍生物

（续表）

编号	保留时间（min）	化合物	分子式	CAS 号	面积加和百分比（%）	中文名称	类别
14	7.11	(+)-4-Carene	$C_{10}H_{16}$	29050-33-7	0.49	4-蒈烯	萜烯及其衍生物
15	0.83	Methanol, tris (methylenecyclopropyl)-	$C_{13}H_{16}O$	1000152-74-7	0.45	三（亚甲基环丙基）甲醇	醇类
16	11.44	p-Mentha-1,5,8-triene	$C_{10}H_{14}$	21195-59-5	0.36	1,5,8-对-薄荷基三烯	萜烯及其衍生物
17	8.90	gamma-Terpinene	$C_{10}H_{16}$	99-85-4	0.31	γ-萜品烯	萜烯及其衍生物
18	12.06	1,3,8-p-Mentha-triene	$C_{10}H_{14}$	18368-95-1	0.31	1,3,8-对-薄荷基三烯	萜烯及其衍生物
19	22.36	Naphthalene, decahydro-4a-methyl-1-methylene-7-(1-methylethenyl)-, [4aR-(4aalpha, 7alpha, 8abeta)]-	$C_{15}H_{24}$	17066-67-0	0.30	(+)-β-瑟林烯	萜烯及其衍生物
20	8.23	trans-beta-Ocimene	$C_{10}H_{16}$	3779-61-1	0.24	反式-β-罗勒烯	萜烯及其衍生物
21	0.91	Bicyclo[3.3.1]non-6-en-2-ylamine	$C_9H_{15}N$	1000185-55-6	0.17	双环[3.3.1]壬-6-烯-2-胺	其他
22	1.41	(R*,S*)-5-Hydroxy-4-methyl-3-heptanone	$C_8H_{16}O_2$	71699-35-9	0.14	(4S,5R)-5-羟基-4-甲基-3-庚酮	酮及内酯
23	1.64	Furan, 2-ethyl-	C_6H_8O	3208-16-0	0.11	2-乙基-呋喃	其他

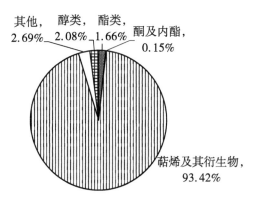

图 64-2 挥发性成分的比例构成

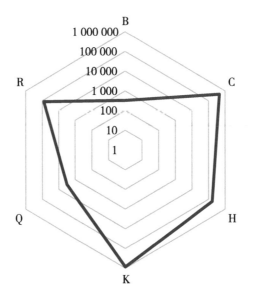

B—冰凉香；C—柑橘香；H—药香；K—松柏香；Q—香膏香；R—玫瑰香

图 64-3　香韵分布雷达

65. 东坡青杞（云南）

经 GC-MS 检测和分析（图 65-1），其果肉中挥发性成分相对含量超过 0.1% 的共有 18 种化合物（表 65-1），主要为萜烯类化合物，占 98.50%（图 65-2），其中，比例最高的挥发性成分为萜品油烯，占 82.76%。

已知挥发性成分的气味 ABC 分析显示：果肉香味主要涵盖 6 种香型，各香味荷载从大到小依次为松柏香、柑橘香、药香、玫瑰香、香膏香、冰凉香；其中，松柏香、柑橘香荷载远大于其他香味，可视为该杞果的主要香韵（图 65-3）。

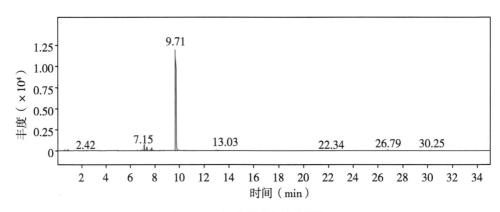

图 65-1　挥发性成分总离子流

表 65-1　挥发性成分 GC-MS 分析结果

编号	保留时间（min）	化合物	分子式	CAS 号	面积加和百分比（%）	中文名称	类别
1	9.71	Cyclohexene, 1-methyl-4-(1-methylethylidene)-	$C_{10}H_{16}$	586-62-9	82.76	萜品油烯	萜烯及其衍生物
2	7.15	3-Carene	$C_{10}H_{16}$	13466-78-9	4.55	3-蒈烯	萜烯及其衍生物
3	7.35	1,3-Cyclohexadiene, 1-methyl-4-(1-methylethyl)-	$C_{10}H_{16}$	99-86-5	2.77	α-萜品烯	萜烯及其衍生物
4	7.74	D-Limonene	$C_{10}H_{16}$	5989-27-5	2.68	D-柠檬烯	萜烯及其衍生物
5	7.61	o-Cymene	$C_{10}H_{14}$	527-84-4	0.89	邻伞花烃	萜烯及其衍生物
7	6.97	alpha-Phellandrene	$C_{10}H_{16}$	99-83-2	0.61	α-水芹烯	萜烯及其衍生物
8	13.03	Naphthalene, 1,4,5,8-tetrahydro-	$C_{10}H_{12}$	493-04-9	0.55	异四氢萘	其他
9	6.55	beta-Myrcene	$C_{10}H_{16}$	123-35-3	0.49	β-月桂烯	萜烯及其衍生物
10	0.62	Ethyl Acetate	$C_4H_8O_2$	141-78-6	0.43	乙酸乙酯	酯类
11	4.94	3-Carene	$C_{10}H_{16}$	13466-78-9	0.40	3-蒈烯	萜烯及其衍生物
12	2.13	Cyclohexane, (1,1-dimethylethyl)-	$C_{10}H_{20}$	3178-22-1	0.35	叔丁基环己烷	其他
13	6.85	Cyclohexene, 1-methyl-4-(1-methylethylidene)-	$C_{10}H_{16}$	586-62-9	0.33	萜品油烯	萜烯及其衍生物
14	22.34	Naphthalene, deca-hydro-4a-methyl-1-methylene-7-(1-methylethenyl)-, [4aR-(4aalpha, 7alpha, 8abeta)]-	$C_{15}H_{24}$	17066-67-0	0.30	(+)-β-瑟林烯	萜烯及其衍生物
15	8.72	gamma-Terpinene	$C_{10}H_{16}$	99-85-4	0.27	γ-萜品烯	萜烯及其衍生物
16	8.37	1,3,6-Octatriene, 3,7-dimethyl-, (Z)-	$C_{10}H_{16}$	3338-55-4	0.23	(Z)-β-罗勒烯	萜烯及其衍生物
17	0.49	Propane, 2-methoxy-2-methyl-	$C_5H_{12}O$	1634-04-4	0.09	甲基叔丁基醚	其他
18	0.57	6-Hepten-3-one, 5-hydroxy-4-methyl-	$C_8H_{14}O_2$	61141-71-7	0.05	5-羟基-4-甲基-6-庚烯-3-酮	酮及内酯

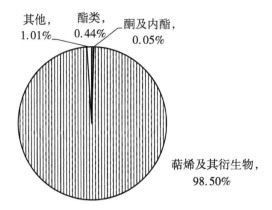

其他，1.01%　酯类，0.44%　酮及内酯，0.05%

萜烯及其衍生物，98.50%

图 65-2　挥发性成分的比例构成

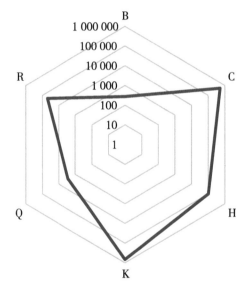

B—冰凉香；C—柑橘香；H—药香；K—松柏香；Q—香膏香；R—玫瑰香

图 65-3　香韵分布雷达

66. 台农 1 号（广西田林）

经 GC-MS 检测和分析（图 66-1），其果肉中挥发性成分相对含量超过 0.1% 的共有 29 种化合物（表 66-1），主要为萜烯类化合物，占 91.94%（图 66-2），其中，比例最高的挥发性成分为萜品油烯，占 76.04%。

已知挥发性成分的气味 ABC 分析显示：果肉香味主要涵盖 6 种香型，各香味荷载从大到小依次为松柏香、柑橘香、药香、玫瑰香、香膏香、冰凉香；其中，松柏香、柑橘香荷载远大于其他香味，可视为该杧果的主要香韵（图 66-3）。

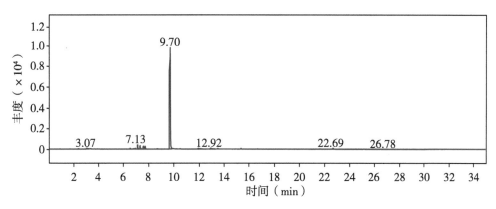

图 66-1 挥发性成分总离子流

表 66-1 挥发性成分 GC-MS 分析结果

编号	保留时间（min）	化合物	分子式	CAS 号	面积加和百分比（%）	中文名称	类别
1	9.70	Cyclohexene, 1-methyl-4-(1-methylethylidene)-	$C_{10}H_{16}$	586-62-9	76.04	萜品油烯	萜烯及其衍生物
2	7.13	3-Carene	$C_{10}H_{16}$	13466-78-9	2.73	3-蒈烯	萜烯及其衍生物
3	11.94	2,6-Dodecadien-1-al	$C_{12}H_{20}O$	21662-13-5	2.62	(E,Z)-2,6-十二碳二烯醛	醛类
4	7.73	D-Limonene	$C_{10}H_{16}$	5989-27-5	2.56	D-柠檬烯	萜烯及其衍生物
5	7.33	1,3-Cyclohexadiene, 1-methyl-4-(1-methylethyl)-	$C_{10}H_{16}$	99-86-5	2.40	α-萜品烯	萜烯及其衍生物
6	7.59	o-Cymene	$C_{10}H_{14}$	527-84-4	2.35	邻伞花烃	萜烯及其衍生物
7	12.92	Azulene	$C_{10}H_8$	275-51-4	1.79	甘菊蓝	其他
8	3.07	2-Octenal, (E)-	$C_8H_{14}O$	2548-87-0	1.35	反式-2-辛烯醛	醛类
9	6.52	beta-Myrcene	$C_{10}H_{16}$	123-35-3	0.63	β-月桂烯	萜烯及其衍生物
10	6.95	alpha-Phellandrene	$C_{10}H_{16}$	99-83-2	0.58	α-水芹烯	萜烯及其衍生物
11	15.35	Benzene, 1,3-bis(1,1-dimethylethyl)-	$C_{14}H_{22}$	1014-60-4	0.47	1,3-二叔丁基苯	其他
12	6.84	Cyclohexane, 1-methylene-3-(1-methylethenyl)-, (R)-	$C_{10}H_{16}$	13837-95-1	0.43	(R)-(-)-间-薄荷基-1(7),8-二烯	萜烯及其衍生物
13	13.50	Dodecane	$C_{12}H_{26}$	112-40-3	0.37	十二烷	其他

（续表）

编号	保留时间（min）	化合物	分子式	CAS 号	面积加和百分比（%）	中文名称	类别
14	8.71	gamma-Terpinene	$C_{10}H_{16}$	99-85-4	0.35	γ-萜品烯	萜烯及其衍生物
15	16.68	4-tert-Butylcyclo-hexyl acetate	$C_{12}H_{22}O_2$	32210-23-4	0.21	4-叔丁基环己基乙酸酯	酯类
16	10.49	1,3,8-p-Mentha-triene	$C_{10}H_{14}$	18368-95-1	0.20	1,3,8-对-薄荷基三烯	萜烯及其衍生物
17	11.31	p-Mentha-1,5,8-triene	$C_{10}H_{14}$	21195-59-5	0.20	1,5,8-对-薄荷基三烯	萜烯及其衍生物
18	0.90	1,5-Hexadien-3-ol	$C_6H_{10}O$	924-41-4	0.19	1,5-己二烯-3-醇	醇类
19	8.36	1,3,6-Octatriene, 3,7-dimethyl-, (Z)-	$C_{10}H_{16}$	3338-55-4	0.19	(Z)-β-罗勒烯	萜烯及其衍生物
20	1.01	6-Hepten-3-one, 5-hydroxy-4-methyl-	$C_8H_{14}O_2$	61141-71-7	0.16	5-羟基-4-甲基-6-庚烯-3-酮	酮及内酯
21	1.70	Toluene	C_7H_8	108-88-3	0.15	甲苯	其他
22	0.36	4(equatorial)-Ethenyl-1,2(axial)-dimethyl-trans-decahydroquinol-4-ol, N-oxide	$C_{13}H_{23}NO_2$	50609-99-9	0.15	1,2-二甲基-4-乙烯基十氢-4-喹啉醇1-氧化物	其他
23	0.19	Benzenemethanol, 2-nitro-	$C_7H_7NO_3$	612-25-9	0.14	2-硝基-苯甲醇	醇类
24	0.30	Quinolin-2(1H)-one,3,4,5,6,7,8-hexahydro-3-dimethylaminomethyl-	$C_{12}H_{20}N_2O$	1000259-95-6	0.11	3-[(二甲氨基)甲基]-3,4,5,6,7,8-六氢-2(1H)-喹啉酮	酮及内酯
25	12.73	Citral	$C_{10}H_{16}O$	5392-40-5	0.11	柠檬醛	萜烯及其衍生物
26	14.25	1-Cyclohexene-1-carboxaldehyde, 2,6,6-trimethyl-	$C_{10}H_{16}O$	432-25-7	0.11	β-环柠檬醛	萜烯及其衍生物
27	8.83	Hexyl octyl ether	$C_{14}H_{30}O$	17071-54-4	0.10	正己基正辛醚	其他
28	8.01	p-Mentha-1(7),8(10)-dien-9-ol	$C_{10}H_{16}O$	29548-13-8	0.10	对-薄荷基-1(7),8(10)-二烯-9-醇	萜烯及其衍生物

（续表）

编号	保留时间 （min）	化合物	分子式	CAS 号	面积加和 百分比 （%）	中文名称	类别
29	4.92	(1R)-2,6,6-Trimethylbicyclo[3.1.1]hept-2-ene	$C_{10}H_{16}$	7785-70-8	0.10	(+)-α-蒎烯	萜烯及其衍生物

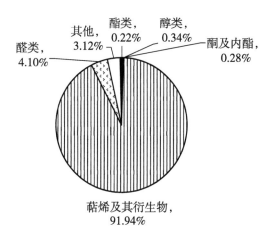

图 66-2　挥发性成分的比例构成

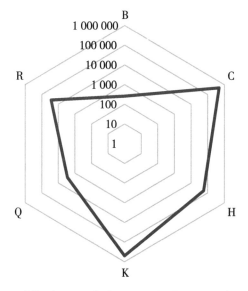

B—冰凉香；C—柑橘香；H—药香；K—松柏香；Q—香膏香；R—玫瑰香

图 66-3　香韵分布雷达

67. 贵妃杞 (广西田林)

经 GC-MS 检测和分析 (图 67-1), 其果肉中挥发性成分相对含量超过 0.1% 的共有 32 种化合物 (表 67-1), 主要为萜烯类化合物, 占 64.21% (图 67-2), 其中, 比例最高的挥发性成分为闹二烯, 占 37.74%。

已知挥发性成分的气味 ABC 分析显示: 果肉香味主要涵盖 6 种香型, 各香味荷载从大到小依次为松柏香、柑橘香、药香、玫瑰香、香膏香、冰凉香; 其中, 松柏香、柑橘香荷载远大于其他香味, 可视为该杞果的主要香韵 (图 67-3)。

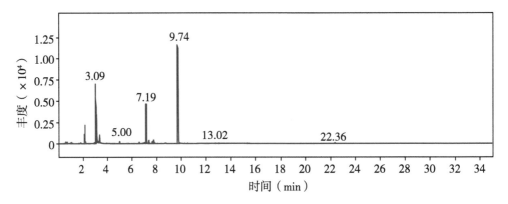

图 67-1 挥发性成分总离子流

表 67-1 挥发性成分 GC-MS 分析结果

编号	保留时间 (min)	化合物	分子式	CAS 号	面积加和百分比 (%)	中文名称	类别
1	9.74	Cyclohexene, 3-methyl-6-(1-methylethylidene)-	$C_{10}H_{16}$	586-63-0	37.74	闹二烯	萜烯及其衍生物
2	3.09	2-Hexenal,(E)-	$C_6H_{10}O$	6728-26-3	17.98	反式-2-己烯醛	醛类
3	7.19	3-Carene	$C_{10}H_{16}$	13466-78-9	14.51	3-蒈烯	萜烯及其衍生物
4	3.13	3-Hexen-1-ol,(E)-	$C_6H_{12}O$	928-97-2	8.87	反式-3-己烯-1-醇	醇类
5	3.37	Cyclopropane,1,1-dimethyl-2-pentyl-	$C_{10}H_{20}$	62167-97-9	2.80	1,1-二甲基-2-戊基环丙烷	其他
6	7.77	D-Limonene	$C_{10}H_{16}$	5989-27-5	1.62	D-柠檬烯	萜烯及其衍生物
7	7.39	1,3-Cyclohexadiene, 1-methyl-4-(1-methylethyl)-	$C_{10}H_{16}$	99-86-5	1.19	α-萜品烯	萜烯及其衍生物

（续表）

编号	保留时间（min）	化合物	分子式	CAS 号	面积加和百分比（%）	中文名称	类别
8	7.65	o-Cymene	$C_{10}H_{14}$	527-84-4	0.80	邻伞花烃	萜烯及其衍生物
9	5.00	3-Carene	$C_{10}H_{16}$	13466-78-9	0.76	3-蒈烯	萜烯及其衍生物
10	3.30	Benzene, 1,3-dimethyl-	C_8H_{10}	108-38-3	0.49	1,3-二甲基苯	其他
11	6.59	beta-Myrcene	$C_{10}H_{16}$	123-35-3	0.49	β-月桂烯	萜烯及其衍生物
12	7.01	alpha-Phellandrene	$C_{10}H_{16}$	99-83-2	0.39	α-水芹烯	萜烯及其衍生物
13	2.96	2-Hexenal,(E)-	$C_6H_{10}O$	6728-26-3	0.37	反式-2-己烯醛	醛类
14	22.36	Naphthalene, decahydro-4a-methyl-1-methylene-7-(1-methylethenyl)-,〔4aR-(4aalpha,7alpha,8abeta)〕-	$C_{15}H_{24}$	17066-67-0	0.32	（+）-β-瑟林烯	萜烯及其衍生物
15	0.59	6-Hepten-3-one,5-hydroxy-4-methyl-	$C_8H_{14}O_2$	61141-71-7	0.31	5-羟基-4-甲基-6-庚烯-3-酮	酮及内酯
16	1.05	1-Penten-3-one	C_5H_8O	1629-58-9	0.29	1-戊烯-3-酮	酮及内酯
17	1.81	Toluene	C_7H_8	108-88-3	0.24	甲苯	其他
18	0.63	6-Hepten-3-one,5-hydroxy-4-methyl-	$C_8H_{14}O_2$	61141-71-7	0.23	5-羟基-4-甲基-6-庚烯-3-酮	酮及内酯
19	6.90	Ethyl（1-adamantylamino）carbothioylcarbamate	$C_{14}H_{22}N_2O_2S$	36997-89-4	0.23	（1-金刚烷基氨基）硫代氨基甲酸乙酯	酯类
20	13.02	Alpha, alpha,4-trimethylbenzyl carbanilate	$C_{17}H_{19}NO_2$	7366-54-3	0.20	2-（4-甲苯基）-2-丙基-苯氨基甲酸甲酯	酯类
21	8.74	3-Carene	$C_{10}H_{16}$	13466-78-9	0.20	3-蒈烯	萜烯及其衍生物
22	15.31	4,7,7-Trimethylbicyclo〔4.1.0〕hept-3-en-2-one	$C_{10}H_{14}O$	81800-50-2	0.17	3-蒈烯-5酮	萜烯及其衍生物

（续表）

编号	保留时间（min）	化合物	分子式	CAS 号	面积加和百分比（%）	中文名称	类别
23	12.77	Bicyclo［3.1.0］hexan-2-ol,2-methyl-5-(1-methylethyl)-,(1alpha,2alpha,5alpha)-	$C_{10}H_{18}O$	17699-16-0	0.16	(+)-反式-4-侧柏醇	萜烯及其衍生物
24	3.93	2-Amino-3-methylbenzoic acid	$C_8H_9NO_2$	4389-45-1	0.15	3-甲基-2-氨基苯甲酸	酸类
25	1.01	1-Pentene,4,4-dimethyl-	C_7H_{14}	762-62-9	0.14	4,4-二甲基-1-戊烯	其他
26	1.12	Cyclohexanol,4-methyl-	$C_7H_{14}O$	589-91-3	0.13	4-甲基-环己醇	醇类
27	10.53	1,3,8-p-Menthatriene	$C_{10}H_{14}$	18368-95-1	0.13	1,3,8-对-薄荷基三烯	萜烯及其衍生物
28	11.33	1,3,8-p-Menthatriene	$C_{10}H_{14}$	18368-95-1	0.13	1,3,8-对-薄荷基三烯	萜烯及其衍生物
29	12.17	Isopinocarveol	$C_{10}H_{16}O$	6712-79-4	0.11	异松香芹醇	萜烯及其衍生物
30	5.66	2(5H)-Furanone,5-ethyl-	$C_6H_8O_2$	2407-43-4	0.10	5-乙基-2(5H)-呋喃酮	酮及内酯
31	1.64	2-Pentenal,(E)-	C_5H_8O	1576-87-0	0.10	反式-2-戊烯醛	醛类
32	4.37	1-Dodecyne	$C_{12}H_{22}$	765-03-7	0.10	1-十二炔	其他

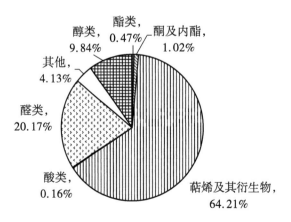

图 67-2 挥发性成分的比例构成

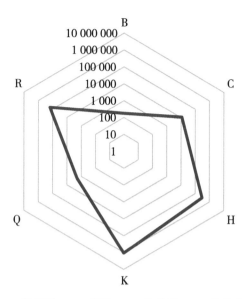

B—冰凉香；C—柑橘香；H—药香；K—松柏香；Q—香膏香；R—玫瑰香

图 67-3　香韵分布雷达

68. 贵妃杧（贵州）

　　经 GC-MS 检测和分析（图 68-1），其果肉中挥发性成分相对含量超过 0.1% 的共有 26 种化合物（表 68-1），主要为萜烯类化合物，占 58.56%（图 68-2），其中，比例最高的挥发性成分为萜品油烯，占 40.14%。

　　已知挥发性成分的气味 ABC 分析显示：果肉香味主要涵盖 8 种香型，各香味荷载从大到小依次为松柏香、柑橘香、药香、玫瑰香、脂肪香、青香、香膏香、冰凉香；其中，松柏香、柑橘香、药香荷载远大于其他香味，可视为该杧果的主要香韵（图 68-3）。

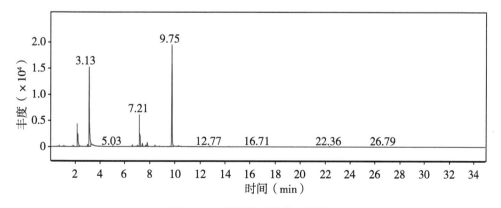

图 68-1　挥发性成分总离子流

表 68-1 挥发性成分 GC-MS 分析结果

编号	保留时间（min）	化合物	分子式	CAS 号	面积加和百分比（%）	中文名称	类别
1	9.75	Cyclohexene,1-methyl-4-(1-methylethylidene)-	$C_{10}H_{16}$	586-62-9	40.14	萜品油烯	萜烯及其衍生物
2	3.13	2-Hexenal,(E)-	$C_6H_{10}O$	6728 26 3	29.78	反式-2-己烯醛	醛类
3	7.21	3-Carene	$C_{10}H_{16}$	13466-78-9	11.62	3-蒈烯	萜烯及其衍生物
4	2.20	2-Hexenal,(E)-	$C_6H_{10}O$	6728-26-3	9.21	反式-2-己烯醛	醛类
5	7.80	D-Limonene	$C_{10}H_{16}$	5989-27-5	1.83	D-柠檬烯	萜烯及其衍生物
6	7.41	1,3-Cyclohexadiene,1-methyl-4-(1-methylethyl)-	$C_{10}H_{16}$	99-86-5	1.13	α-萜品烯	萜烯及其衍生物
7	3.00	2-Hexenal,(E)-	$C_6H_{10}O$	6728-26-3	0.65	反式-2-己烯醛	醛类
8	6.61	beta-Myrcene	$C_{10}H_{16}$	123-35-3	0.59	β-月桂烯	萜烯及其衍生物
9	8.42	3-Carene	$C_{10}H_{16}$	13466-78-9	0.57	3-蒈烯	萜烯及其衍生物
10	7.67	o-Cymene	$C_{10}H_{14}$	527-84-4	0.55	邻伞花烃	萜烯及其衍生物
11	1.09	1-Penten-3-one	C_5H_8O	1629-58-9	0.54	1-戊烯-3-酮	酮及内酯
12	7.03	alpha-Phellandrene	$C_{10}H_{16}$	99-83-2	0.43	α-水芹烯	萜烯及其衍生物
13	12.77	cis-p-Mentha-2,8-dien-1-ol	$C_{10}H_{16}O$	3886-78-0	0.34	顺式-对-薄荷基-2,8-二烯-1-醇	萜烯及其衍生物
14	1.85	Spiro[2,4]hepta-4,6-diene	C_7H_8	765-46-8	0.33	螺[2.4]庚-4,6-二烯	其他
15	0.73	Ethyl Acetate	$C_4H_8O_2$	141-78-6	0.29	乙酸乙酯	酯类
16	10.28	Nonanal	$C_9H_{18}O$	124-19-6	0.25	壬醛	醛类
17	5.03	(1R)-2,6,6-Trimethylbicyclo[3.1.1]hept-2-ene	$C_{10}H_{16}$	7785-70-8	0.24	(+)-α-蒎烯	萜烯及其衍生物
18	8.78	gamma-Terpinene	$C_{10}H_{16}$	99-85-4	0.20	γ-萜品烯	萜烯及其衍生物

（续表）

编号	保留时间（min）	化合物	分子式	CAS 号	面积加和百分比（%）	中文名称	类别
19	22.36	Naphthalene, deca-hydro-4a-methyl-1-methylene-7-(1-methylethenyl)-,〔4aR-(4aalpha,7alpha,8abeta)〕-	$C_{15}H_{24}$	17066-67-0	0.20	(+)-β-瑟林烯	萜烯及其衍生物
20	6.92	Cyclohexene, 3-methyl-6-(1-methylethylidene)-	$C_{10}H_{16}$	586-63-0	0.18	闹二烯	萜烯及其衍生物
21	10.14	1,6-Octadien-3-ol,3,7-dimethyl-,formate	$C_{11}H_{18}O_{2}$	115-99-1	0.08	甲酸芳樟酯	萜烯及其衍生物
22	10.54	Carveol	$C_{10}H_{16}O$	99-48-9	0.07	香芹醇	萜烯及其衍生物
23	11.35	1,3,8-p-Mentha-triene	$C_{10}H_{14}$	18368-95-1	0.07	1,3,8-对-薄荷基三烯	萜烯及其衍生物
24	16.71	Cyclohexanol,4-(1,1-dimethylethyl)-,acetate,trans-	$C_{12}H_{22}O_{2}$	1900-69-2	0.06	反式-4-(2-甲基-2-丙基)环己基乙酸酯	酯类
25	0.46	1-Methylcyclopro-panemethanol	$C_{5}H_{10}O$	2746-14-7	0.05	1-甲基环丙烷甲醇	醇类
26	1.72	2-Pentenal,(E)-	$C_{5}H_{8}O$	1576-87-0	0.05	反式-2-戊烯醛	醛类

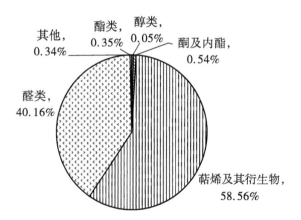

图 68-2 挥发性成分的比例构成

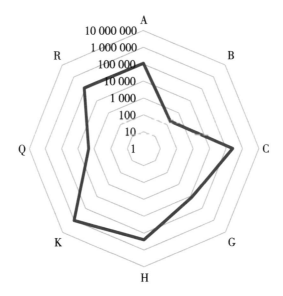

A—脂肪香；B—冰凉香；C—柑橘香；G—青香；
H—药香；K—松柏香；Q—香膏香；R—玫瑰香

图 68-3　香韵分布雷达

69. 热品 2 号（贵州）

经 GC-MS 检测和分析（图 69-1），其果肉中挥发性成分相对含量超过 0.1% 的共有 27 种化合物（表 69-1），主要为萜烯类化合物，占 95.85%（图 69-2），其中，比例最高的挥发性成分为萜品油烯，占 71.81%。

已知挥发性成分的气味 ABC 分析显示：果肉香味主要涵盖 11 种香型，各香味荷载从大到小依次为松柏香、柑橘香、药香、脂肪香、玫瑰香、青香、木香、香膏香、土壤香、冰凉香、辛香料香；其中，松柏香、柑橘香、药香、脂肪香、玫瑰香荷载远大于其他香味，可视为该杧果的主要香韵（图 69-3）。

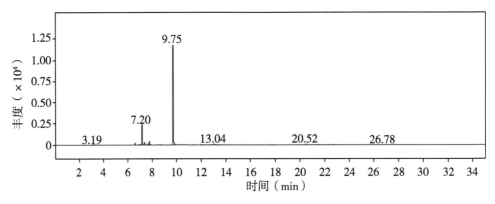

图 69-1　挥发性成分总离子流

表 69-1 挥发性成分 GC-MS 分析结果

编号	保留时间（min）	化合物	分子式	CAS 号	面积加和百分比（%）	中文名称	类别
1	9.75	Cyclohexene,1-methyl-4-(1-methylethylidene)-	$C_{10}H_{16}$	586-62-9	71.81	萜品油烯	萜烯及其衍生物
2	7.20	3-Carene	$C_{10}H_{16}$	13466-78-9	12.69	3-蒈烯	萜烯及其衍生物
3	7.79	D-Limonene	$C_{10}H_{16}$	5989-27-5	3.02	D-柠檬烯	萜烯及其衍生物
4	7.40	1,3-Cyclohexadiene,1-methyl-4-(1-methylethyl)-	$C_{10}H_{16}$	99-86-5	1.91	α-萜品烯	萜烯及其衍生物
5	6.60	Bicyclo[3.1.1]heptane,6,6-dimethyl-2-methylene-,(1S)-	$C_{10}H_{16}$	18172-67-3	1.50	(-)-β-蒎烯	萜烯及其衍生物
6	13.04	alpha,alpha,4-Trimethylbenzyl carbanilate	$C_{17}H_{19}NO_2$	7366-54-3	1.04	2-(4-甲苯基)-2-丙基-苯氨基甲酸甲酯	酯类
7	7.66	Benzene,1-methyl-3-(1-methylethyl)-	$C_{10}H_{14}$	535-77-3	0.94	间伞花烃	其他
8	3.19	cis-3-Hexenyl cis-3-hexenoate	$C_{12}H_{20}O_2$	61444-38-0	0.65	顺式-3-己烯酸顺式-3-己烯酯	酯类
9	7.02	alpha-Phellandrene	$C_{10}H_{16}$	99-83-2	0.62	α-水芹烯	萜烯及其衍生物
10	20.52	Caryophyllene	$C_{15}H_{24}$	87-44-5	0.59	石竹烯	萜烯及其衍生物
11	21.46	Humulene	$C_{15}H_{24}$	6753-98-6	0.43	葎草烯	萜烯及其衍生物
12	10.27	Nonanal	$C_9H_{18}O$	124-19-6	0.29	壬醛	醛类
13	8.76	gamma-Terpinene	$C_{10}H_{16}$	99-85-4	0.27	γ-萜品烯	萜烯及其衍生物
14	10.75	Hexanoic acid,2-ethyl-	$C_8H_{16}O_2$	149-57-5	0.21	2-乙基己酸	酸类
15	12.94	Naphthalene	$C_{10}H_8$	91-20-3	0.20	萘	其他

（续表）

编号	保留时间 （min）	化合物	分子式	CAS 号	面积加和 百分比 （%）	中文名称	类别
16	13.22	3 - Cyclohexen - 1 - ol，5 - methylene - 6 - (1 - methylethenyl) -	$C_{10}H_{14}O$	54274-41-8	0.20	6 - 异丙烯基-5-亚甲基-3-环己烯-1-醇	醇类
17	12.75	cis - p - mentha - 1 (7)，8-dien-2-ol	$C_{10}H_{16}O$	1000374-16-8	0.19	顺式-对-薄荷基-1(7)，8-二烯-1-醇	萜烯及其衍生物
18	6.91	Cyclohexene，1-methyl-4-(1-methylethylidene) -	$C_{10}H_{16}$	586-62-9	0.19	萜品油烯	萜烯及其衍生物
19	15.37	Benzene，1，3 - bis (1，1-dimethylethyl) -	$C_{14}H_{22}$	1014-60-4	0.18	1，3 - 二叔丁基苯	其他
20	12.19	p - Mentha - 1，5 - dien-8-ol	$C_{10}H_{16}O$	1686-20-0	0.18	对-1,5-薄荷基二烯-8-醇	萜烯及其衍生物
21	8.40	3-Carene	$C_{10}H_{16}$	13466-78-9	0.16	3-蒈烯	萜烯及其衍生物
22	2.24	Cyclohexane，(1，1-dimethylethyl) -	$C_{10}H_{20}$	3178-22-1	0.15	叔丁基环己烷	其他
23	5.03	(1R)-2,6,6-Trimethylbicyclo[3.1.1]hept-2-ene	$C_{10}H_{16}$	7785-70-8	0.15	(+)-α-蒎烯	萜烯及其衍生物
24	22.30	trans-beta-Ionone	$C_{13}H_{20}O$	79-77-6	0.13	乙位紫罗兰酮	萜烯及其衍生物
25	14.25	(3E，5E) - 2，6 - Dimethylocta - 3，5，7-trien-2-ol	$C_{10}H_{16}O$	206115-88-0	0.11	(3E，5E) - 2，6 - 二甲基-3,5,7-辛三烯-2-醇	醇类
26	11.34	p-Mentha-1,5,8-triene	$C_{10}H_{14}$	21195-59-5	0.11	1,5,8-对-薄荷基三烯	萜烯及其衍生物
27	16.69	(Z)-2,6-Dimethylocta - 2，5，7 - trien-4-one	$C_{10}H_{14}O$	33746-71-3	0.10	2,6-二甲基-2,5,7-十八烷三烯-4-酮	酮及内酯

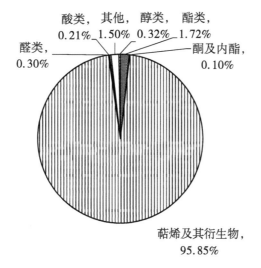

图 69-2 挥发性成分的比例构成

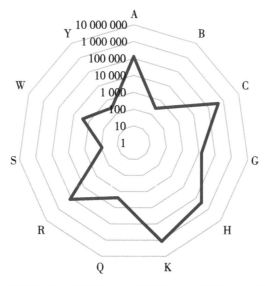

A—脂肪香；B—冰凉香；C—柑橘香；G—青香；H—药香；
K—松柏香；Q—香膏香；R—玫瑰香；S—辛香料香；W—木香；Y—土壤香

图 69-3 香韵分布雷达

70. 红象牙杧（四川攀枝花）

经 GC-MS 检测和分析（图 70-1），其果肉中挥发性成分相对含量超过 0.1% 的共有 15 种化合物（表 70-1），主要为萜烯类化合物，占 98.40%（图 70-2），其中，比例最高的挥发性成分为萜品油烯，占 80.52%。

已知挥发性成分的气味 ABC 分析显示：果肉香味主要涵盖 9 种香型，各香味荷载从大到小依次为松柏香、柑橘香、药香、玫瑰香、香膏香、木香、冰凉香、土壤香、辛香料香；其中，松柏香、柑橘香、药香荷载远大于其他香味，可视为该杧果的主要香韵

（图 70-3）。

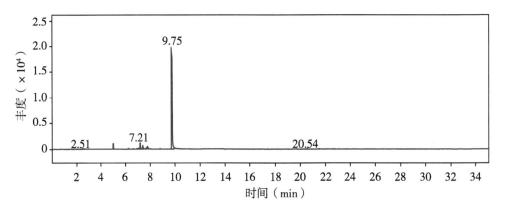

图 70-1　挥发性成分总离子流

表 70-1　挥发性成分 GC-MS 分析结果

编号	保留时间（min）	化合物	分子式	CAS 号	面积加和百分比（%）	中文名称	类别
1	9.75	Cyclohexene,1-methyl-4-（1-methylethylidene）-	$C_{10}H_{16}$	586-62-9	80.52	萜品油烯	萜烯及其衍生物
2	7.21	3-Carene	$C_{10}H_{16}$	13466-78-9	4.31	3-蒈烯	萜烯及其衍生物
3	5.02	3-Carene	$C_{10}H_{16}$	13466-78-9	3.55	3-蒈烯	萜烯及其衍生物
4	7.41	1,3-Cyclohexadiene,1-methyl-4-（1-methylethyl）-	$C_{10}H_{16}$	99-86-5	2.99	α-萜品烯	萜烯及其衍生物
5	7.80	D-Limonene	$C_{10}H_{16}$	5989-27-5	2.98	D-柠檬烯	萜烯及其衍生物
6	7.67	Benzene,1-methyl-3-（1-methylethyl）-	$C_{10}H_{14}$	535-77-3	0.99	间伞花烃	其他
7	7.03	alpha-Phellandrene	$C_{10}H_{16}$	99-83-2	0.60	α-水芹烯	萜烯及其衍生物
8	6.22	Bicyclo〔3.1.0〕hexane,4-methylene-1-（1-methylethyl）-	$C_{10}H_{16}$	3387-41-5	0.53	（±）-桧烯	萜烯及其衍生物
9	6.91	Ethyl（1-adamantylamino）carbothioylcarbamate	$C_{14}H_{22}N_2O_2S$	36997-89-4	0.47	（1-金刚烷基氨基）硫代氨基甲酸乙酯	酯类
10	8.78	gamma-Terpinene	$C_{10}H_{16}$	99-85-4	0.39	γ-萜品烯	萜烯及其衍生物
11	20.54	Caryophyllene	$C_{15}H_{24}$	87-44-5	0.37	石竹烯	萜烯及其衍生物
12	6.63	beta-Myrcene	$C_{10}H_{16}$	123-35-3	0.32	β-月桂烯	萜烯及其衍生物

（续表）

编号	保留时间（min）	化合物	分子式	CAS 号	面积加和百分比（%）	中文名称	类别
13	21.48	Humulene	$C_{15}H_{24}$	6753-98-6	0.26	葎草烯	萜烯及其衍生物
14	0.72	5-Heptenoic acid, ethyl ester, (E)-	$C_9H_{16}O_2$	54340-69-1	0.12	(E)-5-庚烯酸乙酯	酯类
15	5.42	Bicyclo［2.2.1］heptane,7,7-dimethyl-2-methylene-	$C_{10}H_{16}$	471-84-1	0.09	α-小茴香烯	萜烯及其衍生物

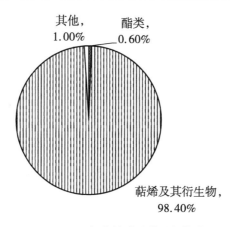

图 70-2 挥发性成分的比例构成

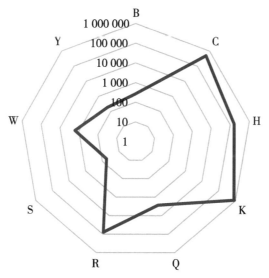

B—冰凉香；C—柑橘香；H—药香；K—松柏香；
Q—香膏香；R—玫瑰香；S—辛香料香；W—木香；Y—土壤香

图 70-3 香韵分布雷达

71. 吉禄杧（四川攀枝花）

经 GC-MS 检测和分析（图 71-1），其果肉中挥发性成分相对含量超过 0.1% 的共有 16 种化合物（表 71-1），主要为萜烯类化合物，占 99.30%（图 71-2），其中，比例最高的挥发性成分为 3-蒈烯，占 79.89%。

已知挥发性成分的气味 ABC 分析显示：果肉香味主要涵盖 9 种香型，各香味荷载从大到小依次为松柏香、药香、玫瑰香、柑橘香、香膏香、木香、冰凉香、土壤香、辛香料香；其中，松柏香、药香、玫瑰香荷载远大于其他香味，可视为该杧果的主要香韵（图 71-3）。

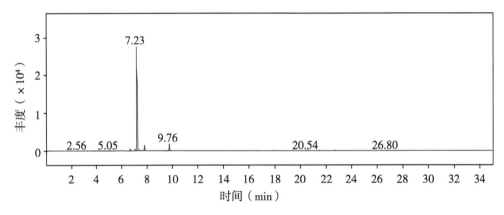

图 71-1 挥发性成分总离子流

表 71-1 挥发性成分 GC-MS 分析结果

编号	保留时间（min）	化合物	分子式	CAS 号	面积加和百分比（%）	中文名称	类别
1	7.23	3-Carene	$C_{10}H_{16}$	13466-78-9	79.89	3-蒈烯	萜烯及其衍生物
2	9.76	Cyclohexene,1-methyl-4-(1-methylethylidene)-	$C_{10}H_{16}$	586-62-9	7.12	萜品油烯	萜烯及其衍生物
3	7.81	D-Limonene	$C_{10}H_{16}$	5989-27-5	5.35	D-柠檬烯	萜烯及其衍生物
4	6.64	Bicyclo［3.1.1］heptane,6,6-dimethyl-2-methylene-,(1S)-	$C_{10}H_{16}$	18172-67-3	1.96	(−)-β-蒎烯	萜烯及其衍生物
5	7.05	alpha-Phellandrene	$C_{10}H_{16}$	99-83-2	1.34	α-水芹烯	萜烯及其衍生物
6	7.43	1,3-Cyclohexadiene,1-methyl-4-(1-methylethyl)-	$C_{10}H_{16}$	99-86-5	0.76	α-萜品烯	萜烯及其衍生物

（续表）

编号	保留时间（min）	化合物	分子式	CAS 号	面积加和百分比（%）	中文名称	类别
7	9.69	Cyclohexene,1-methyl-4-(1-methylethylidene)-	$C_{10}H_{16}$	586-62-9	0.51	萜品油烯	萜烯及其衍生物
8	7.69	Bicyclo［3.1.1］hept-3-ene,2-formylmethyl-4,6,6-trimethyl-	$C_{12}H_{18}O$	135004-95-4	0.47	2-甲酰甲基-4,6,6-三甲基二环［3.1.1］庚-3-烯	其他
9	5.05	(1R)-2,6,6-Trimethylbicyclo［3.1.1］hept-2-ene	$C_{10}H_{16}$	7785-70-8	0.32	(+)-α-蒎烯	萜烯及其衍生物
10	20.54	Caryophyllene	$C_{15}H_{24}$	87-44-5	0.32	石竹烯	萜烯及其衍生物
11	21.48	Humulene	$C_{15}H_{24}$	6753-98-6	0.25	葎草烯	萜烯及其衍生物
12	8.45	3-Carene	$C_{10}H_{16}$	13466-78-9	0.24	3-蒈烯	萜烯及其衍生物
13	8.79	gamma-Terpinene	$C_{10}H_{16}$	99-85-4	0.23	γ-萜品烯	萜烯及其衍生物
14	1.12	Di-n-decylsulfone	$C_{20}H_{42}O_2S$	111530-37-1	0.17	二癸基砜	其他
15	6.94	Cyclohexene,3-methyl-6-(1-methylethylidene)-	$C_{10}H_{16}$	586-63-0	0.07	闹二烯	萜烯及其衍生物
16	0.81	5-Heptenoic acid,ethyl ester,(E)-	$C_9H_{16}O_2$	54340-69-1	0.05	(E)-5-庚烯酸乙酯	酯类

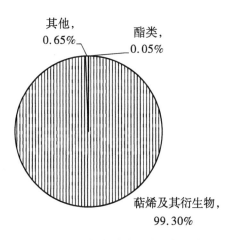

图 71-2 挥发性成分的比例构成

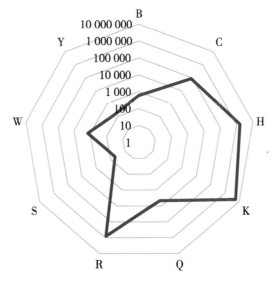

B—冰凉香；C—柑橘香；H—药香；K—松柏香；
Q—香膏香；R—玫瑰香；S—辛香料香；W—木香；Y—土壤香

图 71-3　香韵分布雷达

72. 金煌杧（云南）

经 GC-MS 检测和分析（图 72-1），其果肉中挥发性成分相对含量超过 0.1% 的共有 20 种化合物（表 72-1），主要为萜烯类化合物，占 95.10%（图 72-2），其中，比例最高的挥发性成分为萜品油烯，占 62.05%。

已知挥发性成分的气味 ABC 分析显示：果肉香味主要涵盖 6 种香型，各香味荷载从大到小依次为松柏香、柑橘香、药香、玫瑰香、香膏香、冰凉香；其中，松柏香荷载远大于其他香味，可视为该杧果的主要香韵（图 72-3）。

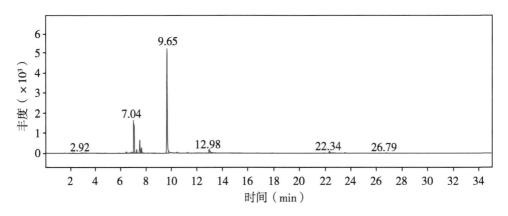

图 72-1　挥发性成分总离子流

表 72-1 挥发性成分 GC-MS 分析结果

编号	保留时间（min）	化合物	分子式	CAS 号	面积加和百分比（%）	中文名称	类别
1	9.65	Cyclohexene, 1-methyl-4-(1-methylethylidene)-	$C_{10}H_{16}$	586-62-9	62.05	萜品油烯	萜烯及其衍生物
2	7.04	3-Carene	$C_{10}H_{16}$	13466-78-9	15.72	3-蒈烯	萜烯及其衍生物
3	7.50	o-Cymene	$C_{10}H_{14}$	527-84-4	6.69	邻伞花烃	萜烯及其衍生物
4	12.98	Benzene, (2-methyl-1-propenyl)-	$C_{10}H_{12}$	768-49-0	4.21	其他	其他
5	7.64	D-Limonene	$C_{10}H_{16}$	5989-27-5	3.33	D-柠檬烯	萜烯及其衍生物
6	7.25	1,3-Cyclohexadiene, 1-methyl-4-(1-methylethyl)-	$C_{10}H_{16}$	99-86-5	1.81	α-萜品烯	萜烯及其衍生物
7	22.34	Naphthalene, deca-hydro-4a-methyl-1-methylene-7-(1-methylethenyl)-, [4aR-(4aalpha, 7alpha,8abeta)]-	$C_{15}H_{24}$	17066-67-0	1.30	(+)-β-瑟林烯	萜烯及其衍生物
8	6.43	Bicyclo[3.1.1]heptane, 6,6-dimethyl-2-methylene-, (1S)-	$C_{10}H_{16}$	18172-67-3	0.72	(-)-β-蒎烯	萜烯及其衍生物
9	6.86	alpha-Phellandrene	$C_{10}H_{16}$	99-83-2	0.50	α-水芹烯	萜烯及其衍生物
10	11.26	1,3,8-p-Menthatriene	$C_{10}H_{14}$	18368-95-1	0.50	1,3,8-对-薄荷基三烯	萜烯及其衍生物
11	10.44	1,3,8-p-Menthatriene	$C_{10}H_{14}$	18368-95-1	0.48	1,3,8-对-薄荷基三烯	萜烯及其衍生物
12	2.92	Cyclopentane, (2-methylpropyl)-	$C_{9}H_{18}$	3788-32-7	0.40	异丁基环戊烷	其他
13	12.13	trans-3-Caren-2-ol	$C_{10}H_{16}O$	1000151-75-4	0.27	反式3-蒈烯-2-醇	萜烯及其衍生物
14	23.55	9,12-Tetradecadien-1-ol, (Z,E)-	$C_{14}H_{26}O$	51937-00-9	0.24	(9E,12Z)-9,12-十四碳二烯-1-醇	醇类
15	22.57	Aromandendrene	$C_{15}H_{24}$	489-39-4	0.21	香橙烯	萜烯及其衍生物
16	6.73	Cyclohexene, 1-methyl-4-(1-methylethylidene)-	$C_{10}H_{16}$	586-62-9	0.14	萜品油烯	萜烯及其衍生物
17	12.39	trans-3-Caren-2-ol	$C_{10}H_{16}O$	1000151-75-4	0.13	反式3-蒈烯-2-醇	萜烯及其衍生物

（续表）

编号	保留时间（min）	化合物	分子式	CAS 号	面积加和百分比（%）	中文名称	类别
18	11.92	p-Cymene	$C_{10}H_{14}$	99-87-6	0.13	对-伞花烃	萜烯及其衍生物
19	8.63	gamma-Terpinene	$C_{10}H_{16}$	99-85-4	0.12	γ-萜品烯	萜烯及其衍生物
20	12.72	Carveol	$C_{10}H_{16}O$	99-48-9	0.10	香芹醇	萜烯及其衍生物

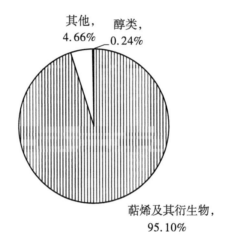

图 72-2 挥发性成分的比例构成

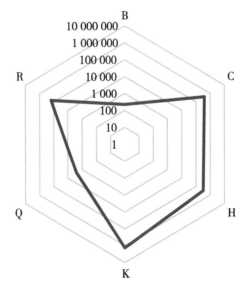

B—冰凉香；C—柑橘香；H—药香；K—松柏香；Q—香膏香；R—玫瑰香

图 72-3 香韵分布雷达

73. 景东晚杙（云南）

经 GC-MS 检测和分析（图 73-1），其果肉中挥发性成分相对含量超过 0.1% 的共有 22 种化合物（表 73-1），主要为萜烯类化合物，占 79.18%（图 73-2），其中，比例最高的挥发性成分为闹二烯，占 48.83%。

已知挥发性成分的气味 ABC 分析显示：果肉香味主要涵盖 6 种香型，各香味荷载从大到小依次为松柏香、药香、玫瑰香、柑橘香、香膏香、冰凉香；其中，松柏香、药香、玫瑰香荷载远大于其他香味，可视为该杙果的主要香韵（图 73-3）。

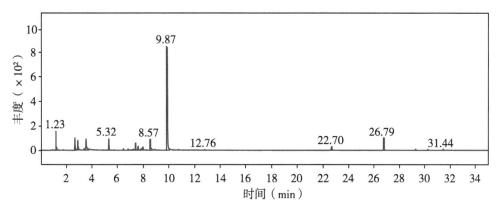

图 73-1 挥发性成分总离子流

表 73-1 挥发性成分 GC-MS 分析结果

编号	保留时间（min）	化合物	分子式	CAS 号	面积加和百分比（%）	中文名称	类别
1	9.87	Cyclohexene, 3-methyl-6-(1-methylethylidene)-	$C_{10}H_{16}$	586-63-0	48.83	闹二烯	萜烯及其衍生物
2	3.54	2-Hexenal, (E)-	$C_6H_{10}O$	6728-26-3	6.71	反式-2-己烯醛	醛类
3	8.57	3-Carene	$C_{10}H_{16}$	13466-78-9	5.45	3-蒈烯	萜烯及其衍生物
4	1.23	Ethyl Acetate	$C_4H_8O_2$	141-78-6	4.89	乙酸乙酯	酯类
5	2.90	2-(E)-Hexen-1-ol, (4S)-4-amino-5-methyl-	$C_7H_{15}NO$	1000164-21-1	4.35	(2E)-4-氨基-5-甲基-2-烯-1-醇	醇类
6	5.32	3-Carene	$C_{10}H_{16}$	13466-78-9	4.24	3-蒈烯	萜烯及其衍生物
7	7.41	3-Carene	$C_{10}H_{16}$	13466-78-9	2.84	3-蒈烯	萜烯及其衍生物

（续表）

编号	保留时间（min）	化合物	分子式	CAS 号	面积加和百分比（%）	中文名称	类别
8	7.98	D-Limonene	$C_{10}H_{16}$	5989-27-5	1.83	D-柠檬烯	萜烯及其衍生物
9	7.61	1,3 Cyclohexadiene, 1-methyl-4-(1-methylethyl)-	$C_{10}H_{16}$	99-86-5	1.69	α-萜品烯	萜烯及其衍生物
10	7.87	o-Cymene	$C_{10}H_{14}$	527-84-4	0.93	邻伞花烃	萜烯及其衍生物
11	3.38	2-Butenoic acid, ethyl ester, (E)-	$C_6H_{10}O_2$	623-70-1	0.68	巴豆酸乙酯	酯类
12	29.27	Phthalic acid, di(3-ethylphenyl) ester	$C_{24}H_{22}O_4$	1000357-08-4	0.60	邻苯二甲酸二(3-乙基苯基)酯	酯类
13	6.46	Bicyclo [3.1.0] hexane, 4-methylene-1-(1-methylethyl)-	$C_{10}H_{16}$	3387-41-5	0.56	(±)-桧烯	萜烯及其衍生物
14	6.83	beta-Myrcene	$C_{10}H_{16}$	123-35-3	0.44	β-月桂烯	萜烯及其衍生物
15	3.49	2-Hexenal, (E)-	$C_6H_{10}O$	6728-26-3	0.39	反式-2-己烯醛	醛类
16	7.24	alpha-Phellandrene	$C_{10}H_{16}$	99-83-2	0.37	α-水芹烯	萜烯及其衍生物
17	8.92	gamma-Terpinene	$C_{10}H_{16}$	99-85-4	0.26	γ-萜品烯	萜烯及其衍生物
18	12.76	Bicyclo[3.1.1]heptan-3-one,2,6,6-trimethyl-,(1alpha,2beta,5alpha)-	$C_{10}H_{16}O$	15358-88-0	0.23	松莰酮	萜烯及其衍生物
19	7.13	Cyclohexene, 3-methyl-6-(1-methylethylidene)-	$C_{10}H_{16}$	586-63-0	0.21	闹二烯	萜烯及其衍生物
20	0.90	1,3,6-Cyclooctatriene	C_8H_{10}	3725-30-2	0.14	1,3,6-环辛三烯	其他
21	8.25	trans-alpha-Bergamotene	$C_{15}H_{24}$	13474-59-4	0.14	(-)-反式-α-香柑油烯	萜烯及其衍生物
22	1.76	Propanoic acid, ethyl ester	$C_5H_{10}O_2$	105-37-3	0.13	丙酸乙酯	酯类

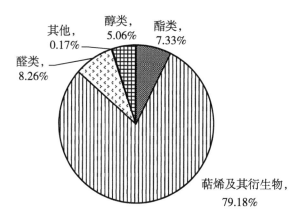

图 73-2　挥发性成分的比例构成

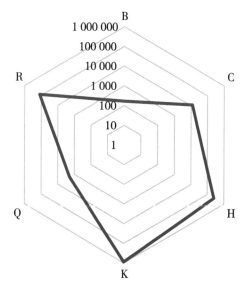

B—冰凉香；C—柑橘香；H—药香；K—松柏香；Q—香膏香；R—玫瑰香

图 73-3　香韵分布雷达

74. 马秋苏杜（云南）

经 GC-MS 检测和分析（图 74-1），其果肉中挥发性成分相对含量超过 0.1% 的共有 21 种化合物（表 74-1），主要为萜烯类化合物，占 90.78%（图 74-2），其中，比例最高的挥发性成分为 3-蒈烯，占 69.07%。

已知挥发性成分的气味 ABC 分析显示：果肉香味主要涵盖 9 种香型，各香味荷载从大到小依次为松柏香、药香、玫瑰香、柑橘香、木香、香膏香、冰凉香、土壤香、辛香料香；其中，松柏香、药香、玫瑰香荷载远大于其他香味，可视为该杜果的主要香韵（图 74-3）。

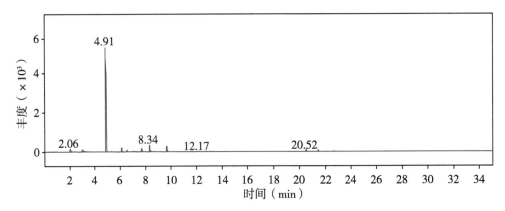

图 74-1　挥发性成分总离子流

表 74-1　挥发性成分 GC-MS 分析结果

编号	保留时间（min）	化合物	分子式	CAS 号	面积加和百分比（%）	中文名称	类别
1	4.91	3-Carene	$C_{10}H_{16}$	13466-78-9	69.07	3-蒈烯	萜烯及其衍生物
2	9.69	Cyclohexene,1-methyl-4-(1-methylethylidene)-	$C_{10}H_{16}$	586-62-9	5.02	萜品油烯	萜烯及其衍生物
3	8.34	3-Carene	$C_{10}H_{16}$	13466-78-9	4.95	3-蒈烯	萜烯及其衍生物
4	3.04	2-Octenal,(E)-	$C_8H_{14}O$	2548-87-0	3.73	反式-2-辛烯醛	醛类
5	2.06	2-Hexenal,(E)-	$C_6H_{10}O$	6728-26-3	3.22	反式-2-己烯醛	醛类
6	7.71	D-Limonene	$C_{10}H_{16}$	5989-27-5	3.01	D-柠檬烯	萜烯及其衍生物
7	6.12	Cyclohexane,1-methylene-4-(1-methylethenyl)-	$C_{10}H_{16}$	499-97-8	2.86	伪柠檬烯	萜烯及其衍生物
8	20.52	Caryophyllene	$C_{15}H_{24}$	87-44-5	1.61	石竹烯	萜烯及其衍生物
9	6.52	beta-Myrcene	$C_{10}H_{16}$	123-35-3	1.33	β-月桂烯	萜烯及其衍生物
10	21.46	1,4,7,-Cycloundecatriene,1,5,9,9-tetramethyl-,Z,Z,Z-	$C_{15}H_{24}$	1000062-61-9	1.21	1,5,9,9-四甲基-1,4,7-环己三烯	其他
11	3.29	4-Penten-1-ol,3-methyl-	$C_6H_{12}O$	51174-44-8	0.59	3-甲基-4-戊烯-1-醇	醇类
12	7.12	3-Carene	$C_{10}H_{16}$	13466-78-9	0.48	3-蒈烯	萜烯及其衍生物

（续表）

编号	保留时间（min）	化合物	分子式	CAS 号	面积加和百分比（%）	中文名称	类别
13	6.94	alpha-Phellandrene	$C_{10}H_{16}$	99-83-2	0.43	α-水芹烯	萜烯及其衍生物
14	7.33	1,3-Cyclohexadiene, 1-methyl-4-(1-methylethyl)-	$C_{10}H_{16}$	99-86-5	0.32	α-萜品烯	萜烯及其衍生物
15	5.32	Camphene	$C_{10}H_{16}$	79-92-5	0.29	莰烯	萜烯及其衍生物
16	0.55	Ethyl Acetate	$C_4H_8O_2$	141-78-6	0.24	乙酸乙酯	酯类
17	7.58	o-Cymene	$C_{10}H_{14}$	527-84-4	0.21	邻伞花烃	萜烯及其衍生物
18	12.17	Bicyclo [3.1.1] heptan-3-one, 2,6,6-trimethyl-, (1alpha, 2alpha, 5alpha)-	$C_{10}H_{16}O$	547-60-4	0.21	异松蒎酮	萜烯及其衍生物
19	8.70	gamma-Terpinene	$C_{10}H_{16}$	99-85-4	0.19	γ-萜品烯	萜烯及其衍生物
20	2.86	2-Hexenal, (E)-	$C_6H_{10}O$	6728-26-3	0.16	反式-2-己烯醛	醛类
21	8.02	trans-beta-Ocimene	$C_{10}H_{16}$	3779-61-1	0.12	反式-β-罗勒烯	萜烯及其衍生物

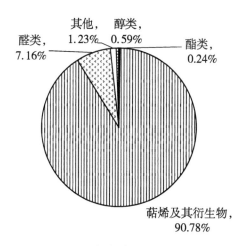

图 74-2 挥发性成分的比例构成

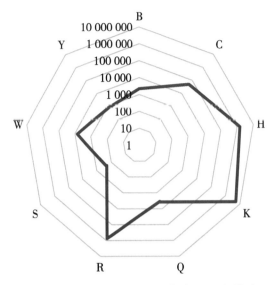

B—冰凉香；C—柑橘香；H—药香；K—松柏香；
Q—香膏香；R—玫瑰香；S—辛香料香；W—木香；Y—土壤香

图 74-3　香韵分布雷达

75. 南逗迈（云南）

经 GC-MS 检测和分析（图 75-1），其果肉中挥发性成分相对含量超过 0.1% 的共有 27 种化合物（表 75-1），主要为醛类化合物，占 75.41%（图 75-2），其中，比例最高的挥发性成分为反式-2-辛烯醛，占 37.94%。

已知挥发性成分的气味 ABC 分析显示：果肉香味主要涵盖 9 种香型，各香味荷载从大到小依次为脂肪香、松柏香、青香、药香、木香、柑橘香、玫瑰香、土壤香、辛香料香；其中，脂肪香、松柏香荷载远大于其他香味，可视为该杞果的主要香韵（图 75-3）。

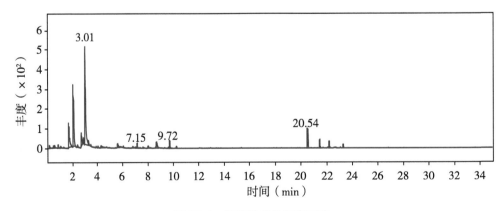

图 75-1　挥发性成分总离子流

表 75-1　挥发性成分 GC-MS 分析结果

编号	保留时间（min）	化合物	分子式	CAS 号	面积加和百分比（%）	中文名称	类别
1	3.01	2-Octenal, (E)-	$C_8H_{14}O$	2548-87-0	37.94	反式-2-辛烯醛	醛类
2	2.07	2-Hexenal, (E)-	$C_6H_{10}O$	6728-26-3	17.88	反式-2-己烯醛	醛类
3	1.70	2-Octenal, (E)-	$C_8H_{14}O$	2548-87-0	10.11	反式-2-辛烯醛	醛类
4	2.69	2-Octenal, (E)-	$C_8H_{14}O$	2548-87-0	5.05	反式-2-辛烯醛	醛类
5	20.54	Caryophyllene	$C_{15}H_{24}$	87-44-5	4.80	石竹烯	萜烯及其衍生物
6	8.69	2-Pentene, 1-ethoxy-4, 4-dimethyl-	$C_9H_{18}O$	55702-60-8	2.75	(2E)-1-乙氧基-4,4-二甲基-2-戊烯	其他
7	21.48	Humulene	$C_{15}H_{24}$	6753-98-6	2.23	葎草烯	萜烯及其衍生物
8	9.72	Cyclohexene, 1-methyl-4-(1-methylethylidene)-	$C_{10}H_{16}$	586-62-9	2.12	萜品油烯	萜烯及其衍生物
9	5.61	(E)-4-Oxohex-2-enal	$C_6H_8O_2$	1000374-04-2	1.61	(E)-4-氧代-2-己烷醛	醛类
10	22.21	(1R, 2S, 6S, 7S, 8S)-8-Isopropyl-1-methyl-3-methylenetricyclo〔4.4.0.02,7〕decane-rel-	$C_{15}H_{24}$	18252-44-3	1.59	β-古巴烯	萜烯及其衍生物
11	4.32	Cyclohexene, 1-methyl-	C_7H_{12}	591-49-1	1.57	1-甲基环己烯	其他
12	3.30	2,4-Hexadien-1-ol	$C_6H_{10}O$	111-28-4	1.53	2,4-己二烯醇	醇类
13	2.87	3-Octene, 2, 2-dimethyl-	$C_{10}H_{20}$	86869-76-3	1.23	2,2-二甲基-3-辛烯	其他
14	7.15	3-Carene	$C_{10}H_{16}$	13466-78-9	1.23	3-蒈烯	萜烯及其衍生物
15	23.29	Naphthalene, 1, 2, 3, 5, 6, 8a-hexahydro-4, 7-dimethyl-1-(1-methylethyl)-, (1S-cis)-	$C_{15}H_{24}$	483-76-1	0.81	Δ-杜松烯	萜烯及其衍生物
16	0.58	beta-1-Arabinopyranoside, methyl	$C_6H_{12}O_5$	1825-00-9	0.66	甲基 β-L-吡喃阿拉伯糖苷	其他
17	0.17	Ethyl Acetate	$C_4H_8O_2$	141-78-6	0.64	乙酸乙酯	酯类

（续表）

编号	保留时间 （min）	化合物	分子式	CAS号	面积加和 百分比 （%）	中文名称	类别
18	8.03	(E) - 4 - Oxohex - 2 - enal	$C_6H_8O_2$	1000374-04-2	0.63	(E)-4-氧 代-2-己烷 醛	醛类
19	10.25	Nonanal	$C_9H_{18}O$	124-19-6	0.51	壬醛	醛类
20	1.05	Furan, 2-ethyl-	C_6H_8O	3208-16-0	0.46	2-乙基-呋 喃	其他
21	6.99	Cyclohexane, 1 - methylene - 4 - (1 - methylethenyl) -	$C_{10}H_{16}$	499-97-8	0.46	伪柠檬烯	萜烯及其 衍生物
22	3.49	2-Cyclohexen-1-ol	$C_6H_{10}O$	822-67-3	0.41	2-环己烯- 1-醇	醇类
23	4.07	. +/- . - trans - 2 - Cyclohexene - 1, 4 - diol	$C_6H_{10}O_2$	41513-32-0	0.38	反式-1,4- 环己烯二醇	醇类
24	9.62	Cyclohexene, 3 - methyl - 6 - (1 - methylethylidene) -	$C_{10}H_{16}$	586-63-0	0.33	闹二烯	萜烯及其 衍生物
25	6.04	Bicyclo [3.1.0] hex - 2 - ene, 4 - methyl - 1 - (1 - methylethyl) -	$C_{10}H_{16}$	28634-89-1	0.31	β-侧柏烯	萜烯及其 衍生物
26	7.61	o-Cymene	$C_{10}H_{14}$	527-84-4	0.31	邻伞花烃	萜烯及其 衍生物
27	3.92	Oxime -, methoxy - phenyl-_	$C_8H_9NO_2$	1000222-86-6	0.22	N-羟基-苯 甲亚胺酸甲 酯	酯类

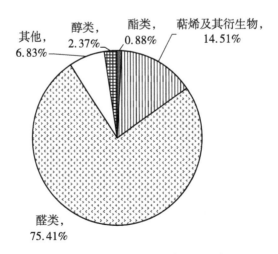

图 75-2　挥发性成分的比例构成

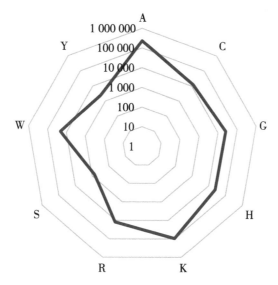

A—脂肪香；C—柑橘香；G—青香；H—药香；
K—松柏香；R—玫瑰香；S—辛香料香；W—木香；Y—土壤香

图 75-3　香韵分布雷达

76. 攀育 2 号（四川攀枝花）

经 GC-MS 检测和分析（图 76-1），其果肉中挥发性成分相对含量超过 0.1% 的共有 18 种化合物（表 76-1），主要为萜烯类化合物，占 97.87%（图 76-2），其中，比例最高的挥发性成分为萜品油烯，占 67.42%。

已知挥发性成分的气味 ABC 分析显示：果肉香味主要涵盖 9 种香型，各香味荷载从大到小依次为松柏香、药香、柑橘香、玫瑰香、香膏香、木香、冰凉香、土壤香、辛香料香；其中，松柏香、药香、柑橘香、玫瑰香荷载远大于其他香味，可视为该杧果的主要香韵（图 76-3）。

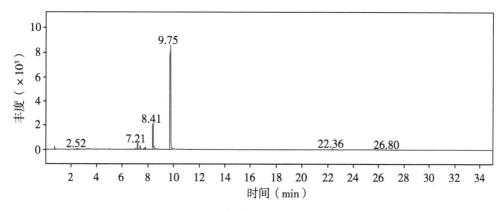

图 76-1　挥发性成分总离子流

表76-1 挥发性成分 GC-MS 分析结果

编号	保留时间（min）	化合物	分子式	CAS 号	面积加和百分比（%）	中文名称	类别
1	9.75	Cyclohexene,1-methyl-4-(1-methylethylidene)-	$C_{10}H_{16}$	586-62-9	67.42	萜品油烯	萜烯及其衍生物
2	8.41	3-Carene	$C_{10}H_{16}$	13466-78-9	17.26	3-蒈烯	萜烯及其衍生物
3	7.21	3-Carene	$C_{10}H_{16}$	13466-78-9	3.51	3-蒈烯	萜烯及其衍生物
4	7.40	1,3-Cyclohexadiene,1-methyl-4-(1-methylethyl)-	$C_{10}H_{16}$	99-86-5	2.40	α-萜品烯	萜烯及其衍生物
5	7.79	D-Limonene	$C_{10}H_{16}$	5989-27-5	1.91	D-柠檬烯	萜烯及其衍生物
6	0.74	Ethyl Acetate	$C_4H_8O_2$	141-78-6	1.38	乙酸乙酯	酯类
7	22.36	Naphthalene, deca-hydro-4a-methyl-1-methylene-7-(1-methylethenyl)-,〔4aR-(4aalpha,7alpha,8abeta)〕-	$C_{15}H_{24}$	17066-67-0	0.81	(+)-β-瑟林烯	萜烯及其衍生物
8	7.67	o-Cymene	$C_{10}H_{14}$	527-84-4	0.73	邻伞花烃	萜烯及其衍生物
9	3.21	3-Hexen-1-ol,(E)-	$C_6H_{12}O$	928-97-2	0.60	反式-3-己烯-1-醇	醇类
10	7.03	alpha-Phellandrene	$C_{10}H_{16}$	99-83-2	0.49	α-水芹烯	萜烯及其衍生物
11	6.61	beta-Myrcene	$C_{10}H_{16}$	123-35-3	0.41	β-月桂烯	萜烯及其衍生物
12	5.02	3-Carene	$C_{10}H_{16}$	13466-78-9	0.37	3-蒈烯	萜烯及其衍生物
13	8.08	trans-beta-Ocimene	$C_{10}H_{16}$	3779-61-1	0.28	反式-β-罗勒烯	萜烯及其衍生物
14	6.91	1,3-Cyclohexadiene,1-methyl-4-(1-methylethyl)-	$C_{10}H_{16}$	99-86-5	0.21	α-萜品烯	萜烯及其衍生物
15	8.76	gamma-Terpinene	$C_{10}H_{16}$	99-85-4	0.16	γ-萜品烯	萜烯及其衍生物
16	22.58	Naphthalene, 1,2,3,5,6,7,8,8a-octahydro-1,8a-dimethyl-7-(1-methylethenyl)-,〔1R-(1alpha,7beta,8aalpha)〕-	$C_{15}H_{24}$	4630-07-3	0.12	(+)-瓦伦亚烯	萜烯及其衍生物
17	2.99	2-Butenoic acid, ethyl ester,(E)-	$C_6H_{10}O_2$	623-70-1	0.11	巴豆酸乙酯	酯类

（续表）

编号	保留时间（min）	化合物	分子式	CAS 号	面积加和百分比（%）	中文名称	类别
18	20.53	Caryophyllene	$C_{15}H_{24}$	87-44-5	0.11	石竹烯	萜烯及其衍生物

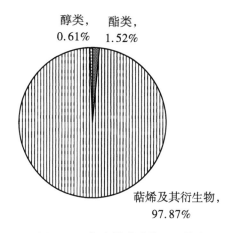

图 76-2 挥发性成分的比例构成

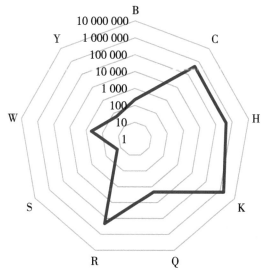

B—冰凉香；C—柑橘香；H—药香；K—松柏香；
Q—香膏香；R—玫瑰香；S—辛香料香；W—木香；Y—土壤香

图 76-3 香韵分布雷达

77. 热 5008 号（云南）

经 GC-MS 检测和分析（图 77-1），其果肉中挥发性成分相对含量超过 0.1% 的共有 15 种化合物（表 77-1），主要为萜烯类化合物，占 99.31%（图 77-2），其中，比例最高的挥发性成分为 3-蒈烯，占 74.77%。

已知挥发性成分的气味 ABC 分析显示：果肉香味主要涵盖 9 种香型，各香味荷载从大到小依次为松柏香、药香、玫瑰香、柑橘香、木香、香膏香、冰凉香、土壤香、辛香料香；其中，松柏香、药香、玫瑰香荷载远大于其他香味，可视为该杞果的主要香韵（图 77-3）。

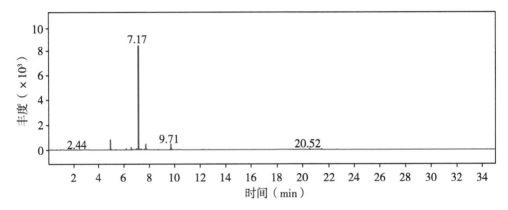

图 77-1　挥发性成分总离子流

表 77-1　挥发性成分 GC-MS 分析结果

编号	保留时间（min）	化合物	分子式	CAS 号	面积加和百分比（%）	中文名称	类别
1	7.17	3-Carene	$C_{10}H_{16}$	13466-78-9	74.77	3-蒈烯	萜烯及其衍生物
2	4.96	3-Carene	$C_{10}H_{16}$	13466-78-9	6.45	3-蒈烯	萜烯及其衍生物
3	7.75	D-Limonene	$C_{10}H_{16}$	5989-27-5	4.93	D-柠檬烯	萜烯及其衍生物
4	9.71	Cyclohexene,1-methyl-4-(1-methylethylidene)-	$C_{10}H_{16}$	586-62-9	4.93	萜品油烯	萜烯及其衍生物
5	6.56	Bicyclo［3.1.1］heptane,6,6-dim-ethyl-2-methyl-ene-,(1S)-	$C_{10}H_{16}$	18172-67-3	1.96	(−)-β-蒎烯	萜烯及其衍生物
6	6.98	alpha-Phellandrene	$C_{10}H_{16}$	99-83-2	0.99	α-水芹烯	萜烯及其衍生物

（续表）

编号	保留时间 （min）	化合物	分子式	CAS 号	面积加和 百分比 （%）	中文名称	类别
7	6.16	Cyclohexane，1 - methylene - 4 - (1 - methylethenyl) -	$C_{10}H_{16}$	499-97-8	0.97	伪柠檬烯	萜烯及其衍生物
8	20.52	Caryophyllene	$C_{15}H_{24}$	87-44-5	0.96	石竹烯	萜烯及其衍生物
9	21.46	1，4，7，-Cyclounde-catriene，1，5，9，9- tetramethyl -，Z，Z，Z-	$C_{15}H_{24}$	1000062-61-9	0.68	1，5，9，9-四甲基-1，4，7-环己三烯	其他
10	7.62	1，3，8-p-Mentha-triene	$C_{10}H_{14}$	18368-95-1	0.65	1，3，8-对-薄荷基三烯	萜烯及其衍生物
11	7.36	1,3-Cyclohexadiene，1 - methyl - 4 - (1 - methylethyl) -	$C_{10}H_{16}$	99-86-5	0.61	α-萜品烯	萜烯及其衍生物
12	9.64	Cyclohexene，3 - methyl - 6 - (1 - methylethylidene) -	$C_{10}H_{16}$	586-63-0	0.43	闹二烯	萜烯及其衍生物
13	8.72	gamma-Terpinene	$C_{10}H_{16}$	99-85-4	0.29	γ-萜品烯	萜烯及其衍生物
14	5.38	Camphene	$C_{10}H_{16}$	79-92-5	0.17	莰烯	萜烯及其衍生物
15	12.18	p - Mentha - 1，5 - dien-8-ol	$C_{10}H_{16}O$	1686-20-0	0.15	对-1,5-薄荷基二烯-8-醇	萜烯及其衍生物

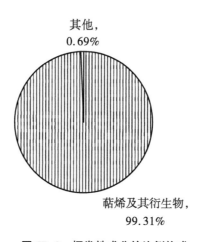

其他，
0.69%

萜烯及其衍生物，
99.31%

图 77-2　挥发性成分的比例构成

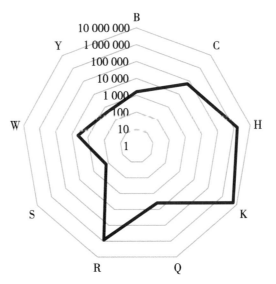

B—冰凉香；C—柑橘香；H—药香；K—松柏香；
Q—香膏香；R—玫瑰香；S—辛香料香；W—木香；Y—土壤香

图 77-3　香韵分布雷达

78. 三年杞（云南）

经 GC-MS 检测和分析（图 78-1），其果肉中挥发性成分相对含量超过 0.1% 的共有 24 种化合物（表 78-1），主要为萜烯类化合物，占 95.83%（图 78-2），其中，比例最高的挥发性成分为闹二烯，占 80.69%。

已知挥发性成分的气味 ABC 分析显示：果肉香味主要涵盖 10 种香型，各香味荷载从大到小依次为松柏香、药香、玫瑰香、柑橘香、香膏香、果香、冰凉香、木香、土壤香、辛香料香；其中，松柏香、药香荷载远大于其他香味，可视为该杞果的主要香韵（图 78-3）。

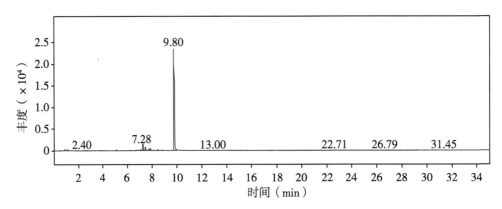

图 78-1　挥发性成分总离子流

表 78-1 挥发性成分 GC-MS 分析结果

编号	保留时间（min）	化合物	分子式	CAS 号	面积加和百分比（%）	中文名称	类别
1	9.80	Cyclohexene, 3-methyl-6-(1-methylethylidene)-	$C_{10}H_{16}$	586-63-0	80.69	闹二烯	萜烯及其衍生物
2	7.28	3-Carene	$C_{10}H_{16}$	13466-78-9	4.58	3-蒈烯	萜烯及其衍生物
3	7.48	1,3-Cyclohexadiene, 1-methyl-4-(1-methylethyl)-	$C_{10}H_{16}$	99-86-5	2.56	α-萜品烯	萜烯及其衍生物
4	7.87	D-Limonene	$C_{10}H_{16}$	5989-27-5	2.14	D-柠檬烯	萜烯及其衍生物
5	7.74	Benzene, 1-methyl-3-(1-methylethyl)-	$C_{10}H_{14}$	535-77-3	1.24	间伞花烃	其他
6	8.47	3-Carene	$C_{10}H_{16}$	13466-78-9	0.95	3-蒈烯	萜烯及其衍生物
7	0.89	Ethyl Acetate	$C_4H_8O_2$	141-78-6	0.85	乙酸乙酯	酯类
8	1.10	2-Propenal	C_3H_4O	107-02-8	0.79	2-丙烯醛	醛类
9	7.11	alpha-Phellandrene	$C_{10}H_{16}$	99-83-2	0.60	α-水芹烯	萜烯及其衍生物
10	5.13	3-Carene	$C_{10}H_{16}$	13466-78-9	0.55	3-蒈烯	萜烯及其衍生物
11	6.69	beta-Myrcene	$C_{10}H_{16}$	123-35-3	0.41	β-月桂烯	萜烯及其衍生物
12	6.99	Cyclohexene, 1-methyl-4-(1-methylethylidene)-	$C_{10}H_{16}$	586-62-9	0.37	萜品油烯	萜烯及其衍生物
13	6.84	Butanoic acid, butyl ester	$C_8H_{16}O_2$	109-21-7	0.34	丁酸丁酯	酯类
14	8.83	gamma-Terpinene	$C_{10}H_{16}$	99-85-4	0.33	γ-萜品烯	萜烯及其衍生物
15	13.00	Naphthalene	$C_{10}H_8$	91-20-3	0.31	萘	其他
16	2.40	Butanoic acid, ethyl ester	$C_6H_{12}O_2$	105-54-4	0.24	丁酸乙酯	酯类
17	8.14	trans-beta-Ocimene	$C_{10}H_{16}$	3779-61-1	0.24	反式-β-罗勒烯	萜烯及其衍生物

（续表）

编号	保留时间 （min）	化合物	分子式	CAS 号	面积加和 百分比 （%）	中文名称	类别
18	29.29	1,5-Diphenyl-2H-1,2,4-triazoline-3-thione	$C_{14}H_{11}N_3S$	5055-74-3	0.21	1,5-二苯基-2H-1,2,4-三唑啉-3-硫酮	其他
19	7.96	2-Cyclohexen-1-ol, 1-methyl-4-(1-methylethyl)-, cis-	$C_{10}H_{18}O$	29803-82-5	0.21	顺式-对-薄荷基-2-烯-1-醇	萜烯及其衍生物
20	10.58	1,3,8-p-Mentha-triene	$C_{10}H_{14}$	18368-95-1	0.15	1,3,8-对-薄荷基三烯	萜烯及其衍生物
21	11.39	p-Mentha-1,5,8-triene	$C_{10}H_{14}$	21195-59-5	0.13	1,5,8-对-薄荷基三烯	萜烯及其衍生物
22	0.52	cis-Bicyclo[4.2.0]octa-3,7-diene	C_8H_{10}	103148-59-0	0.12	顺式-二环[4.2.0]辛-3,7-二烯	其他
23	20.54	Caryophyllene	$C_{15}H_{24}$	87-44-5	0.11	石竹烯	萜烯及其衍生物
24	6.21	Bicyclo[3.1.0]hex-2-ene, 4-methyl-1-(1-methylethyl)-	$C_{10}H_{16}$	28634-89-1	0.11	β-侧柏烯	萜烯及其衍生物

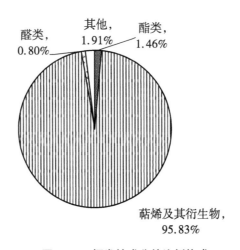

图78-2　挥发性成分的比例构成

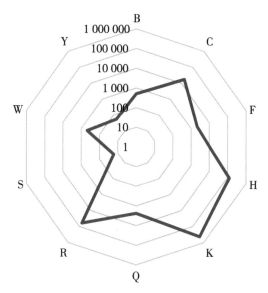

B—冰凉香；C—柑橘香；F—果香；H—药香；K—松柏香；
Q—香膏香；R—玫瑰香；S—辛香料香；W—木香；Y—土壤香

图 78-3 香韵分布雷达

79. 凯特杧（四川）

经 GC-MS 检测和分析（图 79-1），其果肉中挥发性成分相对含量超过 0.1% 的共有 11 种化合物（表 79-1），全部为萜烯类化合物，占 100.00%（图 79-2），其中，比例最高的挥发性成分为 3-蒈烯，占 89.53%。

已知挥发性成分的气味 ABC 分析显示：果肉香味主要涵盖 9 种香型，各香味荷载从大到小依次为松柏香、药香、玫瑰香、柑橘香、香膏香、木香、土壤香、冰凉香、辛香料香；其中，松柏香、药香、玫瑰香荷载远大于其他香味，可视为该杧果的主要香韵（图 79-3）。

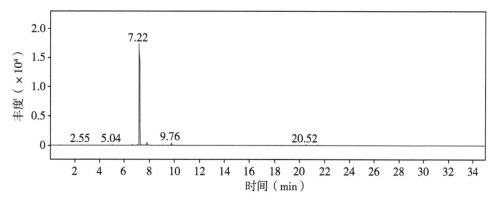

图 79-1 挥发性成分总离子流

表 79-1　挥发性成分 GC-MS 分析结果

编号	保留时间（min）	化合物	分子式	CAS号	面积加和百分比（%）	中文名称	类别
1	7.22	3-Carene	$C_{10}H_{16}$	13466-78-9	89.53	3-蒈烯	萜烯及其衍生物
2	7.80	D-Limonene	$C_{10}H_{16}$	5989-27-5	3.45	D-柠檬烯	萜烯及其衍生物
3	9.76	Cyclohexene,1-methyl-4-(1-methylethylidene)-	$C_{10}H_{16}$	586-62-9	3.20	萜品油烯	萜烯及其衍生物
4	6.63	beta-Myrcene	$C_{10}H_{16}$	123-35-3	0.80	β-月桂烯	萜烯及其衍生物
5	7.42	1,3-Cyclohexadiene,1-methyl-4-(1-methylethyl)-	$C_{10}H_{16}$	99-86-5	0.54	α-萜品烯	萜烯及其衍生物
6	20.52	Caryophyllene	$C_{15}H_{24}$	87-44-5	0.53	石竹烯	萜烯及其衍生物
7	7.04	alpha-Phellandrene	$C_{10}H_{16}$	99-83-2	0.44	α-水芹烯	萜烯及其衍生物
8	21.46	Humulene	$C_{15}H_{24}$	6753-98-6	0.41	葎草烯	萜烯及其衍生物
9	5.04	Bicyclo［3.1.0］hex-2-ene,2-methyl-5-(1-methylethyl)-	$C_{10}H_{16}$	2867-05-2	0.37	α-侧柏烯	萜烯及其衍生物
10	7.69	trans-3-Caren-2-ol	$C_{10}H_{16}O$	1000151-75-4	0.23	反式 3-蒈烯-2-醇	萜烯及其衍生物
11	9.69	Cyclohexene,1-methyl-4-(1-methylethylidene)-	$C_{10}H_{16}$	586-62-9	0.16	萜品油烯	萜烯及其衍生物

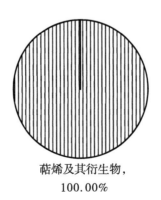

萜烯及其衍生物，
100.00%

图 79-2　挥发性成分的比例构成

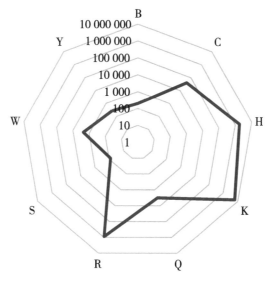

B—冰凉香；C—柑橘香；H—药香；K—松柏香；
Q—香膏香；R—玫瑰香；S—辛香料香；W—木香；Y—土壤香

图 79-3　香韵分布雷达

80. 龙杷（云南）

经 GC-MS 检测和分析（图 80-1），其果肉中挥发性成分相对含量超过 0.1% 的共有 19 种化合物（表 80-1），主要为萜烯类化合物，占 94.80%（图 80-2），其中，比例最高的挥发性成分为（-）-β-蒎烯，占 84.86%。

已知挥发性成分的气味 ABC 分析显示：果肉香味主要涵盖 8 种香型，各香味荷载从大到小依次为松柏香、药香、柑橘香、玫瑰香、木香、香膏香、土壤香、辛香料香；其中，松柏香、药香荷载远大于其他香味，可视为该杷果的主要香韵（图 80-3）。

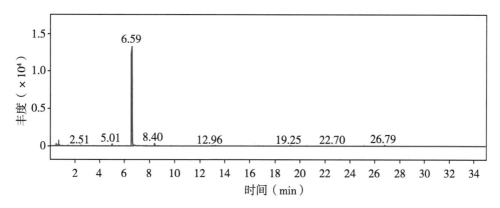

图 80-1　挥发性成分总离子流

表 80-1 挥发性成分 GC-MS 分析结果

编号	保留时间（min）	化合物	分子式	CAS 号	面积加和百分比（%）	中文名称	类别
1	6.59	Bicyclo［3.1.1］heptane,6,6-dimethyl-2-methylene-,(1S)-	$C_{10}H_{16}$	18172-67-3	84.86	(-)-β-蒎烯	萜烯及其衍生物
2	8.40	3-Carene	$C_{10}H_{16}$	13466-78-9	2.64	3-蒈烯	萜烯及其衍生物
3	0.73	Ethyl Acetate	$C_4H_8O_2$	141-78-6	2.61	乙酸乙酯	酯类
4	5.01	(1R)-2,6,6-Trimethylbicyclo［3.1.1］hept-2-ene	$C_{10}H_{16}$	7785-70-8	1.45	(+)-α-蒎烯	萜烯及其衍生物
5	12.96	Naphthalene	$C_{10}H_8$	91-20-3	0.89	萘	其他
6	19.25	alpha-Cubebene	$C_{15}H_{24}$	17699-14-8	0.58	α-荜澄茄油烯	萜烯及其衍生物
7	13.24	alpha-Terpineol	$C_{10}H_{18}O$	98-55-5	0.55	α-萜品醇	萜烯及其衍生物
8	7.77	Limonene	$C_{10}H_{16}$	138-86-3	0.34	柠檬烯	萜烯及其衍生物
9	0.68	6-Hepten-3-one,5-hydroxy-4-methyl-	$C_8H_{14}O_2$	61141-71-7	0.33	5-羟基-4-甲基-6-庚烯-3-酮	酮及内酯
10	25.09	2,2,4-Trimethyl-1,3-pentanedioldiisobutyrate	$C_{16}H_{30}O_4$	6846-50-0	0.28	2,2,4-三甲基-1,3-戊二醇二异丁酸酯	酯类
11	20.52	Caryophyllene	$C_{15}H_{24}$	87-44-5	0.23	石竹烯	萜烯及其衍生物
12	1.48	1-Butanol,2-methyl-	$C_5H_{12}O$	137-32-6	0.21	2-甲基-1-丁醇	醇类
13	7.11	1,5-Cyclooctadiene,1,2-dimethyl-	$C_{10}H_{16}$	6588-51-8	0.21	(1Z,5Z)-1,2-二甲基-1,5-环辛二烯	其他
14	6.21	Bicyclo［3.1.1］heptane,6,6-dimethyl-2-methylene-,(1S)-	$C_{10}H_{16}$	18172-67-3	0.20	(-)-β-蒎烯	萜烯及其衍生物
15	15.37	Benzene,1,3-bis(1,1-dimethylethyl)-	$C_{14}H_{22}$	1014-60-4	0.17	1,3-二叔丁基苯	其他
16	16.70	Cyclohexanol,2-(1,1-dimethylethyl)-	$C_{10}H_{20}O$	13491-79-7	0.17	2-叔丁基环己醇	醇类
17	21.45	Humulene	$C_{15}H_{24}$	6753-98-6	0.15	葎草烯	萜烯及其衍生物
18	1.84	Toluene	C_7H_8	108-88-3	0.13	甲苯	其他

（续表）

编号	保留时间（min）	化合物	分子式	CAS号	面积加和百分比（%）	中文名称	类别
19	9.73	Cyclohexene, 3 - methyl - 6 - (1 - methylethylidene) -	$C_{10}H_{16}$	586-63-0	0.13	闹二烯	萜烯及其衍生物

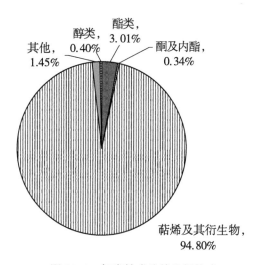

图80-2 挥发性成分的比例构成

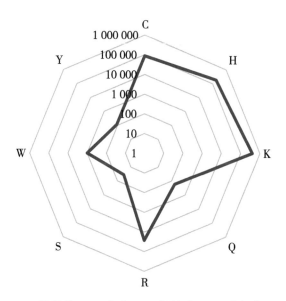

C—柑橘香；H—药香；K—松柏香；Q—香膏香；
R—玫瑰香；S—辛香料香；W—木香；Y—土壤香

图80-3 香韵分布雷达

81. 帕拉英达（云南）

经 GC-MS 检测和分析（图 81-1），其果肉中挥发性成分相对含量超过 0.1% 的共有 28 种化合物（表 81-1），主要为萜烯类化合物，占 94.85%（图 81-2），其中，比例最高的挥发性成分为 3-蒈烯，占 87.15%。

已知挥发性成分的气味 ABC 分析显示：果肉香味主要涵盖 10 种香型，各香味荷载从大到小依次为松柏香、药香、玫瑰香、柑橘香、果香、芳香族化合物香、木香、乳酪香、香膏香、兰花香；其中，松柏香、药香、玫瑰香荷载远大于其他香味，可视为该杧果的主要香韵（图 81-3）。

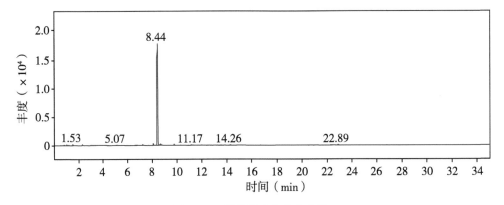

图 81-1　挥发性成分总离子流

表 81-1　挥发性成分 GC-MS 分析结果

编号	保留时间（min）	化合物	分子式	CAS 号	面积加和百分比（%）	中文名称	类别
1	8.44	3-Carene	$C_{10}H_{16}$	13466-78-9	87.15	3-蒈烯	萜烯及其衍生物
2	8.09	trans - beta - Oci-mene	$C_{10}H_{16}$	3779-61-1	1.43	反式-β-罗勒烯	萜烯及其衍生物
3	9.76	Cyclohexene,1-methyl-4-（1-methylethylidene）-	$C_{10}H_{16}$	586-62-9	1.15	萜品油烯	萜烯及其衍生物
4	8.67	Butanoic acid, 3 - methylbutyl ester	$C_9H_{18}O_2$	106-27-4	1.13	丁酸异戊酯	酯类
5	7.23	3-Carene	$C_{10}H_{16}$	13466-78-9	0.83	3-蒈烯	萜烯及其衍生物
6	11.17	2, 6 - Dimethyl - 1, 3, 5, 7 - octatet-raene, E, E-	$C_{10}H_{14}$	460-01-5	0.61	波斯菊萜	萜烯及其衍生物
7	22.89	beta-Bisabolene	$C_{15}H_{24}$	495-61-4	0.56	β-红没药烯	萜烯及其衍生物
8	2.31	Butanoic acid, 2 - methylpropyl ester	$C_8H_{16}O_2$	539-90-2	0.55	丁酸异丁酯	酯类

（续表）

编号	保留时间（min）	化合物	分子式	CAS 号	面积加和百分比（%）	中文名称	类别
9	11.55	2,4,6 - Octatriene, 2,6 - dimethyl -,（E,Z）-	$C_{10}H_{16}$	7216-56-0	0.45	（E,Z）- 别罗勒烯	萜烯及其衍生物
10	3.21	2-Hexenal,（E）-	$C_6H_{10}O$	6728-26-3	0.41	反式-2-己烯醛	醛类
11	8.75	Linalool	$C_{10}H_{18}O$	78-70-6	0.36	芳樟醇	萜烯及其衍生物
12	1.03	2-Propenal	C_3H_4O	107-02-8	0.35	2-丙烯醛	醛类
13	3.03	2 - Butenoic acid, ethyl ester,（E）-	$C_6H_{10}O_2$	623-70-1	0.34	巴豆酸乙酯	酯类
14	6.64	beta-Myrcene	$C_{10}H_{16}$	123-35-3	0.33	β-月桂烯	萜烯及其衍生物
15	6.78	Butanoic acid, butyl ester	$C_8H_{16}O_2$	109-21-7	0.31	丁酸丁酯	酯类
16	14.26	1-Cyclohexene-1-carboxaldehyde, 2,6,6-trimethyl-	$C_{10}H_{16}O$	432-25-7	0.31	β - 环柠檬醛	萜烯及其衍生物
17	1.57	1-Butanol,2-methyl-	$C_5H_{12}O$	137-32-6	0.29	2-甲基-1-丁醇	醇类
18	22.31	trans-beta-Ionone	$C_{13}H_{20}O$	79-77-6	0.29	乙位紫罗兰酮	萜烯及其衍生物
19	12.01	Trans-bicyclo〔4.4.0〕decan-1-ol-3-one	$C_{10}H_{16}O_2$	20721-86-2	0.29	8a-羟基-八氢-2-(1H)萘酮	酮及内酯
20	11.31	Perilla alcoholtiglate	$C_{15}H_{22}O_2$	1000383-58-5	0.25	惕各酸紫苏酯	酯类
21	5.07	Butanoic acid, 3 - hydroxy -, ethyl ester	$C_6H_{12}O_3$	5405-41-4	0.24	3 - 羟基丁酸乙酯	酯类
22	0.82	Ethyl Acetate	$C_4H_8O_2$	141-78-6	0.23	乙酸乙酯	酯类
23	6.88	Hexanoic acid, ethyl ester	$C_8H_{16}O_2$	123-66-0	0.17	己酸乙酯	酯类
24	10.28	Undec - 10 - ynoic acid, heptyl ester	$C_{18}H_{32}O_2$	1000406-16-0	0.17	10-十一碳炔酸庚酯	酯类
25	5.19	Ethyltiglate	$C_7H_{12}O_2$	5837-78-5	0.15	惕各酸乙酯	酯类
26	10.43	Cyclohexanol, 2,3 - dimethyl-	$C_8H_{16}O$	1502-24-5	0.10	2,3 - 二甲基环己醇	醇类
27	8.27	2-Butenoic acid, 2-methylpropyl ester,（E）-	$C_8H_{14}O_2$	73545-15-0	0.10	巴豆酸异丁酯	酯类
28	10.89	2,6 - Dimethyl - 1,3,5,7-octatetraene, E,E-	$C_{10}H_{14}$	460-01-5	0.10	波斯菊萜	萜烯及其衍生物

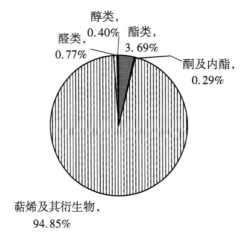

图 81-2　挥发性成分的比例构成

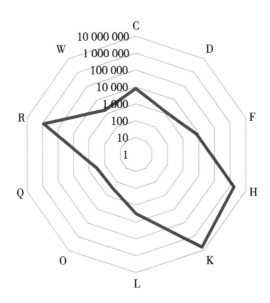

C—柑橘香；D—乳酪香；F—果香；H—药香；K—松柏香；
L—芳香族化合物香；O—兰花香；Q—香膏香；R—玫瑰香；W—木香

图 81-3　香韵分布雷达

82. 凯特杧（云南）

经 GC-MS 检测和分析（图 82-1），其果肉中挥发性成分相对含量超过 0.1% 的共有 30 种化合物（表 82-1），主要为萜烯类化合物，占 95.83%（图 82-2），其中，比例最高的挥发性成分为 3-蒈烯，占 72.91%。

已知挥发性成分的气味 ABC 分析显示：果肉香味主要涵盖 9 种香型，各香味荷载从大到小依次为松柏香、药香、玫瑰香、柑橘香、木香、香膏香、土壤香、冰凉香、辛香料香；其中，松柏香、药香、玫瑰香荷载远大于其他香味，可视为该杧果的主要香韵（图82-3）。

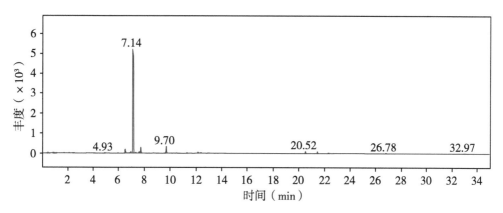

图 82-1　挥发性成分总离子流

表 82-1　挥发性成分 GC-MS 分析结果

编号	保留时间（min）	化合物	分子式	CAS 号	面积加和百分比（%）	中文名称	类别
1	7.14	3-Carene	$C_{10}H_{16}$	13466-78-9	72.91	3-蒈烯	萜烯及其衍生物
2	9.70	Cyclohexene, 3-methyl-6-(1-methylethylidene)-	$C_{10}H_{16}$	586-63-0	5.40	闹二烯	萜烯及其衍生物
3	7.73	D-Limonene	$C_{10}H_{16}$	5989-27-5	4.85	D-柠檬烯	萜烯及其衍生物
4	6.53	Bicyclo［3.1.1］heptane,6,6-dimethyl-2-methylene-,(1S)-	$C_{10}H_{16}$	18172-67-3	2.84	(-)-β-蒎烯	萜烯及其衍生物
5	20.52	Caryophyllene	$C_{15}H_{24}$	87-44-5	1.49	石竹烯	萜烯及其衍生物
6	21.45	1,4,7,-Cycloundecatriene,1,5,9,9-tetramethyl-,Z,Z,Z-	$C_{15}H_{24}$	1000062-61-9	1.27	1,5,9,9-四甲基-1,4,7-环己三烯	其他
7	7.60	o-Cymene	$C_{10}H_{14}$	527-84-4	1.20	邻伞花烃	萜烯及其衍生物
8	6.96	alpha-Phellandrene	$C_{10}H_{16}$	99-83-2	1.03	α-水芹烯	萜烯及其衍生物
9	12.15	p-Mentha-1,5-dien-8-ol	$C_{10}H_{16}O$	1686-20-0	0.88	对-1,5-薄荷基二烯-8-醇	萜烯及其衍生物
10	22.32	trans-beta-Ionone	$C_{13}H_{20}O$	79-77-6	0.65	乙位紫罗兰酮	萜烯及其衍生物
11	12.38	p-Mentha-1,5-dien-8-ol	$C_{10}H_{16}O$	1686-20-0	0.55	对-1,5-薄荷基二烯-8-醇	萜烯及其衍生物

（续表）

编号	保留时间（min）	化合物	分子式	CAS 号	面积加和百分比（%）	中文名称	类别
12	7.34	1,3-Cyclohexadiene, 1-methyl-4-(1-methylethyl)-	$C_{10}H_{16}$	99-86-5	0.55	α-萜品烯	萜烯及其衍生物
13	11.30	(3E,5E)-2,6-Dimethylocta-3,5,7-trien-2-ol	$C_{10}H_{16}O$	206115-88-0	0.46	(3E,5E)-2,6-二甲基-3,5,7-辛三烯-2-醇	醇类
14	9.63	Cyclohexene,1-methyl-4-(1-methylethylidene)-	$C_{10}H_{16}$	586-62-9	0.44	萜品油烯	萜烯及其衍生物
15	6.86	Cyclohexene,3-methyl-6-(1-methylethenyl)-,(3R-trans)-	$C_{10}H_{16}$	5113-87-1	0.40	(1R)-(+)-反式-异柠檬烯	萜烯及其衍生物
16	0.96	1-Penten-3-one	C_5H_8O	1629-58-9	0.38	1-戊烯-3-酮	酮及内酯
17	4.93	(1R)-2,6,6-Trimethylbicyclo[3.1.1]hept-2-ene	$C_{10}H_{16}$	7785-70-8	0.36	(+)-α-蒎烯	萜烯及其衍生物
18	13.02	Naphthalene,1,4,5,8-tetrahydro-	$C_{10}H_{12}$	493-04-9	0.35	异四氢萘	其他
19	1.72	1-Phenyl-2-butanone	$C_{10}H_{12}O$	1007-32-5	0.31	1-苯基-2-丁酮	酮及内酯
20	14.23	1-Cyclohexene-1-carboxaldehyde,2,6,6-trimethyl-	$C_{10}H_{16}O$	432-25-7	0.28	β-环柠檬醛	萜烯及其衍生物
21	0.91	1-Penten-3-ol	$C_5H_{10}O$	616-25-1	0.25	1-戊烯-3-醇	醇类
23	12.92	Naphthalene	$C_{10}H_8$	91-20-3	0.22	萘	其他
24	32.97	Dibutyl phthalate	$C_{16}H_{22}O_4$	84-74-2	0.21	邻苯二甲酸二丁酯	酯类
25	8.71	Bicyclo[3.1.1]heptan-3-ol,6,6-dimethyl-2-methylene-,[1S-(1alpha,3alpha,5alpha)]-	$C_{10}H_{16}O$	547-61-5	0.21	反式-(-)-松香芹醇	萜烯及其衍生物
26	2.11	Cyclohexane,(1,1-dimethylethyl)-	$C_{10}H_{20}$	3178-22-1	0.20	叔丁基环己烷	其他
27	3.05	2-Hexenal,(E)-	$C_6H_{10}O$	6728-26-3	0.17	反式-2-己烯醛	醛类
28	0.46	Propane,2-methoxy-2-methyl-	$C_5H_{12}O$	1634-04-4	0.15	甲基叔丁基醚	其他

（续表）

编号	保留时间 （min）	化合物	分子式	CAS 号	面积加和 百分比 （%）	中文名称	类别
29	5.95	1,3,5 - Cyclohep- tatriene,3,7,7-tri- methyl-	$C_{10}H_{14}$	3479-89-8	0.13	3,7,7-三甲 基-1,3,5- 环庚三烯	其他
30	10.49	1,3,8-p-Mentha- triene	$C_{10}H_{14}$	18368-95-1	0.10	1,3,8-对- 薄荷基三烯	萜烯及其 衍生物

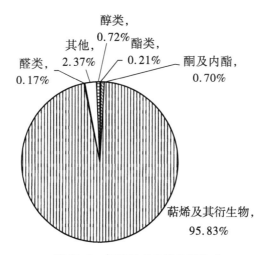

图 82-2 挥发性成分的比例构成

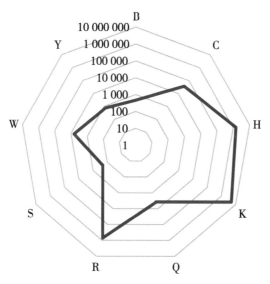

B—冰凉香；C—柑橘香；H—药香；K—松柏香；
Q—香膏香；R—玫瑰香；S—辛香料香；W—木香；Y—土壤香

图 82-3 香韵分布雷达

83. 热农1号（云南）

经GC-MS检测和分析（图83-1），其果肉中挥发性成分相对含量超过0.1%的共有16种化合物（表83-1），主要为萜烯类化合物，占96.58%（图83-2），其中，比例最高的挥发性成分为闹二烯，占67.84%。

已知挥发性成分的气味ABC分析显示：果肉香味主要涵盖6种香型，各香味荷载从大到小依次为松柏香、药香、玫瑰香、柑橘香、香膏香、冰凉香；其中，松柏香、药香、玫瑰香荷载远大于其他香味，可视为该杞果的主要香韵（图83-3）。

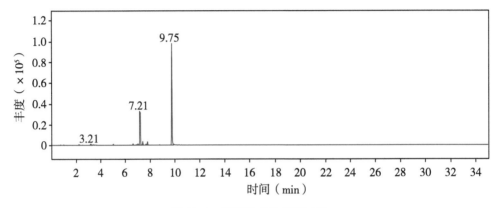

图83-1 挥发性成分总离子流

表83-1 挥发性成分 GC-MS 分析结果

编号	保留时间（min）	化合物	分子式	CAS号	面积加和百分比（%）	中文名称	类别
1	9.75	Cyclohexene, 3 - methyl - 6 - (1 - methylethylidene) -	$C_{10}H_{16}$	586-63-0	67.84	闹二烯	萜烯及其衍生物
2	7.21	3-Carene	$C_{10}H_{16}$	13466-78-9	20.73	3-蒈烯	萜烯及其衍生物
3	7.80	D-Limonene	$C_{10}H_{16}$	5989-27-5	2.56	D-柠檬烯	萜烯及其衍生物
4	7.41	1,3-Cyclohexadiene, 1 - methyl - 4 - (1 - methylethyl) -	$C_{10}H_{16}$	99-86-5	2.33	α-萜品烯	萜烯及其衍生物
5	3.21	3 - Hexen - 1 - ol, (E) -	$C_6H_{12}O$	928-97-2	1.39	反式-3-己烯-1-醇	醇类
6	6.62	beta-Myrcene	$C_{10}H_{16}$	123-35-3	0.84	β-月桂烯	萜烯及其衍生物

（续表）

编号	保留时间（min）	化合物	分子式	CAS号	面积加和百分比（%）	中文名称	类别
7	7.67	Benzene, 1-methyl-3-(1-methylethyl)-	$C_{10}H_{14}$	535-77-3	0.72	间伞花烃	其他
8	2.25	Cyclohexane, (1,1-dimethylethyl)-	$C_{10}H_{20}$	3178-22-1	0.65	叔丁基环己烷	其他
9	7.03	alpha-Phellandrene	$C_{10}H_{16}$	99-83-2	0.65	α-水芹烯	萜烯及其衍生物
10	5.03	(1R)-2,6,6-Trimethylbicyclo〔3.1.1〕hept-2-ene	$C_{10}H_{16}$	7785-70-8	0.54	(+)-α-蒎烯	萜烯及其衍生物
11	3.44	Cyclohexane, (1,1-dimethylethyl)-	$C_{10}H_{20}$	3178-22-1	0.39	叔丁基环己烷	其他
12	6.92	(+)-4-Carene	$C_{10}H_{16}$	29050-33-7	0.26	4-蒈烯	萜烯及其衍生物
13	8.77	gamma-Terpinene	$C_{10}H_{16}$	99-85-4	0.24	γ-萜品烯	萜烯及其衍生物
14	0.74	Ethyl Acetate	$C_4H_8O_2$	141-78-6	0.14	乙酸乙酯	酯类
15	0.47	Propanal	C_3H_6O	123-38-6	0.06	丙醛	醛类
16	0.61	Propane, 1,1-dimethoxy-	$C_5H_{12}O_2$	4744-10-9	0.05	1,1-二甲氧基丙烷	其他

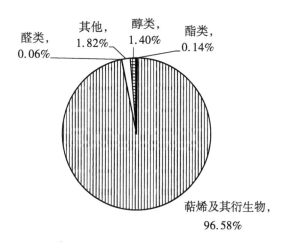

图83-2 挥发性成分的比例构成

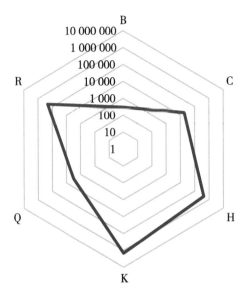

B—冰凉香；C—柑橘香；H—药香；K—松柏香；Q—香膏香；R—玫瑰香

图 83-3　香韵分布雷达

84. 四季杞（云南）

经 GC-MS 检测和分析（图 84-1），其果肉中挥发性成分相对含量超过 0.1% 的共有 31 种化合物（表 84-1），主要为萜烯类化合物，占 77.41%（图 84-2），其中，比例最高的挥发性成分为萜品油烯，占 59.49%。

已知挥发性成分的气味 ABC 分析显示：果肉香味主要涵盖 7 种香型，各香味荷载从大到小依次为松柏香、柑橘香、脂肪香、药香、玫瑰香、青香、香膏香；其中，松柏香、柑橘香、脂肪香荷载远大于其他香味，可视为该杞果的主要香韵（图 84-3）。

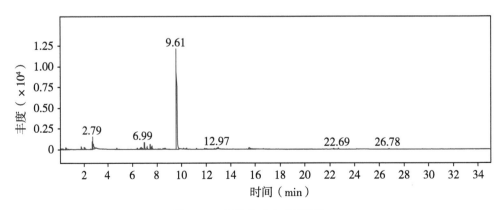

图 84-1　挥发性成分总离子流

表84-1 挥发性成分GC-MS分析结果

编号	保留时间（min）	化合物	分子式	CAS号	面积加和百分比（%）	中文名称	类别
1	9.61	Cyclohexene, 1-methyl-4-(1-methylethylidene)-	$C_{10}H_{16}$	586-62-9	59.49	萜品油烯	萜烯及其衍生物
2	2.79	3-Hexen-1-ol, (E)-	$C_6H_{12}O$	928-97-2	7.18	反式-3-己烯-1-醇	醇类
3	6.99	3-Carene	$C_{10}H_{16}$	13466-78-9	3.66	3-蒈烯	萜烯及其衍生物
4	15.49	2(3H)-Furanone, 5-butyldihydro-	$C_8H_{14}O_2$	104-50-7	2.97	γ-辛内酯	酮及内酯
5	7.46	o-Cymene	$C_{10}H_{14}$	527-84-4	2.83	邻伞花烃	萜烯及其衍生物
6	2.74	2-Hexenal, (E)-	$C_6H_{10}O$	6728-26-3	2.74	反式-2-己烯醛	醛类
7	7.60	D-Limonene	$C_{10}H_{16}$	5989-27-5	2.13	D-柠檬烯	萜烯及其衍生物
8	7.20	1,3-Cyclohexadiene, 1-methyl-4-(1-methylethyl)-	$C_{10}H_{16}$	99-86-5	1.57	α-萜品烯	萜烯及其衍生物
9	6.70	cis-2-(2-Pentenyl)furan	$C_9H_{12}O$	70424-13-4	1.49	顺式-2-(2-戊烯基)呋喃	其他
10	1.79	4-Hexenoic acid, 3-hydroxy-2-methyl-, methyl ester, (R*, R*)-	$C_8H_{14}O_3$	67498-09-3	1.41	(R*, R*)-3-羟基-2-甲基-4-己烯酸甲酯	酯类
11	12.97	Alpha, alpha, 4-trimethylbenzyl carbanilate	$C_{17}H_{19}NO_2$	7366-54-3	0.88	2-(4-甲苯基)-2-丙基-苯氨基甲酸甲酯	酯类
12	10.42	1,3,8-p-Mentha-triene	$C_{10}H_{14}$	18368-95-1	0.73	1,3,8-对-薄荷基三烯	萜烯及其衍生物
13	6.81	Cyclohexane, 1-methylene-4-(1-methylethenyl)-	$C_{10}H_{16}$	499-97-8	0.71	伪柠檬烯	萜烯及其衍生物
14	2.03	2-(E)-Hexen-1-ol, (4S)-4-amino-5-methyl-	$C_7H_{15}NO$	1000164-21-1	0.68	(2E)-4-氨基-5-甲基-2-己烯-1-醇	醇类

（续表）

编号	保留时间（min）	化合物	分子式	CAS 号	面积加和百分比（%）	中文名称	类别
15	6.39	beta-Myrcene	$C_{10}H_{16}$	123-35-3	0.66	β-月桂烯	萜烯及其衍生物
16	11.89	6-exo-Vinyl-5-endo-norbornenol	$C_9H_{12}O$	104013-08-3	0.63	外-5-乙烯基-内-5-降冰片烯醇	醇类
17	8.49	2(3H)-Furanone, 5-ethyldihydro-	$C_6H_{10}O_2$	695-06-7	0.59	γ-己内酯	酮及内酯
18	8.60	(1S,5S)-2-Methyl-5-[(R)-6-methylhept-5-en-2-yl] bicyclo [3.1.0] hex-2-ene	$C_{15}H_{24}$	159407-35-9	0.55	(+)-7-差向异构-倍半萜侧柏烯	萜烯及其衍生物
19	4.72	(1R)-2,6,6-Trimethylbicyclo [3.1.1] hept-2-ene	$C_{10}H_{16}$	7785-70-8	0.53	(+)-α-蒎烯	萜烯及其衍生物
20	10.15	Nonanal	$C_9H_{18}O$	124-19-6	0.51	壬醛	醛类
21	11.24	Myrtenyl angelate	$C_{15}H_{22}O_2$	138530-45-7	0.51	桃金娘烯当归酯	酯类
22	8.09	2-Butenoic acid, butyl ester	$C_8H_{14}O_2$	7299-91-4	0.35	巴豆酸正丁酯	酯类
23	0.25	Pentanoic acid, ethyl ester	$C_7H_{14}O_2$	539-82-2	0.35	戊酸乙酯	酯类
24	12.68	p-Mentha-1(7),8 (10)-dien-9-ol	$C_{10}H_{16}O$	29548-13-8	0.33	对-薄荷基-1(7),8（10）-二烯-9-醇	萜烯及其衍生物
25	2.57	2-Butenoic acid, ethyl ester, (E)-	$C_6H_{10}O_2$	623-70-1	0.32	巴豆酸乙酯	酯类
26	22.33	trans-beta-Ionone	$C_{13}H_{20}O$	79-77-6	0.32	乙位紫罗兰酮	萜烯及其衍生物
27	0.72	Formic acid, cis-4-methylcyclohexyl ester	$C_8H_{14}O_2$	1000368-24-7	0.25	4-甲基环己基甲酸酯	酯类
28	12.86	Naphthalene	$C_{10}H_8$	91-20-3	0.25	萘	其他
29	8.25	1,3,6-Octatriene, 3,7-dimethyl-, (Z)-	$C_{10}H_{16}$	3338-55-4	0.21	(Z)-β-罗勒烯	萜烯及其衍生物

（续表）

编号	保留时间（min）	化合物	分子式	CAS 号	面积加和百分比（%）	中文名称	类别
30	3.04	4-Penten-1-ol,3-methyl-	$C_6H_{12}O$	51174-44-8	0.14	3-甲基-4-戊烯-1-醇	醇类
31	0.12	Propane,2-methoxy-2-methyl-	$C_5H_{12}O$	1634-04-4	0.13	甲基叔丁基醚	其他

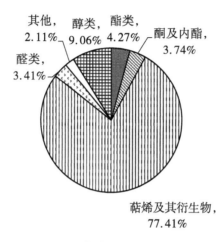

图 84-2 挥发性成分的比例构成

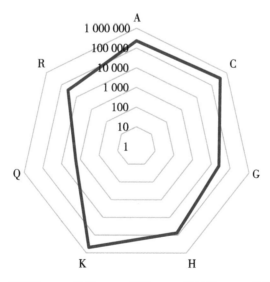

A—脂肪香；C—柑橘香；G—青香；H—药香；K—松柏香；Q—香膏香；R—玫瑰香

图 84-3 香韵分布雷达

85. 紫花杞（云南）

经 GC-MS 检测和分析（图 85-1），其果肉中挥发性成分相对含量超过 0.1% 的共有 15 种化合物（表 85-1），主要为萜烯类化合物，占 96.31%（图 85-2），其中，比例最高的挥发性成分为闹二烯，占 78.39%。

已知挥发性成分的气味 ABC 分析显示：果肉香味主要涵盖 7 种香型，各香味荷载从大到小依次为松柏香、药香、玫瑰香、柑橘香、果香、香膏香、冰凉香；其中，松柏香、药香、玫瑰香荷载远大于其他香味，可视为该杞果的主要香韵（图 85-3）。

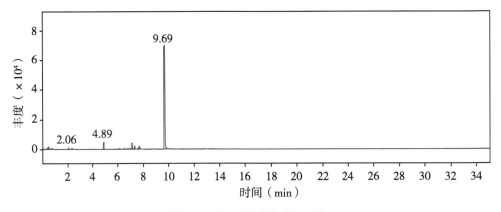

图 85-1 挥发性成分总离子流

表 85-1 挥发性成分 GC-MS 分析结果

编号	保留时间（min）	化合物	分子式	CAS 号	面积加和百分比（%）	中文名称	类别
1	9.69	Cyclohexene, 3-methyl-6-(1-methylethylidene)-	$C_{10}H_{16}$	586-63-0	78.39	闹二烯	萜烯及其衍生物
2	4.89	3-Carene	$C_{10}H_{16}$	13466-78-9	4.45	3-蒈烯	萜烯及其衍生物
3	7.12	3-Carene	$C_{10}H_{16}$	13466-78-9	4.25	3-蒈烯	萜烯及其衍生物
4	7.32	1,3-Cyclohexadiene, 1-methyl-4-(1-methylethyl)-	$C_{10}H_{16}$	99-86-5	2.65	α-萜品烯	萜烯及其衍生物
5	7.71	D-Limonene	$C_{10}H_{16}$	5989-27-5	2.48	D-柠檬烯	萜烯及其衍生物
6	0.53	Ethyl Acetate	$C_4H_8O_2$	141-78-6	1.05	乙酸乙酯	酯类
7	2.06	Butanoic acid, ethyl ester	$C_6H_{12}O_2$	105-54-4	0.91	丁酸乙酯	酯类

（续表）

编号	保留时间（min）	化合物	分子式	CAS 号	面积加和百分比（%）	中文名称	类别
8	7.59	Benzene, 1-methyl-3-(1-methylethyl)-	$C_{10}H_{14}$	535-77-3	0.88	间伞花烃	其他
9	6.51	beta-Myrcene	$C_{10}H_{16}$	123-35-3	0.63	β-月桂烯	萜烯及其衍生物
10	6.93	alpha-Phellandrene	$C_{10}H_{16}$	99-83-2	0.56	α-水芹烯	萜烯及其衍生物
11	6.11	Cyclohexene,4-methylene-1-(1-methylethyl)-	$C_{10}H_{16}$	99-84-3	0.49	β-萜品烯	萜烯及其衍生物
12	0.48	6-Hepten-3-one, 5-hydroxy-4-methyl-	$C_8H_{14}O_2$	61141-71-7	0.41	5-羟基-4-甲基-6-庚烯-3-酮	酮及内酯
13	6.82	gamma-Terpinene	$C_{10}H_{16}$	99-85-4	0.39	γ-萜品烯	萜烯及其衍生物
14	0.40	Propane,2-methoxy-2-methyl-	$C_5H_{12}O$	1634-04-4	0.37	甲基叔丁基醚	其他
15	0.15	6-[(Z)-1-Butenyl]-1,4-cycloheptadiene	$C_{11}H_{16}$	33156-93-3	0.21	水云烯	萜烯及其衍生物

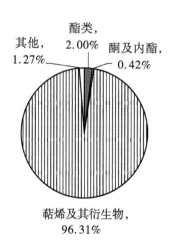

图 85-2 挥发性成分的比例构成

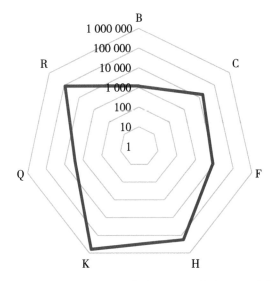

B—冰凉香；C—柑橘香；F—果香；H—药香；K—松柏香；Q—香膏香；R—玫瑰香

图 85-3　香韵分布雷达

86. 红象牙杙—样品 1（广西）

　　经 GC-MS 检测和分析（图 86-1），其果肉中挥发性成分相对含量超过 0.1% 的共有 31 种化合物（表 86-1），主要为萜烯类化合物，占 98.09%（图 86-2），其中，比例最高的挥发性成分为萜品油烯，占 73.45%。

　　已知挥发性成分的气味 ABC 分析显示：果肉香味主要涵盖 9 种香型，各香味荷载从大到小依次为松柏香、柑橘香、药香、玫瑰香、香膏香、冰凉香、木香、土壤香、辛香料香；其中，松柏香、柑橘香、药香、玫瑰香荷载远大于其他香味，可视为该杙果的主要香韵（图 86-3）。

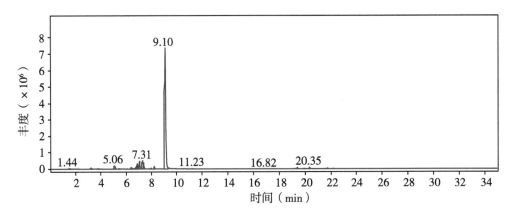

图 86-1　挥发性成分总离子流

表 86-1 挥发性成分 GC-MS 分析结果

编号	保留时间（min）	化合物	分子式	CAS 号	面积加和百分比（%）	中文名称	类别
1	9.10	Cyclohexene, 1-methyl-4-（1-methylethylidene）-	$C_{10}H_{16}$	586-62-9	73.45	萜品油烯	萜烯及其衍生物
2	7.31	o-Cymene	$C_{10}H_{14}$	527-84-4	4.27	邻伞花烃	萜烯及其衍生物
3	7.07	1,3-Cyclohexadiene, 1-methyl-4-（1-methylethyl）-	$C_{10}H_{16}$	99-86-5	4.14	α-萜品烯	萜烯及其衍生物
4	6.90	3-Carene	$C_{10}H_{16}$	13466-78-9	3.60	3-蒈烯	萜烯及其衍生物
5	7.40	D-Limonene	$C_{10}H_{16}$	5989-27-5	2.82	D-柠檬烯	萜烯及其衍生物
6	5.06	alpha-Pinene	$C_{10}H_{16}$	80-56-8	2.52	α-蒎烯	萜烯及其衍生物
7	8.23	gamma-Terpinene	$C_{10}H_{16}$	99-85-4	1.23	γ-萜品烯	萜烯及其衍生物
8	6.76	alpha-Phellandrene	$C_{10}H_{16}$	99-83-2	1.13	α-水芹烯	萜烯及其衍生物
9	6.41	beta-Myrcene	$C_{10}H_{16}$	123-35-3	1.11	β-月桂烯	萜烯及其衍生物
10	20.35	1,4,7,-Cycloundecatriene, 1,5,9,9-tetramethyl-, Z, Z, Z-	$C_{15}H_{24}$	1000062-61-9	0.62	1,5,9,9-四甲基-1,4,7-环己三烯	其他
11	3.79	2-Hexenal,（E）-	$C_{6}H_{10}O$	6728-26-3	0.60	反式-2-己烯醛	醛类
12	19.41	Caryophyllene	$C_{15}H_{24}$	87-44-5	0.45	石竹烯	萜烯及其衍生物
13	1.49	Glycidol	$C_{3}H_{6}O_{2}$	556-52-5	0.42	环氧丙醇	醇类
14	7.98	Cyclopentene, 3-isopropenyl-5,5-dimethyl-	$C_{10}H_{16}$	1000162-25-4	0.34	5-异丙烯基-3,3-二甲基-环戊烯	萜烯及其衍生物

（续表）

编号	保留时间（min）	化合物	分子式	CAS 号	面积加和百分比（%）	中文名称	类别
15	21.75	Azulene, 1, 2, 3, 5, 6, 7, 8, 8a－octahydro-1, 4-dimethyl-7－（1-methylethenyl）－，［1S－（1alpha, 7alpha, 8abeta）］－	$C_{15}H_{24}$	3691-11-0	0.26	D－愈创木烯	萜烯及其衍生物
16	5.46	Camphene	$C_{10}H_{16}$	79-92-5	0.25	莰烯	萜烯及其衍生物
17	6.01	Bicyclo［3.1.1］heptane, 6, 6-dimethyl－2－methylene-，（1S）－	$C_{10}H_{16}$	18172-67-3	0.19	（－）-β-蒎烯	萜烯及其衍生物
18	9.82	6, 7－Dimethyl－3, 5, 8, 8a-tetrahydro-1H-2-benzopyran	$C_{11}H_{16}O$	110028-10-9	0.14	6, 7－二甲基－3, 5, 8, 8A－四氢－苯并异吡喃	其他
19	22.21	Naphthalene, 1, 2, 3, 5, 6, 8a－hexahydro-4, 7-dimethyl-1－（1-methylethyl）-，（1S-cis）－	$C_{15}H_{24}$	483-76-1	0.14	Δ-杜松烯	萜烯及其衍生物
20	19.93	alpha-Guaiene	$C_{15}H_{24}$	3691-12-1	0.11	α－愈创木烯	萜烯及其衍生物
21	21.58	Alloaromadendrene	$C_{15}H_{24}$	25246-27-9	0.10	别香树烯	萜烯及其衍生物
22	7.63	trans－beta－Ocimene	$C_{10}H_{16}$	3779-61-1	0.09	反式-β-罗勒烯	萜烯及其衍生物
23	1.44	（2-Aziridinylethyl）amine	$C_4H_{10}N_2$	4025-37-0	0.07	2-（氮杂环丙烷－1－基）乙胺	其他
24	10.54	p-Mentha-1, 5, 8-triene	$C_{10}H_{14}$	21195-59-5	0.07	1, 5, 8-对-薄荷基三烯	萜烯及其衍生物
25	19.20	（1R, 9R, E）－4, 11, 11－Trimethyl－8-methylenebicyclo［7.2.0］undec-4-ene	$C_{15}H_{24}$	68832-35-9	0.06	（1R,9R,E）-4, 11, 11－三甲基－8－亚甲基二环［7.2.0］十一碳-4-烯	萜烯及其衍生物

（续表）

编号	保留时间（min）	化合物	分子式	CAS 号	面积加和百分比（%）	中文名称	类别
26	5.90	Cyclohexene,1-methyl-4-(1-methylethylidene)-	$C_{10}H_{16}$	586-62-9	0.05	萜品油烯	萜烯及其衍生物
27	20.25	1R,3Z,9s-4,11,11-Trimethyl-8-methylenebicyclo［7.2.0］undec-3-ene	$C_{15}H_{24}$	1000140-07-3	0.05	蛇麻烯-（v1）	萜烯及其衍生物
28	10.67	1,3,8-p-Mentha-triene	$C_{10}H_{14}$	18368-95-1	0.04	1,3,8-对-薄荷基三烯	萜烯及其衍生物
29	21.47	Naphthalene, deca-hydro-4a-methyl-1-methylene-7-(1-methylethenyl)-,［4aR-(4alpha,7alpha,8abeta)］-	$C_{15}H_{24}$	17066-67-0	0.03	(+)-β-瑟林烯	萜烯及其衍生物
30	19.64	10,10-Dimethyl-2,6-dimethylenebicyclo［7.2.0］undecane	$C_{15}H_{24}$	357414-37-0	0.03	10,10-二甲基-2,6-双（亚甲基）-双环［7.2.0］十一烷	其他
31	18.12	alpha-Cubebene	$C_{15}H_{24}$	17699-14-8	0.03	α-荜澄茄油烯	萜烯及其衍生物

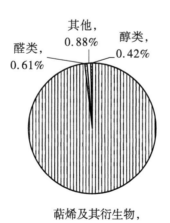

图86-2 挥发性成分的比例构成

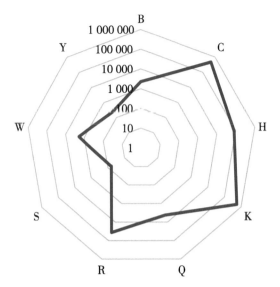

B—冰凉香；C—柑橘香；H—药香；K—松柏香；
Q—香膏香；R—玫瑰香；S—辛香料香；W—木香；Y—土壤香

图 86-3　香韵分布雷达

87. 红象牙杜—样品 2（广西）

经 GC-MS 检测和分析（图 87-1），其果肉中挥发性成分相对含量超过 0.1% 的共有 18 种化合物（表 87-1），主要为萜烯类化合物，占 99.17%（图 87-2），其中，比例最高的挥发性成分为闹二烯，占 68.36%。

已知挥发性成分的气味 ABC 分析显示：果肉香味主要涵盖 9 种香型，各香味荷载从大到小依次为松柏香、药香、玫瑰香、柑橘香、冰凉香、木香、香膏香、土壤香、辛香料香；其中，松柏香、药香荷载远大于其他香味，可视为该杜果的主要香韵（图 87-3）。

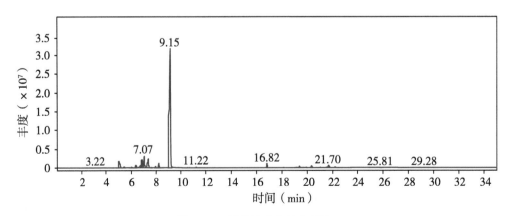

图 87-1　挥发性成分总离子流

表 87-1　挥发性成分 GC-MS 分析结果

编号	保留时间（min）	化合物	分子式	CAS号	面积加和百分比（%）	中文名称	类别
1	9.15	Cyclohexene, 3-methyl-6-(1-methylethylidene)-	$C_{10}H_{16}$	586-63-0	68.36	闹二烯	萜烯及其衍生物
2	7.07	Cyclohexcne, 1-methyl-4-(1-methylethylidene)-	$C_{10}H_{16}$	586-62-9	5.21	萜品油烯	萜烯及其衍生物
3	5.06	alpha-Pinene	$C_{10}H_{16}$	80-56-8	3.69	α-蒎烯	萜烯及其衍生物
4	6.89	3-Carene	$C_{10}H_{16}$	13466-78-9	2.45	3-蒈烯	萜烯及其衍生物
5	6.86	3-Carene	$C_{10}H_{16}$	13466-78-9	2.16	3-蒈烯	萜烯及其衍生物
6	8.23	gamma-Terpinene	$C_{10}H_{16}$	99-85-4	1.75	γ-萜品烯	萜烯及其衍生物
7	6.76	gamma-Terpinene	$C_{10}H_{16}$	99-85-4	1.40	γ-萜品烯	萜烯及其衍生物
8	6.36	beta-Myrcene	$C_{10}H_{16}$	123-35-3	1.27	β-月桂烯	萜烯及其衍生物
9	20.35	1,4,7,-Cycloundecatriene, 1,5,9,9-tetramethyl-, Z,Z,Z-	$C_{15}H_{24}$	1000062-61-9	0.75	1,5,9,9-四甲基-1,4,7-环己三烯	其他
10	7.97	Cyclopentene, 3-isopropenyl-5,5-dimethyl-	$C_{10}H_{16}$	1000162-25-4	0.53	5-异丙烯基-3,3-二甲基-环戊烯	萜烯及其衍生物
11	19.41	Caryophyllene	$C_{15}H_{24}$	87-44-5	0.51	石竹烯	萜烯及其衍生物
12	5.45	Camphene	$C_{10}H_{16}$	79-92-5	0.46	莰烯	萜烯及其衍生物
13	6.02	Bicyclo［3.1.1］heptane, 6,6-dimethyl-2-methylene-, (1S)-	$C_{10}H_{16}$	18172-67-3	0.30	(-)-β-蒎烯	萜烯及其衍生物
14	22.20	Naphthalene, 1,2,3,5,6,8a-hexahydro-4,7-dimethyl-1-(1-methylethyl)-, (1S-cis)-	$C_{15}H_{24}$	483-76-1	0.25	Δ-杜松烯	萜烯及其衍生物
15	21.58	alpha-Muurolene	$C_{15}H_{24}$	10208-80-7	0.25	α-衣兰油烯	萜烯及其衍生物
16	19.94	alpha-Guaiene	$C_{15}H_{24}$	3691-12-1	0.23	α-愈创木烯	萜烯及其衍生物
17	7.63	trans-beta-Ocimene	$C_{10}H_{16}$	3779-61-1	0.13	反式-β-罗勒烯	萜烯及其衍生物

（续表）

编号	保留时间（min）	化合物	分子式	CAS 号	面积加和百分比（%）	中文名称	类别
18	19.19	1S,2S,5R-1,4,4-Trimethyltricyclo［6.3.1.0（2,5）］dodec-8（9）-ene	$C_{15}H_{24}$	1000140-07-5	0.13	1S,2S,5R-1,4,4-三甲基三环［6.3.1.0（2,5）］十二碳-8（9）-烯	萜烯及其衍生物

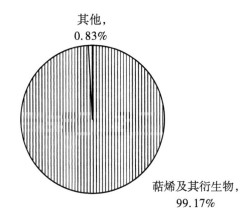

图 87-2 挥发性成分的比例构成

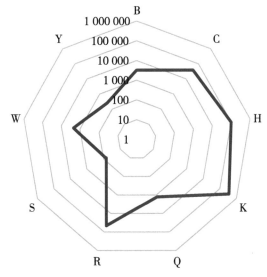

B—冰凉香；C—柑橘香；H—药香；K—松柏香；

Q—香膏香；R—玫瑰香；S—辛香料香；W—木香；Y—土壤香

图 87-3 香韵分布雷达

88. 台农1号（广西）

经GC-MS检测和分析（图88-1），其果肉中挥发性成分相对含量超过0.1%的共有16种化合物（表88-1），主要为萜烯类化合物，占89.44%（图88-2），其中，比例最高的挥发性成分为萜品油烯，占71.03%。

已知挥发性成分的气味ABC分析显示：果肉香味主要涵盖6种香型，各香味荷载从大到小依次为松柏香、柑橘香、药香、玫瑰香、香膏香、冰凉香；其中，松柏香、柑橘香荷载远大于其他香味，可视为该杧果的主要香韵（图88-3）。

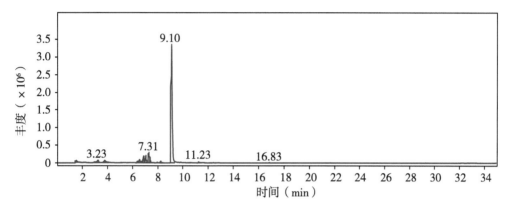

图88-1 挥发性成分总离子流

表88-1 挥发性成分GC-MS分析结果

编号	保留时间（min）	化合物	分子式	CAS号	面积加和百分比（%）	中文名称	类别
1	9.10	Cyclohexene, 1-methyl-4-(1-methylethylidene)-	$C_{10}H_{16}$	586-62-9	71.03	萜品油烯	萜烯及其衍生物
2	7.31	Benzene, 1-methyl-3-(1-methylethyl)-	$C_{10}H_{14}$	535-77-3	5.04	间伞花烃	其他
3	6.90	3-Carene	$C_{10}H_{16}$	13466-78-9	4.17	3-蒈烯	萜烯及其衍生物
4	7.08	1,3-Cyclohexadiene, 1-methyl-4-(1-methylethyl)-	$C_{10}H_{16}$	99-86-5	3.73	α-萜品烯	萜烯及其衍生物
5	3.77	2-Hexenal, (E)-	$C_6H_{10}O$	6728-26-3	2.53	反式-2-己烯醛	醛类
6	7.40	D-Limonene	$C_{10}H_{16}$	5989-27-5	2.38	D-柠檬烯	萜烯及其衍生物
7	1.53	Dimethyl ether	C_2H_6O	115-10-6	1.08	二甲醚	其他

（续表）

编号	保留时间（min）	化合物	分子式	CAS号	面积加和百分比（%）	中文名称	类别
8	6.76	alpha-Phellandrene	$C_{10}H_{16}$	99-83-2	1.08	α-水芹烯	萜烯及其衍生物
9	6.40	beta-Myrcene	$C_{10}H_{16}$	123-35-3	0.89	β-月桂烯	萜烯及其衍生物
10	2.96	Butanoic acid, 1-methylhexyl ester	$C_{11}H_{22}O_2$	39026-94-3	0.80	丁酸1-甲基己酯	酯类
11	8.23	gamma-Terpinene	$C_{10}H_{16}$	99-85-4	0.80	γ-萜品烯	萜烯及其衍生物
12	7.97	Cyclohexane, 1-methylene-4-(1-methylethenyl)-	$C_{10}H_{16}$	499-97-8	0.36	伪柠檬烯	萜烯及其衍生物
13	1.44	(2-Aziridinylethyl) amine	$C_4H_{10}N_2$	4025-37-0	0.28	2-（氮杂环丙烷-1-基）乙胺	其他
14	5.08	Bicyclo［3.1.1］hept-2-ene, 3,6,6-trimethyl-	$C_{10}H_{16}$	4889-83-2	0.18	3,6,6-三甲基-双环(3.1.1)庚-2-烯	萜烯及其衍生物
15	1.79	Ethyl Acetate	$C_4H_8O_2$	141-78-6	0.16	乙酸乙酯	酯类
16	11.41	2-Nonyn-1-ol	$C_9H_{16}O$	5921-73-3	0.10	2-壬烯-1-醇	醇类

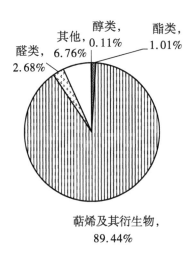

图88-2 挥发性成分的比例构成

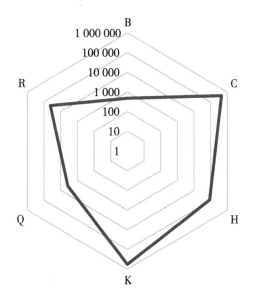

B—冰凉香；C—柑橘香；H—药香；K—松柏香；Q—香膏香；R—玫瑰香

图 88-3 香韵分布雷达

89. 贵妃杞（贵州）

经 GC-MS 检测和分析（图 89-1），其果肉中挥发性成分相对含量超过 0.1% 的共有 19 种化合物（表 89-1），主要为萜烯类化合物，占 90.59%（图 89-2），其中，比例最高的挥发性成分为萜品油烯，占 62.44%。

已知挥发性成分的气味 ABC 分析显示：果肉香味主要涵盖 9 种香型，各香味荷载从大到小依次为松柏香、柑橘香、药香、脂肪香、玫瑰香、青香、果香、香膏香、冰凉香；其中，松柏香、柑橘香、药香、脂肪香、玫瑰香荷载远大于其他香味，可视为该杞果的主要香韵（图 89-3）。

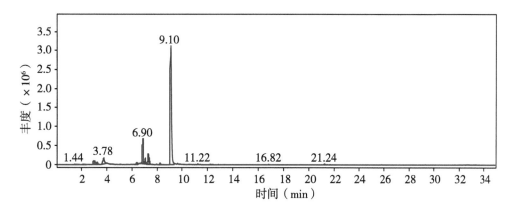

图 89-1 挥发性成分总离子流

表 89-1　挥发性成分 GC-MS 分析结果

编号	保留时间（min）	化合物	分子式	CAS 号	面积加和百分比（%）	中文名称	类别
1	9.10	Cyclohexene,1-methyl-4-(1-methylethylidene)-	$C_{10}H_{16}$	586-62-9	62.44	萜品油烯	萜烯及其衍生物
2	6.90	3-Carene	$C_{10}H_{16}$	13466 78 9	12.96	3-蒈烯	萜烯及其衍生物
3	3.78	2-Hexenal,(E)-	$C_6H_{10}O$	6728-26-3	4.74	反式-2-己烯醛	醛类
4	7.32	o-Cymene	$C_{10}H_{14}$	527-84-4	4.22	邻伞花烃	萜烯及其衍生物
5	7.40	3-Carene	$C_{10}H_{16}$	13466-78-9	2.79	3-蒈烯	萜烯及其衍生物
6	7.07	1,3-Cyclohexadiene,1-methyl-4-(1-methylethyl)-	$C_{10}H_{16}$	99-86-5	2.43	α-萜品烯	萜烯及其衍生物
7	3.05	Hexanal	$C_6H_{12}O$	66-25-1	1.78	己醛	醛类
8	2.96	Hexanal	$C_6H_{12}O$	66-25-1	1.56	己醛	醛类
9	6.40	beta-Myrcene	$C_{10}H_{16}$	123-35-3	0.96	β-月桂烯	萜烯及其衍生物
10	8.23	gamma-Terpinene	$C_{10}H_{16}$	99-85-4	0.75	γ-萜品烯	萜烯及其衍生物
11	6.75	alpha-Phellandrene	$C_{10}H_{16}$	99-83-2	0.44	α-水芹烯	萜烯及其衍生物
12	1.44	Hydroxyurea	$CH_4N_2O_2$	127-07-1	0.41	羟基脲	其他
13	21.24	Naphthalene, deca-hydro-4a-methyl-1-methylene-7-(1-methylethenyl)-,[4aR-(4aalpha,7alpha,8abeta)]-	$C_{15}H_{24}$	17066-67-0	0.27	(+)-β-瑟林烯	萜烯及其衍生物
14	12.22	Butanoic acid, 3-hexenyl ester,(E)-	$C_{10}H_{18}O_2$	53398-84-8	0.23	(E)-己-3-烯基丁酸酯	酯类
15	7.97	3-Carene	$C_{10}H_{16}$	13466-78-9	0.23	3-蒈烯	萜烯及其衍生物
16	4.52	2-Nonenal,(E)-	$C_9H_{16}O$	18829-56-6	0.20	反式-2-壬烯醛	醛类
17	9.63	Nonanal	$C_9H_{18}O$	124-19-6	0.19	壬醛	醛类
18	5.07	Bicyclo［3.1.1］hept-2-ene,3,6,6-trimethyl-	$C_{10}H_{16}$	4889-83-2	0.12	3,6,6-三甲基-双环(3.1.1)庚-2-烯	萜烯及其衍生物
19	21.32	trans-beta-Ionone	$C_{13}H_{20}O$	79-77-6	0.11	乙位紫罗兰酮	萜烯及其衍生物

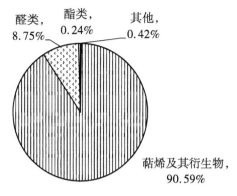

图 89-2　挥发性成分的比例构成

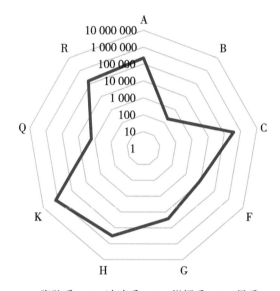

A—脂肪香；B—冰凉香；C—柑橘香；F—果香；
G—青香；H—药香；K—松柏香；Q—香膏香；R—玫瑰香

图 89-3　香韵分布雷达

90. 桂热 82 号（贵州）

经 GC-MS 检测和分析（图 90-1），其果肉中挥发性成分相对含量超过 0.1% 的共有 6 种化合物（表 90-1），主要为萜烯类化合物，占 67.39%（图 90-2），其中，比例最高的挥发性成分为 β-罗勒烯，占 19.38%。

无相关已知挥发性成分的气味 ABC 分析信息。

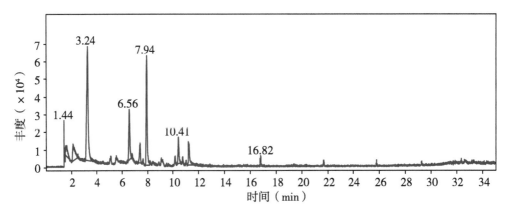

图 90-1　挥发性成分总离子流

表 90-1　挥发性成分 GC-MS 分析结果

编号	保留时间（min）	化合物	分子式	CAS 号	面积加和百分比（%）	中文名称	类别
1	7.94	beta-Ocimene	$C_{10}H_{16}$	13877-91-3	19.38	β-罗勒烯	萜烯及其衍生物
2	1.62	3-Buten-2-ol,3-methyl-	$C_5H_{10}O$	10473-14-0	9.91	3-甲基-3-丁烯-2-醇	醇类
3	10.42	2,6-Dimethyl-1,3,5,7-octatetraene,E,E-	$C_{10}H_{14}$	460-01-5	4.89	波斯菊萜	萜烯及其衍生物
4	7.40	Cyclohexene,4-ethenyl-1,4-dimethyl-	$C_{10}H_{16}$	1743-61-9	4.36	1,4-二甲基-4-乙烯环己烯	萜烯及其衍生物
5	1.44	l-Alanineethylamide,(S)-	$C_5H_{12}N_2O$	71773-95-0	2.82	N-乙基丙氨酰胺	其他
6	10.15	Phthalic acid,3,5-dimethylphenyl 3-phenylpropyl ester	$C_{25}H_{24}O_4$	1000315-58-9	1.13	3,5-二甲苯基-3-苯丙基-邻苯二甲酸酯	酯类

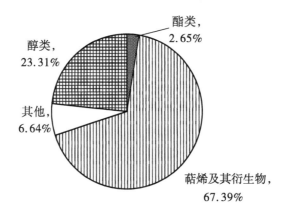

图 90-2　挥发性成分的比例构成

91. 金煌杧（贵州）

经 GC-MS 检测和分析（图 91-1），其果肉中挥发性成分相对含量超过 0.1% 的共有 8 种化合物（表 91-1），主要为萜烯类化合物，占 41.76%（图 91-2），其中，比例最高的挥发性成分为叶醇，占 18.09%。

已知挥发性成分的气味 ABC 分析显示：果肉香味主要涵盖 5 种香型，各香味荷载从大到小依次为青香、松柏香、药香、玫瑰香、柑橘香；其中，青香、松柏香荷载远大于其他香味，可视为该杧果的主要香韵（图 91-3）。

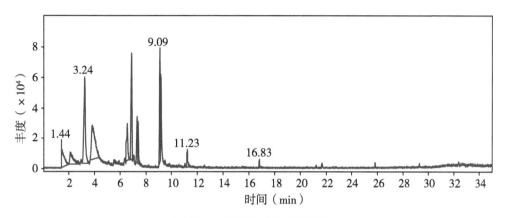

图 91-1 挥发性成分总离子流

表 91-1 挥发性成分 GC-MS 分析结果

编号	保留时间（min）	化合物	分子式	CAS 号	面积加和百分比（%）	中文名称	类别
1	3.81	3 - Hexen - 1 - ol, (Z) -	$C_6H_{12}O$	928-96-1	18.09	叶醇	醇类
2	6.90	3-Carene	$C_{10}H_{16}$	13466-78-9	13.62	3-蒈烯	萜烯及其衍生物
3	9.09	Cyclohexene, 1-methyl-4-（1-methylethylidene）-	$C_{10}H_{16}$	586-62-9	11.28	萜品油烯	萜烯及其衍生物
4	9.17	Benzene,（2-methyl-1-propenyl）-	$C_{10}H_{12}$	768-49-0	10.53	其他	其他
5	1.44	Hydroxyurea	$CH_4N_2O_2$	127-07-1	5.81	羟基脲	其他
6	7.33	Benzene, 1 - methyl-3-（1-methylethyl）-	$C_{10}H_{14}$	535-77-3	5.31	间伞花烃	其他
7	7.40	Cyclohexene, 1-methyl-5-（1-methylethenyl）-,（R）-	$C_{10}H_{16}$	1461-27-4	4.57	枞油烯	萜烯及其衍生物

（续表）

编号	保留时间（min）	化合物	分子式	CAS号	面积加和百分比（%）	中文名称	类别
8	7.07	Ethyl（1-adamantylamino）carbothioylcarbamate	$C_{14}H_{22}N_2O_2S$	36997-89-4	1.36	（1-金刚烷基氨基）硫代氨基甲酸乙酯	酯类

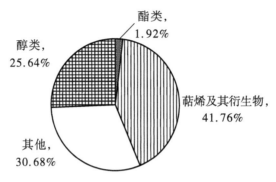

图91-2　挥发性成分的比例构成

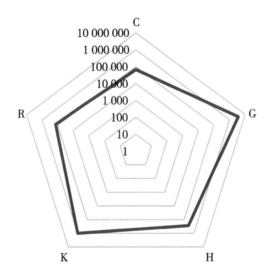

C—柑橘香；G—青香；H—药香；K—松柏香；R—玫瑰香

图91-3　香韵分布雷达

92. 台农1号（贵州）

经GC-MS检测和分析（图92-1），其果肉中挥发性成分相对含量超过0.1%的共有15种化合物（表92-1），主要为萜烯类化合物，占97.91%（图92-2），其中，比例最高的挥发性成分为萜品油烯，占73.30%。

已知挥发性成分的气味 ABC 分析显示：果肉香味主要涵盖 5 种香型，各香味荷载从大到小依次为松柏香、柑橘香、药香、玫瑰香、香膏香；其中，松柏香、柑橘香荷载远大于其他香味，可视为该杧果的主要香韵（图 92-3）。

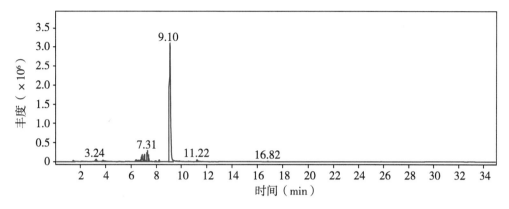

图 92-1　挥发性成分总离子流

表 92-1　挥发性成分 GC-MS 分析结果

编号	保留时间（min）	化合物	分子式	CAS 号	面积加和百分比（%）	中文名称	类别
1	9.10	Cyclohexene,1-methyl-4-(1-methylethylidene)-	$C_{10}H_{16}$	586-62-9	73.30	萜品油烯	萜烯及其衍生物
2	7.31	o-Cymene	$C_{10}H_{14}$	527-84-4	5.13	邻伞花烃	萜烯及其衍生物
3	6.89	3-Carene	$C_{10}H_{16}$	13466-78-9	4.11	3-蒈烯	萜烯及其衍生物
4	7.08	1,3-Cyclohexadiene,1-methyl-4-(1-methylethyl)-	$C_{10}H_{16}$	99-86-5	3.73	α-萜品烯	萜烯及其衍生物
5	7.39	D-Limonene	$C_{10}H_{16}$	5989-27-5	2.75	D-柠檬烯	萜烯及其衍生物
6	3.78	2-Hexenal,(E)-	$C_6H_{10}O$	6728-26-3	1.79	反式-2-己烯醛	醛类
7	6.41	beta-Myrcene	$C_{10}H_{16}$	123-35-3	1.09	β-月桂烯	萜烯及其衍生物
8	6.75	gamma-Terpinene	$C_{10}H_{16}$	99-85-4	1.04	γ-萜品烯	萜烯及其衍生物
9	8.24	gamma-Terpinene	$C_{10}H_{16}$	99-85-4	0.74	γ-萜品烯	萜烯及其衍生物

（续表）

编号	保留时间（min）	化合物	分子式	CAS 号	面积加和百分比（%）	中文名称	类别
10	1.44	n-Hexylmethylamine	$C_7H_{17}N$	35161-70-7	0.57	N-己基甲胺	萜烯及其衍生物
11	7.97	3-Carene	$C_{10}H_{16}$	13466-78-9	0.43	3-蒈烯	萜烯及其衍生物
12	9.61	(R,Z)-2-Methyl-6-(4-methylcyclohexa-1,4-dien-1-yl)hept-2-en-1-ol	$C_{15}H_{24}O$	698365-10-5	0.21	(R,Z)-2-甲基-6-(4-甲基环己-1,4-二烯-1-基)庚-2-烯-1-醇	醇类
13	9.82	1,3,8-p-Menthatriene	$C_{10}H_{14}$	18368-95-1	0.19	1,3,8-对-薄荷基三烯	萜烯及其衍生物
14	5.05	Bicyclo [3.1.1] hept-2-ene, 3,6,6-trimethyl-	$C_{10}H_{16}$	4889-83-2	0.19	3,6,6-三甲基-双环(3.1.1)庚-2-烯	萜烯及其衍生物
15	7.64	(1R,5R)-2-Methyl-5-[(R)-6-methylhept-5-en-2-yl]bicyclo[3.1.0]hex-2-ene	$C_{15}H_{24}$	58319-06-5	0.12	侧柏烯	萜烯及其衍生物

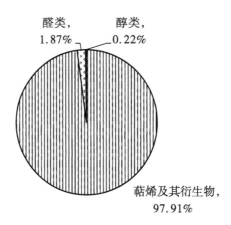

醛类，1.87%　　醇类，0.22%

萜烯及其衍生物，97.91%

图 92-2　挥发性成分的比例构成

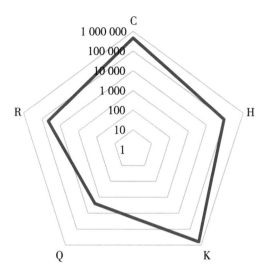

C—柑橘香；H—药香；K—松柏香；Q—香膏香；R—玫瑰香

图 92-3　香韵分布雷达

93. 金煌杧（四川攀枝花）

　　经 GC-MS 检测和分析（图 93-1），其果肉中挥发性成分相对含量超过 0.1% 的共有 7 种化合物（表 93-1），主要为萜烯类化合物，占 44.11%（图 93-2），其中，比例最高的挥发性成分为 3-蒈烯，占 13.77%。

　　已知挥发性成分的气味 ABC 分析显示：果肉香味主要涵盖 4 种香型，各香味荷载从大到小依次为松柏香、药香、玫瑰香、柑橘香；其中，松柏香、药香荷载远大于其他香味，可视为该杧果的主要香韵（图 93-3）。

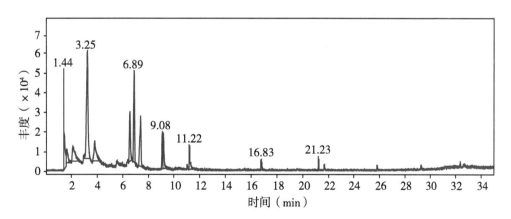

图 93-1　挥发性成分总离子流

表 93-1 挥发性成分 GC-MS 分析结果

编号	保留时间（min）	化合物	分子式	CAS 号	面积加和百分比（%）	中文名称	类别
1	6.89	3-Carene	$C_{10}H_{16}$	13466-78-9	13.77	3-蒈烯	萜烯及其衍生物
2	1.44	l-Alanine ethylamide, (S)-	$C_5H_{12}N_2O$	71773-95-0	9.38	N-乙基丙氨酰胺	其他
3	3.81	2-Hexenal, (E)-	$C_6H_{10}O$	6728-26-3	6.92	反式-2-己烯醛	醛类
4	9.16	Benzene, (2-methyl-1-propenyl)-	$C_{10}H_{12}$	768-49-0	5.14	其他	其他
5	9.08	Cyclohexene,1-methyl-4-(1-methylethylidene)-	$C_{10}H_{16}$	586-62-9	4.70	萜品油烯	萜烯及其衍生物
6	1.62	2-Pentanamine,4-methyl-	$C_6H_{15}N$	108-09-8	3.33	1,3-二甲基丁胺	其他
7	21.23	Alloaromadendrene	$C_{15}H_{24}$	25246-27-9	1.07	别香树烯	萜烯及其衍生物

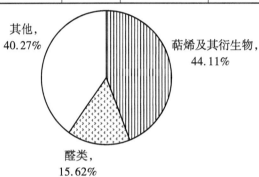

其他，40.27%

萜烯及其衍生物，44.11%

醛类，15.62%

图 93-2 挥发性成分的比例构成

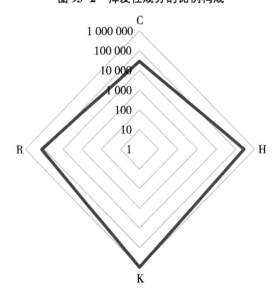

C—柑橘香；H—药香；K—松柏香；R—玫瑰香

图 93-3 香韵分布雷达

94. 肯特杧（四川攀枝花）

经 GC-MS 检测和分析（图 94-1），其果肉中挥发性成分相对含量超过 0.1% 的共有 9 种化合物（表 94-1），主要为萜烯类化合物，占 94.76%（图 94-2），其中，比例最高的挥发性成分为 3-蒈烯，占 73.75%。

已知挥发性成分的气味 ABC 分析显示：果肉香味主要涵盖 8 种香型，各香味荷载从大到小依次为松柏香、药香、玫瑰香、柑橘香、木香、香膏香、土壤香、辛香料香；其中，松柏香、药香荷载远大于其他香味，可视为该杧果的主要香韵（图 94-3）。

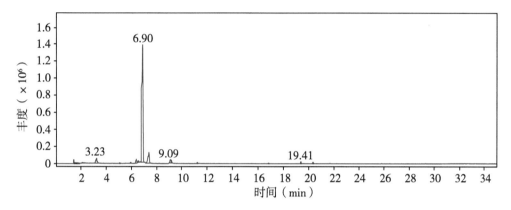

图 94-1　挥发性成分总离子流

表 94-1　挥发性成分 GC-MS 分析结果

编号	保留时间（min）	化合物	分子式	CAS 号	面积加和百分比（%）	中文名称	类别
1	6.90	3-Carene	$C_{10}H_{16}$	13466-78-9	73.75	3-蒈烯	萜烯及其衍生物
2	1.44	R-(-)-Cyclohexy-lethylamine	$C_8H_{17}N$	5913-13-3	2.39	1-环己基乙胺	其他
3	6.41	beta-Myrcene	$C_{10}H_{16}$	123-35-3	2.09	β-月桂烯	萜烯及其衍生物
4	9.09	Cyclohexene,1-methyl-4-(1-methylethylidene)-	$C_{10}H_{16}$	586-62-9	2.09	萜品油烯	萜烯及其衍生物
5	9.16	Benzene,(2-meth-yl-1-propenyl)-	$C_{10}H_{12}$	768-49-0	1.46	其他	其他
6	19.41	Caryophyllene	$C_{15}H_{24}$	87-44-5	0.79	石竹烯	萜烯及其衍生物
7	20.35	Humulene	$C_{15}H_{24}$	6753-98-6	0.63	葎草烯	萜烯及其衍生物
8	5.97	1,3,5-Cyclohep-tatriene,3,7,7-tri-methyl-	$C_{10}H_{14}$	3479-89-8	0.56	3,7,7-三甲基-1,3,5-环庚三烯	其他

（续表）

编号	保留时间 （min）	化合物	分子式	CAS 号	面积加和 百分比 （%）	中文名称	类别
9	5.05	Bicyclo［3.1.1］hept‐2‐ene, 3, 6,6‐trimethyl‐	$C_{10}H_{16}$	4889‐83‐2	0.37	3,6,6‐三甲基‐双环(3.1.1)庚‐2‐烯	萜烯及其衍生物

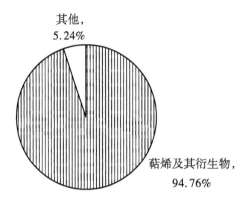

图 94-2　挥发性成分的比例构成

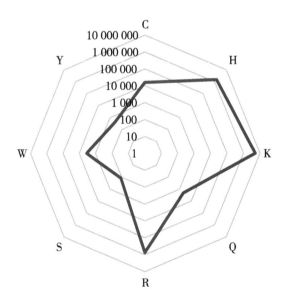

C—柑橘香；H—药香；K—松柏香；Q—香膏香；
R—玫瑰香；S—辛香料香；W—木香；Y—土壤香

图 94-3　香韵分布雷达

95. 贵妃杧（四川攀枝花）

经 GC-MS 检测和分析（图 95-1），其果肉中挥发性成分相对含量超过 0.1% 的共有 22 种化合物（表 95-1），主要为萜烯类化合物，占 64.92%（图 95-2），其中，比例最高的挥发性成分为 3-蒈烯，占 53.89%。

已知挥发性成分的气味 ABC 分析显示：果肉香味主要涵盖 7 种香型，各香味荷载从大到小依次为松柏香、药香、玫瑰香、脂肪香、柑橘香、青香、果香；其中，松柏香、药香、玫瑰香荷载远大于其他香味，可视为该杧果的主要香韵（图 95-3）。

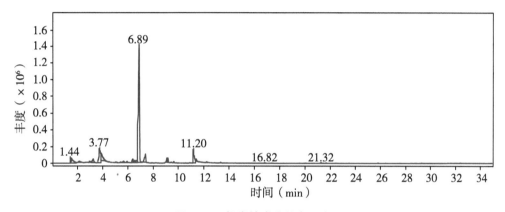

图 95-1　挥发性成分总离子流

表 95-1　挥发性成分 GC-MS 分析结果

编号	保留时间（min）	化合物	分子式	CAS 号	面积加和百分比（%）	中文名称	类别
1	6.89	3-Carene	$C_{10}H_{16}$	13466-78-9	53.89	3-蒈烯	萜烯及其衍生物
2	3.77	2-Hexenal, (E)-	$C_6H_{10}O$	6728-26-3	9.42	反式-2-己烯醛	醛类
3	11.20	2,6-Nonadienal, (E,Z)-	$C_9H_{14}O$	557-48-2	6.16	反式-2-,顺式-6-壬二烯醛	醛类
4	3.87	3-Cyclopentene-1, 2-diol, cis-	$C_5H_8O_2$	694-29-1	5.98	3-环戊烯-1,2-二醇	醇类
5	1.53	Dimethyl ether	C_2H_6O	115-10-6	3.47	二甲醚	其他
6	9.08	Cyclohexene,1-methyl-4-(1-methylethylidene)-	$C_{10}H_{16}$	586-62-9	1.72	萜品油烯	萜烯及其衍生物
7	6.41	beta-Pinene	$C_{10}H_{16}$	127-91-3	1.67	β-蒎烯	萜烯及其衍生物

（续表）

编号	保留时间（min）	化合物	分子式	CAS 号	面积加和百分比（%）	中文名称	类别
8	9.16	Benzene,1-methyl-2-(2-propenyl)-	$C_{10}H_{12}$	1587-04-8	1.40	邻烯丙基甲苯	其他
9	6.71	Pentanamide,4-hydroxy-4-methyl-N-phenyl-	$C_{12}H_{17}NO_2$	4685-97-6	1.34	4-羟基-4-甲基-N-苯基戊酰胺	其他
10	11.38	Bicyclo[3.1.1]heptan-3-ol,2,6,6-trimethyl-,(1alpha,2beta,3alpha,5alpha)-	$C_{10}H_{18}O$	27779-29-9	0.91	(-)-松蒎醇	萜烯及其衍生物
11	5.68	2-Methylenecyclohexanol	$C_7H_{12}O$	4065-80-9	0.80	2-亚甲基环己醇	醇类
12	1.44	(2-Aziridinylethyl)amine	$C_4H_{10}N_2$	4025-37-0	0.79	2-(氮杂环丙烷-1-基)乙胺	其他
13	2.95	Hexanal	$C_6H_{12}O$	66-25-1	0.70	己醛	醛类
14	9.62	6-Nonenal,(Z)-	$C_9H_{16}O$	2277-19-2	0.42	顺式-6-壬烯醛	醛类
15	5.95	1,3,5-Cycloheptatriene,3,7,7-trimethyl-	$C_{10}H_{14}$	3479-89-8	0.41	3,7,7-三甲基-1,3,5-环庚三烯	其他
16	5.06	Cyclohexane,1-methylene-4-(1-methylethenyl)-	$C_{10}H_{16}$	499-97-8	0.34	伪柠檬烯	萜烯及其衍生物
17	4.20	4-Penten-1-ol,3-methyl-	$C_6H_{12}O$	51174-44-8	0.30	3-甲基-4-戊烯-1-醇	醇类
18	12.24	cis-3-Hexenyl isobutyrate	$C_{10}H_{18}O_2$	41519-23-7	0.22	异丁酸叶醇酯	酯类
19	5.43	7-Oxabicyclo[4.1.0]heptane,3-oxiranyl-	$C_8H_{12}O_2$	106-87-6	0.22	3-环氧乙烷基7-氧杂二环[4.1.0]庚烷	其他
20	13.33	1-Cyclohexene-1-carboxaldehyde,2,6,6-trimethyl-	$C_{10}H_{16}O$	432-25-7	0.20	β-环柠檬醛	萜烯及其衍生物
21	9.41	(Z,Z)-3,6-Nonadienal	$C_9H_{14}O$	21944-83-2	0.20	顺式-3,顺式-6-壬二烯醛	醛类
22	21.32	trans-beta-Ionone	$C_{13}H_{20}O$	79-77-6	0.16	乙位紫罗兰酮	萜烯及其衍生物

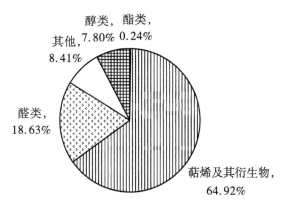

图 95-2　挥发性成分的比例构成

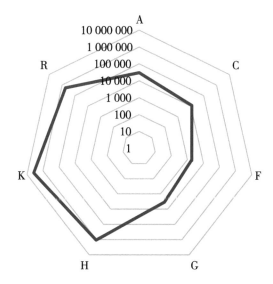

A—脂肪香；C—柑橘香；F—果香；G—青香；H—药香；K—松柏香；R—玫瑰香

图 95-3　香韵分布雷达

96. 贵妃（云南）

经 GC-MS 检测和分析（图 96-1），其果肉中挥发性成分相对含量超过 0.1% 的共有 18 种化合物（表 96-1），主要为萜烯类化合物，占 96.12%（图 96-2），其中，比例最高的挥发性成分为萜品油烯，占 62.51%。

已知挥发性成分的气味 ABC 分析显示：果肉香味主要涵盖 8 种香型，各香味荷载从大到小依次为松柏香、柑橘香、药香、玫瑰香、脂肪香、青香、香膏香、果香；其中，松柏香、柑橘香、药香、玫瑰香荷载远大于其他香味，可视为该杧果的主要香韵（图 96-3）。

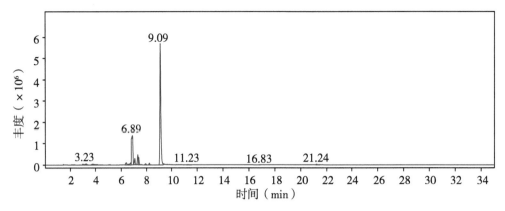

图 96-1　挥发性成分总离子流

表 96-1　挥发性成分 GC-MS 分析结果

编号	保留时间（min）	化合物	分子式	CAS 号	面积加和百分比（%）	中文名称	类别
1	9.09	Cyclohexene,1-methyl-4-(1-methylethylidene)-	$C_{10}H_{16}$	586-62-9	62.51	萜品油烯	萜烯及其衍生物
2	6.89	3-Carene	$C_{10}H_{16}$	13466-78-9	17.27	3-蒈烯	萜烯及其衍生物
3	7.31	o-Cymene	$C_{10}H_{14}$	527-84-4	4.41	邻伞花烃	萜烯及其衍生物
4	7.38	D-Limonene	$C_{10}H_{16}$	5989-27-5	3.15	D-柠檬烯	萜烯及其衍生物
5	7.08	1,3-Cyclohexadiene,1-methyl-4-(1-methylethyl)-	$C_{10}H_{16}$	99-86-5	2.91	α-萜品烯	萜烯及其衍生物
6	6.75	Ethyl（1-adamantylamino）carbothioylcarbamate	$C_{14}H_{22}N_2O_2S$	36997-89-4	1.31	（1-金刚烷基氨基）硫代氨基甲酸乙酯	酯类
7	6.41	beta-Myrcene	$C_{10}H_{16}$	123-35-3	1.30	β-月桂烯	萜烯及其衍生物
8	3.86	2-Heptenal,(E)-	$C_7H_{12}O$	18829-55-5	0.87	（E）-2-庚烯醛	醛类
9	8.23	gamma-Terpinene	$C_{10}H_{16}$	99-85-4	0.79	γ-萜品烯	萜烯及其衍生物
10	3.77	2-Hexenal,(E)-	$C_6H_{10}O$	6728-26-3	0.69	反式-2-己烯醛	醛类

（续表）

编号	保留时间（min）	化合物	分子式	CAS 号	面积加和百分比（%）	中文名称	类别
11	7.95	3-Carene	$C_{10}H_{16}$	13466-78-9	0.68	3-蒈烯	萜烯及其衍生物
12	21.24	Naphthalene，deca-hydro-4a-methyl-1-methylene-7-(1-methylethenyl)-,［4aR-（4aalpha,7alpha,8abeta）］-	$C_{15}H_{24}$	17066-67-0	0.34	（+）-β-瑟林烯	萜烯及其衍生物
13	3.04	Hexanal	$C_6H_{12}O$	66-25-1	0.33	己醛	醛类
14	2.94	Hexanal	$C_6H_{12}O$	66-25-1	0.25	己醛	醛类
15	9.33	2,4-Dimethylsty-rene	$C_{10}H_{12}$	2234-20-0	0.23	2,4-二甲基苯乙烯	其他
16	5.06	Bicyclo［3.1.1］hept-2-ene,3,6,6-trimethyl-	$C_{10}H_{16}$	4889-83-2	0.20	3,6,6-三甲基-双环(3.1.1)庚-2-烯	萜烯及其衍生物
17	7.63	p-Mentha-1(7),8(10)-dien-9-ol	$C_{10}H_{16}O$	29548-13-8	0.13	对-薄荷基-1(7),8（10）-二烯-9-醇	萜烯及其衍生物
18	4.44	Di-n-decylsultone	$C_{20}H_{42}O_2S$	111530-37-1	0.10	二癸基砜	其他

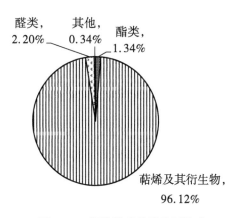

图 96-2　挥发性成分的比例构成

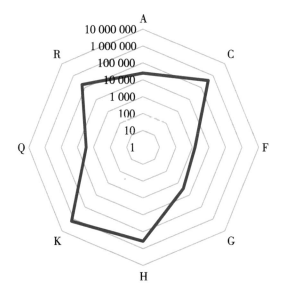

A—脂肪香；C—柑橘香；F—果香；G—青香；
H—药香；K—松柏香；Q—香膏香；R—玫瑰香

图 96-3　香韵分布雷达

97. 圣德隆（云南）

经 GC-MS 检测和分析（图 97-1），其果肉中挥发性成分相对含量超过 0.1% 的共有 13 种化合物（表 97-1），主要为萜烯类化合物，占 90.43%（图 97-2），其中，比例最高的挥发性成分为 β-月桂烯，占 71.80%。

已知挥发性成分的气味 ABC 分析显示：果肉香味主要涵盖 10 种香型，各香味荷载从大到小依次为柑橘香、药香、松柏香、香膏香、脂肪香、木香、青香、果香、土壤香、辛香料香；其中，柑橘香、药香、松柏香、香膏香、脂肪香荷载远大于其他香味，可视为该杧果的主要香韵（图 97-3）。

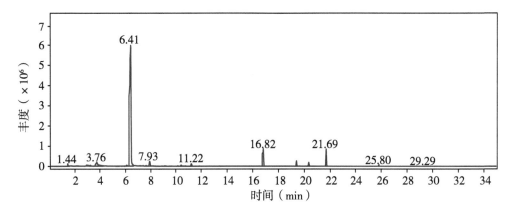

图 97-1　挥发性成分总离子流

表 97-1 挥发性成分 GC-MS 分析结果

编号	保留时间（min）	化合物	分子式	CAS 号	面积加和百分比（%）	中文名称	类别
1	6.41	beta-Myrcene	$C_{10}H_{16}$	123-35-3	71.80	β-月桂烯	萜烯及其衍生物
2	3.76	2-Hexenal, (E)-	$C_6H_{10}O$	6728-26-3	5.11	反式-2-己烯醛	醛类
3	7.93	1,3,6-Octatriene, 3,7-dimethyl-,(Z)-	$C_{10}H_{16}$	3338-55-4	2.26	(Z)-β-罗勒烯	萜烯及其衍生物
4	19.41	Caryophyllene	$C_{15}H_{24}$	87-44-5	1.80	石竹烯	萜烯及其衍生物
5	20.35	1,4,7,-Cycloundecatriene,1,5,9,9-tetramethyl-,Z,Z,Z-	$C_{15}H_{24}$	1000062-61-9	1.33	1,5,9,9-四甲基-1,4,7-环己三烯	其他
6	2.96	Hexanal	$C_6H_{12}O$	66-25-1	0.85	己醛	醛类
7	1.44	l-Alanine ethylamide,(S)-	$C_5H_{12}N_2O$	71773-95-0	0.56	N-乙基丙氨酰胺	其他
8	10.40	1,3,8-p-Menthatriene	$C_{10}H_{14}$	18368-95-1	0.54	1,3,8-对-薄荷基三烯	萜烯及其衍生物
9	6.11	1,7-Octadiene,2-methyl-6-methylene-	$C_{10}H_{16}$	1686-30-2	0.37	α-月桂烯	萜烯及其衍生物
10	9.09	Cyclohexene,1-methyl-4-(1-methylethylidene)-	$C_{10}H_{16}$	586-62-9	0.21	萜品油烯	萜烯及其衍生物
11	7.64	1,3,6-Octatriene,3,7-dimethyl-,(Z)-	$C_{10}H_{16}$	3338-55-4	0.20	(Z)-β-罗勒烯	萜烯及其衍生物
12	7.15	Ethinamate	$C_9H_{13}NO_2$	126-52-3	0.19	炔己蚁胺	其他
13	10.14	Phthalic acid, 3-methylphenyl 3-phenylpropyl ester	$C_{24}H_{22}O_4$	1000315-58-8	0.13	邻苯二甲酸3-甲基苯基3-苯基丙酯	酯类

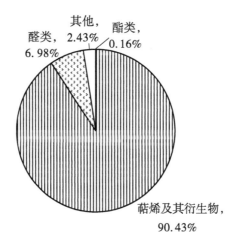

图 97-2　挥发性成分的比例构成

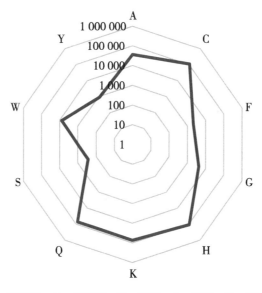

A—脂肪香；C—柑橘香；F—果香；G—青香；H—药香；
K—松柏香；Q—香膏香；S—辛香料香；W—木香；Y—土壤香

图 97-3　香韵分布雷达

98. 台农 1 号（云南）

经 GC-MS 检测和分析（图 98-1），其果肉中挥发性成分相对含量超过 0.1% 的共有 15 种化合物（表 98-1），主要为萜烯类化合物，占 98.39%（图 98-2），其中，比例最高的挥发性成分为萜品油烯，占 74.37%。

已知挥发性成分的气味 ABC 分析显示：果肉香味主要涵盖 9 种香型，各香味荷载从大到小依次为松柏香、柑橘香、药香、玫瑰香、脂肪香、香膏香、青香、果香、冰凉香；其中，松柏香、柑橘香荷载远大于其他香味，可视为该杜果的主要香韵（图 98-3）。

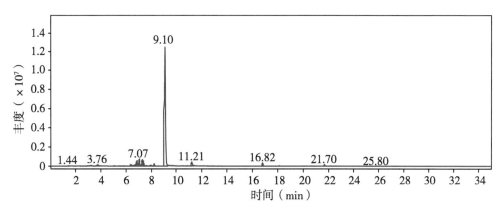

图 98-1　挥发性成分总离子流

表 98-1　挥发性成分 GC-MS 分析结果

编号	保留时间（min）	化合物	分子式	CAS 号	面积加和百分比（%）	中文名称	类别
1	9.10	Cyclohexene,1-methyl-4-（1-methylethylidene）-	$C_{10}H_{16}$	586-62-9	74.37	萜品油烯	萜烯及其衍生物
2	7.07	1,3-Cyclohexadiene,1-methyl-4-（1-methylethyl）-	$C_{10}H_{16}$	99-86-5	3.94	α-萜品烯	萜烯及其衍生物
3	6.89	3-Carene	$C_{10}H_{16}$	13466-78-9	3.80	3-蒈烯	萜烯及其衍生物
4	7.31	o-Cymene	$C_{10}H_{14}$	527-84-4	3.43	邻伞花烃	萜烯及其衍生物
5	7.39	D-Limonene	$C_{10}H_{16}$	5989-27-5	2.58	D-柠檬烯	萜烯及其衍生物
6	3.76	2-Hexenal,（E）-	$C_6H_{10}O$	6728-26-3	1.18	反式-2-己烯醛	醛类
7	6.76	alpha-Phellandrene	$C_{10}H_{16}$	99-83-2	1.08	α-水芹烯	萜烯及其衍生物
8	8.23	gamma-Terpinene	$C_{10}H_{16}$	99-85-4	1.05	γ-萜品烯	萜烯及其衍生物
9	6.40	beta-Myrcene	$C_{10}H_{16}$	123-35-3	1.01	β-月桂烯	萜烯及其衍生物
10	7.96	（+）-3-Carene	$C_{10}H_{16}$	498-15-7	0.50	（+）-3-蒈烯	萜烯及其衍生物
11	2.97	Hexanal	$C_6H_{12}O$	66-25-1	0.22	己醛	醛类
12	7.62	trans-beta-Ocimene	$C_{10}H_{16}$	3779-61-1	0.22	反式-β-罗勒烯	萜烯及其衍生物
13	11.38	Bicyclo［3.1.1］heptan-3-ol,2,6,6-trimethyl-,（1alpha,2beta,3alpha,5alpha）-	$C_{10}H_{18}O$	27779-29-9	0.19	（-）-松蒎醇	萜烯及其衍生物

（续表）

编号	保留时间（min）	化合物	分子式	CAS 号	面积加和百分比（%）	中文名称	类别
14	5.06	(1R)-2,6,6-Trimethylbicyclo[3.1.1]hept-2-ene	$C_{10}H_{16}$	7785-70-8	0.15	(+)-α-蒎烯	萜烯及其衍生物
15	5.66	8-Oxabicyclo[5.1.0]octane	$C_7H_{12}O$	286-45-3	0.11	环氧环庚烷	其他

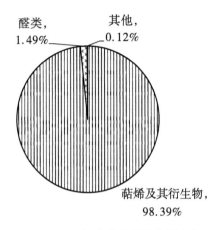

图 98-2　挥发性成分的比例构成

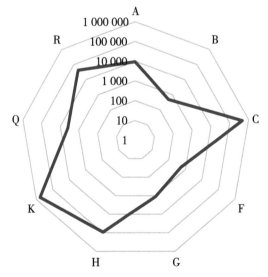

A—脂肪香；B—冰凉香；C—柑橘香；F—果香；
G—青香；H—药香；K—松柏香；Q—香膏香；R—玫瑰香

图 98-3　香韵分布雷达

99. 97-10 号资源（云南华坪）

经 GC-MS 检测和分析（图 99-1），其果肉中挥发性成分相对含量超过 0.1% 的共有 16 种化合物（表 99-1），主要为萜烯类与酯类化合物，分别占 52.68% 与 47.32%（图 99-2），其中，比例最高的挥发性成分为 3-蒈烯，占 43.22%。

已知挥发性成分的气味 ABC 分析显示：果肉香味主要涵盖 10 种香型，各香味荷载从大到小依次为松柏香、药香、玫瑰香、果香、柑橘香、冰凉香、香膏香、木香、土壤香、辛香料香；其中，松柏香、药香、玫瑰香荷载远大于其他香味，可视为该杧果的主要香韵（图 99-3）。

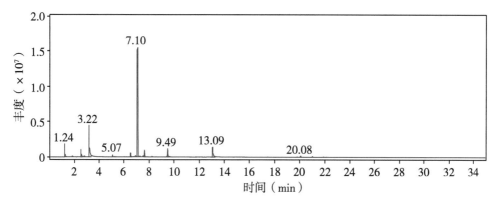

图 99-1 挥发性成分总离子流

表 99-1 挥发性成分 GC-MS 分析结果

编号	保留时间（min）	化合物	分子式	CAS 号	面积加和百分比（%）	中文名称	类别
1	6.25	3-Carene	$C_{10}H_{16}$	13466-78-9	43.22	3-蒈烯	萜烯及其衍生物
2	1.60	2-Butenoic acid, ethyl ester,（E）-	$C_6H_{10}O_2$	623-70-1	35.21	巴豆酸乙酯	酯类
3	0.82	Butanoic acid, ethyl ester	$C_6H_{12}O_2$	105-54-4	6.02	丁酸乙酯	酯类
4	12.89	Octanoic acid, ethyl ester	$C_{10}H_{20}O_2$	106-32-1	3.90	辛酸乙酯	酯类
5	6.88	D-Limonene	$C_{10}H_{16}$	5989-27-5	2.26	D-柠檬烯	萜烯及其衍生物
6	8.97	Cyclohexene, 3-methyl-6-（1-methylethylidene）-	$C_{10}H_{16}$	586-63-0	2.09	闹二烯	萜烯及其衍生物

（续表）

编号	保留时间（min）	化合物	分子式	CAS 号	面积加和百分比（%）	中文名称	类别
7	5.63	Bicyclo[3.1.1]heptane,6,6-dimethyl-2-methylene-,(1S)-	$C_{10}H_{16}$	18172-67-3	0.99	(-)-β-蒎烯	萜烯及其衍生物
8	4.06	Ethyltiglate	$C_7H_{12}O_2$	5837-78-5	0.84	惕各酸乙酯	酯类
9	3.85	3-Carene	$C_{10}H_{16}$	13466-78-9	0.65	3-蒈烯	萜烯及其衍生物
10	6.05	alpha-Phellandrene	$C_{10}H_{16}$	99-83-2	0.48	α-水芹烯	萜烯及其衍生物
11	6.74	1,3,8-p-Mentha-triene	$C_{10}H_{14}$	18368-95-1	0.46	1,3,8-对-薄荷基三烯	萜烯及其衍生物
12	20.03	Caryophyllene	$C_{15}H_{24}$	87-44-5	0.28	石竹烯	萜烯及其衍生物
13	6.46	1,3-Cyclohexadiene,1-methyl-4-(1-methylethyl)-	$C_{10}H_{16}$	99-86-5	0.26	α-萜品烯	萜烯及其衍生物
14	8.90	Cyclohexene,1-methyl-4-(1-methylethylidene)-	$C_{10}H_{16}$	586-62-9	0.19	萜品油烯	萜烯及其衍生物
15	20.98	Humulene	$C_{15}H_{24}$	6753-98-6	0.19	葎草烯	萜烯及其衍生物
16	7.60	1,3,6-Octatriene,3,7-dimethyl-,(Z)-	$C_{10}H_{16}$	3338-55-4	0.11	(Z)-β-罗勒烯	萜烯及其衍生物

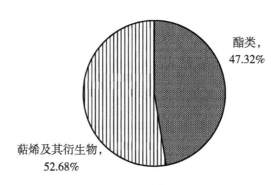

酯类，47.32%

萜烯及其衍生物，52.68%

图 99-2　挥发性成分的比例构成

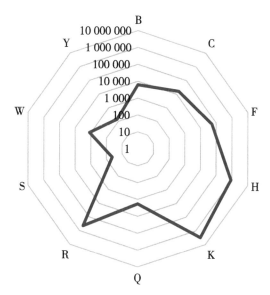

B—冰凉香；C—柑橘香；F—果香；H—药香；K—松柏香；
Q—香膏香；R—玫瑰香；S—辛香料香；W—木香；Y—土壤香

图 99-3　香韵分布雷达

100. 01034 号资源（云南华坪）

经 GC-MS 检测和分析（图 100-1），其果肉中挥发性成分相对含量超过 0.1% 的共有 39 种化合物（表 100-1），主要为萜烯类化合物，占 78.48%（图 100-2），其中，比例最高的挥发性成分为萜品油烯，占 44.14%。

已知挥发性成分的气味 ABC 分析显示：果肉香味主要涵盖 9 种香型，各香味荷载从大到小依次为松柏香、药香、柑橘香、玫瑰香、果香、脂肪香、冰凉香、青香、香膏香；其中，松柏香、药香、柑橘香、玫瑰香荷载远大于其他香味，可视为该杧果的主要香韵（图 100-3）。

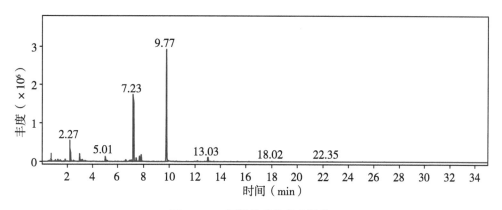

图 100-1　挥发性成分总离子流

表 100-1 挥发性成分 GC-MS 分析结果

编号	保留时间（min）	化合物	分子式	CAS 号	面积加和百分比（%）	中文名称	类别
1	9.77	Cyclohexene,1-methyl-4-(1-methylethylidene)-	$C_{10}H_{16}$	586-62-9	44.14	萜品油烯	萜烯及其衍生物
2	7.23	3-Carene	$C_{10}H_{16}$	13466-78-9	23.85	3-蒈烯	萜烯及其衍生物
3	2.27	Butanoic acid, ethyl ester	$C_6H_{12}O_2$	105-54-4	5.68	丁酸乙酯	酯类
4	7.82	D-Limonene	$C_{10}H_{16}$	5989-27-5	3.16	D-柠檬烯	萜烯及其衍生物
5	2.99	2-Butenoic acid, ethyl ester, (E)-	$C_6H_{10}O_2$	623-70-1	2.73	巴豆酸乙酯	酯类
6	5.01	Butanoic acid, 3-hydroxy-, ethyl ester	$C_6H_{12}O_3$	5405-41-4	2.38	3-羟基丁酸乙酯	酯类
7	7.68	o-Cymene	$C_{10}H_{14}$	527-84-4	2.30	邻伞花烃	萜烯及其衍生物
8	0.76	Ethyl Acetate	$C_4H_8O_2$	141-78-6	1.90	乙酸乙酯	酯类
9	13.03	Benzene, 1-methyl-4-(1-methylethenyl)-	$C_{10}H_{12}$	1195-32-0	1.78	1-甲基-4-(1-甲基乙烯基)苯	其他
10	7.43	1,3-Cyclohexadiene, 1-methyl-4-(1-methylethyl)-	$C_{10}H_{16}$	99-86-5	1.30	α-萜品烯	萜烯及其衍生物
11	3.21	9-Oxabicyclo[6.1.0]nonane	$C_8H_{14}O$	286-62-4	0.91	1,2-环氧环辛烷	其他
12	1.86	4-Penten-1-ol, propanoate	$C_8H_{14}O_2$	30563-30-5	0.67	4-戊烯-1-醇丙酸酯	酯类
13	6.63	beta-Myrcene	$C_{10}H_{16}$	123-35-3	0.67	β-月桂烯	萜烯及其衍生物
14	6.95	Cyclohexene, 5-methyl-3-(1-methylethenyl)-, trans-(-)-	$C_{10}H_{16}$	56816-08-1	0.61	反式-5-甲基-3-(1-甲基乙烯基)环己烯	其他
15	3.17	Oxirane, (1,1-dimethylbutyl)-	$C_8H_{16}O$	53907-76-9	0.54	(1,1-二甲基丁基)氧杂环丙烷	其他
16	3.10	Methyl 2,3-di-O-acetyl-beta-D-xylopyranoside	$C_{10}H_{16}O_7$	70003-50-8	0.48	甲基2,3-二-O-乙酰基-β-D-木吡喃糖苷	其他
17	7.06	alpha-Phellandrene	$C_{10}H_{16}$	99-83-2	0.47	α-水芹烯	萜烯及其衍生物
18	1.29	L-Isoleucine, methyl ester	$C_7H_{15}NO_2$	2577-46-0	0.44	L-异亮氨酸甲酯	酯类

（续表）

编号	保留时间（min）	化合物	分子式	CAS 号	面积加和百分比（%）	中文名称	类别
19	5.17	Ethyltiglate	$C_7H_{12}O_2$	5837-78-5	0.38	惕各酸乙酯	酯类
20	1.44	Propane, 1, 1 - diethoxy - 2 - methyl -	$C_8H_{18}O_2$	1741-41-9	0.34	1,1-二乙氧基-2-甲基丙烷	其他
21	12.20	p - Mentha - 1, 5 - dien - 8 - ol	$C_{10}H_{16}O$	1686-20-0	0.34	对-1,5-薄荷基二烯-8-醇	萜烯及其衍生物
22	2.50	2 - (E) - Hexen - 1 - ol, (4S) - 4 - amino - 5 - methyl -	$C_7H_{15}NO$	1000164-21-1	0.32	(2E)-4-氨基-5-甲基-2-己烯-1-醇	醇类
23	1.48	3, 3 - Dimethyl - 1, 2 - epoxybutane	$C_6H_{12}O$	2245-30-9	0.29	3,3-二甲基-1,2-环氧丁烷	其他
24	0.62	2 - Amino - 1, 3 - propanediol	$C_3H_9NO_2$	534-03-2	0.28	2-氨基-1,3-丙二醇	醇类
25	1.39	2, 3, 4 - Trimethyl-pentanoic acid	$C_8H_{16}O_2$	90435-18-0	0.20	2,3,4-三甲基戊酸	酸类
26	13.47	Octanoic acid, ethyl ester	$C_{10}H_{20}O_2$	106-32-1	0.17	辛酸乙酯	酯类
27	10.55	1, 3, 8 - p - Mentha-triene	$C_{10}H_{14}$	18368-95-1	0.16	1,3,8-对-薄荷基三烯	萜烯及其衍生物
28	0.97	1, 4 - Pentanedia-mine	$C_5H_{14}N_2$	591-77-5	0.15	1,4-戊二胺	其他
29	12.93	1H - Indene, 1 - methylene -	$C_{10}H_8$	2471-84-3	0.15	1H-亚甲基茚	其他
30	1.71	4 - Nonanol	$C_9H_{20}O$	5932-79-6	0.14	4-壬醇	醇类
31	9.94	Benzenemethanol, 3,5 - dimethyl -	$C_9H_{12}O$	27129-87-9	0.13	3,5-二甲基苄醇	醇类
32	22.35	Naphthalene, decahydro - 4a - methyl - 1 - methylene - 7 - (1 - methylethenyl) - , [4aR - (4aalpha, 7alpha, 8abeta)] -	$C_{15}H_{24}$	17066-67-0	0.12	(+)-β-瑟林烯	萜烯及其衍生物
33	11.35	p - Mentha - 1, 5, 8 - triene	$C_{10}H_{14}$	21195-59-5	0.11	1,5,8-对-薄荷基三烯	萜烯及其衍生物
34	12.77	Carveol	$C_{10}H_{16}O$	99-48-9	0.11	香芹醇	萜烯及其衍生物
35	1.52	1 - Butanol, 2 - methyl -	$C_5H_{12}O$	137-32-6	0.10	2-甲基-1-丁醇	醇类
36	10.30	Nonanal	$C_9H_{18}O$	124-19-6	0.10	壬醛	醛类
37	13.20	7 - Octenoic acid, ethyl ester	$C_{10}H_{18}O_2$	35194-38-8	0.10	7-辛烯酸乙酯	酯类

（续表）

编号	保留时间（min）	化合物	分子式	CAS 号	面积加和百分比（%）	中文名称	类别
38	15.33	(-)-Car-3-en-2-one	$C_{10}H_{14}O$	53585-45-8	0.10	3-蒈烯-2-醇	醇类
39	18.02	1,3,8-p-Mentha-triene	$C_{10}H_{14}$	18368-95-1	0.10	1,3,8-对-薄荷基三烯	萜烯及其衍生物

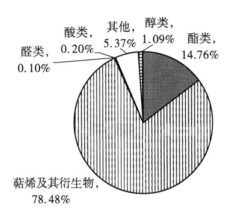

图100-2　挥发性成分的比例构成

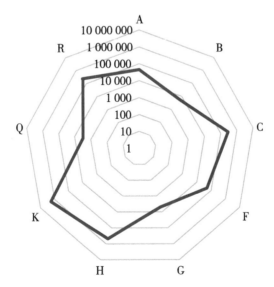

A—脂肪香；B—冰凉香；C—柑橘香；F—果香；
G—青香；H—药香；K—松柏香；Q—香膏香；R—玫瑰香

图100-3　香韵分布雷达

101. 1506 号资源（云南华坪）

经 GC-MS 检测和分析（图 101-1），其果肉中挥发性成分相对含量超过 0.1% 的共有 26 种化合物（表 101-1），主要为萜烯类化合物，占 89.36%（图 101-2），其中，比例最高的挥发性成分为（-）-β-蒎烯，占 79.89%。

已知挥发性成分的气味 ABC 分析显示：果肉香味主要涵盖 10 种香型，各香味荷载从大到小依次为松柏香、药香、柑橘香、玫瑰香、果香、麻醉香、乳酪香、冰凉香、动物香、香膏香；其中，松柏香、药香荷载远大于其他香味，可视为该杧果的主要香韵（图 101-3）。

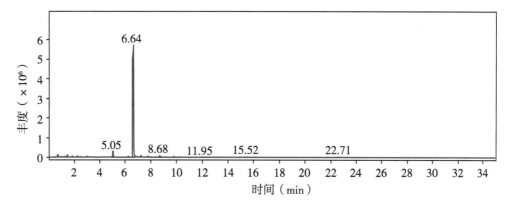

图 101-1　挥发性成分总离子流

表 101-1　挥发性成分 GC-MS 分析结果

编号	保留时间（min）	化合物	分子式	CAS 号	面积加和百分比（%）	中文名称	类别
1	6.64	Bicyclo［3.1.1］heptane,6,6-dimethyl-2-methylene-,(1S)-	$C_{10}H_{16}$	18172-67-3	79.89	（-）-β-蒎烯	萜烯及其衍生物
2	5.05	3-Carene	$C_{10}H_{16}$	13466-78-9	4.80	3-蒈烯	萜烯及其衍生物
3	1.48	Formic acid,2-methylbutyl ester	$C_6H_{12}O_2$	1000367-91-1	1.48	2-甲基丁基甲酸酯	酯类
4	0.76	Ethyl Acetate	$C_4H_8O_2$	141-78-6	1.21	乙酸乙酯	酯类
5	7.23	3-Carene	$C_{10}H_{16}$	13466-78-9	1.20	3-蒈烯	萜烯及其衍生物
6	8.68	Butanoic acid, 3-methylbutyl ester	$C_9H_{18}O_2$	106-27-4	1.06	丁酸异戊酯	酯类
7	1.88	beta-D-Glucopyranose,1,6-anhydro-	$C_6H_{10}O_5$	498-07-7	1.05	1,6-脱水-β-D-吡喃葡萄糖	其他
8	0.69	Ethyl Acetate	$C_4H_8O_2$	141-78-6	0.96	乙酸乙酯	酯类

（续表）

编号	保留时间（min）	化合物	分子式	CAS 号	面积加和百分比（%）	中文名称	类别
9	7.81	D-Limonene	$C_{10}H_{16}$	5989-27-5	0.79	D-柠檬烯	萜烯及其衍生物
10	3.00	2-Butenoic acid, ethyl ester, (E)-	$C_6H_{10}O_2$	623-70-1	0.76	巴豆酸乙酯	酯类
11	2.27	Butanoic acid, ethyl ester	$C_6H_{12}O_2$	105-54-4	0.74	丁酸乙酯	酯类
12	6.25	Bicyclo［3.1.1］heptane, 6,6-dimethyl-2-methylene-, (1S)-	$C_{10}H_{16}$	18172-67-3	0.67	(-)-β-蒎烯	萜烯及其衍生物
13	2.50	4,6-di-tert-Butyl-resorcinol	$C_{14}H_{22}O_2$	5374-06-1	0.58	4,6-二叔丁基间苯二酚	其他
14	1.42	3-O-Methyl-d-glucose	$C_7H_{14}O_6$	1000127-25-9	0.55	3-O-甲基-D-葡萄糖	其他
15	9.76	Cyclohexene, 1-methyl-4-(1-methylethylidene)-	$C_{10}H_{16}$	586-62-9	0.55	萜品油烯	萜烯及其衍生物
16	8.77	Propanoic acid, 2-methyl-, 2-methyl-butyl ester	$C_9H_{18}O_2$	2445-69-4	0.46	2-甲基丙酸-2-甲基丁酯	酯类
17	1.28	Isobutyl (3-(methylthio) propyl) carbonate	$C_9H_{18}O_3S$	1000378-27-5	0.43	异丁基(3-(甲基硫代)丙基)碳酸酯	酯类
18	7.68	Benzene, 1-methyl-3-(1-methylethyl)-	$C_{10}H_{14}$	535-77-3	0.37	间伞花烃	其他
19	8.43	3-Carene	$C_{10}H_{16}$	13466-78-9	0.30	3-蒈烯	萜烯及其衍生物
20	2.21	Butanoic acid, ethyl ester	$C_6H_{12}O_2$	105-54-4	0.19	丁酸乙酯	酯类
21	1.13	2-Ethylthiolane, S,S-dioxide	$C_6H_{12}O_2S$	10178-59-3	0.15	2-乙基硫代戊烷,S,S-二氧化物	其他
22	0.62	Thiirane	C_2H_4S	420-12-2	0.13	噻烷	其他
23	5.79	Benzaldehyde	C_7H_6O	100-52-7	0.13	苯甲醛	醛类
24	10.19	3,7-Octadien-2-ol, 2-methyl-6-methylene-, (E)-	$C_{10}H_{16}O$	6994-89-4	0.13	(E)-2-甲基-6-亚甲基-3,7-辛二烯-2-醇	醇类
25	15.52	2(3H)-Furanone, 5-butyldihydro-	$C_8H_{14}O_2$	104-50-7	0.13	γ-辛内酯	酮及内酯

（续表）

编号	保留时间（min）	化合物	分子式	CAS号	面积加和百分比（%）	中文名称	类别
26	5.46	Bicyclo［2.2.1］heptane,7,7-dimethyl-2-methylene-	$C_{10}H_{16}$	471-84-1	0.11	α-小茴香烯	萜烯及其衍生物

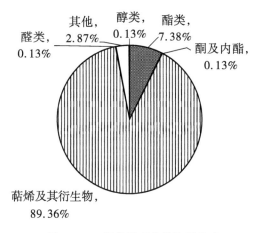

图 101-2　挥发性成分的比例构成

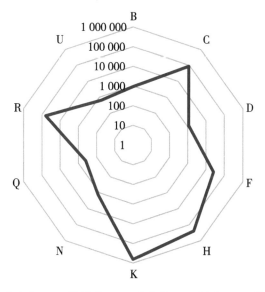

B—冰凉香；C—柑橘香；D—乳酪香；F—果香；H—药香；
K—松柏香；N—麻醉香；Q—香膏香；R—玫瑰香；U—动物香

图 101-3　香韵分布雷达

102. 华变（育）1号（云南华坪）

经 GC-MS 检测和分析（图 102-1），其果肉中挥发性成分相对含量超过 0.1% 的共有 23 种化合物（表 102-1），主要为萜烯类化合物，占 73.03%（图 102-2），其中，比例最高的挥发性成分为萜品油烯，占 40.98%。

已知挥发性成分的气味 ABC 分析显示：果肉香味主要涵盖 6 种香型，各香味荷载从大到小依次为松柏香、药香、柑橘香、玫瑰香、香膏香、冰凉香；其中，松柏香荷载远大于其他香味，可视为该杧果的主要香韵（图 102-3）。

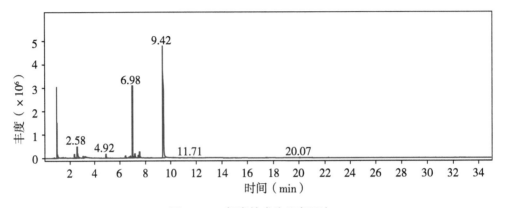

图 102-1　挥发性成分总离子流

表 102-1　挥发性成分 GC-MS 分析结果

编号	保留时间（min）	化合物	分子式	CAS 号	面积加和百分比（%）	中文名称	类别
1	9.42	Cyclohexene,1-methyl-4-（1-methylethylidene）-	$C_{10}H_{16}$	586-62-9	40.98	萜品油烯	萜烯及其衍生物
2	6.98	3-Carene	$C_{10}H_{16}$	13466-78-9	22.87	3-蒈烯	萜烯及其衍生物
3	0.99	Ethyl Acetate	$C_4H_8O_2$	141-78-6	17.48	乙酸乙酯	酯类
4	2.58	2-（E）-Hexen-1-ol,（4S）-4-amino-5-methyl-	$C_7H_{15}NO$	1000164-21-1	4.93	（2E）-4-氨基-5-甲基-2-己烯-1-醇	醇类
5	7.54	D-Limonene	$C_{10}H_{16}$	5989-27-5	2.35	D-柠檬烯	萜烯及其衍生物
6	7.18	1,3-Cyclohexadiene,1-methyl-4-（1-methylethyl）-	$C_{10}H_{16}$	99-86-5	1.53	α-萜品烯	萜烯及其衍生物
7	4.92	3-Carene	$C_{10}H_{16}$	13466-78-9	1.18	3-蒈烯	萜烯及其衍生物

（续表）

编号	保留时间（min）	化合物	分子式	CAS 号	面积加和百分比（%）	中文名称	类别
8	7.42	Benzene, 1 - methyl-3 - (1 - methylethyl) -	$C_{10}H_{14}$	535-77-3	0.98	间伞花烃	其他
9	6.42	Bicyclo [3.1.1] heptane, 6, 6-dimethyl - 2 - methylene -, (1S) -	$C_{10}H_{16}$	18172-67-3	0.93	(-)-β-蒎烯	萜烯及其衍生物
10	3.23	2-Hexenal, (E) -	$C_6H_{10}O$	6728-26-3	0.87	反式-2-己烯醛	醛类
11	3.06	2 - Butenoic acid, ethyl ester, (E) -	$C_6H_{10}O_2$	623-70-1	0.75	巴豆酸乙酯	酯类
12	6.81	alpha-Phellandrene	$C_{10}H_{16}$	99-83-2	0.65	α-水芹烯	萜烯及其衍生物
13	1.48	Propanoic acid, ethyl ester	$C_5H_{10}O_2$	105-37-3	0.32	丙酸乙酯	酯类
14	1.35	1-Penten-3-one	C_5H_8O	1629-58-9	0.28	1-戊烯-3-酮	酮及内酯
15	1.67	3, 3 - Dimethyl - 1, 2-epoxybutane	$C_6H_{12}O$	2245-30-9	0.19	3, 3-二甲基-1, 2-环氧丁烷	其他
16	20.07	Bicyclo[7.2.0] undec-4-ene, 4, 11, 11 - trimethyl - 8 - methylene -, [1R - (1R*, 4Z, 9S*)]-	$C_{15}H_{24}$	118-65-0	0.16	(-)-异丁香烯	萜烯及其衍生物
17	8.14	3-Carene	$C_{10}H_{16}$	13466-78-9	0.15	3-蒈烯	萜烯及其衍生物
18	8.47	3-Carene	$C_{10}H_{16}$	13466-78-9	0.15	3-蒈烯	萜烯及其衍生物
19	21.02	1, 4, 7, -Cycloundecatriene, 1, 5, 9, 9 - tetramethyl -, Z, Z, Z-	$C_{15}H_{24}$	1000062-61-9	0.12	1, 5, 9, 9-四甲基-1, 4, 7-环己三烯	其他
20	0.74	Bicyclo [2.2.1] hept-5-en-2-yl-acetaldehyde	$C_9H_{12}O$	1000190-18-4	0.11	二环[2.2.1]庚-5-烯-2-基乙醛	醛类
21	2.03	Benzyl oxy tridecanoic acid	$C_{20}H_{32}O_3$	1000289-36-6	0.11	苄氧十三烷酸	酸类
22	10.98	1, 3, 8-p - Menthatriene	$C_{10}H_{14}$	18368-95-1	0.11	1, 3, 8-对-薄荷基三烯	萜烯及其衍生物
23	10.21	6, 7 - Dimethyl - 3, 5, 8, 8a-tetrahydro-1H-2-benzopyran	$C_{11}H_{16}O$	110028-10-9	0.10	6, 7-二甲基-3, 5, 8, 8A-四氢-苯并异吡喃	其他

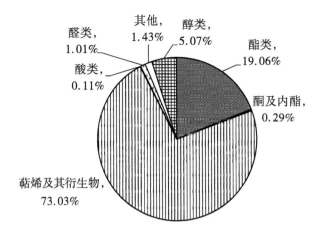

图102-2　挥发性成分的比例构成

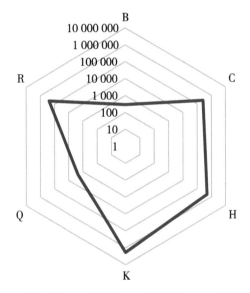

B—冰凉香；C—柑橘香；H—药香；K—松柏香；Q—香膏香；R—玫瑰香

图102-3　香韵分布雷达

第四章

2021年样品果实挥发性成分

103. 吉尔杜（海南儋州）

经GC-MS检测和分析（图103-1），其果肉中挥发性成分相对含量超过0.1%的共有18种化合物（表103-1），主要为萜烯类化合物，占94.01%（图103-2），其中，比例最高的挥发性成分为3-蒈烯，占72.39%。

已知挥发性成分的气味ABC分析显示：果肉香味主要涵盖8种香型，各香味荷载从大到小依次为松柏香、药香、玫瑰香、柑橘香、香膏香、木香、土壤香、辛香料香；其中，松柏香、药香、玫瑰香荷载远大于其他香味，可视为该杜果的主要香韵（图103-3）。

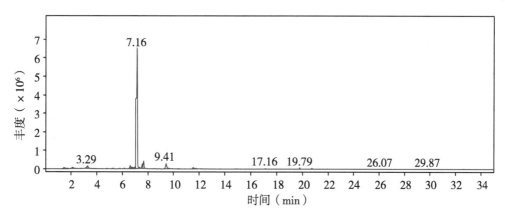

图103-1　挥发性成分总离子流

表103-1　挥发性成分GC-MS分析结果

编号	保留时间（min）	化合物	分子式	CAS号	面积加和百分比（%）	中文名称	类别
1	7.16	3-Carene	$C_{10}H_{16}$	13466-78-9	72.39	3-蒈烯	萜烯及其衍生物
2	9.41	Cyclohexene,1-methyl-4-(1-methylethylidene)-	$C_{10}H_{16}$	586-62-9	4.53	萜品油烯	萜烯及其衍生物
3	7.67	D-Limonene	$C_{10}H_{16}$	5989-27-5	4.35	D-柠檬烯	萜烯及其衍生物

（续表）

编号	保留时间（min）	化合物	分子式	CAS 号	面积加和百分比（%）	中文名称	类别
4	7.57	Benzene, 1-methyl-3-(1-methylethyl)-	$C_{10}H_{14}$	535-77-3	2.48	间伞花烃	其他
5	6.64	beta-Myrcene	$C_{10}H_{16}$	123-35-3	2.03	β-月桂烯	萜烯及其衍生物
6	7.01	gamma-Terpinene	$C_{10}H_{16}$	99-85-4	1.62	γ-萜品烯	萜烯及其衍生物
7	1.46	4-Penten-2-ol	$C_5H_{10}O$	625-31-0	1.41	4-戊烯-2-醇	醇类
8	7.33	1,3-Cyclohexadiene, 1-methyl-4-(1-methylethyl)-	$C_{10}H_{16}$	99-86-5	0.49	α-萜品烯	萜烯及其衍生物
9	19.79	Caryophyllene	$C_{15}H_{24}$	87-44-5	0.42	石竹烯	萜烯及其衍生物
10	4.79	Oxime-, methoxy-phenyl-_	$C_8H_9NO_2$	1000222-86-6	0.37	N-羟基-苯甲亚胺酸甲酯	酯类
11	6.17	1,3,5-Cycloheptatriene, 3,7,7-trimethyl-	$C_{10}H_{14}$	3479-89-8	0.34	3,7,7-三甲基-1,3,5-环庚三烯	其他
12	20.73	1,4,7,-Cycloundecatriene, 1,5,9,9-tetramethyl-, Z,Z,Z-	$C_{15}H_{24}$	1000062-61-9	0.31	1,5,9,9-四甲基-1,4,7-环己三烯	其他
13	5.32	alpha-Pinene	$C_{10}H_{16}$	80-56-8	0.27	α-蒎烯	萜烯及其衍生物
14	5.23	(1R)-2,6,6-Trimethylbicyclo[3.1.1]hept-2-ene	$C_{10}H_{16}$	7785-70-8	0.21	(+)-α-蒎烯	萜烯及其衍生物
15	29.87	3(2H)-Isothiazolone, 2-octyl-	$C_{11}H_{19}NOS$	26530-20-1	0.20	辛异噻唑酮	酮及内酯
16	8.52	Bicyclo[3.1.1]hept-3-ene, 4,6,6-trimethyl-2-vinyloxy-	$C_{12}H_{18}O$	1000163-23-1	0.16	4,6,6-三甲基-2-乙烯氧基二环[3.1.1]庚-3-烯	其他
17	1.36	Phenethylamine, p, alpha-dimethyl-	$C_{10}H_{15}N$	64-11-9	0.12	4-甲基苯丙胺	其他
18	3.86	9-Oxabicyclo[6.1.0]nonane	$C_8H_{14}O$	286-62-4	0.10	1,2-环氧环辛烷	其他

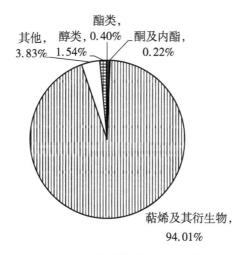

图 103-2 挥发性成分的比例构成

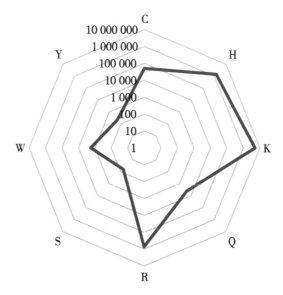

C—柑橘香；H—药香；K—松柏香；Q—香膏香；
R—玫瑰香；S—辛香料香；W—木香；Y—土壤香

图 103-3 香韵分布雷达

104. 像 Palmer 杧（海南儋州）

经 GC-MS 检测和分析（图 104-1），其果肉中挥发性成分相对含量超过 0.1% 的共有 21 种化合物（表 104-1），主要为萜烯类化合物，占 51.10%（图 104-2），其中，比例最高的挥发性成分为萜品油烯，占 27.05%。

已知挥发性成分的气味 ABC 分析显示：果肉香味主要涵盖 6 种香型，各香味荷载从大到小依次为松柏香、柑橘香、药香、玫瑰香、青香、辛香料香；其中，松柏香、柑橘香荷载远大于其他香味，可视为该杞果的主要香韵（图 104-3）。

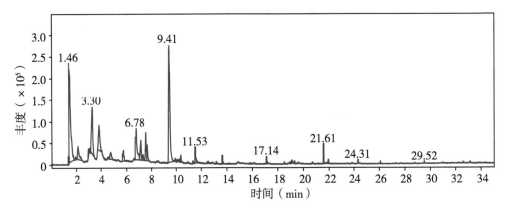

图 104-1　挥发性成分总离子流

表 104-1　挥发性成分 GC-MS 分析结果

编号	保留时间（min）	化合物	分子式	CAS 号	面积加和百分比（%）	中文名称	类别
1	9.41	Cyclohexene,1-methyl-4-(1-methylethylidene)-	$C_{10}H_{16}$	586-62-9	27.05	萜品油烯	萜烯及其衍生物
2	1.46	Ethanol,2-nitro-	$C_2H_5NO_3$	625-48-9	18.08	2-硝基乙醇	醇类
3	3.84	4-Penten-1-ol,3-methyl-	$C_6H_{12}O$	51174-44-8	6.28	3-甲基-4-戊烯-1-醇	醇类
4	7.55	Benzene,1-methyl-3-(1-methylethyl)-	$C_{10}H_{14}$	535-77-3	4.06	间伞花烃	其他
5	7.15	3-Carene	$C_{10}H_{16}$	13466-78-9	3.44	3-蒈烯	萜烯及其衍生物
6	7.67	p-Mentha-1,8-dien-7-ol	$C_{10}H_{16}O$	536-59-4	2.51	紫苏醇	萜烯及其衍生物
7	21.61	trans-beta-Ionone	$C_{13}H_{20}O$	79-77-6	1.89	乙位紫罗兰酮	萜烯及其衍生物
8	4.75	Oxime-,methoxy-phenyl-_	$C_8H_9NO_2$	1000222-86-6	1.76	N-羟基-苯甲亚胺酸甲酯	酯类
9	13.64	1-Cyclohexene-1-carboxaldehyde,2,6,6-trimethyl-	$C_{10}H_{16}O$	432-25-7	0.88	β-环柠檬醛	萜烯及其衍生物

（续表）

编号	保留时间（min）	化合物	分子式	CAS 号	面积加和百分比（%）	中文名称	类别
10	2.97	3-Hexene, 1-(1-ethoxyethoxy)-, (Z)-	$C_{10}H_{20}O_2$	28069-74-1	0.82	（Z）-1-（1-乙氧基乙氧基）-3-己烯	其他
11	1.36	(2-Aziridinylethyl) amine	$C_4H_{10}N_2$	4025-37-0	0.49	2-（氮杂环丙烷-1-基）乙胺	其他
12	12.53	DL-Alanyl-DL-alanine, N, N′-dimethyl-N′-(vinyloxycarbonyl)-, decyl ester	$C_{21}H_{38}N_2O_5$	1000392-76-0	0.45	N,N′-二甲基-N′-（乙烯氧基羰基）-DL-丙氨酰-DL-丙氨酸癸酯	酯类
13	4.62	1,2,4-Benzenetricarboxylic acid, 1,2-dimethyl ester	$C_{11}H_{10}O_6$	54699-35-3	0.42	1,2,4-苯三甲酸1,2-二甲酯	酯类
14	24.31	Dodecanoic acid, ethyl ester	$C_{14}H_{28}O_2$	106-33-2	0.39	月桂酸乙酯	酯类
15	19.11	Decanoic acid, ethyl ester	$C_{12}H_{24}O_2$	110-38-3	0.36	癸酸乙酯	酯类
16	10.19	4-(1,5-Dihydrobenzo[e][1,3,2]dioxaborepin-3-yl)benzoic acid	$C_{15}H_{13}BO_4$	1000287-94-3	0.33	4-(1,5-Dihydrobenzo[e][1,3,2]dioxaborepin-3-yl)benzoicacid	酸类
17	9.90	3-Cyclohexen-1-ol, 5-methylene-6-(1-methylethenyl)-	$C_{10}H_{14}O$	54274-41-8	0.31	6-异丙烯基-5-亚甲基-3-环己烯-1-醇	醇类
18	13.16	Decanal	$C_{10}H_{20}O$	112-31-2	0.30	癸醛	醛类
19	10.06	2-Ethylbutyric acid, 2,7-dimethyl-oct-5-yn-7-en-4-yl ester	$C_{16}H_{26}O_2$	1000371-19-7	0.23	2-乙基丁酸2,7-二甲基-5-辛炔-7-烯-4-基酯	酯类
20	18.53	cis-muurola-3,5-diene	$C_{15}H_{24}$	1000365-95-4	0.15	顺式-依兰油-3,5-二烯	萜烯及其衍生物
21	19.33	7-Tetradecene	$C_{14}H_{28}$	10374-74-0	0.11	7-十四碳烯	其他

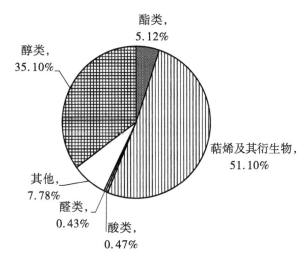

图 104-2　挥发性成分的比例构成

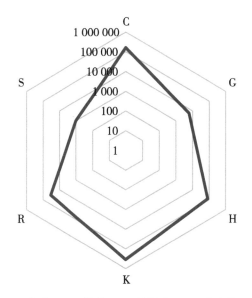

C—柑橘香；G—青香；H—药香；K—松柏香；R—玫瑰香；S—辛香料香

图 104-3　香韵分布雷达

105. Perry 杞（海南儋州）

经 GC-MS 检测和分析（图 105-1），其果肉中挥发性成分相对含量超过 0.1% 的共有 25 种化合物（表 105-1），主要为萜烯类化合物，占 95.89%（图 105-2），其中，比例最高的挥发性成分为（−）-β-蒎烯，占 78.93%。

已知挥发性成分的气味 ABC 分析显示：果肉香味主要涵盖 6 种香型，各香味荷载从大到小依次为松柏香、药香、柑橘香、玫瑰香、冰凉香、香膏香；其中，松柏香、药香、柑橘香荷载远大于其他香味，可视为该杞果的主要香韵（图 105-3）。

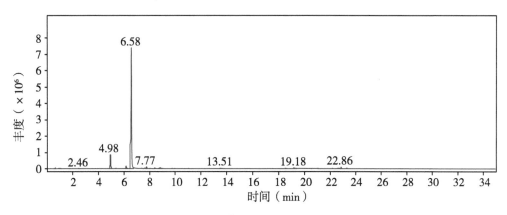

图 105-1　挥发性成分总离子流

表 105-1　挥发性成分 GC-MS 分析结果

编号	保留时间（min）	化合物	分子式	CAS 号	面积加和百分比（%）	中文名称	类别
1	6.58	Bicyclo［3.1.1］heptane, 6,6-dim-ethyl-2-methyl-ene-,（1S）-	$C_{10}H_{16}$	18172-67-3	78.93	(−)-β-蒎烯	萜烯及其衍生物
2	4.98	（1R）-2,6,6-Trimethylbicyclo［3.1.1］hept-2-ene	$C_{10}H_{16}$	7785-70-8	9.17	(+)-α-蒎烯	萜烯及其衍生物
3	6.18	Cyclohexane, 1-methylene-4-(1-methylethenyl)-	$C_{10}H_{16}$	499-97-8	1.80	伪柠檬烯	萜烯及其衍生物
4	7.77	D-Limonene	$C_{10}H_{16}$	5989-27-5	1.38	D-柠檬烯	萜烯及其衍生物
5	8.82	3(2H)-Furanone, 4-methoxy-2,5-dimethyl-	$C_7H_{10}O_3$	4077-47-8	0.99	4-甲氧基-2,5-二甲基-3(2H)-呋喃酮	其他
6	22.86	Azulene, 1,2,3,5,6,7,8,8a-octa-hydro-1,4-dimeth-yl-7-(1-methyle-thenyl)-,［1S-(1alpha, 7alpha, 8abeta)］-	$C_{15}H_{24}$	3691-11-0	0.91	D-愈创木烯	萜烯及其衍生物
7	19.18	Propanoic acid, 2-methyl-, 3-hydrox-y-2,2,4-trimethyl-pentyl ester	$C_{12}H_{24}O_3$	77-68-9	0.64	3-羟基-2,2,4-三甲基戊基异丁酸酯	酯类
8	13.51	Octanoic acid, ethyl ester	$C_{10}H_{20}O_2$	106-32-1	0.53	辛酸乙酯	酯类
9	8.41	3-Carene	$C_{10}H_{16}$	13466-78-9	0.45	3-蒈烯	萜烯及其衍生物

（续表）

编号	保留时间（min）	化合物	分子式	CAS 号	面积加和百分比（%）	中文名称	类别
10	22.70	alpha-Guaiene	$C_{15}H_{24}$	3691-12-1	0.40	α-愈创木烯	萜烯及其衍生物
11	23.30	Naphthalene, 1, 2, 3, 5, 6, 8a - hexahydro-4,7-dimethyl-1-(1-methylethyl)-,(1S-cis)-	$C_{15}H_{24}$	483-76-1	0.39	Δ-杜松烯	萜烯及其衍生物
12	19.26	alpha-Cubebene	$C_{15}H_{24}$	17699-14-8	0.38	α-荜澄茄油烯	萜烯及其衍生物
13	18.52	2,2,4-Trimethyl-1,3-pentanedioldiisobutyrate	$C_{16}H_{30}O_4$	6846-50-0	0.37	2,2,4-三甲基-1,3-戊二醇二异丁酸酯	酯类
14	7.64	o-Cymene	$C_{10}H_{14}$	527-84-4	0.37	邻伞花烃	萜烯及其衍生物
15	0.66	1,4-Dioxane, 2,3-dimethoxy-	$C_6H_{12}O_4$	23918-30-1	0.31	2,3-二甲氧基-1,4-二氧杂环己烷	其他
16	5.39	Camphene	$C_{10}H_{16}$	79-92-5	0.30	莰烯	萜烯及其衍生物
17	0.98	1,5-Hexadien-3-ol	$C_6H_{10}O$	924-41-4	0.30	1,5-己二烯-3-醇	醇类
18	8.75	gamma-Terpinene	$C_{10}H_{16}$	99-85-4	0.28	γ-萜品烯	萜烯及其衍生物
19	22.60	2-Isopropenyl-4a,8-dimethyl-1,2,3,4,4a,5,6,8a-octahydronaphthalene	$C_{15}H_{24}$	1000193-57-0	0.25	(-)-α-芹子烯	萜烯及其衍生物
20	21.05	alpha-Guaiene	$C_{15}H_{24}$	3691-12-1	0.22	α-愈创木烯	萜烯及其衍生物
21	22.17	(1R,9R,E)-4,11,11-Trimethyl-8-methylenebicyclo[7.2.0]undec-4-ene	$C_{15}H_{24}$	68832-35-9	0.20	(1R,9R,E)-4,11,11-三甲基-8-亚甲基二环[7.2.0]十一碳-4-烯	萜烯及其衍生物
22	7.38	Cyclohexene, 1-methyl-4-(1-methylethylidene)-	$C_{10}H_{16}$	586-62-9	0.16	萜品油烯	萜烯及其衍生物
23	0.55	1,4-Dioxane, 2,3-dimethoxy-	$C_6H_{12}O_4$	23918-30-1	0.16	2,3-二甲氧基-1,4-二氧杂环己烷	其他

（续表）

编号	保留时间 （min）	化合物	分子式	CAS 号	面积加和 百分比 （%）	中文名称	类别
24	9.73	1,3-Cyclohexadiene, 1 - methyl - 4 - (1 - methylethyl) -	$C_{10}H_{16}$	99-86-5	0.14	α-萜品烯	萜烯及其 衍生物
25	9.90	Myroxide	$C_{10}H_{16}O$	28977-57-3	0.14	反式-β-环 氧化罗勒烯	萜烯及其 衍生物

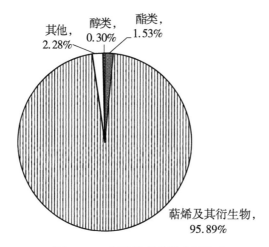

图 105-2　挥发性成分的比例构成

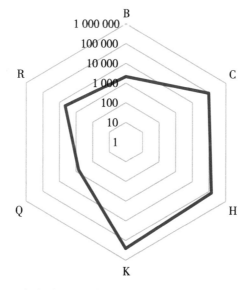

B—冰凉香；C—柑橘香；H—药香；K—松柏香；Q—香膏香；R—玫瑰香

图 105-3　香韵分布雷达

106. 白玉杜（海南儋州）

经 GC-MS 检测和分析（图 106-1），其果肉中挥发性成分相对含量超过 0.1% 的共有 20 种化合物（表 106-1），主要为萜烯类化合物，占 98.53%（图 106-2），其中，比例最高的挥发性成分为萜品油烯，占 77.35%。

已知挥发性成分的气味 ABC 分析显示：果肉香味主要涵盖 9 种香型，各香味荷载从大到小依次为松柏香、柑橘香、药香、玫瑰香、香膏香、木香、冰凉香、土壤香、辛香料香；其中，松柏香、柑橘香荷载远大于其他香味，可视为该杜果的主要香韵（图 106-3）。

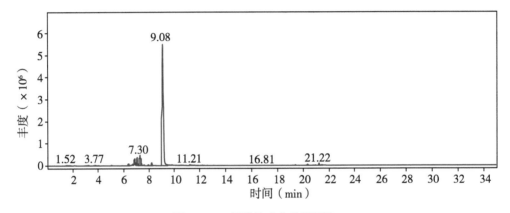

图 106-1　挥发性成分总离子流

表 106-1　挥发性成分 GC-MS 分析结果

编号	保留时间（min）	化合物	分子式	CAS 号	面积加和百分比（%）	中文名称	类别
1	9.08	Cyclohexene,1-methyl-4-(1-methylethylidene)-	$C_{10}H_{16}$	586-62-9	77.35	萜品油烯	萜烯及其衍生物
2	7.30	o-Cymene	$C_{10}H_{14}$	527-84-4	4.84	邻伞花烃	萜烯及其衍生物
3	7.06	1,3-Cyclohexadiene,1-methyl-4-(1-methylethyl)-	$C_{10}H_{16}$	99-86-5	3.62	α-萜品烯	萜烯及其衍生物
4	6.87	3-Carene	$C_{10}H_{16}$	13466-78-9	3.10	3-蒈烯	萜烯及其衍生物
5	7.37	D-Limonene	$C_{10}H_{16}$	5989-27-5	3.04	D-柠檬烯	萜烯及其衍生物
6	8.22	gamma-Terpinene	$C_{10}H_{16}$	99-85-4	1.23	γ-萜品烯	萜烯及其衍生物
7	6.38	beta-Myrcene	$C_{10}H_{16}$	123-35-3	0.99	β-月桂烯	萜烯及其衍生物

（续表）

编号	保留时间（min）	化合物	分子式	CAS 号	面积加和百分比（%）	中文名称	类别
8	21.22	Naphthalene, decahydro-4a-methyl-1-methylene-7-(1-methylethenyl)-,〔4aR-(4aalpha,7alpha,8abeta)〕-	$C_{15}H_{24}$	17066-67-0	0.73	（+）-β-瑟林烯	萜烯及其衍生物
9	3.77	2-Hexenal,(E)-	$C_6H_{10}O$	6728-26-3	0.58	反式-2-己烯醛	醛类
10	7.96	Cyclopentene, 3-isopropenyl-5,5-dimethyl-	$C_{10}H_{16}$	1000162-25-4	0.42	5-异丙烯基-3,3-二甲基-环戊烯	萜烯及其衍生物
11	11.21	2,6-Nonadienal,(E,Z)-	$C_9H_{14}O$	557-48-2	0.41	反式-2-,顺式-6-壬二烯醛	醛类
12	6.74	alpha-Phellandrene	$C_{10}H_{16}$	99-83-2	0.40	α-水芹烯	萜烯及其衍生物
13	20.34	Humulene	$C_{15}H_{24}$	6753-98-6	0.36	葎草烯	萜烯及其衍生物
14	7.62	trans-beta-Ocimene	$C_{10}H_{16}$	3779-61-1	0.33	反式-β-罗勒烯	萜烯及其衍生物
15	21.45	1H-Cyclopropa〔a〕naphthalene, decahydro-1,1,3a-trimethyl-7-methylene-,〔1aS-(1aalpha,3aalpha,7abeta,7balpha)〕-	$C_{15}H_{24}$	20071-49-2	0.30	1,1,3a-三甲基-7-亚甲基十氢-1H-环丙烯〔a〕萘	其他
16	5.04	Bicyclo〔3.1.1〕hept-2-ene, 3,6,6-trimethyl-	$C_{10}H_{16}$	4889-83-2	0.25	3,6,6-三甲基-双环(3.1.1)庚-2-烯	萜烯及其衍生物
17	19.38	Caryophyllene	$C_{15}H_{24}$	87-44-5	0.20	石竹烯	萜烯及其衍生物
18	9.81	6,7-Dimethyl-3,5,8,8a-tetrahydro-1H-2-benzopyran	$C_{11}H_{16}O$	110028-10-9	0.17	6,7-二甲基-3,5,8,8A-四氢-苯并异吡喃	其他
19	10.53	p-Mentha-1,5,8-triene	$C_{10}H_{14}$	21195-59-5	0.11	1,5,8-对-薄荷基三烯	萜烯及其衍生物
20	10.67	1,3,8-p-Menthatriene	$C_{10}H_{14}$	18368-95-1	0.10	1,3,8-对-薄荷基三烯	萜烯及其衍生物

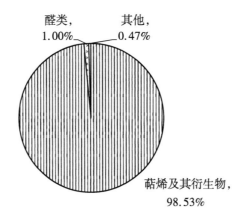

图 106-2　挥发性成分的比例构成

醛类，1.00%　　其他，0.47%

萜烯及其衍生物，98.53%

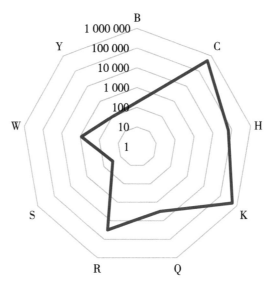

B—冰凉香；C—柑橘香；H—药香；K—松柏香；
Q—香膏香；R—玫瑰香；S—辛香料香；W—木香；Y—土壤香

图 106-3　香韵分布雷达

107. 印度 52 号资源（海南儋州）

经 GC-MS 检测和分析（图 107-1），其果肉中挥发性成分相对含量超过 0.1% 的共有 25 种化合物（表 107-1），主要为萜烯类化合物，占 95.56%（图 107-2），其中，比例最高的挥发性成分为 β-蒎烯，占 44.06%。

已知挥发性成分的气味 ABC 分析显示：果肉香味主要涵盖 6 种香型，各香味荷载从大到小依次为松柏香、药香、柑橘香、玫瑰香、冰凉香、香膏香；其中，松柏香、药香、柑橘香荷载远大于其他香味，可视为该杞果的主要香韵（图 107-3）。

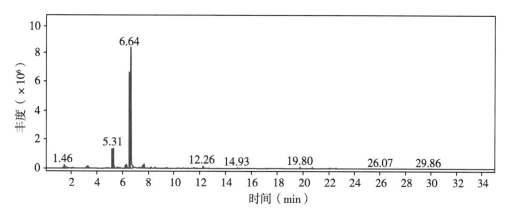

图 107-1　挥发性成分总离子流

表 107-1　挥发性成分 GC-MS 分析结果

编号	保留时间（min）	化合物	分子式	CAS 号	面积加和百分比（%）	中文名称	类别
1	6.64	beta-Pinene	$C_{10}H_{16}$	127-91-3	44.06	β-蒎烯	萜烯及其衍生物
2	6.58	Bicyclo［3.1.1］heptane,6,6-dimethyl-2-methylene-,(1S)-	$C_{10}H_{16}$	18172-67-3	26.32	(-)-β-蒎烯	萜烯及其衍生物
3	5.31	alpha-Pinene	$C_{10}H_{16}$	80-56-8	7.80	α-蒎烯	萜烯及其衍生物
4	5.22	alpha-Pinene	$C_{10}H_{16}$	80-56-8	6.64	α-蒎烯	萜烯及其衍生物
5	1.46	Ethanol,2-nitro-	$C_2H_5NO_3$	625-48-9	1.89	2-硝基乙醇	醇类
6	7.66	D-Limonene	$C_{10}H_{16}$	5989-27-5	1.80	D-柠檬烯	萜烯及其衍生物
7	6.32	Bicyclo［3.1.1］heptane,6,6-dimethyl-2-methylene-,(1S)-	$C_{10}H_{16}$	18172-67-3	1.35	(-)-β-蒎烯	萜烯及其衍生物
8	7.55	Benzene,1-methyl-3-(1-methylethyl)-	$C_{10}H_{14}$	535-77-3	0.86	间伞花烃	其他
9	6.25	Bicyclo［3.1.1］heptane,6,6-dimethyl-2-methylene-,(1S)-	$C_{10}H_{16}$	18172-67-3	0.78	(-)-β-蒎烯	萜烯及其衍生物
10	12.26	Terpinen-4-ol	$C_{10}H_{18}O$	562-74-3	0.63	4-萜烯醇	萜烯及其衍生物

（续表）

编号	保留时间（min）	化合物	分子式	CAS 号	面积加和百分比（%）	中文名称	类别
11	5.65	Camphene	$C_{10}H_{16}$	79-92-5	0.51	莰烯	萜烯及其衍生物
12	8.20	3-Carene	$C_{10}H_{16}$	13466-78-9	0.48	3-蒈烯	萜烯及其衍生物
13	8.53	gamma-Terpinene	$C_{10}H_{16}$	99-85-4	0.43	γ-萜品烯	萜烯及其衍生物
14	9.42	2,4,6-Trimethyl-benzyl alcohol	$C_{10}H_{14}O$	1000342-65-8	0.41	2,4,6-三甲基苄醇	醇类
15	19.79	Bicyclo [5.2.0] nonane, 2-methylene-4,8,8-trimethyl-4-vinyl-	$C_{15}H_{24}$	242794-76-9	0.36	2-亚甲基-4,8,8-三甲基-4-乙烯基二环[5.2.0]壬烷	萜烯及其衍生物
16	20.73	1,4,7,-Cycloundecatriene,1,5,9,9-tetramethyl-,Z,Z,Z-	$C_{15}H_{24}$	1000062-61-9	0.33	1,5,9,9-四甲基-1,4,7-环己三烯	其他
17	7.33	1,3-Cyclohexadiene,1-methyl-4-(1-methylethyl)-	$C_{10}H_{16}$	99-86-5	0.29	α-萜品烯	萜烯及其衍生物
18	14.93	2(3H)-Furanone,5-butyldihydro-	$C_8H_{14}O_2$	104-50-7	0.26	γ-辛内酯	酮及内酯
19	4.79	Oxime-,methoxy-phenyl-_	$C_8H_9NO_2$	1000222-86-6	0.24	N-羟基-苯甲亚胺酸甲酯	酯类
20	22.13	Azulene,1,2,3,5,6,7,8,8a-octahydro-1,4-dimethyl-7-(1-methylethenyl)-,[1S-(1alpha,7alpha,8abeta)]-	$C_{15}H_{24}$	3691-11-0	0.18	D-愈创木烯	萜烯及其衍生物
21	22.57	cis-Calamenene	$C_{15}H_{22}$	72937-55-4	0.18	顺式-菖蒲烯	萜烯及其衍生物
22	1.74	Ethyl Acetate	$C_4H_8O_2$	141-78-6	0.16	乙酸乙酯	酯类
23	10.73	1,3,8-p-Menthatriene	$C_{10}H_{14}$	18368-95-1	0.15	1,3,8-对-薄荷基三烯	萜烯及其衍生物
24	1.36	(2-Aziridinylethyl)amine	$C_4H_{10}N_2$	4025-37-0	0.14	2-（氮杂环丙烷-1-基）乙胺	其他
25	12.71	alpha-Terpineol	$C_{10}H_{18}O$	98-55-5	0.12	α-萜品醇	萜烯及其衍生物

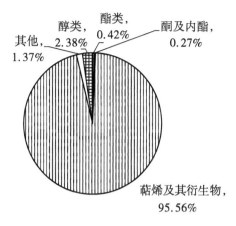

图 107-2　挥发性成分的比例构成

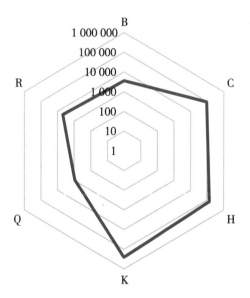

B—冰凉香；C—柑橘香；H—药香；K—松柏香；Q—香膏香；R—玫瑰香

图 107-3　香韵分布雷达

108. 桂热 10 号（海南儋州）

经 GC-MS 检测和分析（图 108-1），其果肉中挥发性成分相对含量超过 0.1% 的共有 22 种化合物（表 108-1），主要为萜烯类化合物，占 92.25%（图 108-2），其中，比例最高的挥发性成分为（-）-β-蒎烯，占 47.28%。

已知挥发性成分的气味 ABC 分析显示：果肉香味主要涵盖 8 种香型，各香味荷载从大到小依次为松柏香、药香、柑橘香、木香、冰凉香、香膏香、土壤香、辛香料香；其中，松柏香、药香、柑橘香荷载远大于其他香味，可视为该杧果的主要香韵（图 108-3）。

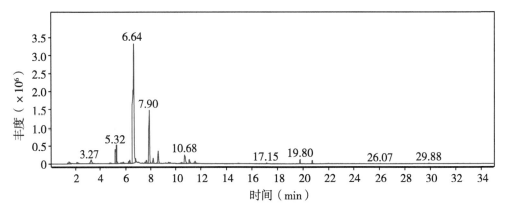

图 108-1　挥发性成分总离子流

表 108-1　挥发性成分 GC-MS 分析结果

编号	保留时间（min）	化合物	分子式	CAS 号	面积加和百分比（%）	中文名称	类别
1	6.64	Bicyclo［3.1.1］heptane,6,6-dimethyl-2-methylene-,(1S)-	$C_{10}H_{16}$	18172-67-3	47.28	（-）-β-蒎烯	萜烯及其衍生物
2	7.90	trans-beta-Ocimene	$C_{10}H_{16}$	3779-61-1	18.11	反式-β-罗勒烯	萜烯及其衍生物
3	5.32	(1R)-2,6,6-Trimethylbicyclo［3.1.1］hept-2-ene	$C_{10}H_{16}$	7785-70-8	5.72	（+）-α-蒎烯	萜烯及其衍生物
4	10.68	2,4,6-Octatriene,2,6-dimethyl-,(E,Z)-	$C_{10}H_{16}$	7216-56-0	4.00	（E,Z）-别罗勒烯	萜烯及其衍生物
5	8.60	3(2H)-Furanone,4-methoxy-2,5-dimethyl-	$C_7H_{10}O_3$	4077-47-8	3.85	4-甲氧基-2,5-二甲基-3(2H)-呋喃酮	其他
6	5.22	alpha-Pinene	$C_{10}H_{16}$	80-56-8	3.66	α-蒎烯	萜烯及其衍生物
7	8.21	beta-Ocimene	$C_{10}H_{16}$	13877-91-3	1.48	β-罗勒烯	萜烯及其衍生物
8	11.08	2,4,6-Octatriene,2,6-dimethyl-,(E,Z)-	$C_{10}H_{16}$	7216-56-0	1.14	（E,Z）-别罗勒烯	萜烯及其衍生物
9	6.32	Cyclohexane,1-methylene-4-(1-methylethenyl)-	$C_{10}H_{16}$	499-97-8	1.01	伪柠檬烯	萜烯及其衍生物

（续表）

编号	保留时间（min）	化合物	分子式	CAS 号	面积加和百分比（%）	中文名称	类别
10	1.46	Dimethylamine	C_2H_7N	124-40-3	0.98	二甲胺	其他
11	7.67	D-Limonene	$C_{10}H_{16}$	5989-27-5	0.97	D-柠檬烯	萜烯及其衍生物
12	19.80	Caryophyllene	$C_{15}H_{24}$	87-44-5	0.80	石竹烯	萜烯及其衍生物
13	20.73	1,4,7,-Cycloundecatriene,1,5,9,9-tetramethyl-,Z,Z,Z-	$C_{15}H_{24}$	1000062-61-9	0.65	1,5,9,9-四甲基-1,4,7-环己三烯	其他
14	4.82	Oxime-,methoxy-phenyl-_	$C_8H_9NO_2$	1000222-86-6	0.44	N-羟基-苯甲亚胺酸甲酯	酯类
15	10.46	2,6-Dimethyl-1,3,5,7-octatetraene,E,E-	$C_{10}H_{14}$	460-01-5	0.40	波斯菊萜	萜烯及其衍生物
16	6.25	Bicyclo［3.1.1］heptane,6,6-dimethyl-2-methylene-,(1S)-	$C_{10}H_{16}$	18172-67-3	0.38	(-)-β-蒎烯	萜烯及其衍生物
17	5.65	Camphene	$C_{10}H_{16}$	79-92-5	0.35	莰烯	萜烯及其衍生物
18	7.56	Benzene,2-ethyl-1,4-dimethyl-	$C_{10}H_{14}$	1758-88-9	0.33	2-乙基对二甲苯	其他
19	29.88	3(2H)-Isothiazolone,2-octyl-	$C_{11}H_{19}NOS$	26530-20-1	0.23	辛异噻唑酮	酮及内酯
20	9.21	(6,6-Dimethylbicyclo［3.1.1］hept-2-en-2-yl)methyl ethyl carbonate	$C_{13}H_{20}O_3$	1000373-80-4	0.18	(6,6-二甲基二环［3.1.1］庚-2-烯-2-基)甲基碳酸乙酯	酯类
21	7.33	Cyclohexene,1-methyl-4-(1-methylethylidene)-	$C_{10}H_{16}$	586-62-9	0.13	萜品油烯	萜烯及其衍生物
22	1.37	Amphetamine-3-methyl	$C_{10}H_{15}N$	588-06-7	0.11	3-甲基安非他明	其他

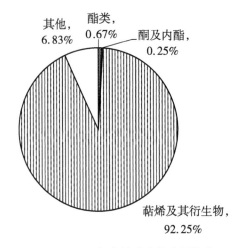

图 108-2　挥发性成分的比例构成

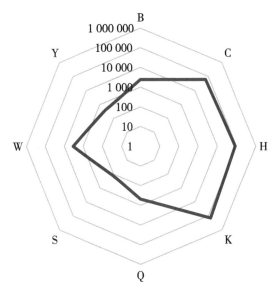

B—冰凉香；C—柑橘香；H—药香；K—松柏香；
Q—香膏香；S—辛香料香；W—木香；Y—土壤香

图 108-3　香韵分布雷达

109. 印度 62 号资源（海南儋州）

经 GC-MS 检测和分析（图 109-1），其果肉中挥发性成分相对含量超过 0.1% 的共有 29 种化合物（表 109-1），主要为萜烯类化合物，占 34.59%（图 109-2），其中，比例最高的挥发性成分为 3-蒈烯，占 23.53%。

已知挥发性成分的气味 ABC 分析显示：果肉香味主要涵盖 10 种香型，各香味荷载从大到小依次为松柏香、脂肪香、果香、药香、玫瑰香、柑橘香、麻醉香、青香、动物香、乳酪香；其中，松柏香、脂肪香、果香、药香荷载远大于其他香味，可视为该杞果的主要香韵（图 109-3）。

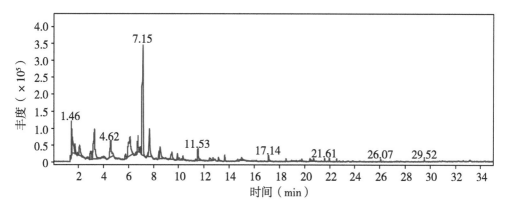

图 109-1 挥发性成分总离子流

表 109-1 挥发性成分 GC-MS 分析结果

编号	保留时间（min）	化合物	分子式	CAS 号	面积加和百分比（%）	中文名称	类别
1	7.15	3-Carene	$C_{10}H_{16}$	13466-78-9	23.53	3-蒈烯	萜烯及其衍生物
2	6.14	Benzaldehyde	C_7H_6O	100-52-7	10.13	苯甲醛	醛类
3	7.67	1,7-Octadien-3-ol	$C_8H_{14}O$	30385-19-4	6.88	1,7-辛二烯-3-醇	醇类
4	1.50	Oxalic acid, allyl ethyl ester	$C_7H_{10}O_4$	1000309-22-8	6.26	草酸烯丙基乙酯	酯类
5	4.62	Heptanal	$C_7H_{14}O$	111-71-7	5.43	庚醛	醛类
6	8.51	2-Octenal, (E)-	$C_8H_{14}O$	2548-87-0	3.23	反式-2-辛烯醛	醛类
7	1.46	Dimethyl ether	C_2H_6O	115-10-6	2.58	二甲醚	其他
8	9.46	5,8-Dimethyle-nebicyclo[2.2.2]oct-2-ene	$C_{10}H_{12}$	1000210-64-8	2.40	5,8-二甲基-双环[2.2.2]辛-2-烯	其他
9	3.09	(E)-Hex-4-en-1-yl butyrate	$C_{10}H_{18}O_2$	1000373-96-6	1.87	(E)-4-己烯-1-基丁酸酯	酯类
10	2.98	Hexanal	$C_6H_{12}O$	66-25-1	1.53	己醛	醛类
11	1.73	Ethyl Acetate	$C_4H_8O_2$	141-78-6	1.48	乙酸乙酯	酯类
12	8.42	Butanoic acid, 3-methylbutyl ester	$C_9H_{18}O_2$	106-27-4	1.27	丁酸异戊酯	酯类

（续表）

编号	保留时间 （min）	化合物	分子式	CAS 号	面积加和 百分比 （%）	中文名称	类别
13	6.95	Malonic acid, 2 - methylpentyl tetradecyl ester	$C_{23}H_{44}O_4$	1000349-30-6	1.16	马来酸-二甲基戊基十四烷基酯	酯类
14	9.90	Nonanal	$C_9H_{18}O$	124-19-6	1.14	壬醛	醛类
15	13.65	1-Cyclohexene-1-carboxaldehyde, 2,6,6-trimethyl-	$C_{10}H_{16}O$	432-25-7	0.80	β-环柠檬醛	萜烯及其衍生物
16	12.45	Naphthalene	$C_{10}H_8$	91-20-3	0.79	萘	其他
17	20.43	beta - Phenylethyl butyrate	$C_{12}H_{16}O_2$	103-52-6	0.63	2-丁酸苯乙酯	酯类
18	7.55	4-Amino-5-(4-acetylphenylazo) benzofurazan	$C_{14}H_{11}N_5O_2$	166766-09-2	0.63	4-氨基-5-(4-乙酰基苯基偶氮)苯并呋喃唑	其他
19	14.99	2,4-Decadien-1-ol	$C_{10}H_{18}O$	14507-02-9	0.59	2,4-癸二烯-1-醇	醇类
20	13.15	Decanal	$C_{10}H_{20}O$	112-31-2	0.50	癸醛	醛类
21	12.71	Butanoic acid, hexyl ester	$C_{10}H_{20}O_2$	2639-63-6	0.34	丁酸己酯	酯类
22	21.61	trans-beta-Ionone	$C_{13}H_{20}O$	79-77-6	0.33	乙位紫罗兰酮	萜烯及其衍生物
23	19.79	Bicyclo[7.2.0]undec-4-ene, 4,11,11-trimethyl-8-methylene-,[1R-(1R*,4Z,9S*)]-	$C_{15}H_{24}$	118-65-0	0.33	(-)-异丁香烯	萜烯及其衍生物
24	20.72	Humulene	$C_{15}H_{24}$	6753-98-6	0.32	葎草烯	萜烯及其衍生物
25	22.57	cis-Calamenene	$C_{15}H_{22}$	72937-55-4	0.31	顺式-菖蒲烯	萜烯及其衍生物
26	18.53	alpha-Cubebene	$C_{15}H_{24}$	17699-14-8	0.29	α-荜澄茄油烯	萜烯及其衍生物
27	10.04	3,4-Dimethylcyclohexanol	$C_8H_{16}O$	5715-23-1	0.28	3,4-二甲基环己醇	醇类
28	1.37	Phenethylamine, p,alpha-dimethyl-	$C_{10}H_{15}N$	64-11-9	0.22	4-甲基苯丙胺	其他
29	14.68	Bicyclo[3.1.1]hept-3-en-2-one, 4,6,6-trimethyl-	$C_{10}H_{14}O$	80-57-9	0.18	(-)-马鞭烯酮	萜烯及其衍生物

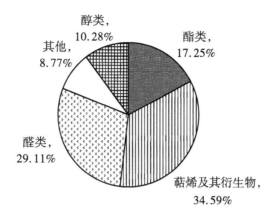

图 109-2 挥发性成分的比例构成

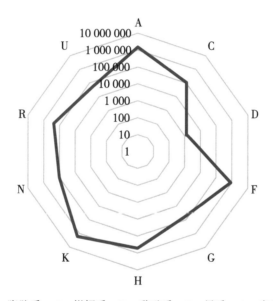

A—脂肪香；C—柑橘香；D—乳酪香；F—果香；G—青香；
H—药香；K—松柏香；N—麻醉香；R—玫瑰香；U—动物香

图 109-3 香韵分布雷达

110. 台芽杧（海南儋州）

经 GC-MS 检测和分析（图 110-1），其果肉中挥发性成分相对含量超过 0.1% 的共有 21 种化合物（表 110-1），主要为醛类化合物，占 48.99%（图 110-2），其中，比例最高的挥发性成分为反式-2-,顺式-6-壬二烯醛，占 34.36%。

已知挥发性成分的气味 ABC 分析显示：果肉香味主要涵盖 6 种香型，各香味荷载从大到小依次为青香、松柏香、药香、玫瑰香、脂肪香、果香；其中，青香、松柏香荷载远大于其他香味，可视为该杧果的主要香韵（图 110-3）。

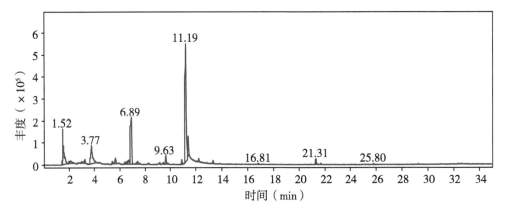

图 110-1　挥发性成分总离子流

表 110-1　挥发性成分 GC-MS 分析结果

编号	保留时间（min）	化合物	分子式	CAS 号	面积加和百分比（%）	中文名称	类别
1	11.19	2,6 - Nonadienal, (E,Z) -	$C_9H_{14}O$	557-48-2	34.36	反式－2－,顺式－6－壬二烯醛	醛类
2	6.89	3-Carene	$C_{10}H_{16}$	13466-78-9	17.33	3-蒈烯	萜烯及其衍生物
3	1.52	Propanamide,2-hy-droxy-	$C_3H_7NO_2$	2043-43-8	11.83	2－羟基丙酰胺	其他
4	3.77	3 - Hexen - 1 - ol, (Z) -	$C_6H_{12}O$	928-96-1	11.49	叶醇	醇类
5	11.38	2-Nonenal, (E) -	$C_9H_{16}O$	18829-56-6	5.08	反式－2－壬烯醛	醛类
6	9.63	6-Nonenal, (Z) -	$C_9H_{16}O$	2277-19-2	2.43	顺式－6－壬烯醛	醛类
7	5.67	2-Heptenal, (Z) -	$C_7H_{12}O$	57266-86-1	1.79	顺式－2－庚烯醛	醛类
8	6.68	Ethyl（1 - adaman-tylamino）carbothio-ylcarbamate	$C_{14}H_{22}N_2O_2S$	36997-89-4	1.66	(1－金刚烷基氨基）硫代氨基甲酸乙酯	酯类
9	21.31	trans-beta-Ionone	$C_{13}H_{20}O$	79-77-6	1.35	乙位紫罗兰酮	萜烯及其衍生物
10	10.87	7-Oxabicyclo[4.1.0]heptane,3-oxira-nyl-	$C_8H_{12}O_2$	106-87-6	1.14	3－环氧乙烷基7－氧杂二环[4.1.0]庚烷	其他
11	6.39	2,4-Nonadienal	$C_9H_{14}O$	6750-03-4	0.72	2,4－壬二烯醛	醛类

（续表）

编号	保留时间（min）	化合物	分子式	CAS号	面积加和百分比（%）	中文名称	类别
12	13.33	1-Cyclohexene-1-carboxaldehyde,2,6,6-trimethyl-	$C_{10}H_{16}O$	432-25-7	0.71	β-环柠檬醛	萜烯及其衍生物
13	12.23	Butanoic acid,3-hexenyl ester,(E)-	$C_{10}H_{18}O_2$	53398-84-8	0.70	（E）-己-3-烯基丁酸酯	酯类
14	5.43	3-Oxatricyclo[3.2.1.0(2,4)]octane,(1alpha,2beta,4beta,5alpha)-	$C_7H_{10}O$	3146-39-2	0.69	外-2,3-环氧降莰烷	其他
15	2.96	Hexanal	$C_6H_{12}O$	66-25-1	0.67	己醛	醛类
16	9.15	5,8-二甲基-双环[2.2.2]辛-2-烯	$C_{10}H_{12}$	1000210-64-8	0.47	5,8-二甲基-双环[2.2.2]辛-2-烯	其他
17	9.42	(Z,Z)-3,6-Nona-dienal	$C_9H_{14}O$	21944-83-2	0.37	顺式-3,顺式-6-壬二烯醛	醛类
18	7.55	3-Octyne,2-methyl-	C_9H_{16}	55402-15-8	0.33	2-甲基-3-辛炔	其他
19	1.97	Butanal,2-methyl-	$C_5H_{10}O$	96-17-3	0.30	2-甲基丁醛	醛类
20	8.29	2-Octenal,(E)-	$C_8H_{14}O$	2548-87-0	0.29	反式-2-辛烯醛	醛类
21	9.80	3,4-Dimethylcyclo-hexanol	$C_8H_{16}O$	5715-23-1	0.20	3,4-二甲基环己醇	醇类

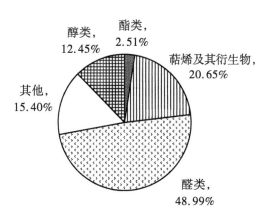

图110-2 挥发性成分的比例构成

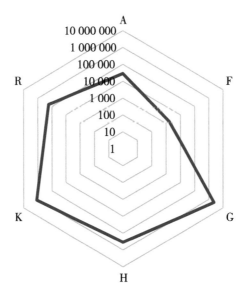

A—脂肪香；F—果香；G—青香；H—药香；K—松柏香；R—玫瑰香

图 110-3 香韵分布雷达

111. 桂热 71 号（海南儋州）

经 GC-MS 检测和分析（图 111-1），其果肉中挥发性成分相对含量超过 0.1% 的共有 19 种化合物（表 111-1），主要为萜烯类化合物，占 73.64%（图 111-2），其中，比例最高的挥发性成分为反式-β-罗勒烯，占 29.45%。

已知挥发性成分的气味 ABC 分析显示：果肉香味主要涵盖 6 种香型，各香味荷载从大到小依次为松柏香、药香、玫瑰香、柑橘香、青香、辛香料香；其中，松柏香、药香、玫瑰香荷载远大于其他香味，可视为该杶果的主要香韵（图 111-3）。

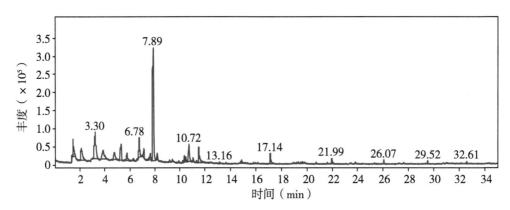

图 111-1 挥发性成分总离子流

表 111-1 挥发性成分 GC-MS 分析结果

编号	保留时间（min）	化合物	分子式	CAS 号	面积加和百分比（%）	中文名称	类别
1	7.89	trans－beta－Ocimene	$C_{10}H_{16}$	3779－61－1	29.45	反式-β-罗勒烯	萜烯及其衍生物
2	5.30	（1R）-2,6,6-Trimethylbicyclo［3.1.1］hept-2-ene	$C_{10}H_{16}$	7785－70－8	5.82	（+）-α-蒎烯	萜烯及其衍生物
3	10.72	2,6－Dimethyl－1,3,5,7－octatetraene,E,E-	$C_{10}H_{14}$	460－01－5	5.43	波斯菊萜	萜烯及其衍生物
4	3.89	4-Penten-1-ol,3-methyl-	$C_6H_{12}O$	51174－44－8	5.32	3-甲基-4-戊烯-1-醇	醇类
5	1.46	（S）-（+）-1,2-Propanediol	$C_3H_8O_2$	4254－15－3	4.24	（S）-（+）-1,2-丙二醇	醇类
6	4.77	Oxime－,methoxy－phenyl－_	$C_8H_9NO_2$	1000222－86－6	3.02	N-羟基-苯甲亚胺酸甲酯	酯类
7	5.79	Acetic acid,N′－［3－（1－hydroxy－1－phenylethyl）phenyl］hydrazide	$C_{16}H_{18}N_2O_2$	1000211－14－2	2.42	N′-［3-（1-羟基-1-苯基乙基）苯基］乙酰肼	其他
8	7.15	3-Carene	$C_{10}H_{16}$	13466－78－9	2.25	3-蒈烯	萜烯及其衍生物
9	7.67	p－Mentha－1,8－dien-7-ol	$C_{10}H_{16}O$	536－59－4	2.08	紫苏醇	萜烯及其衍生物
10	8.20	1,3,6-Octatriene,3,7－dimethyl－,（Z）-	$C_{10}H_{16}$	3338－55－4	1.27	（Z）-β-罗勒烯	萜烯及其衍生物
11	10.45	2,6－Dimethyl－1,3,5,7－octatetraene,E,E-	$C_{10}H_{14}$	460－01－5	1.00	波斯菊萜	萜烯及其衍生物
12	11.06	2,4,6-Octatriene,2,6－dimethyl－,（E,Z）-	$C_{10}H_{16}$	7216－56－0	0.69	（E,Z）-别罗勒烯	萜烯及其衍生物

（续表）

编号	保留时间（min）	化合物	分子式	CAS 号	面积加和百分比（%）	中文名称	类别
13	6.32	1-(3-Benzyloxy-2-hydroxy-propyl)-3-phenyl-thiourea	$C_{17}H_{20}N_2O_2S$	1000294-75-7	0.67	1-(3-苄氧基-2-羟基-丙基)-3-苯基硫脲	其他
14	9.40	N-(4-Isopropyl-benzyl)-3-phenyl-propionamide	$C_{19}H_{23}NO$	300862-83-3	0.36	N-(4-异丙基苄基)-3-苯基丙酰胺	其他
15	9.90	2-Nonen-1-ol,(Z)-	$C_9H_{18}O$	41453-56-9	0.35	顺式-2-壬烯-1-醇	醇类
16	13.16	2,6,6-Trimethyl-bicyclo〔3.1.1〕hept-3-ylamine	$C_{10}H_{19}N$	69460-11-3	0.35	3-蒎烷胺	其他
17	1.37	Phenethylamine,p,alpha-dimethyl-	$C_{10}H_{15}N$	64-11-9	0.29	4-甲基苯丙胺	其他
18	20.73	3-Carene	$C_{10}H_{16}$	13466-78-9	0.25	3-蒈烯	萜烯及其衍生物
19	9.17	4-Amino-5-(4-acetylphenylazo)benzofurazan	$C_{14}H_{11}N_5O_2$	166766-09-2	0.25	4-氨基-5-(4-乙酰基苯基偶氮)苯并呋喃唑	其他

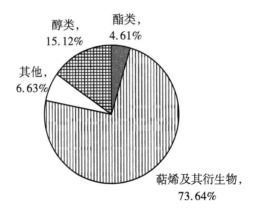

图 111-2　挥发性成分的比例构成

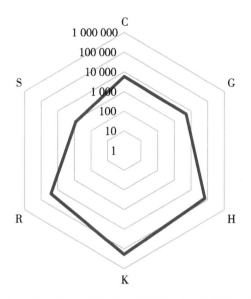

C—柑橘香；G—青香；H—药香；K—松柏香；R—玫瑰香；S—辛香料香

图 111-3 香韵分布雷达

112. 桂 10 号（海南儋州）

经 GC-MS 检测和分析（图 112-1），其果肉中挥发性成分相对含量超过 0.1% 的共有 6 种化合物（表 112-1），主要为萜烯类化合物，占 92.44%（图 112-2），其中，比例最高的挥发性成分为（−）-β-蒎烯，占 57.26%。

已知挥发性成分的气味 ABC 分析显示：果肉香味主要涵盖 4 种香型，各香味荷载从大到小依次为松柏香、药香、玫瑰香、柑橘香；其中，松柏香荷载远大于其他香味，可视为该杧果的主要香韵（图 112-3）。

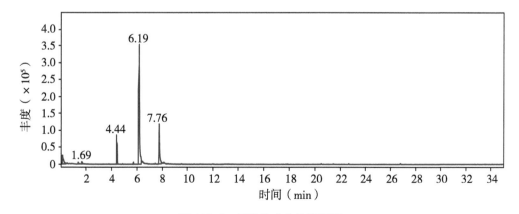

图 112-1 挥发性成分总离子流

表 112-1　挥发性成分 GC-MS 分析结果

编号	保留时间（min）	化合物	分子式	CAS 号	面积加和百分比（%）	中文名称	类别
1	6.19	Bicyclo〔3.1.1〕heptane,6,6-dimethyl-2-methylene-,(1S)-	$C_{10}H_{16}$	18172-67-3	57.26	(-)-β-蒎烯	萜烯及其衍生物
2	7.76	3-Carene	$C_{10}H_{16}$	13466-78-9	22.43	3-蒈烯	萜烯及其衍生物
3	4.44	3-Carene	$C_{10}H_{16}$	13466-78-9	10.86	3-蒈烯	萜烯及其衍生物
4	0.17	1-Penten-3-one	C_5H_8O	1629-58-9	6.54	1-戊烯-3-酮	酮及内酯
5	1.40	Cyclopentanol,3-methyl-	$C_6H_{12}O$	18729-48-1	0.93	3-甲基环戊醇	醇类
6	5.74	Bicyclo〔3.1.0〕hex-2-ene,4-methyl-1-(1-methylethyl)-	$C_{10}H_{16}$	28634-89-1	0.74	β-侧柏烯	萜烯及其衍生物

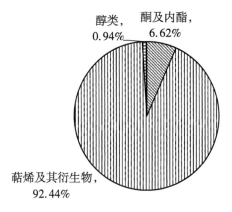

醇类，0.94%　　酮及内酯，6.62%

萜烯及其衍生物，92.44%

图 112-2　挥发性成分的比例构成

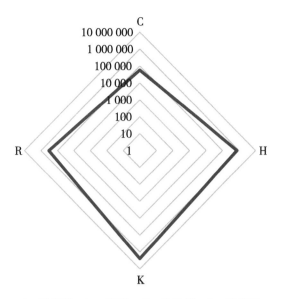

C—柑橘香；H—药香；K—松柏香；R—玫瑰香

图 112-3　香韵分布雷达

113. 热作 406（海南儋州）

经 GC-MS 检测和分析（图 113-1），其果肉中挥发性成分相对含量超过 0.1% 的共有 22 种化合物（表 113-1），主要为萜烯类化合物，占 76.36%（图 113-2），其中，比例最高的挥发性成分为 β-罗勒烯，占 35.09%。

无相关已知挥发性成分的气味 ABC 分析信息。

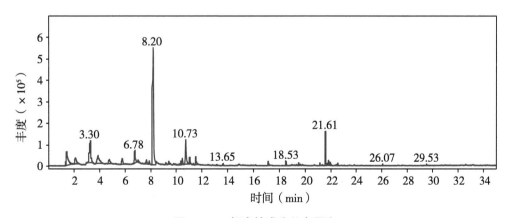

图 113-1　挥发性成分总离子流

表 113-1　挥发性成分 GC-MS 分析结果

编号	保留时间（min）	化合物	分子式	CAS 号	面积加和百分比（%）	中文名称	类别
1	8.20	beta-Ocimene	$C_{10}H_{16}$	13877-91-3	35.09	β-罗勒烯	萜烯及其衍生物
2	10.73	1,3,8-p-Mentha-triene	$C_{10}H_{14}$	18368-95-1	7.07	1,3,8-对-薄荷基三烯	萜烯及其衍生物
3	1.46	Oxalic acid	$C_2H_2O_4$	144-62-7	6.44	乙二酸	酸类
4	21.61	Naphthalene, deca-hydro-4a-methyl-1-methylene-7-(1-methylethenyl)-,［4aR-(4aalpha,7alpha,8abeta)］-	$C_{15}H_{24}$	17066-67-0	6.20	(+)-β-瑟林烯	萜烯及其衍生物
5	3.88	4-Penten-1-ol,3-methyl-	$C_6H_{12}O$	51174-44-8	5.93	3-甲基-4-戊烯-1-醇	醇类
6	4.77	Oxime-, methoxy-phenyl-_	$C_8H_9NO_2$	1000222-86-6	2.19	N-羟基-苯甲亚胺酸甲酯	酯类
7	10.46	p-Mentha-1,5,8-triene	$C_{10}H_{14}$	21195-59-5	1.44	1,5,8-对-薄荷基三烯	萜烯及其衍生物
8	21.84	Naphthalene, 1,2,3,5,6,7,8,8a-oc-tahydro-1,8a-dimethyl-7-(1-methylethenyl)-,［1R-(1alpha,7beta,8aalpha)］-	$C_{15}H_{24}$	4630-07-3	1.36	(+)-瓦伦亚烯	萜烯及其衍生物
9	7.67	1,7-Octadien-3-ol	$C_8H_{14}O$	30385-19-4	1.28	1,7-辛二烯-3-醇	醇类
10	11.07	2,4,6-Octatriene,2,6-dimethyl-,(E,Z)-	$C_{10}H_{16}$	7216-56-0	1.25	(E,Z)-别罗勒烯	萜烯及其衍生物
11	9.40	1,4-Cyclohexa-diene,3-ethenyl-1,2-dimethyl-	$C_{10}H_{14}$	62338-57-2	1.13	1,2-二甲基-3-辛基-1,4-环己二烯	萜烯及其衍生物
12	7.03	4-Amino-5-(4-acetylphenylazo)benzofurazan	$C_{14}H_{11}N_5O_2$	166766-09-2	0.90	4-氨基-5-(4-乙酰基苯基偶氮)苯并呋喃唑	其他
13	7.89	trans-beta-Oci-mene	$C_{10}H_{16}$	3779-61-1	0.87	反式-β-罗勒烯	萜烯及其衍生物
14	18.53	alpha-Cubebene	$C_{15}H_{24}$	17699-14-8	0.76	α-荜澄茄油烯	萜烯及其衍生物
15	9.17	Cycloheptane, 1,3,5-tris(methylene)-	$C_{10}H_{14}$	68284-24-2	0.44	1,3,5-三亚甲基环庚烷	其他

（续表）

编号	保留时间（min）	化合物	分子式	CAS 号	面积加和百分比（%）	中文名称	类别
16	19.51	1H－Cycloprop［e］azulene, 1a, 2, 3, 4, 4a, 5, 6, 7b－octahydro－1,1,4,7－tetramethyl－,［1aR－（1aalpha,4alpha,4abeta,7balpha)］－	$C_{15}H_{24}$	489－40－7	0.44	（−）－α－古云烯	萜烯及其衍生物
17	22.57	cis－Calamenene	$C_{15}H_{22}$	72937－55－4	0.43	顺式－菖蒲烯	萜烯及其衍生物
18	21.16	（4S, 4aR, 6R）－4,4a－Dimethyl－6－（prop-1-en-2-yl)－1,2,3,4,4a,5,6,7－octahydronaphthalene	$C_{15}H_{24}$	54868－40－5	0.41	（4S，4aR，6R)－4,4a－二甲基－6－（丙烯－1－烯－2－基)－1，2，3，4，4a，5，6，7－八氢萘	萜烯及其衍生物
19	13.65	1－Cyclohexene－1－carboxaldehyde, 2,6,6－trimethyl－	$C_{10}H_{16}O$	432－25－7	0.39	β－环柠檬醛	萜烯及其衍生物
20	1.36	Phenethylamine, p, alpha－dimethyl－	$C_{10}H_{15}N$	64－11－9	0.27	4－甲基苯丙胺	其他
21	13.15	Decanal	$C_{10}H_{20}O$	112－31－2	0.20	癸醛	醛类
22	21.72	（3S,3aR,3bR,4S,7R,7aR）－4－Isopropyl－3,7－dimethyloctahydro－1H－cyclopenta［1,3］cyclopropa［1,2］benzen－3－ol	$C_{15}H_{26}O$	23445－02－5	0.19	荜澄茄醇	萜烯及其衍生物

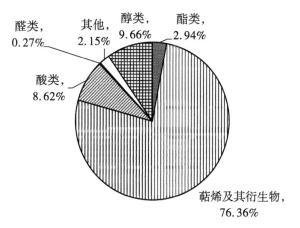

图 113-2　挥发性成分的比例构成

114. 龙井大杞（海南儋州）

经 GC-MS 检测和分析（图 114-1），其果肉中挥发性成分相对含量超过 0.1% 的共有 17 种化合物（表 114-1），主要为萜烯类化合物，占 87.02%（图 114-2），其中，比例最高的挥发性成分为 β-月桂烯，占 48.69%。

已知挥发性成分的气味 ABC 分析显示：果肉香味主要涵盖 7 种香型，各香味荷载从大到小依次为脂肪香、柑橘香、药香、松柏香、香膏香、青香、果香；其中，脂肪香荷载远大于其他香味，可视为该杞果的主要香韵（图 114-3）。

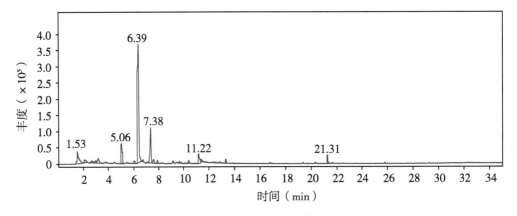

图 114-1 挥发性成分总离子流

表 114-1 挥发性成分 GC-MS 分析结果

编号	保留时间（min）	化合物	分子式	CAS 号	面积加和百分比（%）	中文名称	类别
1	6.39	beta-Myrcene	$C_{10}H_{16}$	123-35-3	48.69	β-月桂烯	萜烯及其衍生物
2	7.38	D-Limonene	$C_{10}H_{16}$	5989-27-5	14.00	D-柠檬烯	萜烯及其衍生物
3	5.06	alpha-Pinene	$C_{10}H_{16}$	80-56-8	8.27	α-蒎烯	萜烯及其衍生物
4	11.22	2,6-Nonadienal,(E,Z)-	$C_9H_{14}O$	557-48-2	3.64	反式-2-,顺式-6-壬二烯醛	醛类
5	2.10	Carbonic acid, hexyl methyl ester	$C_8H_{16}O_3$	1000314-61-8	2.06	己基碳酸甲酯	酯类
6	21.31	trans-beta-Ionone	$C_{13}H_{20}O$	79-77-6	2.03	乙位紫罗兰酮	萜烯及其衍生物
7	7.61	trans-beta-Ocimene	$C_{10}H_{16}$	3779-61-1	1.91	反式-β-罗勒烯	萜烯及其衍生物
8	2.71	Dicyclopropyl carbinol	$C_7H_{12}O$	14300-33-5	1.53	二环丙基甲醇	醇类

（续表）

编号	保留时间（min）	化合物	分子式	CAS号	面积加和百分比（%）	中文名称	类别
9	11.40	2,6 - Nonadienal,（E,Z）-	$C_9H_{14}O$	557-48-2	1.34	反式-2-,顺式-6-壬二烯醛	醛类
10	2.96	Hexanal	$C_6H_{12}O$	66-25-1	1.12	己醛	醛类
11	13.33	1-Cyclohexene-1-carboxaldehyde, 2,6,6-trimethyl-	$C_{10}H_{16}O$	432-25-7	1.10	β-环柠檬醛	萜烯及其衍生物
12	10.40	(6,6-Dimethylbi-cyclo[3.1.1]hept-2-en-2-yl) methyl ethyl carbonate	$C_{13}H_{20}O_3$	1000373-80-4	1.04	(6,6-二甲基二环[3.1.1]庚-2-烯-2-基)甲基碳酸乙酯	酯类
13	6.02	Bicyclo［3.1.1］heptane, 6,6-dimethyl-2-methylene-,（1S）-	$C_{10}H_{16}$	18172-67-3	1.04	(-)-β-蒎烯	萜烯及其衍生物
14	7.91	trans - beta - Ocimene	$C_{10}H_{16}$	3779-61-1	1.00	反式-β-罗勒烯	萜烯及其衍生物
15	9.14	Benzene,1-methyl-4-（1-methylethenyl）-	$C_{10}H_{12}$	1195-32-0	0.55	1-甲基-4-(1-甲基乙烯基)苯	其他
16	6.75	1,3,6,10-Dodeca-tetraene, 3,7,11-trimethyl-,（Z,E）-	$C_{15}H_{24}$	26560-14-5	0.43	(3Z,6E)-α-法尼烯	萜烯及其衍生物
17	9.63	Nonanal	$C_9H_{18}O$	124-19-6	0.42	壬醛	醛类

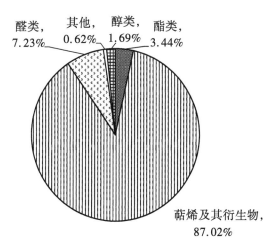

图 114-2 挥发性成分的比例构成

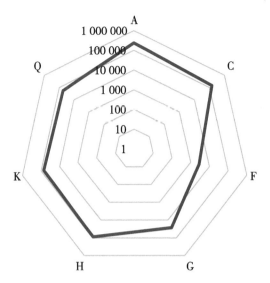

A—脂肪香；C—柑橘香；F—果香；G—青香；H—药香；K—松柏香；Q—香膏香

图 114-3　香韵分布雷达

115. GF-E-GAP01 号资源（海南儋州）

经 GC-MS 检测和分析（图 115-1），其果肉中挥发性成分相对含量超过 0.1% 的共有 25 种化合物（表 115-1），主要为萜烯类化合物，占 97.39%（图 115-2），其中，比例最高的挥发性成分为萜品油烯，占 68.17%。

已知挥发性成分的气味 ABC 分析显示：果肉香味主要涵盖 5 种香型，各香味荷载从大到小依次为松柏香、柑橘香、药香、玫瑰香、香膏香；其中，松柏香、柑橘香荷载远大于其他香味，可视为该杞果的主要香韵（图 115-3）。

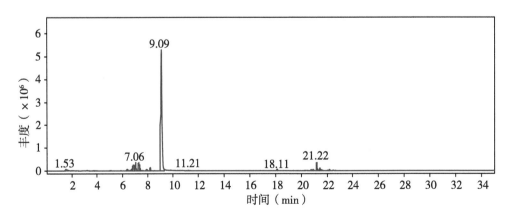

图 115-1　挥发性成分总离子流

表 115-1 挥发性成分 GC-MS 分析结果

编号	保留时间（min）	化合物	分子式	CAS 号	面积加和百分比（%）	中文名称	类别
1	9.09	Cyclohexene,1-methyl-4-(1-methylethylidene)-	$C_{10}H_{16}$	586-62-9	68.17	萜品油烯	萜烯及其衍生物
2	21.22	Naphthalene, deca-hydro-4a-methyl-1-methylene-7-(1-methylethenyl)-,[4aR-(4aalpha,7alpha,8abeta)]-	$C_{15}H_{24}$	17066-67-0	4.73	(+)-β-瑟林烯	萜烯及其衍生物
3	7.06	1,3-Cyclohexadiene,1-methyl-4-(1-methylethyl)-	$C_{10}H_{16}$	99-86-5	4.59	α-萜品烯	萜烯及其衍生物
4	7.30	o-Cymene	$C_{10}H_{14}$	527-84-4	4.57	邻伞花烃	萜烯及其衍生物
5	7.38	D-Limonene	$C_{10}H_{16}$	5989-27-5	3.29	D-柠檬烯	萜烯及其衍生物
6	6.87	3-Carene	$C_{10}H_{16}$	13466-78-9	3.23	3-蒈烯	萜烯及其衍生物
7	8.22	gamma-Terpinene	$C_{10}H_{16}$	99-85-4	1.71	γ-萜品烯	萜烯及其衍生物
8	21.45	1H-Cyclopropa[a]naphthalene, deca-hydro-1,1,3a-tri-methyl-7-meth-ylene-,[1aS-(1alpha,3aalpha,7abeta,7balpha)]-	$C_{15}H_{24}$	20071-49-2	1.41	1,1,3a-三甲基-7-亚甲基十氢-1H-环丙烯[a]萘	其他
9	1.53	Ethanol,2-nitro-	$C_2H_5NO_3$	625-48-9	0.83	2-硝基乙醇	醇类
10	6.74	gamma-Terpinene	$C_{10}H_{16}$	99-85-4	0.83	γ-萜品烯	萜烯及其衍生物
11	18.12	alpha-Cubebene	$C_{15}H_{24}$	17699-14-8	0.82	α-荜澄茄油烯	萜烯及其衍生物
12	6.40	beta-Myrcene	$C_{10}H_{16}$	123-35-3	0.74	β-月桂烯	萜烯及其衍生物
13	7.92	3-Carene	$C_{10}H_{16}$	13466-78-9	0.70	3-蒈烯	萜烯及其衍生物
14	22.19	Naphthalene, 1,2,3,5,6,8a-hexa-hydro-4,7-dimeth-yl-1-(1-methylethyl)-,(1S-cis)-	$C_{15}H_{24}$	483-76-1	0.67	Δ-杜松烯	萜烯及其衍生物

（续表）

编号	保留时间（min）	化合物	分子式	CAS 号	面积加和百分比（%）	中文名称	类别
15	20.92	4a,8-Dimethyl-2-(prop-1-en-2-yl)-1,2,3,4,4a,5,6,7-octa-hydronaphthalene	$C_{15}H_{24}$	103827-22-1	0.60	2-异丙烯基-4a,8-二甲基-1,2,3,4,4a,5,6,7-八氢萘	萜烯及其衍生物
16	20.76	(4S,4aR,6R)-4,4a-Dimethyl-6-(prop-1-en-2-yl)-1,2,3,4,4a,5,6,7-octahydronaphthalene	$C_{15}H_{24}$	54868-40-5	0.50	(4S,4aR,6R)-4,4a-二甲基-6-(丙烯-1-烯-2-基)-1,2,3,4,4a,5,6,7-八氢萘	萜烯及其衍生物
17	21.58	alpha-Muurolene	$C_{15}H_{24}$	31983-22-9	0.43	α-衣兰油烯	萜烯及其衍生物
18	5.05	Bicyclo[3.1.0]hex-2-ene,4-methyl-1-(1-methylethyl)-	$C_{10}H_{16}$	28634-89-1	0.21	β-侧柏烯	萜烯及其衍生物
19	1.44	1-Alanineethylamide,(S)-	$C_5H_{12}N_2O$	71773-95-0	0.20	N-乙基丙氨酰胺	其他
20	22.47	(4aR,8aS)-4a-Methyl-1-methylene-7-(propan-2-ylidene)deca-hydronaphthalene	$C_{15}H_{24}$	58893-88-2	0.18	(4aR,8aS)-4a-甲基-1-亚甲基-7-(丙烷-2-亚基)十氢萘	萜烯及其衍生物
21	22.03	(-)-alpha-Panasinsen	$C_{15}H_{24}$	56633-28-4	0.15	(-)-α-人参烯	萜烯及其衍生物
22	9.81	1,3,8-p-Mentha-triene	$C_{10}H_{14}$	18368-95-1	0.15	1,3,8-对-薄荷基三烯	萜烯及其衍生物
23	3.77	2-Hexenal,(E)-	$C_6H_{10}O$	6728-26-3	0.15	反式-2-己烯醛	醛类
24	21.68	alpha-Guaiene	$C_{15}H_{24}$	3691-12-1	0.13	α-愈创木烯	萜烯及其衍生物
25	7.63	trans-beta-Ocimene	$C_{10}H_{16}$	3779-61-1	0.11	反式-β-罗勒烯	萜烯及其衍生物

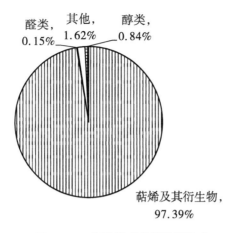

图 115-2 挥发性成分的比例构成

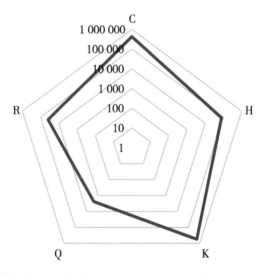

C—柑橘香；H—药香；K—松柏香；Q—香膏香；R—玫瑰香

图 115-3 香韵分布雷达

116. 百合杧（海南儋州）

此资源为紫花杧实生后代，经 GC-MS 检测和分析（图 116-1），其果肉中挥发性成分相对含量超过 0.1% 的共有 18 种化合物（表 116-1），主要为萜烯类化合物，占 98.41%（图 116-2），其中，比例最高的挥发性成分为萜品油烯，占 65.87%。

已知挥发性成分的气味 ABC 分析显示：果肉香味主要涵盖 6 种香型，各香味荷载从大到小依次为松柏香、柑橘香、药香、玫瑰香、香膏香、冰凉香；其中，松柏香、柑橘香荷载远大于其他香味，可视为该杧果的主要香韵（图 116-3）。

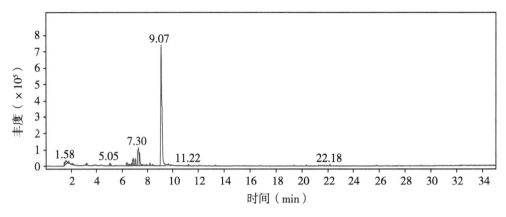

图 116-1　挥发性成分总离子流

表 116-1　挥发性成分 GC-MS 分析结果

编号	保留时间 （min）	化合物	分子式	CAS 号	面积加和 百分比 （%）	中文名称	类别
1	9.07	Cyclohexene,1-methyl-4-（1-methylethylidene）-	$C_{10}H_{16}$	586-62-9	65.87	萜品油烯	萜烯及其衍生物
2	7.30	o-Cymene	$C_{10}H_{14}$	527-84-4	6.99	邻伞花烃	萜烯及其衍生物
3	7.39	Geranyl propionate	$C_{13}H_{22}O_2$	105-90-8	5.47	丙酸香叶酯	萜烯及其衍生物
4	6.87	3-Carene	$C_{10}H_{16}$	13466-78-9	3.41	3-蒈烯	萜烯及其衍生物
5	7.05	1,3-Cyclohexadiene,1-methyl-4-（1-methylethyl）-	$C_{10}H_{16}$	99-86-5	2.86	α-萜品烯	萜烯及其衍生物
6	6.40	beta-Myrcene	$C_{10}H_{16}$	123-35-3	1.47	β-月桂烯	萜烯及其衍生物
7	5.05	Bicyclo［3.1.1］hept-2-ene,3,6,6-trimethyl-	$C_{10}H_{16}$	4889-83-2	1.45	3,6,6-三甲基-双环(3.1.1)庚-2-烯	萜烯及其衍生物
8	6.73	alpha-Phellandrene	$C_{10}H_{16}$	99-83-2	1.01	α-水芹烯	萜烯及其衍生物
9	8.22	gamma-Terpinene	$C_{10}H_{16}$	99-85-4	1.00	γ-萜品烯	萜烯及其衍生物
10	7.58	Isopinocarveol	$C_{10}H_{16}O$	6712-79-4	0.97	异松香芹醇	萜烯及其衍生物

（续表）

编号	保留时间（min）	化合物	分子式	CAS号	面积加和百分比（%）	中文名称	类别
11	7.96	1,6-Octadien-3-ol,3,7-dimethyl-,propanoate	$C_{13}H_{22}O_2$	144-39-8	0.66	丙酸芳樟酯	萜烯及其衍生物
12	1.47	1-(5-Bicyclo〔2.2.1〕heptyl)ethylamine	$C_9H_{17}N$	1000222-20-9	0.56	1-(5-二环〔2.2.1〕庚基)乙胺	其他
13	8.41	3(2H)-Furanone,4-methoxy-2,5-dimethyl-	$C_7H_{10}O_3$	4077-47-8	0.48	4-甲氧基-2,5-二甲基-3(2H)-呋喃酮	其他
14	9.64	2,6,6-Trimethyl-bicyclo〔3.1.1〕hept-3-ylamine	$C_{10}H_{19}N$	69460-11-3	0.46	3-蒎烷胺	其他
15	22.18	cis-Calamenene	$C_{15}H_{22}$	72937-55-4	0.37	顺式-菖蒲烯	萜烯及其衍生物
16	13.32	1-Cyclohexene-1-carboxaldehyde,2,6,6-trimethyl-	$C_{10}H_{16}O$	432-25-7	0.27	β-环柠檬醛	萜烯及其衍生物
17	20.34	Humulene	$C_{15}H_{24}$	6753-98-6	0.26	葎草烯	萜烯及其衍生物
18	9.81	1,3,8-p-Mentha-triene	$C_{10}H_{14}$	18368-95-1	0.25	1,3,8-对-薄荷基二烯	萜烯及其衍生物

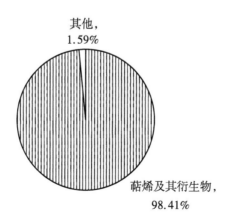

图 116-2 挥发性成分的比例构成

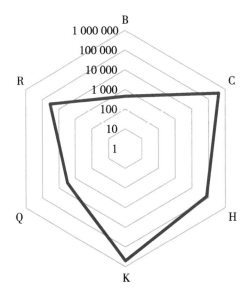

B—冰凉香；C—柑橘香；H—药香；K—松柏香；Q—香膏香；R—玫瑰香

图 116-3　香韵分布雷达

117. Brooks 杧（海南儋州）

经 GC-MS 检测和分析（图 117-1），其果肉中挥发性成分相对含量超过 0.1% 的共有 16 种化合物（表 117-1），主要为萜烯类化合物，占 85.15%（图 117-2），其中，比例最高的挥发性成分为 3-蒈烯，占 61.66%。

已知挥发性成分的气味 ABC 分析显示：果肉香味主要涵盖 8 种香型，各香味荷载从大到小依次为松柏香、药香、玫瑰香、柑橘香、木香、香膏香、土壤香、辛香料香；其中，松柏香、药香、玫瑰香荷载远大于其他香味，可视为该杧果的主要香韵（图 117-3）。

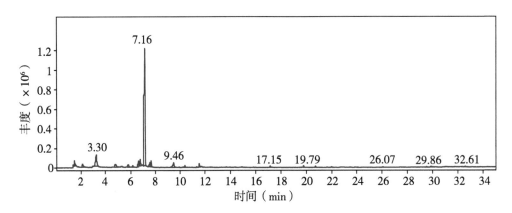

图 117-1　挥发性成分总离子流

表 117-1 挥发性成分 GC-MS 分析结果

编号	保留时间（min）	化合物	分子式	CAS 号	面积加和百分比（%）	中文名称	类别
1	7.16	3-Carene	$C_{10}H_{16}$	13466-78-9	61.66	3-蒈烯	萜烯及其衍生物
2	9.46	Benzene,1-methyl-4-(1-methylethenyl)-	$C_{10}H_{12}$	1195-32-0	3.31	1-甲基-4-(1-甲基乙烯基)苯	其他
3	7.67	D-Limonene	$C_{10}H_{16}$	5989-27-5	2.88	D-柠檬烯	萜烯及其衍生物
4	6.63	Bicyclo［3.1.1］heptane,6,6-dimethyl-2-methylene-,(1S)-	$C_{10}H_{16}$	18172-67-3	2.59	(−)-β-蒎烯	萜烯及其衍生物
5	4.82	Oxime-,methoxy-phenyl-_	$C_8H_9NO_2$	1000222-86-6	2.43	N-羟基-苯甲亚胺酸甲酯	酯类
6	7.57	Benzene,1-methyl-3-(1-methylethyl)-	$C_{10}H_{14}$	535-77-3	2.15	间伞花烃	其他
7	1.46	(S)-(+)-1,2-Propanediol	$C_3H_8O_2$	4254-15-3	2.01	(S)-(+)-1,2-丙二醇	醇类
8	6.16	1,3,5-Cycloheptatriene,3,7,7-trimethyl-	$C_{10}H_{14}$	3479-89-8	0.64	3,7,7-三甲基-1,3,5-环庚三烯	其他
9	29.86	3(2H)-Isothiazolone,2-octyl-	$C_{11}H_{19}NOS$	26530-20-1	0.53	辛异噻唑酮	酮及内酯
10	19.79	Caryophyllene	$C_{15}H_{24}$	87-44-5	0.50	石竹烯	萜烯及其衍生物
11	20.73	Humulene	$C_{15}H_{24}$	6753-98-6	0.33	葎草烯	萜烯及其衍生物
12	1.36	(2-Aziridinylethyl)amine	$C_4H_{10}N_2$	4025-37-0	0.32	2-(氮杂环丙烷-1-基)乙胺	其他
13	1.73	Ethyl Acetate	$C_4H_8O_2$	141-78-6	0.21	乙酸乙酯	酯类
14	9.91	2,6,6-Trimethyl-bicyclo［3.1.1］hept-3-ylamine	$C_{10}H_{19}N$	69460-11-3	0.14	3-蒎烷胺	其他
15	9.25	Benzene,1-methyl-4-(1-methylethenyl)-	$C_{10}H_{12}$	1195-32-0	0.13	1-甲基-4-(1-甲基乙烯基)苯	其他
16	5.31	3-Carene	$C_{10}H_{16}$	13466-78-9	0.11	3-蒈烯	萜烯及其衍生物

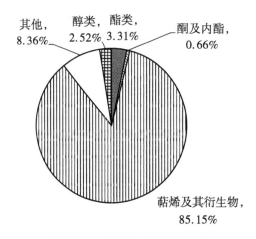

图 117-2　挥发性成分的比例构成

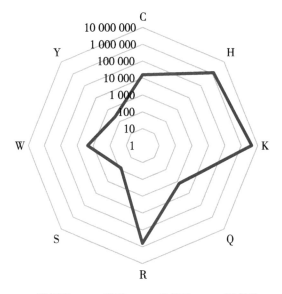

C—柑橘香；H—药香；K—松柏香；Q—香膏香；
R—玫瑰香；S—辛香料香；W—木香；Y—土壤香

图 117-3　香韵分布雷达

118. A38 号资源（海南儋州）

经 GC-MS 检测和分析（图 118-1），其果肉中挥发性成分相对含量超过 0.1% 的共有 11 种化合物（表 118-1），主要为萜烯类化合物，占 80.46%（图 118-2），其中，比例最高的挥发性成分为 β-月桂烯，占 61.43%。

已知挥发性成分的气味 ABC 分析显示：果肉香味主要涵盖 7 种香型，各香味荷载从大到小依次为柑橘香、药香、松柏香、香膏香、木香、土壤香、辛香料香；其中，柑橘香、药香、松柏香、香膏香荷载远大于其他香味，可视为该杞果的主要香韵（图 118-3）。

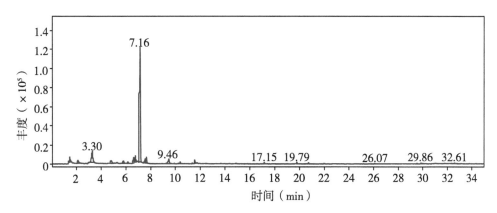

图 118-1　挥发性成分总离子流

表 118-1　挥发性成分 GC-MS 分析结果

编号	保留时间（min）	化合物	分子式	CAS 号	面积加和百分比（%）	中文名称	类别
1	5.84	beta-Myrcene	$C_{10}H_{16}$	123-35-3	61.43	β-月桂烯	萜烯及其衍生物
2	0.45	Cyclobarbital	$C_{12}H_{16}N_2O_3$	52-31-5	11.71	环巴比妥	其他
3	21.20	Naphthalene, deca-hydro-4a-methyl-1-methylene-7-(1-methylethenyl)-,[4aR-(4aalpha,7alpha,8abeta)]-	$C_{15}H_{24}$	17066-67-0	4.76	(+)-β-瑟林烯	萜烯及其衍生物
4	19.36	Caryophyllene	$C_{15}H_{24}$	87-44-5	4.25	石竹烯	萜烯及其衍生物
5	2.01	Cyclohexane,(1,1-dimethylethyl)-	$C_{10}H_{20}$	3178-22-1	3.76	叔丁基环己烷	其他
6	20.31	Humulene	$C_{15}H_{24}$	6753-98-6	2.83	葎草烯	萜烯及其衍生物
7	0.70	6-Hepten-3-one,5-hydroxy-4-methyl-	$C_8H_{14}O_2$	61141-71-7	2.28	5-羟基-4-甲基-6-庚烯-3-酮	酮及内酯
8	6.93	Cyclohexane,1-methylene-4-(1-methylethenyl)-	$C_{10}H_{16}$	499-97-8	1.74	伪柠檬烯	萜烯及其衍生物
9	7.20	trans-beta-Ocimene	$C_{10}H_{16}$	3779-61-1	1.65	反式-β-罗勒烯	萜烯及其衍生物
10	3.68	Hexanal,4-methyl-	$C_7H_{14}O$	41065-97-8	0.45	4-甲基己醛	醛类
11	2.83	3-Hexen-1-ol,(E)-	$C_6H_{12}O$	928-97-2	0.43	反式-3-己烯-1-醇	醇类

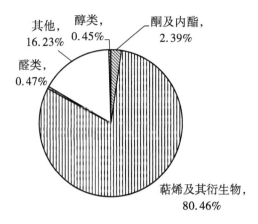

图 118-2　挥发性成分的比例构成

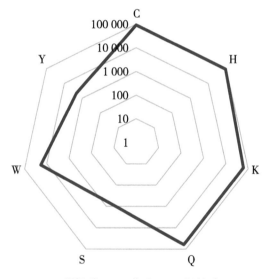

C—柑橘香；H—药香；K—松柏香；
Q—香膏香；S—辛香料香；W—木香；Y—土壤香

图 118-3　香韵分布雷达

119. Palmer 杧（海南儋州）

经 GC-MS 检测和分析（图 119-1），其果肉中挥发性成分相对含量超过 0.1% 的共有 21 种化合物（表 119-1），主要为萜烯类化合物，占 93.96%（图 119-2），其中，比例最高的挥发性成分为 3-蒈烯，占 44.10%。

已知挥发性成分的气味 ABC 分析显示：果肉香味主要涵盖 8 种香型，各香味荷载从大到小依次为松柏香、药香、玫瑰香、柑橘香、香膏香、木香、土壤香、辛香料香；其中，松柏香、药香、玫瑰香荷载远大于其他香味，可视为该杧果的主要香韵（图 119-3）。

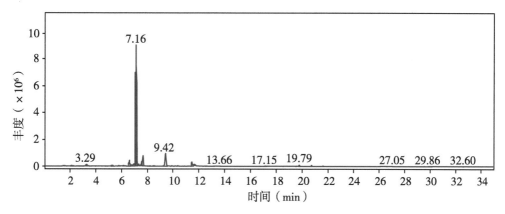

图 119-1　挥发性成分总离子流

表 119-1　挥发性成分 GC-MS 分析结果

编号	保留时间（min）	化合物	分子式	CAS 号	面积加和百分比（%）	中文名称	类别
1	7.16	3-Carene	$C_{10}H_{16}$	13466-78-9	44.10	3-蒈烯	萜烯及其衍生物
2	7.12	3-Carene	$C_{10}H_{16}$	13466-78-9	26.60	3-蒈烯	萜烯及其衍生物
3	9.42	Cyclohexene,1-methyl-4-(1-methylethylidene)-	$C_{10}H_{16}$	586-62-9	7.71	萜品油烯	萜烯及其衍生物
4	7.67	D-Limonene	$C_{10}H_{16}$	5989-27-5	5.06	D-柠檬烯	萜烯及其衍生物
5	6.63	Bicyclo［3.1.1］heptane,6,6-dimethyl-2-methylene-,(1S)-	$C_{10}H_{16}$	18172-67-3	3.16	(−)-β-蒎烯	萜烯及其衍生物
6	11.47	2,6-Nonadienal,(E,Z)-	$C_9H_{14}O$	557-48-2	1.91	反式-2-,顺式-6-壬二烯醛	醛类
7	7.56	Benzene,1-methyl-3-(1-methylethyl)-	$C_{10}H_{14}$	535-77-3	1.84	间伞花烃	其他
8	7.00	gamma-Terpinene	$C_{10}H_{16}$	99-85-4	1.59	γ-萜品烯	萜烯及其衍生物
9	7.33	1,3-Cyclohexadiene,1-methyl-4-(1-methylethyl)-	$C_{10}H_{16}$	99-86-5	0.85	α-萜品烯	萜烯及其衍生物
10	11.66	3,6-Nonadien-1-ol,(E,Z)-	$C_9H_{16}O$	56805-23-3	0.67	3,6-壬二烯醇	醇类
11	19.79	Caryophyllene	$C_{15}H_{24}$	87-44-5	0.38	石竹烯	萜烯及其衍生物

（续表）

编号	保留时间（min）	化合物	分子式	CAS 号	面积加和百分比（%）	中文名称	类别
12	6.16	1,3,5 - Cyclohep-tatriene,3,7,7-tri-methyl-	$C_{10}H_{14}$	3479-89-8	0.32	3,7,7-三甲基-1,3,5-环庚三烯	其他
13	20.73	1,4,7,-Cycloundo catriene,1,5,9,9-tetramethyl-,Z,Z,Z-	$C_{15}H_{24}$	1000062-61-9	0.30	1,5,9,9-四甲基-1,4,7-环己三烯	其他
14	5.33	alpha-Pinene	$C_{10}H_{16}$	80-56-8	0.28	α-蒎烯	萜烯及其衍生物
15	5.23	3-Carene	$C_{10}H_{16}$	13466-78-9	0.27	3-菌烯	萜烯及其衍生物
16	8.52	3-Carene	$C_{10}H_{16}$	13466-78-9	0.26	3-菌烯	萜烯及其衍生物
17	4.79	Oxime -,methoxy -phenyl-_	$C_8H_9NO_2$	1000222-86-6	0.23	N-羟基-苯甲亚胺酸甲酯	酯类
18	3.82	2-Hexenal,(E)-	$C_6H_{10}O$	6728-26-3	0.14	反式-2-己烯醛	醛类
19	9.90	10-Undecenal	$C_{11}H_{20}O$	112-45-8	0.14	10-十一烯醛	醛类
20	29.86	3(2H)-Isothiazolo-ne,2-octyl-	$C_{11}H_{19}NOS$	26530-20-1	0.14	辛异噻唑酮	酮及内酯
21	2.69	Benzene,(2-methyloctyl)-	$C_{15}H_{24}$	49826-80-4	0.10	(2-甲基辛基)苯	其他

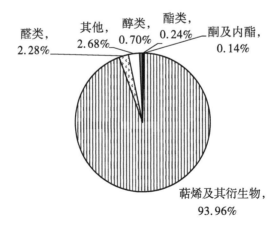

图 119-2 挥发性成分的比例构成

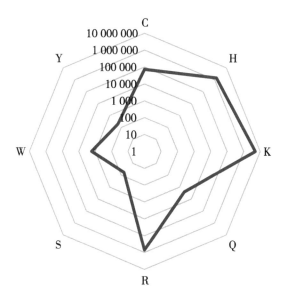

C—柑橘香；H—药香；K—松柏香；Q—香膏香；
R—玫瑰香；S—辛香料香；W—木香；Y—土壤香

图 119-3 香韵分布雷达

120. A51 号资源（海南儋州）

经 GC-MS 检测和分析（图 120-1），其果肉中挥发性成分相对含量超过 0.1% 的共有 18 种化合物（表 120-1），主要为萜烯类化合物，占 97.89%（图 120-2），其中，比例最高的挥发性成分为 3-蒈烯，占 64.92%。

已知挥发性成分的气味 ABC 分析显示：果肉香味主要涵盖 6 种香型，各香味荷载从大到小依次为松柏香、药香、玫瑰香、柑橘香、香膏香、冰凉香；其中，松柏香、药香、玫瑰香荷载远大于其他香味，可视为该杧果的主要香韵（图 120-3）。

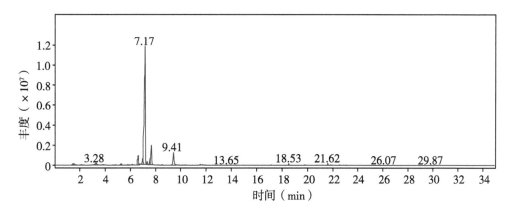

图 120-1 挥发性成分总离子流

表 120-1 挥发性成分 GC-MS 分析结果

编号	保留时间（min）	化合物	分子式	CAS 号	面积加和百分比（%）	中文名称	类别
1	7.17	3-Carene	$C_{10}H_{16}$	13466-78-9	64.92	3-蒈烯	萜烯及其衍生物
2	7.67	Cyclohexane, 1-methylene-4-(1-methylethenyl)-	$C_{10}H_{16}$	499-97-8	9.78	伪柠檬烯	萜烯及其衍生物
3	9.41	Cyclohexene,1-methyl-4-(1-methylethylidene)-	$C_{10}H_{16}$	586-62-9	7.02	萜品油烯	萜烯及其衍生物
4	6.63	beta-Myrcene	$C_{10}H_{16}$	123-35-3	4.63	β-月桂烯	萜烯及其衍生物
5	7.00	alpha-Phellandrene	$C_{10}H_{16}$	99-83-2	2.81	α-水芹烯	萜烯及其衍生物
6	7.57	o-Cymene	$C_{10}H_{14}$	527-84-4	2.06	邻伞花烃	萜烯及其衍生物
7	7.33	1,3-Cyclohexadiene, 1-methyl-4-(1-methylethyl)-	$C_{10}H_{16}$	99-86-5	1.19	α-萜品烯	萜烯及其衍生物
8	1.54	Dimethylphosphine	C_2H_7P	676-59-5	0.69	二甲膦	其他
9	1.46	Ethanol,2-nitro-	$C_2H_5NO_3$	625-48-9	0.50	2-硝基乙醇	醇类
10	21.62	Naphthalene, deca-hydro-4a-methyl-1-methylene-7-(1-methylethenyl)-, [4aR-(4aalpha,7alpha,8abeta)]-	$C_{15}H_{24}$	17066-67-0	0.46	(+)-β-瑟林烯	萜烯及其衍生物
11	5.31	alpha-Pinene	$C_{10}H_{16}$	80-56-8	0.44	α-蒎烯	萜烯及其衍生物
12	18.53	alpha-Copaene	$C_{15}H_{24}$	1000360-33-0	0.40	α-古巴烯	萜烯及其衍生物
13	5.23	alpha-Pinene	$C_{10}H_{16}$	80-56-8	0.39	α-蒎烯	萜烯及其衍生物
14	6.16	1,3,5-Cycloheptatriene,3,7,7-tri-methyl-	$C_{10}H_{14}$	3479-89-8	0.29	3,7,7-三甲基-1,3,5-环庚三烯	其他
15	3.84	2-Hexenal,(E)-	$C_6H_{10}O$	6728-26-3	0.27	反式-2-己烯醛	醛类
16	8.53	gamma-Terpinene	$C_{10}H_{16}$	99-85-4	0.17	γ-萜品烯	萜烯及其衍生物
17	4.76	Oxime-, methoxy-phenyl-_	$C_8H_9NO_2$	1000222-86-6	0.17	N-羟基-苯甲亚胺酸甲酯	酯类

（续表）

编号	保留时间（min）	化合物	分子式	CAS 号	面积加和百分比（%）	中文名称	类别
18	21.85	1H-Cyclopropa［a］naphthalene，deca-hydro-1,1,3a-tri-methyl-7-meth-ylene-，［1aS-（1aalpha，3aalpha，7abeta，7balpha）］-	$C_{15}H_{24}$	20071-49-2	0.12	1,1,3a-三甲基-7-亚甲基十氢-1H-环丙烯［a］萘	其他

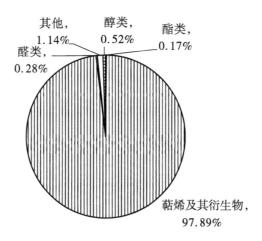

图 120-2 挥发性成分的比例构成

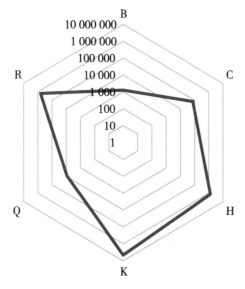

B—冰凉香；C—柑橘香；H—药香；K—松柏香；Q—香膏香；R—玫瑰香

图 120-3 香韵分布雷达

121. A47 号资源（海南儋州）

经 GC-MS 检测和分析（图 121-1），其果肉中挥发性成分相对含量超过 0.1% 的共有 40 种化合物（表 121-1），主要为萜烯类化合物，占 64.48%（图 121-2），其中，比例最高的挥发性成分为萜品油烯，占 27.08%。

已知挥发性成分的气味 ABC 分析显示：果肉香味主要涵盖 11 种香型，各香味荷载从大到小依次为松柏香、药香、玫瑰香、柑橘香、果香、冰凉香、芳香族化合物香、木香、青香、辛香料香、土壤香；其中，松柏香、药香、玫瑰香、柑橘香荷载远大于其他香味，可视为该杞果的主要香韵（图 121-3）。

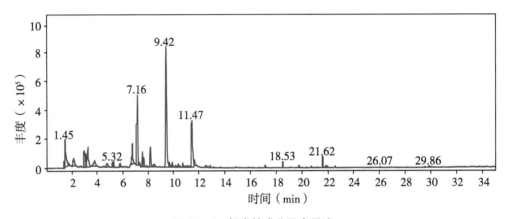

图 121-1　挥发性成分总离子流

表 121-1　挥发性成分 GC-MS 分析结果

编号	保留时间（min）	化合物	分子式	CAS 号	面积加和百分比（%）	中文名称	类别
1	9.42	Cyclohexene,1-methyl-4-(1-methylethylidene)-	$C_{10}H_{16}$	586-62-9	27.08	萜品油烯	萜烯及其衍生物
2	7.16	3-Carene	$C_{10}H_{16}$	13466-78-9	13.01	3-蒈烯	萜烯及其衍生物
3	11.47	2,6-Nonadienal,(E,Z)-	$C_9H_{14}O$	557-48-2	8.68	反式-2-,顺式-6-壬二烯醛	醛类
4	1.45	Dimethyl ether	C_2H_6O	115-10-6	5.43	二甲醚	其他
5	8.21	3-Carene	$C_{10}H_{16}$	13466-78-9	3.81	3-蒈烯	萜烯及其衍生物
6	2.95	Butanoic acid, ethyl ester	$C_6H_{12}O_2$	105-54-4	3.27	丁酸乙酯	酯类
7	3.08	Butanoic acid, ethyl ester	$C_6H_{12}O_2$	105-54-4	2.92	丁酸乙酯	酯类
8	3.83	2-Hexenal,(E)-	$C_6H_{10}O$	6728-26-3	2.47	反式-2-己烯醛	醛类

（续表）

编号	保留时间（min）	化合物	分子式	CAS 号	面积加和百分比（%）	中文名称	类别
9	7.56	Benzene, 1 - methyl - 3 - (1 - methylethyl) -	$C_{10}H_{14}$	535 - 77 - 3	2.20	间伞花烃	其他
10	7.67	3 - Carene	$C_{10}H_{16}$	13466 - 78 - 9	1.68	3 - 蒈烯	萜烯及其衍生物
11	11.66	Isopinocarveol	$C_{10}H_{16}O$	6712 - 79 - 4	1.32	异松香芹醇	萜烯及其衍生物
12	21.62	Naphthalene, decahydro - 4a - methyl - 1 - methylene - 7 - (1 - methylethenyl) - , [4aR - (4aalpha, 7alpha, 8abeta)] -	$C_{15}H_{24}$	17066 - 67 - 0	1.25	(+) - β - 瑟林烯	萜烯及其衍生物
13	9.66	5, 7 - Dodecadiyn - 1, 12 - diol	$C_{12}H_{18}O_2$	74602 - 32 - 7	1.14	5, 7 - 十二烷二炔 - 1, 12 - 二醇	醇类
14	4.81	Oxime - , methoxy - phenyl - _	$C_8H_9NO_2$	1000222 - 86 - 6	1.08	N - 羟基 - 苯甲亚胺酸甲酯	酯类
15	5.32	alpha - Pinene	$C_{10}H_{16}$	80 - 56 - 8	0.95	α - 蒎烯	萜烯及其衍生物
16	9.89	1, 2 - Epoxy - 5, 9 - cyclododecadiene	$C_{12}H_{18}O$	943 - 93 - 1	0.75	1, 2 - 环氧 - 5, 9 - 环十二烷二烯	其他
17	5.23	alpha - Pinene	$C_{10}H_{16}$	80 - 56 - 8	0.68	α - 蒎烯	萜烯及其衍生物
18	18.53	alpha - Copaene	$C_{15}H_{24}$	1000360 - 33 - 0	0.62	α - 古巴烯	萜烯及其衍生物
19	10.72	1, 4 - Cyclohexadiene, 3 - ethenyl - 1, 2 - dimethyl -	$C_{10}H_{14}$	62338 - 57 - 2	0.60	1, 2 - 二甲基 - 3 - 辛基 - 1, 4 - 环己二烯	萜烯及其衍生物
20	1.36	Amphetamine - 3 - methyl	$C_{10}H_{15}N$	588 - 06 - 7	0.58	3 - 甲基安非他明	其他
21	8.52	Bicyclo[3.1.0]hexan - 2 - ol, 2 - methyl - 5 - (1 - methylethyl) - , (1alpha, 2alpha, 5alpha) -	$C_{10}H_{18}O$	17699 - 16 - 0	0.47	(+) - 反式 - 4 - 侧柏醇	萜烯及其衍生物
22	8.43	Linalool	$C_{10}H_{18}O$	78 - 70 - 6	0.41	芳樟醇	萜烯及其衍生物

（续表）

编号	保留时间（min）	化合物	分子式	CAS 号	面积加和百分比（%）	中文名称	类别
23	21.85	Naphthalene, 1, 2, 3, 5, 6, 7, 8, 8a-octahydro - 1, 8a - dimethyl - 7 - (1 - methylethenyl) -, [1R-(1alpha, 7beta, 8aalpha)]-	$C_{15}H_{24}$	4630-07-3	0.31	（+）-瓦伦亚烯	萜烯及其衍生物
24	7.33	1,3-Cyclohexadiene, 1 - methyl - 4 - (1 - methylethyl) -	$C_{10}H_{16}$	99-86-5	0.30	α-萜品烯	萜烯及其衍生物
25	29.86	3(2H) -Isothiazolone, 2-octyl-	$C_{11}H_{19}NOS$	26530-20-1	0.28	辛异噻唑酮	酮及内酯
26	11.16	p - Mentha - 1, 8 - dien-7-ol	$C_{10}H_{16}O$	536-59-4	0.26	紫苏醇	萜烯及其衍生物
27	19.79	Caryophyllene	$C_{15}H_{24}$	87-44-5	0.26	石竹烯	萜烯及其衍生物
28	12.53	Hotrienol	$C_{10}H_{16}O$	20053-88-7	0.26	脱氢芳樟醇	萜烯及其衍生物
29	10.46	2, 6 - Dimethyl - 1, 3, 5, 7-octatetraene, E, E-	$C_{10}H_{14}$	460-01-5	0.25	波斯菊萜	萜烯及其衍生物
30	10.15	6, 7 - Dimethyl 3, 5, 8, 8a-tetrahydro-1H-2-benzopyran	$C_{11}H_{16}O$	110028-10-9	0.24	6,7 - 二甲基-3,5,8,8A-四氢-苯并异吡喃	其他
31	10.90	1, 3, 8-p-Mentha-triene	$C_{10}H_{14}$	18368-95-1	0.22	1,3,8-对-薄荷基三烯	萜烯及其衍生物
32	12.89	Octanoic acid, ethyl ester	$C_{10}H_{20}O_2$	106-32-1	0.22	辛酸乙酯	酯类
33	11.07	2,4,6-Octatriene, 2, 6 - dimethyl -, (E,Z) -	$C_{10}H_{16}$	7216-56-0	0.21	（E,Z）-别罗勒烯	萜烯及其衍生物
34	12.69	2 - Ethylbutyric acid, hexyl ester	$C_{12}H_{24}O_2$	1000369-45-5	0.20	2-乙基丁酸-己酯	酯类
35	2.67	Dicyclopropyl carbinol	$C_7H_{12}O$	14300-33-5	0.19	二环丙基甲醇	醇类
36	1.73	Ethyl Acetate	$C_4H_8O_2$	141-78-6	0.17	乙酸乙酯	酯类
37	10.23	Phthalic acid, di (2 - propylphenyl) ester	$C_{26}H_{26}O_4$	1000357-03-1	0.14	邻苯二甲酸二（2-丙基苯基）酯	酯类
38	22.58	cis-Calamenene	$C_{15}H_{22}$	72937-55-4	0.14	顺式-菖蒲烯	萜烯及其衍生物
39	7.90	1, 3, 6 - Octatriene, 3, 7 - dimethyl -, (Z) -	$C_{10}H_{16}$	3338-55-4	0.14	（Z）-β-罗勒烯	萜烯及其衍生物

（续表）

编号	保留时间（min）	化合物	分子式	CAS 号	面积加和百分比（%）	中文名称	类别
40	20.73	Humulene	$C_{15}H_{24}$	6753-98-6	0.13	葎草烯	萜烯及其衍生物

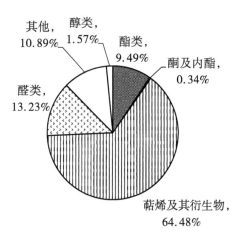

图 121-2　挥发性成分的比例构成

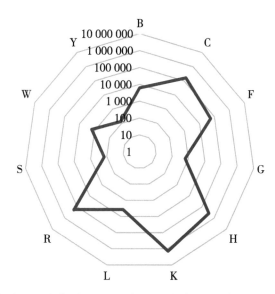

B—冰凉香；C—柑橘香；F—果香；G—青香；H—药香；K—松柏香；
L—芳香族化合物香；R—玫瑰香；S—辛香料香；W—木香；Y—土壤香

图 121-3　香韵分布雷达

122. 热品 16 号（海南儋州）

经 GC-MS 检测和分析（图 122-1），其果肉中挥发性成分相对含量超过 0.1% 的共有 28 种化合物（表 122-1），主要为萜烯类化合物，占 78.66%（图 122-2），其中，比例最高的挥发性成分为 3-蒈烯，占 60.86%。

已知挥发性成分的气味 ABC 分析显示：果肉香味主要涵盖 11 种香型，各香味荷载从大到小依次为松柏香、药香、玫瑰香、脂肪香、青香、柑橘香、木香、香膏香、土壤香、果香、辛香料香；其中，松柏香、药香、玫瑰香、脂肪香荷载远大于其他香味，可视为该杧果的主要香韵（图 122-3）。

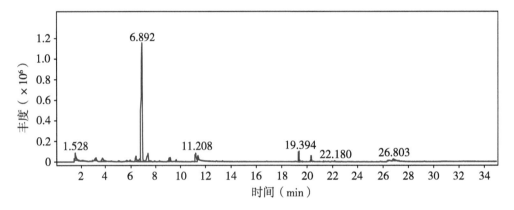

图 122-1 挥发性成分总离子流

表 122-1 挥发性成分 GC-MS 分析结果

编号	保留时间（min）	化合物	分子式	CAS 号	面积加和百分比（%）	中文名称	类别
1	6.89	3-Carene	$C_{10}H_{16}$	13466-78-9	60.86	3-蒈烯	萜烯及其衍生物
2	11.21	2, 6 - Nonadienal, (E,Z)-	$C_9H_{14}O$	557-48-2	3.74	反式-2-,顺式-6-壬二烯醛	醛类
3	19.39	Caryophyllene	$C_{15}H_{24}$	87-44-5	3.19	石竹烯	萜烯及其衍生物
4	3.79	2-Hexenal,(E)-	$C_6H_{10}O$	6728-26-3	2.73	反式-2-己烯醛	醛类
5	6.41	beta-Myrcene	$C_{10}H_{16}$	123-35-3	2.65	β-月桂烯	萜烯及其衍生物
6	1.53	Ethanol, 2-nitro-	$C_2H_5NO_3$	625-48-9	2.52	2-硝基乙醇	醇类
7	6.71	Ethyl（1-adamantylamino）carbothioylcarbamate	$C_{14}H_{22}N_2O_2S$	36997-89-4	2.23	（1-金刚烷基氨基）硫代氨基甲酸乙酯	酯类

（续表）

编号	保留时间（min）	化合物	分子式	CAS 号	面积加和百分比（%）	中文名称	类别
8	26.80	Oxirane, tetradecyl-	$C_{16}H_{32}O$	7320-37-8	1.86	1,2-环氧十六烷	其他
9	20.34	Humulene	$C_{15}H_{24}$	6753-98-6	1.73	葎草烯	萜烯及其衍生物
10	11.39	2-Nonenal, (E)-	$C_9H_{16}O$	18829-56-6	1.71	反式-2-壬烯醛	醛类
11	9.08	Cyclohexene, 1-methyl-4-(1-methylethylidene)-	$C_{10}H_{16}$	586-62-9	1.45	萜品油烯	萜烯及其衍生物
12	9.16	Benzene, 1-methyl-4-(1-methylethenyl)-	$C_{10}H_{12}$	1195-32-0	1.38	1-甲基-4-(1-甲基乙烯基)苯	其他
13	9.63	Nonanal	$C_9H_{18}O$	124-19-6	0.66	壬醛	醛类
14	7.55	(1S)-2,6,6-Trimethylbicyclo[3.1.1]hept-2-ene	$C_{10}H_{16}$	7785-26-4	0.61	左旋-α蒎烯	萜烯及其衍生物
15	26.42	10-Undecenal	$C_{11}H_{20}O$	112-45-8	0.47	10-十一烯醛	醛类
16	5.94	1,3,5-Cycloheptatriene, 3,7,7-trimethyl-	$C_{10}H_{14}$	3479-89-8	0.46	3,7,7-三甲基-1,3,5-环庚三烯	其他
17	5.06	Bicyclo[3.1.1]hept-2-ene, 3,6,6-trimethyl-	$C_{10}H_{16}$	4889-83-2	0.42	3,6,6-三甲基-双环(3.1.1)庚-2-烯	萜烯及其衍生物
18	5.69	2-Heptenal, (Z)-	$C_7H_{12}O$	57266-86-1	0.39	顺式-2-庚烯醛	醛类
19	8.31	2-Octenal, (E)-	$C_8H_{14}O$	2548-87-0	0.38	反式-2-辛烯醛	醛类
20	7.94	trans-beta-Ocimene	$C_{10}H_{16}$	3779-61-1	0.31	反式-β-罗勒烯	萜烯及其衍生物
21	4.49	Heptanal	$C_7H_{14}O$	111-71-7	0.31	庚醛	醛类
22	22.18	cis-Calamenene	$C_{15}H_{22}$	72937-55-4	0.22	顺式-菖蒲烯	萜烯及其衍生物
23	2.94	Hexanal	$C_6H_{12}O$	66-25-1	0.20	己醛	醛类
24	21.32	trans-beta-Ionone	$C_{13}H_{20}O$	79-77-6	0.20	乙位紫罗兰酮	萜烯及其衍生物
25	13.33	1-Cyclohexene-1-carboxaldehyde, 2,6,6-trimethyl-	$C_{10}H_{16}O$	432-25-7	0.19	β-环柠檬醛	萜烯及其衍生物
26	1.78	Ethyl Acetate	$C_4H_8O_2$	141-78-6	0.18	乙酸乙酯	酯类

（续表）

编号	保留时间（min）	化合物	分子式	CAS 号	面积加和百分比（%）	中文名称	类别
27	19.63	10,10 - Dimethyl - 2,6-dimethylenebicyclo[7.2.0]undecane	$C_{15}H_{24}$	357414-37-0	0.14	10,10-二甲基-2,6-双（亚甲基）-双坏[7.2.0]十一烷	其他
28	1.44	(2-Aziridinylethyl)amine	$C_4H_{10}N_2$	4025-37-0	0.13	2-（氮杂环丙烷-1-基)乙胺	其他

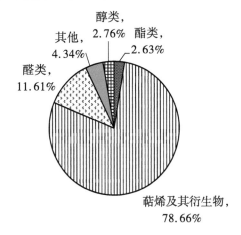

图 122-2　挥发性成分的比例构成

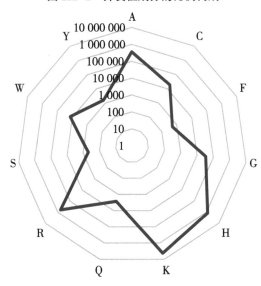

A—脂肪香；C—柑橘香；F—果香；G—青香；H—药香；K—松柏香；
Q—香膏香；R—玫瑰香；S—辛香料香；W—木香；Y—土壤香

图 122-3　香韵分布雷达

123. A40 号资源（海南儋州）

经 GC-MS 检测和分析（图 123-1），其果肉中挥发性成分相对含量超过 0.1% 的共有 20 种化合物（表 123-1），主要为萜烯类化合物，占 91.43%（图 123-2），其中，比例最高的挥发性成分为萜品油烯，占 57.54%。

已知挥发性成分的气味 ABC 分析显示：果肉香味主要涵盖 9 种香型，各香味荷载从大到小依次为松柏香、柑橘香、药香、玫瑰香、香膏香、木香、土壤香、冰凉香、辛香料香；其中，松柏香、柑橘香、药香、玫瑰香荷载远大于其他香味，可视为该杧果的主要香韵（图 123-3）。

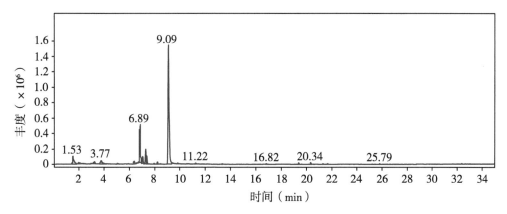

图 123-1 挥发性成分总离子流

表 123-1 挥发性成分 GC-MS 分析结果

编号	保留时间（min）	化合物	分子式	CAS 号	面积加和百分比（%）	中文名称	类别
1	9.09	Cyclohexene,1-methyl-4-(1-methylethylidene)-	$C_{10}H_{16}$	586-62-9	57.54	萜品油烯	萜烯及其衍生物
2	6.89	3-Carene	$C_{10}H_{16}$	13466-78-9	17.03	3-蒈烯	萜烯及其衍生物
3	7.31	o-Cymene	$C_{10}H_{14}$	527-84-4	5.43	邻伞花烃	萜烯及其衍生物
4	1.53	Ethanol,2-nitro-	$C_2H_5NO_3$	625-48-9	4.11	2-硝基乙醇	醇类
5	3.76	2-Hexenal,(E)-	$C_6H_{10}O$	6728-26-3	3.18	反式-2-己烯醛	醛类
6	7.39	D-Limonene	$C_{10}H_{16}$	5989-27-5	2.83	D-柠檬烯	萜烯及其衍生物

（续表）

编号	保留时间（min）	化合物	分子式	CAS 号	面积加和百分比（%）	中文名称	类别
7	7.07	1,3-Cyclohexadiene, 1 - methyl - 4 - (1 - methylethyl) -	$C_{10}H_{16}$	99-86-5	2.72	α-萜品烯	萜烯及其衍生物
8	6.40	beta-Myrcene	$C_{10}H_{16}$	123-35-3	1.24	β-月桂烯	萜烯及其衍生物
9	8.23	gamma-Terpinene	$C_{10}H_{16}$	99-85-4	0.74	γ-萜品烯	萜烯及其衍生物
10	1.97	Butanal, 2-methyl-	$C_5H_{10}O$	96-17-3	0.65	2 - 甲 基 丁 醛	醛类
11	20.34	Humulene	$C_{15}H_{24}$	6753-98-6	0.56	葎草烯	萜烯及其衍生物
12	19.40	Caryophyllene	$C_{15}H_{24}$	87-44-5	0.42	石竹烯	萜烯及其衍生物
13	7.97	Cyclohexene, 4 - methylene - 1 - (1 - methylethyl) -	$C_{10}H_{16}$	99-84-3	0.29	β-萜品烯	萜烯及其衍生物
14	5.05	trans - beta - Ocimene	$C_{10}H_{16}$	3779-61-1	0.28	反式-β-罗勒烯	萜烯及其衍生物
15	9.82	6,7 - Dimethyl - 3, 5,8,8a-tetrahydro-1H-2-benzopyran	$C_{11}H_{16}O$	110028-10-9	0.19	6,7 - 二甲基-3,5,8, 8A - 四氢 - 苯并异吡喃	其他
16	6.74	alpha-Phellandrene	$C_{10}H_{16}$	99-83-2	0.16	α-水芹烯	萜烯及其衍生物
17	8.45	3(2H) - Furanone, 4 - methoxy - 2,5 - dimethyl-	$C_7H_{10}O_3$	4077-47-8	0.16	4-甲氧基-2,5 - 二甲基-3(2H) -呋喃酮	其他
18	21.31	trans-beta-Ionone	$C_{13}H_{20}O$	79-77-6	0.15	乙位紫罗兰酮	萜烯及其衍生物
19	13.33	1-Cyclohexene-1-carboxaldehyde, 2, 6,6-trimethyl-	$C_{10}H_{16}O$	432-25-7	0.13	β - 环柠檬醛	萜烯及其衍生物
20	1.44	(2-Aziridinylethyl) amine	$C_4H_{10}N_2$	4025-37-0	0.12	2-（氮杂环丙烷 - 1 - 基）乙胺	其他

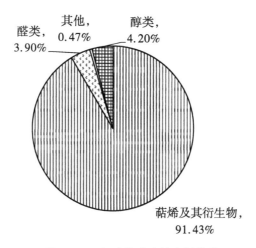

图 123-2　挥发性成分的比例构成

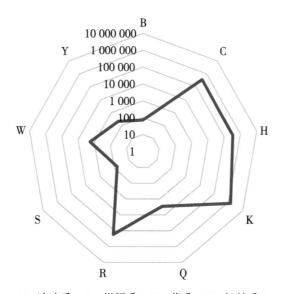

B—冰凉香；C—柑橘香；H—药香；K—松柏香；

Q—香膏香；R—玫瑰香；S—辛香料香；W—木香；Y—土壤香

图 123-3　香韵分布雷达

124. 热品 3 号（海南儋州）

经 GC-MS 检测和分析（图 124-1），其果肉中挥发性成分相对含量超过 0.1% 的共有 18 种化合物（表 124-1），主要为萜烯类化合物，占 94.35%（图 124-2），其中，比例最高的挥发性成分为 D-柠檬烯，占 82.79%。

已知挥发性成分的气味 ABC 分析显示：果肉香味主要涵盖 10 种香型，各香味荷载从大到小依次为柑橘香、松柏香、香膏香、药香、玫瑰香、果香、木香、土壤香、冰凉香、辛香料香；其中，柑橘香荷载远大于其他香味，可视为该杧果的主要香韵（图 124-3）。

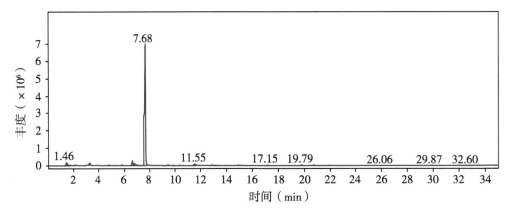

图 124-1 挥发性成分总离子流

表 124-1 挥发性成分 GC-MS 分析结果

编号	保留时间（min）	化合物	分子式	CAS 号	面积加和百分比（%）	中文名称	类别
1	7.68	D-Limonene	$C_{10}H_{16}$	5989-27-5	82.79	D-柠檬烯	萜烯及其衍生物
2	6.63	Bicyclo［3.1.1］heptane, 6,6-dim-ethyl-2-methyl-ene-, (1S)-	$C_{10}H_{16}$	18172-67-3	3.16	(-)-β-蒎烯	萜烯及其衍生物
3	1.46	Dimethyl ether	C_2H_6O	115-10-6	2.44	二甲醚	其他
4	6.99	3-Carene	$C_{10}H_{16}$	13466-78-9	0.87	3-蒈烯	萜烯及其衍生物
5	9.46	Benzene, 1-methyl-4-（1-methylethe-nyl）-	$C_{10}H_{12}$	1195-32-0	0.54	1-甲基-4-（1-甲基乙烯基）苯	其他
6	4.80	Oxime-, methoxy-phenyl-_	$C_8H_9NO_2$	1000222-86-6	0.50	N-羟基-苯甲亚胺酸甲酯	酯类
7	19.79	Caryophyllene	$C_{15}H_{24}$	87-44-5	0.29	石竹烯	萜烯及其衍生物
8	12.89	Octanoic acid, ethyl ester	$C_{10}H_{20}O_2$	106-32-1	0.23	辛酸乙酯	酯类
9	20.73	1,4,7,-Cyclounde-catriene, 1,5,9,9-tetramethyl-, Z, Z, Z-	$C_{15}H_{24}$	1000062-61-9	0.23	1,5,9,9-四甲基-1,4,7-环己三烯	其他
10	1.36	Benzenemethanol, alpha-（1-amin-oethyl）-,［R-(R*,R*)]-	$C_9H_{13}NO$	37577-07-4	0.21	L-(-)-去甲伪麻黄碱	其他

（续表）

编号	保留时间（min）	化合物	分子式	CAS 号	面积加和百分比（%）	中文名称	类别
11	4.63	1, 2, 4 - Benzenetri-carboxylic acid, 1, 2 - dimethyl ester	$C_{11}H_{10}O_6$	54699-35-3	0.20	1,2,4-苯三甲酸 1,2-二甲酯	酯类
12	14.93	2 (3H) - Furanone, 5 - butyldihydro-	$C_8H_{14}O_2$	104-50-7	0.19	γ-辛内酯	酮及内酯
13	3.88	4 - Isopropyl - 2, 6, 7 - trioxa - 1 - phos-phabicyclo [2.2.2] octane 1 - sulphide	$C_7H_{13}O_3PS$	51486-56-7	0.17	4-异丙基-2,6,7-三氧杂-1-磷杂二环 [2.2.2] 辛烷-1-硫化物	其他
14	2.97	Butanoic acid, ethyl ester	$C_6H_{12}O_2$	105-54-4	0.14	丁酸乙酯	酯类
15	1.73	Ethyl Acetate	$C_4H_8O_2$	141-78-6	0.14	乙酸乙酯	酯类
16	29.87	3 (2H) - Isothiazolo-ne, 2 - octyl-	$C_{11}H_{19}NOS$	26530-20-1	0.12	辛异噻唑酮	酮及内酯
17	7.33	4 - Terpinenyl ace-tate	$C_{12}H_{20}O_2$	4821-04-9	0.11	萜品烯 4-乙酸酯	萜烯及其衍生物
18	9.90	2 - Nonen - 1 - ol, (Z) -	$C_9H_{18}O$	41453-56-9	0.10	顺式-2-壬烯-1-醇	醇类

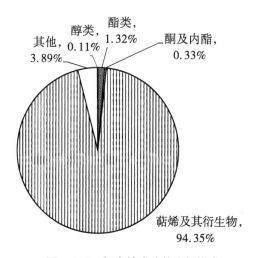

图 124-2　挥发性成分的比例构成

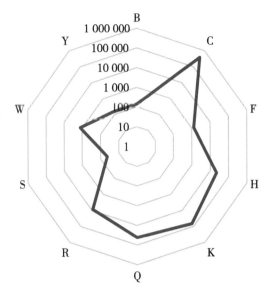

B—冰凉香；C—柑橘香；F—果香；H—药香；K—松柏香；
Q—香膏香；R—玫瑰香；S—辛香料香；W—木香；Y—土壤香

图 124-3　香韵分布雷达

125. 桂热 4 号（海南儋州）

经 GC-MS 检测和分析（图 125-1），其果肉中挥发性成分相对含量超过 0.1% 的共有 20 种化合物（表 125-1），主要为萜烯类化合物，占 97.35%（图 125-2），其中，比例最高的挥发性成分为萜品油烯，占 45.71%。

已知挥发性成分的气味 ABC 分析显示：果肉香味主要涵盖 6 种香型，各香味荷载从大到小依次为松柏香、药香、柑橘香、玫瑰香、香膏香、冰凉香；其中，松柏香荷载远大于其他香味，可视为该杞果的主要香韵（图 125-3）。

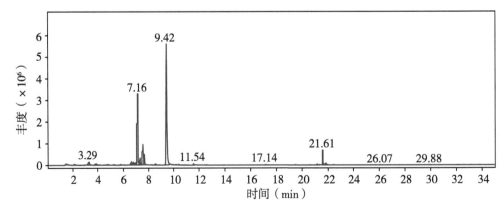

图 125-1　挥发性成分总离子流

表 125-1　挥发性成分 GC-MS 分析结果

编号	保留时间（min）	化合物	分子式	CAS 号	面积加和百分比（%）	中文名称	类别
1	9.42	Cyclohexene,1-methyl-4-(1-methylethylidene)-	$C_{10}H_{16}$	586-62-9	45.71	萜品油烯	萜烯及其衍生物
2	7.16	3-Carene	$C_{10}H_{16}$	13466-78-9	26.99	3-蒈烯	萜烯及其衍生物
3	7.56	o-Cymene	$C_{10}H_{14}$	527-84-4	6.62	邻伞花烃	萜烯及其衍生物
4	7.67	D-Limonene	$C_{10}H_{16}$	5989-27-5	3.59	D-柠檬烯	萜烯及其衍生物
5	21.61	Naphthalene, deca-hydro-4a-methyl-1-methylene-7-(1-methylethenyl)-,[4aR-(4aalpha,7alpha,8abeta)]-	$C_{15}H_{24}$	17066-67-0	3.00	(+)-β-瑟林烯	萜烯及其衍生物
6	7.34	1,3-Cyclohexadiene,1-methyl-4-(1-methylethyl)-	$C_{10}H_{16}$	99-86-5	2.33	α-萜品烯	萜烯及其衍生物
7	6.63	beta-Myrcene	$C_{10}H_{16}$	123-35-3	1.17	β-月桂烯	萜烯及其衍生物
8	3.88	4-Penten-1-ol,3-methyl-	$C_6H_{12}O$	51174-44-8	1.15	3-甲基-4-戊烯-1-醇	醇类
9	7.00	alpha-Phellandrene	$C_{10}H_{16}$	99-83-2	0.75	α-水芹烯	萜烯及其衍生物
10	1.47	Acetic acid, hydroxy-	$C_2H_4O_3$	79-14-1	0.53	乙醇酸	酸类
11	6.90	Cyclohexene,1-methyl-4-(1-methylethylidene)-	$C_{10}H_{16}$	586-62-9	0.50	萜品油烯	萜烯及其衍生物
12	21.85	2-Isopropenyl-4a,8-dimethyl-1,2,3,4,4a,5,6,8a-octa-hydronaphthalene	$C_{15}H_{24}$	1000193-57-0	0.42	(-)-α-芹子烯	萜烯及其衍生物
13	4.77	Oxime-, methoxy-phenyl-_	$C_8H_9NO_2$	1000222-86-6	0.36	N-羟基-苯甲亚胺酸甲酯	酯类
14	8.53	gamma-Terpinene	$C_{10}H_{16}$	99-85-4	0.29	γ-萜品烯	萜烯及其衍生物

（续表）

编号	保留时间（min）	化合物	分子式	CAS 号	面积加和百分比（%）	中文名称	类别
15	21.80	1H-Cyclopropa［a］naphthalene, deca-hydro-1,1,3a-tri-methyl-7-meth-ylene-,［1aS-（1aalpha,3aalpha,7abeta,7balpha）］-	$C_{15}H_{24}$	20071-49-2	0.24	1,1,3a-三甲基-7-亚甲基十氢-1H-环丙烯［a］萘	其他
16	8.61	3（2H）-Furanone, 4-methoxy-2,5-dimethyl-	$C_7H_{10}O_3$	4077-47-8	0.22	4-甲氧基-2,5-二甲基-3（2H）-呋喃酮	其他
17	21.16	（4R,4aS,6S）-4,4a-Dimethyl-6-（prop-1-en-2-yl）-1,2,3,4,4a,5,6,7-octa-hydronaphthalene	$C_{15}H_{24}$	823810-22-6	0.19	（4R,4aS,6S）-4,4a-二甲基-6-（丙烯-1-烯-2-基）-1,2,3,4,4a,5,6,7-八氢萘	萜烯及其衍生物
18	5.31	3-Carene	$C_{10}H_{16}$	13466-78-9	0.14	3-蒈烯	萜烯及其衍生物
19	8.26	3-Carene	$C_{10}H_{16}$	13466-78-9	0.12	3-蒈烯	萜烯及其衍生物
20	5.22	alpha-Pinene	$C_{10}H_{16}$	80-56-8	0.11	α-蒎烯	萜烯及其衍生物

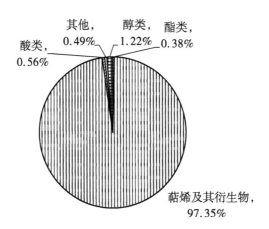

图 125-2　挥发性成分的比例构成

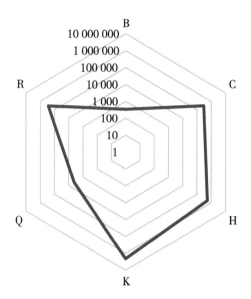

B—冰凉香；C—柑橘香；H—药香；K—松柏香；Q—香膏香；R—玫瑰香

图 125-3　香韵分布雷达

126. 7号资源（海南儋州）

经 GC-MS 检测和分析（图 126-1），其果肉中挥发性成分相对含量超过 0.1% 的共有 24 种化合物（表 126-1），主要为醇类化合物，占 62.90%（图 126-2），其中，比例最高的挥发性成分为 3,5-二甲基苄醇，占 34.83%。

已知挥发性成分的气味 ABC 分析显示：果肉香味主要涵盖 8 种香型，各香味荷载从大到小依次为松柏香、药香、脂肪香、玫瑰香、青香、果香、柑橘香、香膏香；其中，松柏香荷载远大于其他香味，可视为该杧果的主要香韵（图 126-3）。

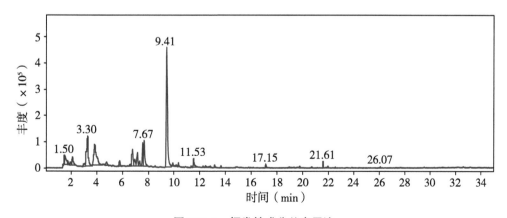

图 126-1　挥发性成分总离子流

表 126-1 挥发性成分 GC-MS 分析结果

编号	保留时间（min）	化合物	分子式	CAS 号	面积加和百分比（%）	中文名称	类别
1	9.41	Benzenemethanol, 3,5-dimethyl-	$C_9H_{12}O$	27129-87-9	34.83	3,5-二甲基苄醇	醇类
2	3.83	4-Penten-1-ol, 3-methyl-	$C_6H_{12}O$	51174-44-8	12.86	3-甲基-4-戊烯-1-醇	醇类
3	7.67	Cyclohexanol, 2-methyl-5-(1-methylethenyl)-, (1alpha, 2beta, 5alpha)-	$C_{10}H_{18}O$	38049-26-2	7.19	顺式-二氢香芹醇	萜烯及其衍生物
4	7.55	Benzene, 1-methyl-3-(1-methylethyl)-	$C_{10}H_{14}$	535-77-3	3.88	间伞花烃	其他
5	1.50	Propane, 1-(ethynylsulfinyl)-	C_5H_8OS	121564-27-0	3.41	1-(乙炔基亚磺酰基)丙烷	其他
6	7.15	3-Carene	$C_{10}H_{16}$	13466-78-9	3.38	3-蒈烯	萜烯及其衍生物
7	6.95	Carbamic acid, N-{10,11-dihydro-5-(2-methylamino-1-oxoethyl)-3-5H-dibenzo[b,f]azepinyl}-, ethyl ester	$C_{20}H_{23}N_3O_3$	102821-92-1	1.97	N-{10,11-二氢-5-(2-甲基氨基-1-氧代乙基)-3,5H-二苯并[b,f]氮杂庚因基}氨基甲酸乙酯	酯类
8	4.75	Oxime-, methoxy-phenyl-_	$C_8H_9NO_2$	1000222-86-6	1.09	N-羟基-苯甲亚胺酸甲酯	酯类
9	7.33	4-Terpinenyl acetate	$C_{12}H_{20}O_2$	4821-04-9	1.07	萜品烯4-乙酸酯	萜烯及其衍生物
10	3.08	Hexanal	$C_6H_{12}O$	66-25-1	1.04	己醛	醛类
11	21.61	Naphthalene, decahydro-4a-methyl-1-methylene-7-(1-methylethenyl)-, [4aR-(4aalpha,7alpha,8abeta)]-	$C_{15}H_{24}$	17066-67-0	0.81	(+)-β-瑟林烯	萜烯及其衍生物
12	1.72	Ethyl Acetate	$C_4H_8O_2$	141-78-6	0.80	乙酸乙酯	酯类
13	1.46	Oxalic acid	$C_2H_2O_4$	144-62-7	0.64	乙二酸	酸类
14	13.16	Decanal	$C_{10}H_{20}O$	112-31-2	0.57	癸醛	醛类
15	9.90	Tricyclo[4.2.1.1(2,5)]dec-3-en-9-ol, stereoisomer	$C_{10}H_{14}O$	70220-93-8	0.54	三环[4.2.1.1(2,5)]癸-3-烯-9-醇	醇类
16	12.46	Naphthalene	$C_{10}H_8$	91-20-3	0.49	萘	其他

（续表）

编号	保留时间（min）	化合物	分子式	CAS号	面积加和百分比（%）	中文名称	类别
17	6.62	beta-Myrcene	$C_{10}H_{16}$	123-35-3	0.45	β-月桂烯	萜烯及其衍生物
18	13.64	1-Cyclohexene-1-carboxaldehyde，2，6，6-trimethyl-	$C_{10}H_{16}O$	432-25-7	0.33	β-环柠檬醛	萜烯及其衍生物
19	10.20	Phthalic acid，di（2-propylphenyl）ester	$C_{26}H_{26}O_4$	1000357-03-1	0.29	邻苯二甲酸二（2-丙基苯基）酯	酯类
20	12.82	Acetic acid，1-（S）-phenylethyl ester	$C_{10}H_{12}O_2$	1000164-17-4	0.25	乙酸（S）-1-苯基乙酯	酯类
21	19.79	Bicyclo［7.2.0］undec-4-ene，4，11，11-trimethyl-8-methylene-，［1R-（1R*，4Z，9S*）］-	$C_{15}H_{24}$	118-65-0	0.25	（-）-异丁香烯	萜烯及其衍生物
22	8.52	Ethyl（1-adamantylamino）carbothioylcarbamate	$C_{14}H_{22}N_2O_2S$	36997-89-4	0.22	（1-金刚烷基氨基）硫代氨基甲酸乙酯	酯类
23	12.25	Bicyclo［3.1.0］hexan-2-ol，2-methyl-5-（1-methylethyl）-，（1alpha，2alpha，5alpha）-	$C_{10}H_{18}O$	17699-16-0	0.18	（+）-反式-4-侧柏醇	萜烯及其衍生物
24	1.37	（2-Aziridinylethyl）amine	$C_4H_{10}N_2$	4025-37-0	0.16	2-（氮杂环丙烷-1-基）乙胺	其他

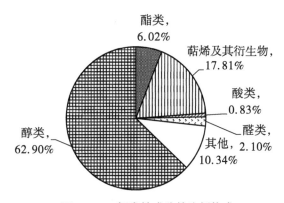

图126-2　挥发性成分的比例构成

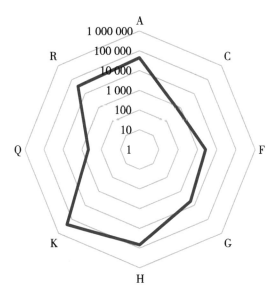

A—脂肪香；C—柑橘香；F—果香；G—青香；
H—药香；K—松柏香；Q—香膏香；R—玫瑰香

图 126-3　香韵分布雷达

127．13 号资源（海南儋州）

　　经 GC-MS 检测和分析（图 127-1），其果肉中挥发性成分相对含量超过 0.1% 的共有 18 种化合物（表 127-1），主要为萜烯类化合物，占 66.25%（图 127-2），其中，比例最高的挥发性成分为 D-柠檬烯，占 58.66%。

　　已知挥发性成分的气味 ABC 分析显示：果肉香味主要涵盖 8 种香型，各香味荷载从大到小依次为脂肪香、柑橘香、果香、青香、香膏香、冰凉香、药香、松柏香；其中，脂肪香、柑橘香、果香荷载远大于其他香味，可视为该杞果的主要香韵（图 127-3）。

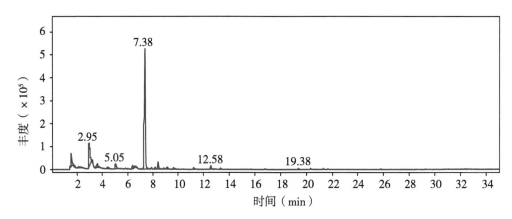

图 127-1　挥发性成分总离子流

表 127-1　挥发性成分 GC-MS 分析结果

编号	保留时间（min）	化合物	分子式	CAS 号	面积加和百分比（%）	中文名称	类别
1	7.38	D-Limonene	$C_{10}H_{16}$	5989-27-5	58.66	D-柠檬烯	萜烯及其衍生物
2	2.95	Butanoic acid, ethyl ester	$C_6H_{12}O_2$	105-54-4	16.39	丁酸乙酯	酯类
3	1.53	L-Lactic acid	$C_3H_6O_3$	79-33-4	4.87	L-乳酸	酸类
4	8.41	3(2H)-Furanone, 4-methoxy-2,5-dimethyl-	$C_7H_{10}O_3$	4077-47-8	3.36	4-甲氧基-2,5-二甲基-3(2H)-呋喃酮	其他
5	5.05	Bicyclo [3.1.1] hept-2-ene, 3,6,6-trimethyl-	$C_{10}H_{16}$	4889-83-2	2.61	3,6,6-三甲基-双环(3.1.1)庚-2-烯	萜烯及其衍生物
6	3.63	2-Butenoic acid, ethyl ester, (Z)-	$C_6H_{10}O_2$	6776-19-8	2.35	顺式-巴豆酸乙酯	酯类
7	4.46	Butanoic acid, heptyl ester	$C_{11}H_{22}O_2$	5870-93-9	1.35	丁酸庚酯	酯类
8	6.38	beta-Myrcene	$C_{10}H_{16}$	123-35-3	1.34	β-月桂烯	萜烯及其衍生物
9	12.58	Octanoic acid, ethyl ester	$C_{10}H_{20}O_2$	106-32-1	1.26	辛酸乙酯	酯类
10	9.16	Benzene, 1-methyl-4-(1-methylethenyl)-	$C_{10}H_{12}$	1195-32-0	0.81	1-甲基-4-(1-甲基乙烯基)苯	其他
11	8.18	Propanoic acid, 2-methyl-, 2-methyl-butyl ester	$C_9H_{18}O_2$	2445-69-4	0.70	2-甲基丙酸-2-甲基丁酯	酯类
12	9.64	Nonanal	$C_9H_{18}O$	124-19-6	0.64	壬醛	醛类
13	1.79	1,4-Butanediamine	$C_4H_{12}N_2$	110-60-1	0.55	1,4-丁二胺	其他
14	7.90	1,3,7-Octatriene, 3,7-dimethyl-	$C_{10}H_{16}$	502-99-8	0.48	A-罗勒烯	萜烯及其衍生物
15	9.09	Cyclohexene, 3-methyl-6-(1-methylethylidene)-	$C_{10}H_{16}$	586-63-0	0.44	闹二烯	萜烯及其衍生物
16	8.86	2-Dimethylamino-4,5-dimethyl-oxazole	$C_7H_{12}N_2O$	73777-29-4	0.44	2-二甲基氨基-4,5-二甲基恶唑	其他
17	13.33	1-Cyclohexene-1-carboxaldehyde, 2,6,6-trimethyl-	$C_{10}H_{16}O$	432-25-7	0.37	β-环柠檬醛	萜烯及其衍生物
18	19.38	(Z,Z)-alpha-Farnesene	$C_{15}H_{24}$	1000293-03-1	0.30	(Z,Z)-α-法尼烯	萜烯及其衍生物

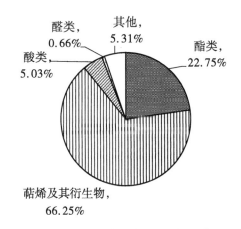

图 127-2　挥发性成分的比例构成

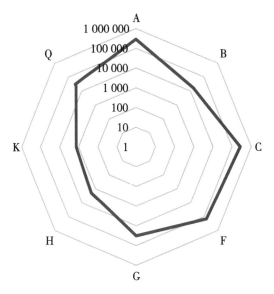

A—脂肪香；B—冰凉香；C—柑橘香；F—果香；
G—青香；H—药香；K—松柏香；Q—香膏香

图 127-3　香韵分布雷达

128. 四季杧（海南儋州）

经 GC-MS 检测和分析（图 128-1），其果肉中挥发性成分相对含量超过 0.1% 的共有 20 种化合物（表 128-1），主要为醇类化合物，占 34.30%（图 128-2），其中，比例最高的挥发性成分为叶醇，占 31.85%。

已知挥发性成分的气味 ABC 分析显示：果肉香味主要涵盖 5 种香型，各香味荷载从大到小依次为青香、松柏香、柑橘香、药香、玫瑰香；其中，青香荷载远大于其他香味，可视为该杧果的主要香韵（图 128-3）。

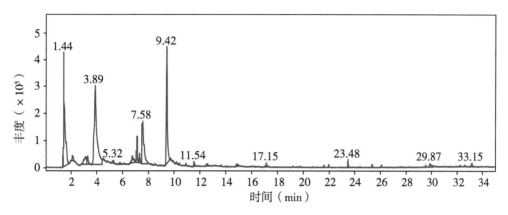

图 128-1 挥发性成分总离子流

表 128-1 挥发性成分 GC-MS 分析结果

编号	保留时间（min）	化合物	分子式	CAS 号	面积加和百分比（%）	中文名称	类别
1	3.88	3 - Hexen - 1 - ol, (Z) -	$C_6H_{12}O$	928-96-1	31.85	叶醇	醇类
2	1.44	Oxalic acid	$C_2H_2O_4$	144-62-7	19.56	乙二酸	酸类
3	9.42	Cyclohexene, 1-methyl-4-(1-methylethylidene) -	$C_{10}H_{16}$	586-62-9	17.98	萜品油烯	萜烯及其衍生物
4	7.58	Benzene, 1 - methyl - 3 - (1-methylethyl) -	$C_{10}H_{14}$	535-77-3	10.91	间伞花烃	其他
5	7.16	(+)-3-Carene	$C_{10}H_{16}$	498-15-7	3.56	(+)-3-蒈烯	萜烯及其衍生物
6	3.15	D-Fucose	$C_6H_{12}O_5$	3615-37-0	2.97	D-岩藻糖	其他
7	7.34	1,3-Cyclohexadiene, 1 - methyl - 4 - (1 - methylethyl) -	$C_{10}H_{16}$	99-86-5	1.12	α-萜品烯	萜烯及其衍生物
8	29.87	3(2H) - Isothiazolone, 2-octyl-	$C_{11}H_{19}NOS$	26530-20-1	0.89	辛异噻唑酮	酮及内酯
9	23.48	Geranylisobutyrate	$C_{14}H_{24}O_2$	2345-26-8	0.67	异丁酸香叶酯	酯类

（续表）

编号	保留时间（min）	化合物	分子式	CAS 号	面积加和百分比（%）	中文名称	类别
10	12.57	N-Methyl-9-aza-tricyclo［6.2.2.0（2,7）］dodec-2,4,6,11-tetraene-10-one	$C_{12}H_{11}NO$	13131-19-6	0.60	N-甲基-9-氮杂三环[6.2.2.0(2,7)]十二碳-2,4,6,11-四烯-10-酮	酮及内酯
11	5.32	（+）-4-Carene	$C_{10}H_{16}$	29050-33-7	0.55	4-蒈烯	萜烯及其衍生物
12	5.82	Quinoxalin-2-one, decahydro-3-（3,3-dimethyl-2-oxobutenylideno）-	$C_{14}H_{22}N_2O_2$	296244-69-4	0.34	十氢-3-(3,3-二甲基-2-氧代亚丁叉基)喹喔啉-2-酮	酮及内酯
13	25.34	Butanamide, N-methyl-4-（methylthio）-2-（2,2-dimethylpropylidene）amino-	$C_{11}H_{22}N_2OS$	97443-86-2	0.32	N-甲基-4-(甲硫基)-2-[(2,2-二甲基丙基)亚氨基]丁酰胺	其他
14	14.93	1,5-Heptadien-4-ol, 3,3,6-trimethyl-	$C_{10}H_{18}O$	27644-04-8	0.29	3,3,6-三甲基-1,5-庚二烯-4-醇	萜烯及其衍生物
15	10.90	1,3,8-p-Mentha-triene	$C_{10}H_{14}$	18368-95-1	0.28	1,3,8-对-薄荷基三烯	萜烯及其衍生物
16	14.85	Geraniol	$C_{10}H_{18}O$	106-24-1	0.26	香叶醇	萜烯及其衍生物
17	10.37	Phthalic acid, di（2-propylphenyl）ester	$C_{26}H_{26}O_4$	1000357-03-1	0.23	邻苯二甲酸二(2-丙基苯基)酯	酯类
18	10.16	1,3,8-p-Mentha-triene	$C_{10}H_{14}$	18368-95-1	0.17	1,3,8-对-薄荷基三烯	萜烯及其衍生物
19	8.52	3（10）-Caren-4-ol, acetoacetic acid ester	$C_{14}H_{20}O_3$	1000159-36-4	0.16	3(10)-蒈烯-4-醇,乙酰乙酸酯	萜烯及其衍生物
20	21.62	trans-beta-Ionone	$C_{13}H_{20}O$	79-77-6	0.14	乙位紫罗兰酮	萜烯及其衍生物

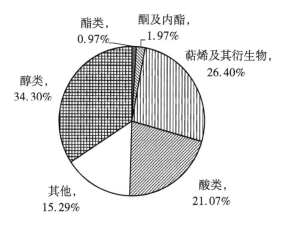

图 128-2　挥发性成分的比例构成

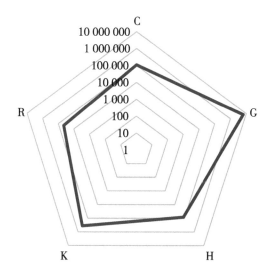

C—柑橘香；G—青香；H—药香；K—松柏香；R—玫瑰香

图 128-3　香韵分布雷达

129. 虎豹牙杧（海南儋州）

经 GC-MS 检测和分析（图 129-1），其果肉中挥发性成分相对含量超过 0.1% 的共有 18 种化合物（表 129-1），主要为萜烯类化合物，占 82.15%（图 129-2），其中，比例最高的挥发性成分为闹二烯，占 67.68%。

已知挥发性成分的气味 ABC 分析显示：果肉香味主要涵盖 12 种香型，各香味荷载从大到小依次为松柏香、药香、玫瑰香、脂肪香、柑橘香、青香、果香、木香、香膏香、冰凉香、土壤香、辛香料香；其中，松柏香、药香、玫瑰香、脂肪香荷载远大于其他香味，可视为该杧果的主要香韵（图 129-3）。

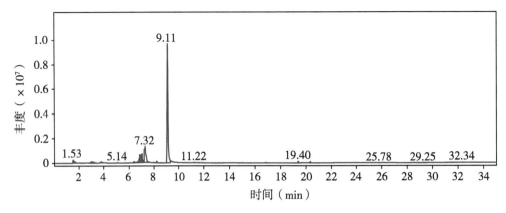

图 129-1　挥发性成分总离子流

表 129-1　挥发性成分 GC-MS 分析结果

编号	保留时间（min）	化合物	分子式	CAS 号	面积加和百分比（%）	中文名称	类别
1	9.11	Cyclohexene，3-methyl-6-(1-methylethylidene)-	$C_{10}H_{16}$	586-63-0	67.68	闹二烯	萜烯及其衍生物
2	7.32	Benzene，1-methyl-3-(1-methylethyl)-	$C_{10}H_{14}$	535-77-3	12.20	间伞花烃	其他
3	6.90	3-Carene	$C_{10}H_{16}$	13466-78-9	4.64	3-蒈烯	萜烯及其衍生物
4	7.08	(+)-4-Carene	$C_{10}H_{16}$	29050-33-7	4.38	4-蒈烯	萜烯及其衍生物
5	1.53	Dimethyl ether	C_2H_6O	115-10-6	2.17	二甲醚	其他
6	3.78	2-Hexenal,(E)-	$C_6H_{10}O$	6728-26-3	1.04	反式-2-己烯醛	醛类
7	3.09	Hexanal	$C_6H_{12}O$	66-25-1	1.04	己醛	醛类
8	6.77	alpha-Phellandrene	$C_{10}H_{16}$	99-83-2	0.91	α-水芹烯	萜烯及其衍生物
9	8.23	gamma-Terpinene	$C_{10}H_{16}$	99-85-4	0.73	γ-萜品烯	萜烯及其衍生物
10	6.41	beta-Myrcene	$C_{10}H_{16}$	123-35-3	0.70	β-月桂烯	萜烯及其衍生物
11	19.40	Caryophyllene	$C_{15}H_{24}$	87-44-5	0.58	石竹烯	萜烯及其衍生物

（续表）

编号	保留时间（min）	化合物	分子式	CAS 号	面积加和百分比（%）	中文名称	类别
12	20.34	Humulene	$C_{15}H_{24}$	6753-98-6	0.48	葎草烯	萜烯及其衍生物
13	2.96	Hexanal	$C_6H_{12}O$	66-25-1	0.41	己醛	醛类
14	7.97	3-Carene	$C_{10}H_{16}$	13466-78-9	0.24	3-蒈烯	萜烯及其衍生物
15	33.16	Spirost-8-en-11-one,3-hydroxy-,（3beta,5alpha,14beta,20beta,22beta,25R）-	$C_{27}H_{40}O_4$	58072-54-1	0.20	3-羟基螺甾-8-烯-11-酮	酮及内酯
16	2.26	Carbonic acid,hexyl methyl ester	$C_8H_{16}O_3$	1000314-61-8	0.18	己基碳酸甲酯	酯类
17	12.21	1-Cyclopropene-1-pentanol, alpha,.epsilon.,.epsilon., 2-tetramethyl-3-（1-methylethenyl）-	$C_{15}H_{26}O$	90165-06-3	0.11	α,ε,ε,2-四甲基-3-（1-甲基乙烯基）-1-环丙烯-1-戊醇	醇类
18	9.79	Benzene,1-methyl-4-（1-methylethenyl）-	$C_{10}H_{12}$	1195-32-0	0.10	1-甲基-4-（1-甲基乙烯基）苯	其他

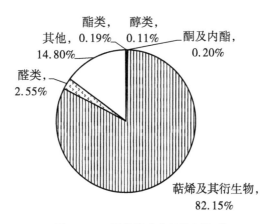

图 129-2　挥发性成分的比例构成

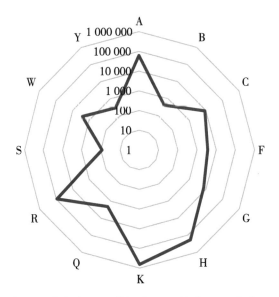

A—脂肪香；B—冰凉香；C—柑橘香；F—果香；G—青香；H—药香；
K—松柏香；Q—香膏香；R—玫瑰香；S—辛香料香；W—木香；Y—土壤香

图 129-3　香韵分布雷达

130. 资源 a 号（海南儋州）

经 GC-MS 检测和分析（图 130-1），其果肉中挥发性成分相对含量超过 0.1% 的共有 20 种化合物（表 130-1），主要为萜烯类化合物，占 92.22%（图 130-2），其中，比例最高的挥发性成分为（−）-β-蒎烯，占 67.27%。

已知挥发性成分的气味 ABC 分析显示：果肉香味主要涵盖 7 种香型，各香味荷载从大到小依次为松柏香、药香、脂肪香、柑橘香、玫瑰香、青香、香膏香；其中，松柏香、药香、脂肪香、柑橘香荷载远大于其他香味，可视为该杞果的主要香韵（图 130-3）。

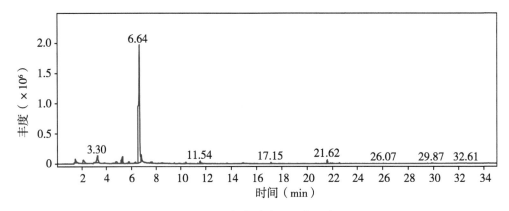

图 130-1　挥发性成分总离子流

表 130-1　挥发性成分 GC-MS 分析结果

编号	保留时间（min）	化合物	分子式	CAS 号	面积加和百分比（%）	中文名称	类别
1	6.64	Bicyclo［3.1.1］heptane,6,6-dimethyl-2-methylene-,(1S)-	$C_{10}H_{16}$	18172-67-3	67.27	(−)-β-蒎烯	萜烯及其衍生物
2	5.33	3-Carene	$C_{10}H_{16}$	13466-78-9	3.30	3-蒈烯	萜烯及其衍生物
3	1.46	Ethanol,2-nitro-	$C_2H_5NO_3$	625-48-9	2.21	2-硝基乙醇	醇类
4	5.23	(1R)-2,6,6-Trimethylbicyclo［3.1.1］hept-2-ene	$C_{10}H_{16}$	7785-70-8	1.81	(+)-α-蒎烯	萜烯及其衍生物
5	4.82	Oxime-,methoxy-phenyl-_	$C_8H_9NO_2$	1000222-86-6	1.61	N-羟基-苯甲亚胺酸甲酯	酯类
6	21.62	Naphthalene,decahydro-4a-methyl-1-methylene-7-(1-methylethenyl)-,［4aR-(4alpha,7alpha,8abeta)］-	$C_{15}H_{24}$	17066-67-0	1.21	(+)-β-瑟林烯	萜烯及其衍生物
7	6.31	Bicyclo［3.1.1］heptane,6,6-dimethyl-2-methylene-,(1S)-	$C_{10}H_{16}$	18172-67-3	0.75	(−)-β-蒎烯	萜烯及其衍生物
8	8.52	Sulfurous acid,isohexyl 2-pentyl ester	$C_{11}H_{24}O_3S$	1000309-15-5	0.65	异己基-2-戊基亚硫酸酯	其他
9	7.67	D-Limonene	$C_{10}H_{16}$	5989-27-5	0.61	D-柠檬烯	萜烯及其衍生物
10	29.87	3(2H)-Isothiazolone,2-octyl-	$C_{11}H_{19}NOS$	26530-20-1	0.52	辛异噻唑酮	酮及内酯
11	7.57	Benzene,1-methyl-3-(1-methylethyl)-	$C_{10}H_{14}$	535-77-3	0.45	间伞花烃	其他
12	4.62	Heptanal	$C_7H_{14}O$	111-71-7	0.37	庚醛	醛类
13	3.88	Cyclohexane,1,1'-(2-methyl-1,3-propanediyl)bis-	$C_{16}H_{30}$	2883-08-1	0.27	1,1'-(2-甲基-1,3-丙二醇)双环己烷	其他
14	22.57	cis-Calamenene	$C_{15}H_{22}$	72937-55-4	0.25	顺式-菖蒲烯	萜烯及其衍生物
15	21.85	Alloaromadendrene	$C_{15}H_{24}$	25246-27-9	0.23	别香树烯	萜烯及其衍生物
16	8.20	3-Carene	$C_{10}H_{16}$	13466-78-9	0.23	3-蒈烯	萜烯及其衍生物

（续表）

编号	保留时间（min）	化合物	分子式	CAS号	面积加和百分比（%）	中文名称	类别
17	3.10	Cyclopentanol, 2-methyl-	$C_6H_{12}O$	24070-77-7	0.20	2-甲基环戊醇	醇类
18	13.65	1-Cyclohexene-1-carboxaldehyde, 2,6,6-trimethyl-	$C_{10}H_{16}O$	432 25-7	0.17	β-环柠檬醛	萜烯及其衍生物
19	10.72	2,6-Dimethyl-1,3,5,7-octatetraene, E,E-	$C_{10}H_{14}$	460-01-5	0.14	波斯菊萜	萜烯及其衍生物
20	9.91	Nonanal	$C_9H_{18}O$	124-19-6	0.14	壬醛	醛类

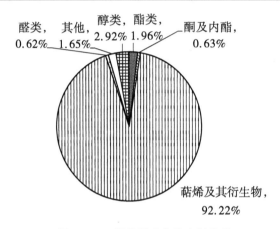

图130-2 挥发性成分的比例构成

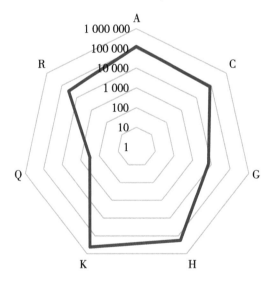

A—脂肪香；C—柑橘香；G—青香；H—药香；K—松柏香；Q—香膏香；R—玫瑰香

图130-3 香韵分布雷达

131. 资源 c 号（海南儋州）

经 GC-MS 检测和分析（图 131-1），其果肉中挥发性成分相对含量超过 0.1% 的共有 22 种化合物（表 131-1），主要为萜烯类化合物，占 82.22%（图 131-2），其中，比例最高的挥发性成分为 3-蒈烯，占 67.75%。

已知挥发性成分的气味 ABC 分析显示：果肉香味主要涵盖 9 种香型，各香味荷载从大到小依次为松柏香、药香、玫瑰香、柑橘香、木香、香膏香、土壤香、辛香料香、冰凉香；其中，松柏香、药香、玫瑰香荷载远大于其他香味，可视为该杧果的主要香韵（图 131-3）。

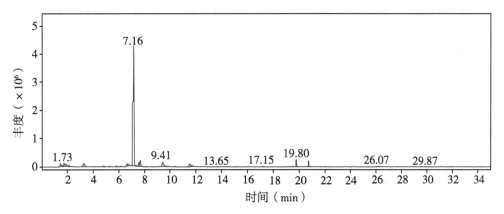

图 131-1　挥发性成分总离子流

表 131-1　挥发性成分 GC-MS 分析结果

编号	保留时间（min）	化合物	分子式	CAS 号	面积加和百分比（%）	中文名称	类别
1	7.16	3-Carene	$C_{10}H_{16}$	13466-78-9	67.75	3-蒈烯	萜烯及其衍生物
2	9.41	Benzenemethanol, 3,5-dimethyl-	$C_9H_{12}O$	27129-87-9	4.08	3,5-二甲基苄醇	醇类
3	7.67	D-Limonene	$C_{10}H_{16}$	5989-27-5	3.31	D-柠檬烯	萜烯及其衍生物
4	7.56	Benzene, 1-methyl-3-(1-methylethyl)-	$C_{10}H_{14}$	535-77-3	2.38	间伞花烃	其他
5	19.80	Caryophyllene	$C_{15}H_{24}$	87-44-5	2.25	石竹烯	萜烯及其衍生物
6	1.46	Ethanol,2-nitro-	$C_2H_5NO_3$	625-48-9	2.03	2-硝基乙醇	醇类
7	20.73	1,4,7,-Cycloundecatriene,1,5,9,9-tetramethyl-, Z, Z, Z-	$C_{15}H_{24}$	1000062-61-9	1.83	1,5,9,9-四甲基-1,4,7-环己三烯	其他
8	1.73	Ethyl Acetate	$C_4H_8O_2$	141-78-6	1.82	乙酸乙酯	酯类

（续表）

编号	保留时间（min）	化合物	分子式	CAS 号	面积加和百分比（%）	中文名称	类别
9	1.90	Ethyl Acetate	$C_4H_8O_2$	141-78-6	1.61	乙酸乙酯	酯类
10	6.64	beta-Myrcene	$C_{10}H_{16}$	123-35-3	0.98	β-月桂烯	萜烯及其衍生物
11	11.66	2-Nonyn-1-ol	$C_9H_{16}O$	5921-73-3	0.75	2-壬烯-1-醇	醇类
12	4.82	Oxime-, methoxy-phenyl-_	$C_8H_9NO_2$	1000222-86-6	0.57	N-羟基-苯甲亚胺酸甲酯	酯类
13	9.65	Tricyclo [7.3.0.0(2,6)]-8-dodecen-3-ol, (3R, S)-trans-anti-	$C_{12}H_{18}O$	1000099-25-3	0.43	(3R,S)-反式-抗式三环[7.3.0.0(2,6)]-8-十二碳烯-3-醇	醇类
14	6.16	Benzene, 2-ethyl-1,4-dimethyl-	$C_{10}H_{14}$	1758-88-9	0.38	2-乙基对二甲苯	其他
15	29.87	3(2H)-Isothiazolone,2-octyl-	$C_{11}H_{19}NOS$	26530-20-1	0.23	辛异噻唑酮	酮及内酯
16	7.34	Cyclohexene,1-methyl-4-(1-methylethylidene)-	$C_{10}H_{16}$	586-62-9	0.22	萜品油烯	萜烯及其衍生物
17	5.32	Bicyclo [3.1.0] hex-2-ene, 2-methyl-5-(1-methylethyl)-	$C_{10}H_{16}$	2867-05-2	0.21	α-侧柏烯	萜烯及其衍生物
18	9.91	1,2-Epoxy-5,9-cyclododecadiene	$C_{12}H_{18}O$	943-93-1	0.17	1,2-环氧-5,9-环十二烷二烯	其他
19	5.23	3-Carene	$C_{10}H_{16}$	13466-78-9	0.15	3-蒈烯	萜烯及其衍生物
20	13.65	1-Cyclohexene-1-carboxaldehyde, 2,6,6-trimethyl-	$C_{10}H_{16}O$	432-25-7	0.15	β-环柠檬醛	萜烯及其衍生物
21	19.52	1H-Cyclopropa [a] naphthalene, 1a, 2, 3,3a,4,5,6,7b-octahydro-1,1,3a,7-tetramethyl-, [1aR-(1aalpha, 3aalpha, 7balpha)]-	$C_{15}H_{24}$	489-29-2	0.13	β-橄榄烯	萜烯及其衍生物
22	7.00	alpha-Phellandrene	$C_{10}H_{16}$	99-83-2	0.11	α-水芹烯	萜烯及其衍生物

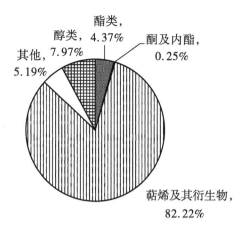

图 131-2 挥发性成分的比例构成

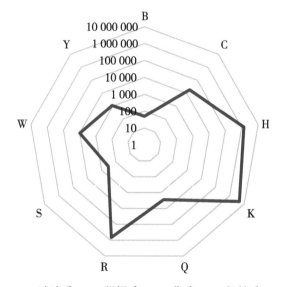

B—冰凉香；C—柑橘香；H—药香；K—松柏香；
Q—香膏香；R—玫瑰香；S—辛香料香；W—木香；Y—土壤香
图 131-3 香韵分布雷达

132. 杜 3 号资源（海南儋州）

经 GC-MS 检测和分析（图 132-1），其果肉中挥发性成分相对含量超过 0.1% 的共有 11 种化合物（表 132-1），主要为萜烯类化合物，占 91.55%（图 132-2），其中，比例最高的挥发性成分为 α-蒎烯，占 33.23%。

已知挥发性成分的气味 ABC 分析显示：果肉香味主要涵盖 4 种香型，各香味荷载从大到小依次为柑橘香、松柏香、药香、香膏香；其中，柑橘香、松柏香荷载远大于其他香味，可视为该杜果的主要香韵（图 132-3）。

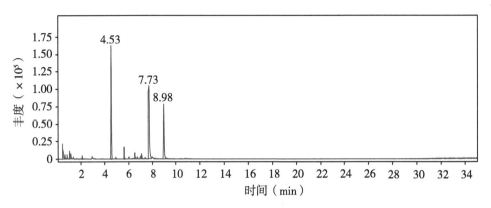

图 132-1　挥发性成分总离子流

表 132-1　挥发性成分 GC-MS 分析结果

编号	保留时间（min）	化合物	分子式	CAS 号	面积加和百分比（%）	中文名称	类别
1	4.53	alpha-Pinene	$C_{10}H_{16}$	80-56-8	33.23	α-蒎烯	萜烯及其衍生物
2	7.73	beta-Ocimene	$C_{10}H_{16}$	13877-91-3	28.24	β-罗勒烯	萜烯及其衍生物
3	8.98	Cyclohexene,1-methyl-4-(1-methylethylidene)-	$C_{10}H_{16}$	586-62-9	21.37	萜品油烯	萜烯及其衍生物
4	0.46	3,5-Dimethylcyclopentene	C_7H_{12}	7459-71-4	3.81	3,5-二甲基环戊烯	其他
5	5.63	Bicyclo［3.1.0］hexane,4-methylene-1-(1-methylethyl)-	$C_{10}H_{16}$	3387-41-5	3.50	（±）-桧烯	萜烯及其衍生物
6	1.12	1-Penten-3-one	C_5H_8O	1629-58-9	2.00	1-戊烯-3-酮	酮及内酯
7	7.12	D-Limonene	$C_{10}H_{16}$	5989-27-5	1.91	D-柠檬烯	萜烯及其衍生物
8	6.55	Bicyclo［3.1.0］hex-2-ene,2-methyl-5-(1-methylethyl)-	$C_{10}H_{16}$	2867-05-2	1.85	α-侧柏烯	萜烯及其衍生物
9	0.61	Methanesulfonic anhydride	$C_2H_6O_5S_2$	7143-01-3	0.96	甲烷磺酸酐	其他
10	2.11	Cyclohexane,(1,1-dimethylethyl)-	$C_{10}H_{20}$	3178-22-1	0.79	叔丁基环己烷	其他
11	0.79	Ethyl Acetate	$C_4H_8O_2$	141-78-6	0.77	乙酸乙酯	酯类

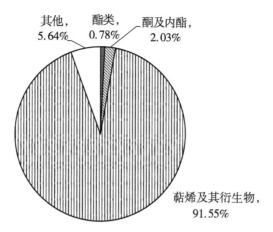

图 132-2 挥发性成分的比例构成

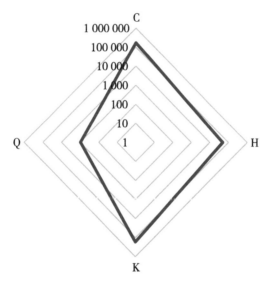

C—柑橘香；H—药香；K—松柏香；Q—香膏香

图 132-3 香韵分布雷达

133. 瓦城红杜（海南儋州）

经 GC-MS 检测和分析（图 133-1），其果肉中挥发性成分相对含量超过 0.1% 的共有 17 种化合物（表 133-1），主要为萜烯类化合物，占 92.55%（图 133-2），其中，比例最高的挥发性成分为 β-月桂烯，占 51.34%。

已知挥发性成分的气味 ABC 分析显示：果肉香味主要涵盖 8 种香型，各香味荷载从大到小依次为药香、松柏香、柑橘香、香膏香、木香、冰凉香、土壤香、辛香料香；其中，药香、松柏香、柑橘香、香膏香荷载远大于其他香味，可视为该杜果的主要香韵（图 133-3）。

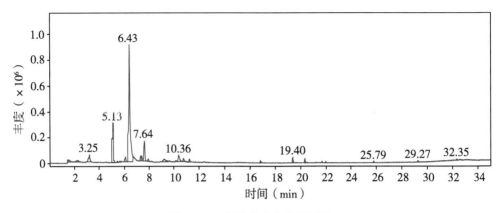

图 133-1 挥发性成分总离子流

表 133-1 挥发性成分 GC-MS 分析结果

编号	保留时间（min）	化合物	分子式	CAS 号	面积加和百分比（%）	中文名称	类别
1	6.43	beta-Myrcene	$C_{10}H_{16}$	123-35-3	51.34	β-月桂烯	萜烯及其衍生物
2	5.13	alpha-Pinene	$C_{10}H_{16}$	80-56-8	15.94	α-蒎烯	萜烯及其衍生物
3	7.64	trans-beta-Ocimene	$C_{10}H_{16}$	3779-61-1	7.42	反式-β-罗勒烯	萜烯及其衍生物
4	10.36	2,4,6-Octatriene,2,6-dimethyl-,(E,Z)-	$C_{10}H_{16}$	7216-56-0	3.25	(E,Z)-别罗勒烯	萜烯及其衍生物
5	9.21	Benzene,1-methyl-4-(1-methylethenyl)-	$C_{10}H_{12}$	1195-32-0	2.20	1-甲基-4-(1-甲基乙烯基)苯	其他
6	7.41	7-Methylene-9-oxa-bicyclo[3.3.1]non-2-ene	$C_9H_{12}O$	1000193-85-5	1.84	7-亚甲基-9-氧杂二环[3.3.1]壬-2-烯	其他
7	6.10	Bicyclo[3.1.1]heptane,6,6-dimethyl-2-methylene-,(1S)-	$C_{10}H_{16}$	18172-67-3	1.66	(-)-β-蒎烯	萜烯及其衍生物
8	19.40	Caryophyllene	$C_{15}H_{24}$	87-44-5	1.27	石竹烯	萜烯及其衍生物
9	7.32	Benzene,1-methyl-3-(1-methylethyl)-	$C_{10}H_{14}$	535-77-3	1.25	间伞花烃	其他
10	10.75	2,4,6-Octatriene,2,6-dimethyl-,(E,Z)-	$C_{10}H_{16}$	7216-56-0	1.17	(E,Z)-别罗勒烯	萜烯及其衍生物
11	20.35	Humulene	$C_{15}H_{24}$	6753-98-6	1.00	葎草烯	萜烯及其衍生物
12	1.53	Acetic acid,oxo-	$C_2H_2O_3$	298-12-4	0.90	乙醛酸	酸类

（续表）

编号	保留时间（min）	化合物	分子式	CAS号	面积加和百分比（%）	中文名称	类别
13	7.94	1,3,6-Octatriene,3,7-dimethyl-,(Z)-	$C_{10}H_{16}$	3338-55-4	0.76	(Z)-β-罗勒烯	萜烯及其衍生物
14	5.64	2-Benzylaminonicotinonitrile	$C_{13}H_{11}N_3$	50351-72-9	0.31	2-苄氨基烟腈	其他
15	5.46	Camphene	$C_{10}H_{16}$	79-92-5	0.30	莰烯	萜烯及其衍生物
16	21.99	Phenol,3,5-bis(1,1-dimethylethyl)-	$C_{14}H_{22}O$	1138-52-9	0.28	3,5-二叔丁基苯酚	其他
17	20.52	Aromandendrene	$C_{15}H_{24}$	489-39-4	0.16	香橙烯	萜烯及其衍生物

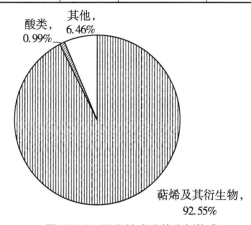

图 133-2 挥发性成分的比例构成

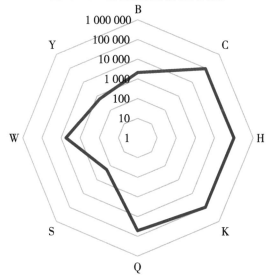

B—冰凉香；C—柑橘香；H—药香；K—松柏香；Q—香膏香；S—辛香料香；W—木香；Y—土壤香

图 133-3 香韵分布雷达

134. 金凤凰（海南儋州）

经 GC-MS 检测和分析（图 134-1），其果肉中挥发性成分相对含量超过 0.1% 的共有 23 种化合物（表 134-1），主要为萜烯类和醇类化合物，分别占 42.46% 和 42.36%（图 134-2），其中，比例最高的挥发性成分为反式-3-己烯 1 醇，占 33.02%。

已知挥发性成分的气味 ABC 分析显示：果肉香味主要涵盖 8 种香型，各香味荷载从大到小依次为松柏香、药香、柑橘香、玫瑰香、脂肪香、青香、果香、香膏香；其中，松柏香荷载远大于其他香味，可视为该杧果的主要香韵（图 134-3）。

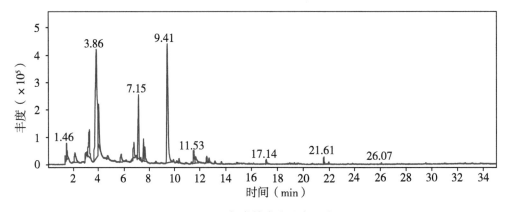

图 134-1 挥发性成分总离子流

表 134-1 挥发性成分 GC-MS 分析结果

编号	保留时间（min）	化合物	分子式	CAS 号	面积加和百分比（%）	中文名称	类别
1	3.86	3 - Hexen - 1 - ol, (E) -	$C_6H_{12}O$	928-97-2	33.02	反式-3-己烯-1-醇	醇类
2	9.41	Cyclohexene, 1-methyl-4-(1-methylethylidene) -	$C_{10}H_{16}$	586-62-9	23.30	萜品油烯	萜烯及其衍生物
3	7.15	3-Carene	$C_{10}H_{16}$	13466-78-9	9.03	3-蒈烯	萜烯及其衍生物
4	4.03	Oxirane, (1 - methylbutyl) -	$C_7H_{14}O$	53229-39-3	6.85	2-(1-甲基丁基）环氧乙烷	其他
5	7.55	Benzene, 1 - methyl-3-(1-methylethyl) -	$C_{10}H_{14}$	535-77-3	2.48	间伞花烃	其他
6	7.66	D-Limonene	$C_{10}H_{16}$	5989-27-5	2.32	D-柠檬烯	萜烯及其衍生物
7	1.46	(S) - (+) - 1, 2 - Propanediol	$C_3H_8O_2$	4254-15-3	1.71	(S)-(+)-1, 2-丙二醇	醇类

（续表）

编号	保留时间（min）	化合物	分子式	CAS 号	面积加和百分比（%）	中文名称	类别
8	11.68	2-Octyn-1-ol	$C_8H_{14}O$	20739-58-6	1.46	2-辛炔-1-醇	醇类
9	4.76	Oxime -, methoxy - phenyl -_	$C_8H_9NO_2$	1000222-86-6	0.70	N-羟基-苯甲亚胺酸甲酯	酯类
10	12.53	Butanoic acid, 3 - hexenyl ester, (E)-	$C_{10}H_{18}O_2$	53398-84-8	0.65	（E）-己-3-烯基丁酸酯	酯类
11	21.61	trans-beta-Ionone	$C_{13}H_{20}O$	79-77-6	0.58	乙位紫罗兰酮	萜烯及其衍生物
12	2.99	Hexanal	$C_6H_{12}O$	66-25-1	0.46	己醛	醛类
13	12.71	Butanoic acid, hexyl ester	$C_{10}H_{20}O_2$	2639-63-6	0.37	丁酸己酯	酯类
14	8.52	Ethyl（1 - adamantylamino）carbothioylcarbamate	$C_{14}H_{22}N_2O_2S$	36997-89-4	0.35	（1-金刚烷基氨基）硫代氨基甲酸乙酯	酯类
15	7.33	2-Carene	$C_{10}H_{16}$	554-61-0	0.34	2-蒈烯	萜烯及其衍生物
16	6.63	beta-Myrcene	$C_{10}H_{16}$	123-35-3	0.26	β-月桂烯	萜烯及其衍生物
17	3.09	Hexanal	$C_6H_{12}O$	66-25-1	0.26	己醛	醛类
18	13.16	Decanal	$C_{10}H_{20}O$	112-31-2	0.25	癸醛	醛类
19	10.14	6,7 - Dimethyl - 3,5,8,8a-tetrahydro-1H-2-benzopyran	$C_{11}H_{16}O$	110028-10-9	0.25	6,7-二甲基-3,5,8,8A-四氢-苯并异吡喃	其他
20	1.36	（2-Aziridinylethyl）amine	$C_4H_{10}N_2$	4025-37-0	0.24	2-（氮杂环丙烷-1-基）乙胺	其他
21	9.89	3-Cyclohexen-1-ol, 5-methylene-6-(1-methylethenyl)-, acetate	$C_{12}H_{16}O_2$	54832-23-4	0.22	乙酸酒神菊酯	萜烯及其衍生物
22	13.65	1-Cyclohexene-1-carboxaldehyde, 2,6,6-trimethyl-	$C_{10}H_{16}O$	432-25-7	0.21	β-环柠檬醛	萜烯及其衍生物
23	6.94	8,11,14 - Eicosatrienoic acid,（Z,Z,Z)-	$C_{20}H_{34}O_2$	1783-84-2	0.10	（Z,Z,Z）-8,11,14-二十碳三烯酸	酸类

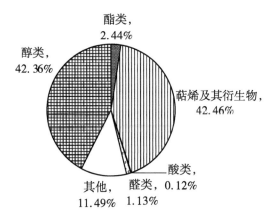

图 134-2　挥发性成分的比例构成

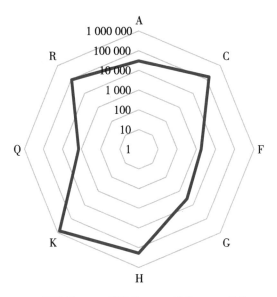

A—脂肪香；C—柑橘香；F—果香；G—青香；
H—药香；K—松柏香；Q—香膏香；R—玫瑰香

图 134-3　香韵分布雷达

135. 红玉杞（海南儋州）

经 GC-MS 检测和分析（图 135-1），其果肉中挥发性成分相对含量超过 0.1% 的共有 16 种化合物（表 135-1），主要为萜烯类化合物，占 98.26%（图 135-2），其中，比例最高的挥发性成分为闹二烯，占 81.81%。

已知挥发性成分的气味 ABC 分析显示：果肉香味主要涵盖 9 种香型，各香味荷载从大到小依次为松柏香、药香、玫瑰香、柑橘香、木香、香膏香、土壤香、冰凉香、辛香料香；其中，松柏香、药香、玫瑰香荷载远大于其他香味，可视为该杞果的主要香韵（图 135-3）。

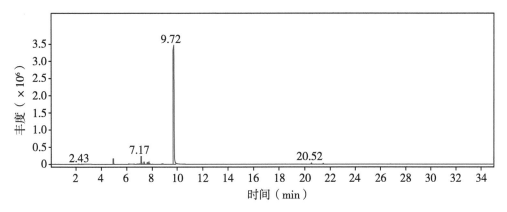

图 135-1　挥发性成分总离子流

表 135-1　挥发性成分 GC-MS 分析结果

编号	保留时间（min）	化合物	分子式	CAS 号	面积加和百分比（%）	中文名称	类别
1	9.72	Cyclohexene, 3-methyl-6-(1-methylethylidene)-	$C_{10}H_{16}$	586-63-0	81.81	闹二烯	萜烯及其衍生物
2	7.17	3-Carene	$C_{10}H_{16}$	13466-78-9	4.89	3-蒈烯	萜烯及其衍生物
3	4.96	3-Carene	$C_{10}H_{16}$	13466-78-9	3.23	3-蒈烯	萜烯及其衍生物
4	7.76	D-Limonene	$C_{10}H_{16}$	5989-27-5	2.46	D-柠檬烯	萜烯及其衍生物
5	7.37	1,3-Cyclohexadiene, 1-methyl-4-(1-methylethyl)-	$C_{10}H_{16}$	99-86-5	1.71	α-萜品烯	萜烯及其衍生物
6	7.62	o-Cymene	$C_{10}H_{14}$	527-84-4	1.42	邻伞花烃	萜烯及其衍生物
7	20.52	Caryophyllene	$C_{15}H_{24}$	87-44-5	0.82	石竹烯	萜烯及其衍生物
8	8.81	3(2H)-Furanone, 4-methoxy-2,5-dimethyl-	$C_{7}H_{10}O_{3}$	4077-47-8	0.69	4-甲氧基-2,5-二甲基-3(2H)-呋喃酮	其他
9	21.46	1,4,7,-Cycloundecatriene,1,5,9,9-tetramethyl-, Z, Z, Z-	$C_{15}H_{24}$	1000062-61-9	0.66	1,5,9,9-四甲基-1,4,7-环己三烯	其他
10	2.15	Cyclohexane, (1,1-dimethylethyl)-	$C_{10}H_{20}$	3178-22-1	0.39	叔丁基环己烷	其他
11	6.99	alpha-Phellandrene	$C_{10}H_{16}$	99-83-2	0.38	α-水芹烯	萜烯及其衍生物
12	6.57	beta-Myrcene	$C_{10}H_{16}$	123-35-3	0.35	β-月桂烯	萜烯及其衍生物
13	6.87	Cyclohexene,1-methyl-4-(1-methylethylidene)-	$C_{10}H_{16}$	586-62-9	0.35	萜品油烯	萜烯及其衍生物

(续表)

编号	保留时间 （min）	化合物	分子式	CAS 号	面积加和 百分比 （%）	中文名称	类别
14	6.17	Cyclohexene，4－methylene－1－（1－methylethyl）－	$C_{10}H_{16}$	99－84－3	0.25	β-萜品烯	萜烯及其衍生物
15	10.53	1，3，8－p－Mentha-triene	$C_{10}H_{14}$	18368 95－1	0.17	1，3，8－对－薄荷基三烯	萜烯及其衍生物
16	8.74	gamma－Terpinene	$C_{10}H_{16}$	99－85－4	0.12	γ-萜品烯	萜烯及其衍生物

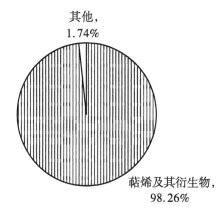

图 135-2　挥发性成分的比例构成

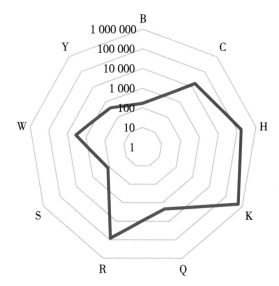

B—冰凉香；C—柑橘香；H—药香；K—松柏香；
Q—香膏香；R—玫瑰香；S—辛香料香；W—木香；Y—土壤香

图 135-3　香韵分布雷达

136. 马切苏杬（海南儋州）

经 GC-MS 检测和分析（图 136-1），其果肉中挥发性成分相对含量超过 0.1% 的共有 26 种化合物（表 136-1），主要为萜烯类化合物，占 75.95%（图 136-2），其中，比例最高的挥发性成分为 α-蒎烯，占 32.14%。

已知挥发性成分的气味 ABC 分析显示：果肉香味主要涵盖 12 种香型，各香味荷载从大到小依次为松柏香、脂肪香、药香、柑橘香、青香、果香、玫瑰香、冰凉香、木香、香膏香、土壤香、辛香料香；其中，松柏香、脂肪香、药香、柑橘香、青香荷载远大于其他香味，可视为该杬果的主要香韵（图 136-3）。

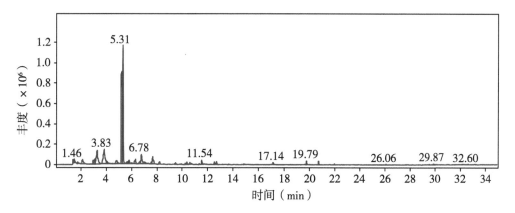

图 136-1 挥发性成分总离子流

表 136-1 挥发性成分 GC-MS 分析结果

编号	保留时间（min）	化合物	分子式	CAS 号	面积加和百分比（%）	中文名称	类别
1	5.31	alpha-Pinene	$C_{10}H_{16}$	80-56-8	32.14	α-蒎烯	萜烯及其衍生物
2	5.23	alpha-Pinene	$C_{10}H_{16}$	80-56-8	21.84	α-蒎烯	萜烯及其衍生物
3	3.83	2-Hexenal,（E）-	$C_6H_{10}O$	6728-26-3	8.62	反式-2-己烯醛	醛类
4	7.68	Bicyclo［3.1.0］hexan-2-ol,2-methyl-5-（1-methylethyl）-,（1alpha,2alpha,5alpha）-	$C_{10}H_{18}O$	17699-16-0	2.72	（+）-反式-4-侧柏醇	萜烯及其衍生物
5	3.09	Hexanal	$C_6H_{12}O$	66-25-1	1.83	己醛	醛类
6	4.80	Oxime -, methoxy-phenyl-_	$C_8H_9NO_2$	1000222-86-6	1.67	N-羟基-苯甲亚胺酸甲酯	酯类

（续表）

编号	保留时间（min）	化合物	分子式	CAS 号	面积加和百分比（%）	中文名称	类别
7	6.32	Bicyclo［3.1.1］heptane,6,6-dimethyl-2-methylene-,(1S)-	$C_{10}H_{16}$	18172-67-3	1.54	(-)-β-蒎烯	萜烯及其衍生物
8	2.97	Hexanal	$C_6H_{12}O$	66-25-1	1.29	己醛	醛类
9	3.99	4-Penten-1-ol,3-methyl-	$C_6H_{12}O$	51174-44-8	1.26	3-甲基-4-戊烯-1-醇	醇类
10	8.21	3-Carene	$C_{10}H_{16}$	13466-78-9	0.77	3-蒈烯	萜烯及其衍生物
11	7.01	Ethyl（1-adamantylamino）carbothioylcarbamate	$C_{14}H_{22}N_2O_2S$	36997-89-4	0.72	(1-金刚烷基氨基)硫代氨基甲酸乙酯	酯类
12	19.79	Caryophyllene	$C_{15}H_{24}$	87-44-5	0.69	石竹烯	萜烯及其衍生物
13	20.73	1,4,7,-Cycloundecatriene,1,5,9,9-tetramethyl-,Z,Z,Z-	$C_{15}H_{24}$	1000062-61-9	0.64	1,5,9,9-四甲基-1,4,7-环己三烯	其他
14	1.46	Ethanol,2-nitro-	$C_2H_5NO_3$	625-48-9	0.62	2-硝基乙醇	醇类
15	5.66	Camphene	$C_{10}H_{16}$	79-92-5	0.62	莰烯	萜烯及其衍生物
16	12.54	Butanoic acid,3-hexenyl ester,(Z)-	$C_{10}H_{18}O_2$	16491-36-4	0.61	丁酸叶醇酯	酯类
17	9.46	Acetic acid,［4-(1,1-dimethylethyl)phenoxy］-,methyl ester	$C_{13}H_{18}O_3$	88530-52-3	0.61	(4-叔丁基苯氧基)乙酸甲酯	酯类
18	12.71	alpha-Terpineol	$C_{10}H_{18}O$	98-55-5	0.60	α-萜品醇	萜烯及其衍生物
19	6.64	beta-Myrcene	$C_{10}H_{16}$	123-35-3	0.53	β-月桂烯	萜烯及其衍生物
20	7.57	Benzene,1-methyl-3-(1-methylethyl)-	$C_{10}H_{14}$	535-77-3	0.48	间伞花烃	其他
21	1.36	（2-Aziridinylethyl）amine	$C_4H_{10}N_2$	4025-37-0	0.43	2-(氮杂环丙烷-1-基)乙胺	其他
22	29.87	3(2H)-Isothiazolone,2-octyl-	$C_{11}H_{19}NOS$	26530-20-1	0.37	辛异噻唑酮	酮及内酯
23	1.74	Ethyl Acetate	$C_4H_8O_2$	141-78-6	0.34	乙酸乙酯	酯类
24	10.60	alpha-Campholenal	$C_{10}H_{16}O$	4501-58-0	0.30	α-樟脑烯醛	萜烯及其衍生物

（续表）

编号	保留时间（min）	化合物	分子式	CAS 号	面积加和百分比（%）	中文名称	类别
25	10.73	2，6‑Dimethyl‑1，3，5，7‑octatet-raene，E，E‑	$C_{10}H_{14}$	460‑01‑5	0.19	波斯菊萜	萜烯及其衍生物
26	9.91	Nonanal	$C_9H_{18}O$	124‑19‑6	0.14	壬醛	醛类

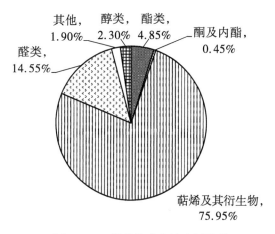

图 136‑2　挥发性成分的比例构成

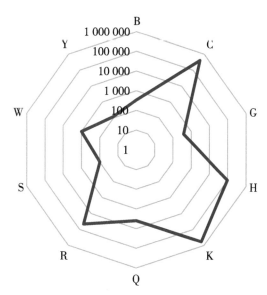

A—脂肪香；B—冰凉香；C—柑橘香；F—果香；G—青香；H—药香；
K—松柏香；Q—香膏香；R—玫瑰香；S—辛香料香；W—木香；Y—土壤香

图 136‑3　香韵分布雷达

137. 索马里杧（海南儋州）

经 GC-MS 检测和分析（图 137-1），其果肉中挥发性成分相对含量超过 0.1% 的共有 26 种化合物（表 137-1），主要为萜烯类化合物，占 71.79%（图 137-2），其中，比例最高的挥发性成分为 β-蒎烯，占 24.30%。

已知挥发性成分的气味 ABC 分析显示：果肉香味主要涵盖 9 种香型，各香味荷载从大到小依次为松柏香、药香、果香、柑橘香、玫瑰香、冰凉香、木香、土壤香、辛香料香；其中，松柏香、药香、果香、柑橘香、玫瑰香荷载远大于其他香味，可视为该杧果的主要香韵（图 137-3）。

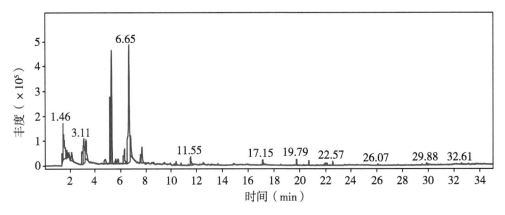

图 137-1　挥发性成分总离子流

表 137-1　挥发性成分 GC-MS 分析结果

编号	保留时间（min）	化合物	分子式	CAS 号	面积加和百分比（%）	中文名称	类别
1	6.65	beta-Pinene	$C_{10}H_{16}$	127-91-3	24.30	β-蒎烯	萜烯及其衍生物
2	5.31	alpha-Pinene	$C_{10}H_{16}$	80-56-8	18.90	α-蒎烯	萜烯及其衍生物
3	5.24	(1R)-2,6,6-Trimethylbicyclo[3.1.1]hept-2-ene	$C_{10}H_{16}$	7785-70-8	8.29	(+)-α-蒎烯	萜烯及其衍生物
4	1.46	Ethanol,2-nitro-	$C_2H_5NO_3$	625-48-9	8.23	2-硝基乙醇	醇类
5	3.11	Butanoic acid, ethyl ester	$C_6H_{12}O_2$	105-54-4	6.73	丁酸乙酯	酯类
6	7.69	3-Carene	$C_{10}H_{16}$	13466-78-9	3.33	3-蒈烯	萜烯及其衍生物
7	6.32	Bicyclo[3.1.1]heptane,6,6-dimethyl-2-methylene-,(1S)-	$C_{10}H_{16}$	18172-67-3	3.32	(-)-β-蒎烯	萜烯及其衍生物

（续表）

编号	保留时间（min）	化合物	分子式	CAS 号	面积加和百分比（%）	中文名称	类别
8	2.98	Butanoic acid, ethyl ester	$C_6H_{12}O_2$	105-54-4	2.41	丁酸乙酯	酯类
9	4.84	Oxime－, methoxy－phenyl－_	$C_8H_9NO_2$	1000222-86-6	1.23	N-羟基-苯甲亚胺酸甲酯	酯类
10	7.57	Benzene, 1－methyl-3－(1－methylethyl)－	$C_{10}H_{14}$	535-77-3	1.19	间伞花烃	其他
11	5.64	Camphene	$C_{10}H_{16}$	79-92-5	0.89	莰烯	萜烯及其衍生物
12	1.73	Ethyl Acetate	$C_4H_8O_2$	141-78-6	0.81	乙酸乙酯	酯类
13	19.79	Caryophyllene	$C_{15}H_{24}$	87-44-5	0.64	石竹烯	萜烯及其衍生物
14	1.37	(2-Aziridinylethyl)amine	$C_4H_{10}N_2$	4025-37-0	0.61	2-(氮杂环丙烷－1－基)乙胺	其他
15	29.88	3(2H)－Isothiazolone,2-octyl-	$C_{11}H_{19}NOS$	26530-20-1	0.51	辛异噻唑酮	酮及内酯
16	20.73	1,4,7,－Cycloundecatriene, 1,5,9,9-tetramethyl－, Z, Z, Z-	$C_{15}H_{24}$	1000062-61-9	0.46	1,5,9,9-四甲基-1,4,7-环己三烯	其他
17	9.92	Ethyl 2-[(4-methylphenyl) amino] propanoate	$C_{12}H_{17}NO_2$	88911-99-3	0.40	乙基 2-[(4-甲基苯基）氨基]丙酸酯	酯类
18	22.57	cis-Calamenene	$C_{15}H_{22}$	72937-55-4	0.39	顺式-菖蒲烯	萜烯及其衍生物
19	12.53	Butanoic acid, 3－hexenyl ester, (Z)－	$C_{10}H_{18}O_2$	16491-36-4	0.37	丁酸叶醇酯	酯类
20	9.46	3,5-Dimethylbenzaldehydethiocarbamoylhydrazone	$C_{10}H_{13}N_3S$	1000195-15-1	0.30	3.5-二甲基苯甲醛-缩氨基硫脲	其他
21	10.76	2-Caren-4-ol	$C_{10}H_{16}O$	6617-35-2	0.27	2-蒈烯-4-醇	萜烯及其衍生物
22	1.89	Ethyl Acetate	$C_4H_8O_2$	141-78-6	0.22	乙酸乙酯	酯类
23	8.62	3(2H)－Furanone, 4－methoxy-2,5－dimethyl-	$C_7H_{10}O_3$	4077-47-8	0.19	4-甲氧基-2,5－二甲基-3(2H)-呋喃酮	其他
24	7.98	2-Methyl－6－phenylpyrazolo[3,4-d]thiazolo[3,2-a]pyrimidin-4(2H)-one	$C_{14}H_{10}N_4OS$	1000105-31-2	0.19	2-甲基-6-苯基-吡唑并[3,4-d]噻唑并[3,2-a]嘧啶-4(2H)-酮	其他

（续表）

编号	保留时间 （min）	化合物	分子式	CAS 号	面积加和 百分比 （%）	中文名称	类别
25	22.13	Azulene, 1, 2, 3, 5, 6, 7, 8, 8a - octa-hydro-1, 4-dimeth-yl-7-（1-methyle-thenyl）-,［1S-（1alpha, 7alpha, 8abeta）］-	$C_{15}H_{24}$	3691-11-0	0.18	D-愈创木烯	萜烯及其衍生物
26	13.66	1-Cyclohexene-1-carboxaldehyde, 2, 6,6-trimethyl-	$C_{10}H_{16}O$	432-25-7	0.17	β-环柠檬醛	萜烯及其衍生物

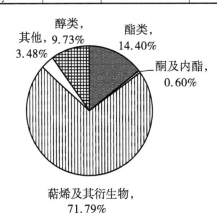

图 137-2　挥发性成分的比例构成

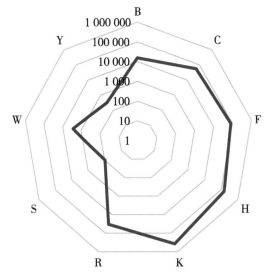

B—冰凉香；C—柑橘香；F—果香；H—药香；
K—松柏香；R—玫瑰香；S—辛香料香；W—木香；Y—土壤香

图 137-3　香韵分布雷达

138. 几内亚 2 号资源（海南儋州）

经 GC-MS 检测和分析（图 138-1），其果肉中挥发性成分相对含量超过 0.1% 的共有 6 种化合物（表 138-1），主要为萜烯类化合物，占 96.60%（图 138-2），其中，比例最高的挥发性成分为 3-蒈烯，占 84.86%。

已知挥发性成分的气味 ABC 分析显示：果肉香味主要涵盖 5 种香型，各香味荷载从大到小依次为松柏香、药香、玫瑰香、柑橘香、香膏香；其中，松柏香、药香、玫瑰香荷载远大于其他香味，可视为该杧果的主要香韵（图 138-3）。

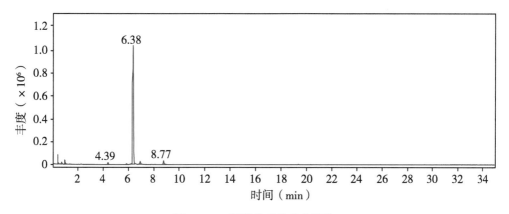

图 138-1 挥发性成分总离子流

表 138-1 挥发性成分 GC-MS 分析结果

编号	保留时间（min）	化合物	分子式	CAS 号	面积加和百分比（%）	中文名称	类别
1	6.38	3-Carene	$C_{10}H_{16}$	13466-78-9	84.86	3-蒈烯	萜烯及其衍生物
2	8.77	Cyclohexene,1-methyl-4-(1-methylethylidene)-	$C_{10}H_{16}$	586-62-9	3.99	萜品油烯	萜烯及其衍生物
3	0.44	4-Dehydroxy-N-(4,5-methylenedioxy-2-nitro-benzylidene) tyramine	$C_{16}H_{14}N_2O_4$	1000111-66-9	3.28	4-脱氢-N-(4,5-亚甲二氧基-2-硝基亚苄基)酪胺	其他
4	6.94	D-Limonene	$C_{10}H_{16}$	5989-27-5	2.78	D-柠檬烯	萜烯及其衍生物
5	4.39	Bicyclo [3.1.1] hept-2-ene, 3,6,6-trimethyl-	$C_{10}H_{16}$	4889-83-2	1.09	3,6,6-三甲基-双环(3.1.1)庚-2-烯	萜烯及其衍生物
6	5.85	beta-Myrcene	$C_{10}H_{16}$	123-35-3	0.58	β-月桂烯	萜烯及其衍生物

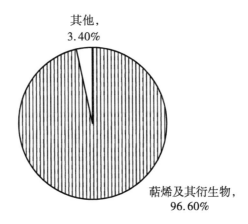

其他,
3.40%

萜烯及其衍生物,
96.60%

图 138-2 挥发性成分的比例构成

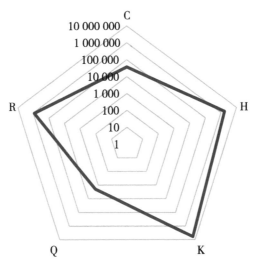

C—柑橘香；H—药香；K—松柏香；Q—香膏香；R—玫瑰香
图 138-3 香韵分布雷达

139. 小象牙（海南儋州）

经 GC-MS 检测和分析（图 139-1），其果肉中挥发性成分相对含量超过 0.1% 的共有 16 种化合物（表 139-1），主要为萜烯类化合物，占 92.46%（图 139-2），其中，比例最高的挥发性成分为萜品油烯，占 67.16%。

已知挥发性成分的气味 ABC 分析显示：果肉香味主要涵盖 8 种香型，各香味荷载从大到小依次为松柏香、柑橘香、药香、果香、玫瑰香、麻醉香、动物香、香膏香；其中，松柏香、柑橘香荷载远大于其他香味，可视为该杧果的主要香韵（图 139-3）。

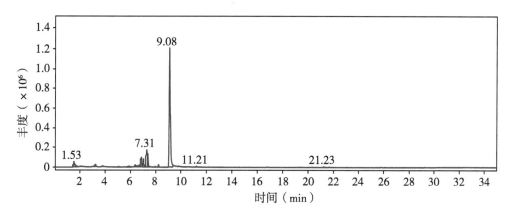

图 139-1　挥发性成分总离子流

表 139-1　挥发性成分 GC-MS 分析结果

编号	保留时间 （min）	化合物	分子式	CAS 号	面积加和 百分比 （%）	中文名称	类别
1	9.08	Cyclohexene,1-methyl-4-（1-methylethylidene）-	$C_{10}H_{16}$	586-62-9	67.16	萜品油烯	萜烯及其衍生物
2	7.31	o-Cymene	$C_{10}H_{14}$	527-84-4	7.64	邻伞花烃	萜烯及其衍生物
3	7.38	D-Limonene	$C_{10}H_{16}$	5989-27-5	5.17	D-柠檬烯	萜烯及其衍生物
4	6.89	3-Carene	$C_{10}H_{16}$	13466-78-9	5.13	3-蒈烯	萜烯及其衍生物
5	7.07	Cyclohexene,1-methyl-4-（1-methylethylidene）-	$C_{10}H_{16}$	586-62-9	3.45	萜品油烯	萜烯及其衍生物
6	1.53	Propanamide,2-hydroxy-	$C_3H_7NO_2$	2043-43-8	3.34	2-羟基丙酰胺	其他
7	6.75	Cyclopentene,3-isopropenyl-5,5-dimethyl-	$C_{10}H_{16}$	1000162-25-4	1.21	5-异丙烯基-3,3-二甲基-环戊烯	萜烯及其衍生物
8	6.40	beta-Myrcene	$C_{10}H_{16}$	123-35-3	0.94	β-月桂烯	萜烯及其衍生物
9	8.23	gamma-Terpinene	$C_{10}H_{16}$	99-85-4	0.91	γ-萜品烯	萜烯及其衍生物
10	5.88	Benzaldehyde	C_7H_6O	100-52-7	0.72	苯甲醛	醛类

（续表）

编号	保留时间 （min）	化合物	分子式	CAS 号	面积加和 百分比 （%）	中文名称	类别
11	3.78	4-Penten-1-ol,3-methyl-	$C_6H_{12}O$	51174-44-8	0.41	3-甲基-4-戊烯-1-醇	醇类
12	7.96	Cyclohexene, 4 methylene-1-(1-methylethyl)-	$C_{10}H_{16}$	99-84-3	0.30	β-萜品烯	萜烯及其衍生物
13	1.44	(2-Aziridinylethyl)amine	$C_4H_{10}N_2$	4025-37-0	0.29	2-(氮杂环丙烷-1-基)乙胺	其他
14	5.05	Bicyclo［3.1.1］hept-2-ene,3,6,6-trimethyl-	$C_{10}H_{16}$	4889-83-2	0.25	3,6,6-三甲基-双环(3.1.1)庚-2-烯	萜烯及其衍生物
15	9.81	1,3,8-p-Mentha-triene	$C_{10}H_{14}$	18368-95-1	0.16	1,3,8-对-薄荷基三烯	萜烯及其衍生物
16	21.23	1,5-Cyclodeca-diene,1,5-dimethyl-8-(1-methylethenyl)-,［S-(Z,E)］-	$C_{15}H_{24}$	75023-40-4	0.15	(S,1Z,5E)-1,5-二甲基-8-异丙烯基-1,5-环癸二烯	萜烯及其衍生物

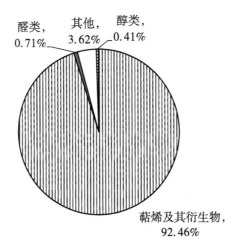

醛类，0.71%　其他，3.62%　醇类，0.41%

萜烯及其衍生物，92.46%

图 139-2　挥发性成分的比例构成

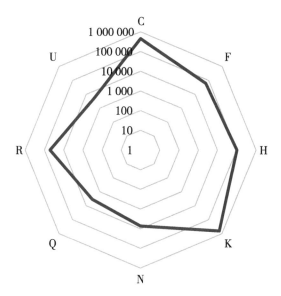

C—柑橘香；F—果香；H—药香；K—松柏香；
N—麻醉香；Q—香膏香；R—玫瑰香；U—动物香

图 139-3 香韵分布雷达

140. 凯豪乐杧（海南儋州）

经 GC-MS 检测和分析（图 140-1），其果肉中挥发性成分相对含量超过 0.1% 的共有 20 种化合物（表 140-1），主要为萜烯类化合物，占 70.37%（图 140-2），其中，比例最高的挥发性成分为萜品油烯，占 60.77%。

已知挥发性成分的气味 ABC 分析显示：果肉香味主要涵盖 5 种香型，各香味荷载从大到小依次为松柏香、柑橘香、药香、玫瑰香、香膏香；其中，松柏香、柑橘香荷载远大于其他香味，可视为该杧果的主要香韵（图 140-3）。

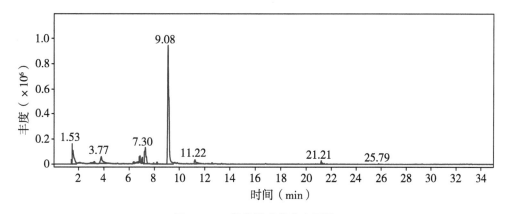

图 140-1 挥发性成分总离子流

表 140-1　挥发性成分 GC-MS 分析结果

编号	保留时间（min）	化合物	分子式	CAS 号	面积加和百分比（%）	中文名称	类别
1	9.08	Cyclohexene,1-methyl-4-(1-methylethylidene)-	$C_{10}H_{16}$	586-62-9	60.77	萜品油烯	萜烯及其衍生物
2	1.53	Dimethyl ether	C_2H_6O	115-10-6	9.50	二甲醚	其他
3	7.30	Benzene,1-methyl-3-(1-methylethyl)-	$C_{10}H_{14}$	535-77-3	7.85	间伞花烃	其他
4	3.77	2-Hexenal,(E)-	$C_6H_{10}O$	6728-26-3	6.39	反式-2-己烯醛	醛类
5	6.88	3-Carene	$C_{10}H_{16}$	13466-78-9	2.60	3-蒈烯	萜烯及其衍生物
6	7.07	1,3-Cyclohexadiene,1-methyl-4-(1-methylethyl)-	$C_{10}H_{16}$	99-86-5	2.26	α-萜品烯	萜烯及其衍生物
7	11.22	2,6-Nonadienal,(E,Z)-	$C_9H_{14}O$	557-48-2	1.92	反式-2-,顺式-6-壬二烯醛	醛类
8	11.38	2,6-Nonadienal,(E,Z)-	$C_9H_{14}O$	557-48-2	0.96	反式-2-,顺式-6-壬二烯醛	醛类
9	21.21	Naphthalene,decahydro-4a-methyl-1-methylene-7-(1-methylethenyl)-,[4aR-(4aalpha,7alpha,8abeta)]-	$C_{15}H_{24}$	17066-67-0	0.94	(+)-β-瑟林烯	萜烯及其衍生物
10	1.44	Benzenemethanol,alpha-(1-aminoethyl)-,[R-(R*,R*)]-	$C_9H_{13}NO$	37577-07-4	0.68	L-(-)-去甲伪麻黄碱	其他
11	8.22	gamma-Terpinene	$C_{10}H_{16}$	99-85-4	0.63	γ-萜品烯	萜烯及其衍生物
12	2.97	Hexanoic acid	$C_6H_{12}O_2$	142-62-1	0.62	己酸	酸类
13	6.73	Ethyl (1-adamantylamino) carbothioylcarbamate	$C_{14}H_{22}N_2O_2S$	36997-89-4	0.61	(1-金刚烷基氨基)硫代氨基甲酸乙酯	酯类
14	6.40	beta-Myrcene	$C_{10}H_{16}$	123-35-3	0.61	β-月桂烯	萜烯及其衍生物

（续表）

编号	保留时间（min）	化合物	分子式	CAS 号	面积加和百分比（%）	中文名称	类别
15	21.31	trans-beta-Ionone	$C_{13}H_{20}O$	79-77-6	0.38	乙位紫罗兰酮	萜烯及其衍生物
16	7.96	Cyclohexene, 4-methylene-1-(1-methylethyl)-	$C_{10}H_{16}$	99-84-3	0.37	β-萜品烯	萜烯及其衍生物
17	12.57	Octanoic acid, ethyl ester	$C_{10}H_{20}O_2$	106-32-1	0.35	辛酸乙酯	酯类
18	21.44	2-(4a,8-Dimethyl-2,3,4,5,6,7-hexahydro-1H-naphthalen-2-yl)propan-2-ol	$C_{15}H_{26}O$	1000411-50-0	0.27	2-(4a,8-二甲基-2,3,4,5,6,7-六氢-1H-萘-2-基)丙-2-醇	萜烯及其衍生物
19	9.81	1,3,8-p-Mentha-triene	$C_{10}H_{14}$	18368-95-1	0.17	1,3,8-对-薄荷基三烯	萜烯及其衍生物
20	9.62	2,5-Methano-1H-inden-8-ol,2,3,3a,4,5,7a-hexahydro-,acetate,(2alpha,3abeta,5alpha,7abeta,8s*)-	$C_{12}H_{16}O_2$	58594-26-6	0.16	(2α,3aβ,5α,7aβ,8S*)-2,3,3a,4,5,7a-六氢-2,5-甲烷-1H-茚-8-醇乙酸酯	酯类

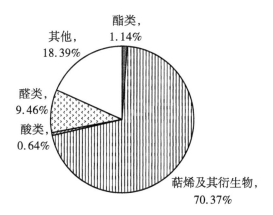

图 140-2　挥发性成分的比例构成

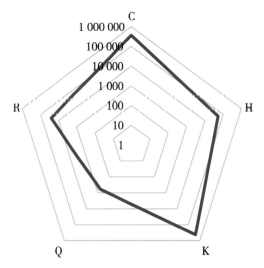

C—柑橘香；H—药香；K—松柏香；Q—香膏香；R—玫瑰香

图140-3　香韵分布雷达

141. 瑞丽象牙杜（海南儋州）

经 GC-MS 检测和分析（图 141-1），其果肉中挥发性成分相对含量超过 0.1% 的共有 6 种化合物（表 141-1），主要为萜烯类化合物，占 98.84%（图 141-2），其中，比例最高的挥发性成分为萜品油烯，占 78.73%。

已知挥发性成分的气味 ABC 分析显示：果肉香味主要涵盖 4 种香型，各香味荷载从大到小依次为松柏香、柑橘香、药香、玫瑰香；其中，松柏香、柑橘香、荷载远大于其他香味，可视为该杞果的主要香韵（图 141-3）。

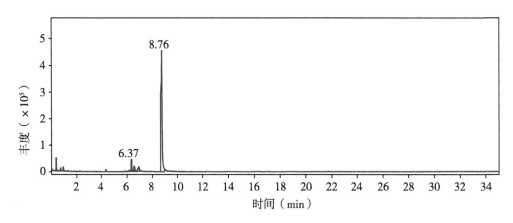

图141-1　挥发性成分总离子流

表 141-1　挥发性成分 GC-MS 分析结果

编号	保留时间（min）	化合物	分子式	CAS 号	面积加和百分比（%）	中文名称	类别
1	8.76	Cyclohexene,1-methyl-4-（1-methylethylidene）-	$C_{10}H_{16}$	586-62-9	78.73	萜品油烯	萜烯及其衍生物
2	6.37	3-Carene	$C_{10}H_{16}$	13466-78-9	6.01	3-蒈烯	萜烯及其衍生物
3	6.92	trans-3-Caren-2-ol	$C_{10}H_{16}O$	1000151-75-4	5.29	反式 3-蒈烯-2-醇	萜烯及其衍生物
4	6.58	1,3-Cyclohexadiene,1-methyl-4-（1-methylethyl）-	$C_{10}H_{16}$	99-86-5	3.05	α-萜品烯	萜烯及其衍生物
5	0.76	Ethyl Acetate	$C_4H_8O_2$	141-78-6	1.10	乙酸乙酯	酯类
6	4.38	Bicyclo［3.1.1］hept-2-ene,3,6,6-trimethyl-	$C_{10}H_{16}$	4889-83-2	0.84	3,6,6-三甲基-双环(3.1.1)庚-2-烯	萜烯及其衍生物

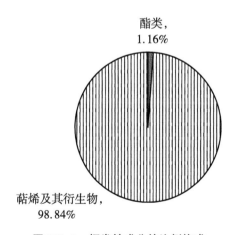

酯类，1.16%

萜烯及其衍生物，98.84%

图 141-2　挥发性成分的比例构成

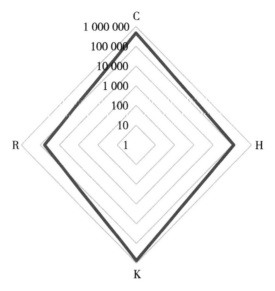

C—柑橘香；H—药香；K—松柏香；R—玫瑰香

图 141-3　香韵分布雷达

142. 乳杞（海南儋州）

经 GC-MS 检测和分析（图 142-1），其果肉中挥发性成分相对含量超过 0.1% 的共有 29 种化合物（表 142-1），主要为萜烯类化合物，占 59.07%（图 142-2），其中，比例最高的挥发性成分为 3-蒈烯，占 13.95%。

已知挥发性成分的气味 ABC 分析显示：果肉香味主要涵盖 7 种香型，各香味荷载从大到小依次为松柏香、脂肪香、药香、玫瑰香、青香、柑橘香、果香；其中，松柏香、脂肪香、药香、玫瑰香荷载远大于其他香味，可视为该杞果的主要香韵（图 142-3）。

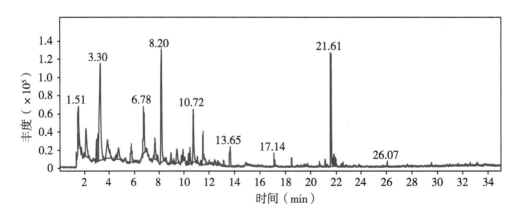

图 142-1　挥发性成分总离子流

表 142-1 挥发性成分 GC-MS 分析结果

编号	保留时间（min）	化合物	分子式	CAS 号	面积加和百分比（%）	中文名称	类别
1	8.20	3-Carene	$C_{10}H_{16}$	13466-78-9	13.95	3-蒈烯	萜烯及其衍生物
2	21.61	Naphthalene, deca-hydro-4a-methyl-1-methylene-7-(1-methylethenyl)-, [4aR-(4aalpha,7alpha,8abeta)]-	$C_{15}H_{24}$	17066-67-0	8.16	(+)-β-瑟林烯	萜烯及其衍生物
3	10.72	1,3,8-p-Mentha-triene	$C_{10}H_{14}$	18368-95-1	5.76	1,3,8-对-薄荷基三烯	萜烯及其衍生物
4	3.88	4-Penten-1-ol,3-methyl-	$C_6H_{12}O$	51174-44-8	5.10	3-甲基-4-戊烯-1-醇	醇类
5	3.10	Cyclopentanol, 2-methyl-	$C_6H_{12}O$	24070-77-7	3.18	2-甲基环戊醇	醇类
6	7.67	2-Decenal,(Z)-	$C_{10}H_{18}O$	2497-25-8	2.68	顺式-2-癸醛	醛类
7	2.98	Hexanal	$C_6H_{12}O$	66-25-1	2.68	己醛	醛类
8	1.51	Ethyl ether	$C_4H_{10}O$	60-29-7	2.46	乙醚	其他
9	4.74	Oxime-, methoxy-phenyl-_	$C_8H_9NO_2$	1000222-86-6	2.04	N-羟基-苯甲亚胺酸甲酯	酯类
10	9.41	3-Cyclohexen-1-ol, 5-methylene-6-(1-methylethenyl)-, acetate	$C_{12}H_{16}O_2$	54832-23-4	2.03	乙酸酒神菊酯	萜烯及其衍生物
11	13.65	1-Cyclohexene-1-carboxaldehyde, 2,6,6-trimethyl-	$C_{10}H_{16}O$	432-25-7	1.44	β-环柠檬醛	萜烯及其衍生物
12	10.45	2,6-Dimethyl-1,3,5,7-octatetraene, E,E-	$C_{10}H_{14}$	460-01-5	1.36	波斯菊萜	萜烯及其衍生物
13	21.84	1H-Cyclopropa[a]naphthalene, deca-hydro-1,1,3a-tri-methyl-7-methylene-, [1aS-(1aalpha,3aalpha,7abeta,7balpha)]-	$C_{15}H_{24}$	20071-49-2	1.35	1,1,3a-三甲基-7-亚甲基十氢-1H-环丙烯[a]萘	其他
14	1.46	Dimethyl ether	C_2H_6O	115-10-6	1.17	二甲醚	其他

（续表）

编号	保留时间（min）	化合物	分子式	CAS 号	面积加和百分比（%）	中文名称	类别
15	8.95	trans-Linalool oxide (furanoid)	$C_{10}H_{18}O_2$	34995-77-2	1.09	α-氧化芳樟醇	萜烯及其衍生物
16	4.62	Heptanal	$C_7H_{14}O$	111-71-7	0.74	庚醛	醛类
17	9.90	Nonanal	$C_9H_{18}O$	124-19-6	0.71	壬醛	醛类
18	13.15	Decanal	$C_{10}H_{20}O$	112-31-2	0.64	癸醛	醛类
19	7.88	Ethyl (1-adamantylamino) carbothioylcarbamate	$C_{14}H_{22}N_2O_2S$	36997-89-4	0.62	(1-金刚烷基氨基)硫代氨基甲酸乙酯	酯类
20	18.53	cis-muurola-3,5-diene	$C_{15}H_{24}$	1000365-95-4	0.57	顺式-依兰油-3,5-二烯	萜烯及其衍生物
21	12.44	Naphthalene	$C_{10}H_8$	91-20-3	0.54	萘	其他
22	11.06	2,4,6-Octatriene, 2,6-dimethyl-, (E,E)-	$C_{10}H_{16}$	3016-19-1	0.52	(E,E)-别罗勒烯	萜烯及其衍生物
23	9.16	Cycloheptane, 1,3,5-tris(methylene)-	$C_{10}H_{14}$	68284-24-2	0.50	1,3,5-三亚甲基环庚烷	其他
24	1.36	(2-Aziridinylethyl) amine	$C_4H_{10}N_2$	4025-37-0	0.44	2-（氮杂环丙烷-1-基)乙胺	其他
25	20.72	5,9-Undecadien-2-one, 6,10-dimethyl-, (E)-	$C_{13}H_{22}O$	3796-70-1	0.42	香叶基丙酮	萜烯及其衍生物
26	21.16	(4S,4aR,6R)-4,4a-Dimethyl-6-(prop-1-en-2-yl)-1,2,3,4,4a,5,6,7-octahydronaphthalene	$C_{15}H_{24}$	54868-40-5	0.39	N-甲基-4-（甲硫基)-2-[(2,2-二甲基丙基)亚氨基]丁酰胺	萜烯及其衍生物
27	9.78	1,6-Octadien-3-ol,3,7-dimethyl-, formate	$C_{11}H_{18}O_2$	115-99-1	0.29	甲酸芳樟酯	萜烯及其衍生物
28	1.74	sec-Butyl nitrite	$C_4H_9NO_2$	924-43-6	0.27	2-丁基亚硝酸盐	其他
29	22.56	cis-Calamenene	$C_{15}H_{22}$	72937-55-4	0.27	顺式-菖蒲烯	萜烯及其衍生物

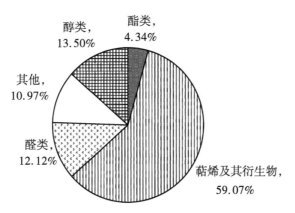

图 142-2　挥发性成分的比例构成

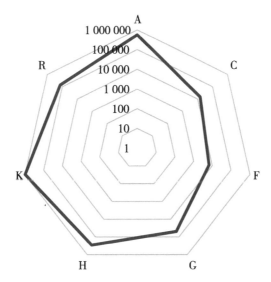

A—脂肪香；C—柑橘香；F—果香；G—青香；H—药香；K—松柏香；R—玫瑰香

图 142-3　香韵分布雷达

143. 梨桃杧（海南儋州）

经 GC-MS 检测和分析（图 143-1），其果肉中挥发性成分相对含量超过 0.1% 的共有 29 种化合物（表 143-1），主要为萜烯类化合物，占 36.57%（图 143-2），其中，比例最高的挥发性成分为 α-蒎烯，占 19.87%。

已知挥发性成分的气味 ABC 分析显示：果肉香味主要涵盖 8 种香型，各香味荷载从大到小依次为果香、脂肪香、松柏香、药香、柑橘香、冰凉香、青香、辛香料香；其中，果香、脂肪香荷载远大于其他香味，可视为该杧果的主要香韵（图 143-3）。

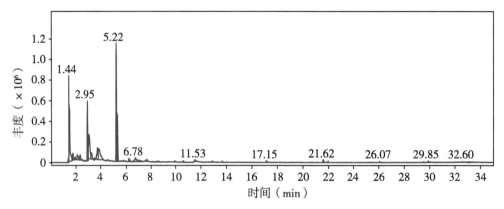

图 143-1　挥发性成分总离子流

表 143-1　挥发性成分 GC-MS 分析结果

编号	保留时间 （min）	化合物	分子式	CAS 号	面积加和百分比 （%）	中文名称	类别
1	5.22	alpha-Pinene	$C_{10}H_{16}$	80-56-8	19.87	α-蒎烯	萜烯及其衍生物
2	1.44	Ethanol,2-nitro-	$C_2H_5NO_3$	625-48-9	18.58	2-硝基乙醇	醇类
3	2.95	Butanoic acid, ethyl ester	$C_6H_{12}O_2$	105-54-4	11.09	丁酸乙酯	酯类
4	3.09	Butanoic acid, ethyl ester	$C_6H_{12}O_2$	105-54-4	10.29	丁酸乙酯	酯类
5	5.30	alpha-Pinene	$C_{10}H_{16}$	80-56-8	10.24	α-蒎烯	萜烯及其衍生物
6	3.86	4-Penten-1-ol,3-methyl-	$C_6H_{12}O$	51174-44-8	7.20	3-甲基-4-戊烯-1-醇	醇类
7	3.76	2-Methyl-4-pentenoic acid	$C_6H_{10}O_2$	1575-74-2	3.81	2-甲基-4-戊烯酸	酸类
8	2.34	1-Butanol,3-methyl-,formate	$C_6H_{12}O_2$	110-45-2	1.54	甲酸异戊酯	酯类
9	1.74	Ethyl Acetate	$C_4H_8O_2$	141-78-6	1.25	乙酸乙酯	酯类
10	7.66	p-Mentha-1,8-dien-7-ol	$C_{10}H_{16}O$	536-59-4	0.98	紫苏醇	萜烯及其衍生物
11	2.25	Ethanethioic acid, S-(tetrahydro-2H-pyran-3-yl) ester	$C_7H_{12}O_2S$	35890-63-2	0.75	硫代乙酸S-（四氢-2H-吡喃-3-基）酯	其他
12	1.93	1-Butanol,3-methyl-,formate	$C_6H_{12}O_2$	110-45-2	0.55	甲酸异戊酯	酯类
13	6.24	Bicyclo［3.1.1］heptane,6,6-dimethyl-2-methylene-,（1S）-	$C_{10}H_{16}$	18172-67-3	0.51	（-）-β-蒎烯	萜烯及其衍生物
14	29.85	3(2H)-Isothiazolone,2-octyl-	$C_{11}H_{19}NOS$	26530-20-1	0.47	辛异噻唑酮	酮及内酯

（续表）

编号	保留时间（min）	化合物	分子式	CAS 号	面积加和百分比（%）	中文名称	类别
15	21.62	trans-beta-Ionone	$C_{13}H_{20}O$	79-77-6	0.42	乙位紫罗兰酮	萜烯及其衍生物
16	6.32	Bicyclo［3.1.1］heptane,6,6-dimethyl-2-methylene-,（1S）-	$C_{10}H_{16}$	18172-67-3	0.39	（-）-β-蒎烯	萜烯及其衍生物
17	9.92	Nonanal	$C_9H_{18}O$	124-19-6	0.34	壬醛	醛类
18	5.77	1,4-Benzenedicarboxamide,2-nitro-	$C_8H_7N_3O_4$	50739-80-5	0.33	2-硝基对苯二甲酰胺	其他
19	8.57	3（2H）-Furanone,4-methoxy-2,5-dimethyl-	$C_7H_{10}O_3$	4077-47-8	0.29	4-甲氧基-2,5-二甲基-3（2H）-呋喃酮	其他
20	10.60	alpha-Campholenal	$C_{10}H_{16}O$	4501-58-0	0.28	α-樟脑烯醛	萜烯及其衍生物
21	4.52	Oxirane,hexyl-	$C_8H_{16}O$	2984-50-1	0.21	1,2-环氧辛烷	其他
22	13.65	1-Cyclohexene-1-carboxaldehyde,2,6,6-trimethyl-	$C_{10}H_{16}O$	432-25-7	0.21	β-环柠檬醛	萜烯及其衍生物
23	1.35	Phenethylamine,p,alpha-dimethyl-	$C_{10}H_{15}N$	64-11-9	0.20	4-甲基苯丙胺	其他
24	3.54	2-Butenoic acid,ethyl ester,（E）-	$C_6H_{10}O_2$	623-70-1	0.20	巴豆酸乙酯	酯类
25	12.88	Octanoic acid,ethyl ester	$C_{10}H_{20}O_2$	106-32-1	0.19	辛酸乙酯	酯类
26	8.44	3H-pyrazol-3-one,2,4-dihydro-5-（3-nitrophenyl）-2-phenyl-	$C_{15}H_{11}N_3O_3$	1000401-91-2	0.17	2,4-二氢-5-（3-硝基苯基）-2-苯基-3H-吡唑-3-酮	其他
27	8.14	1,3,6-Octatriene,3,7-dimethyl-,（Z）-	$C_{10}H_{16}$	3338-55-4	0.17	（Z）-β-罗勒烯	萜烯及其衍生物
28	9.38	Cyclohexene,1-methyl-4-（1-methylethylidene）-	$C_{10}H_{16}$	586-62-9	0.14	萜品油烯	萜烯及其衍生物
29	2.67	Bicyclo［4.1.0］heptan-2-ol,（1alpha,2beta,6alpha）-	$C_7H_{12}O$	7432-49-7	0.13	（1R,2S,6S）-双环［4.1.0］庚烷-2-醇	醇类

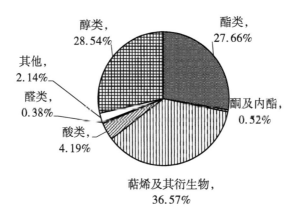

图143-2 挥发性成分的比例构成

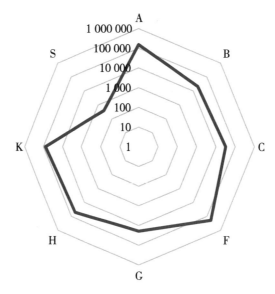

A—脂肪香；B—冰凉香；C—柑橘香；F—果香；
G—青香；H—药香；K—松柏香；S—辛香料香

图143-3 香韵分布雷达

144. 米易2号（海南儋州）

经 GC-MS 检测和分析（图144-1），其果肉中挥发性成分相对含量超过0.1%的共有10种化合物（表144-1），主要为萜烯类化合物，占93.89%（图144-2），其中，比例最高的挥发性成分为3-蒈烯，占70.02%。

已知挥发性成分的气味 ABC 分析显示：果肉香味主要涵盖3种香型，各香味荷载从大到小依次为松柏香、药香、玫瑰香；其中，松柏香荷载远大于其他香味，可视为该杧果的主要香韵（图144-3）。

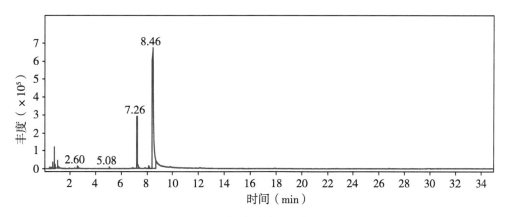

图 144-1　挥发性成分总离子流

表 144-1　挥发性成分 GC-MS 分析结果

编号	保留时间（min）	化合物	分子式	CAS 号	面积加和百分比（%）	中文名称	类别
1	8.46	3-Carene	$C_{10}H_{16}$	13466-78-9	70.02	3-蒈烯	萜烯及其衍生物
2	7.26	3-Carene	$C_{10}H_{16}$	13466-78-9	18.96	3-蒈烯	萜烯及其衍生物
3	0.81	1,4-Dioxane,2,3-dimethoxy-	$C_6H_{12}O_4$	23918-30-1	3.71	2,3-二甲氧基-1,4-二氧杂环己烷	其他
4	8.14	trans - beta - Ocimene	$C_{10}H_{16}$	3779-61-1	1.26	反式-β-罗勒烯	萜烯及其衍生物
5	0.68	Propane,2-methoxy-2-methyl-	$C_5H_{12}O$	1634-04-4	0.89	甲基叔丁基醚	其他
6	0.44	5,7-Dodecadiyn-1,12-diol	$C_{12}H_{18}O_2$	74602-32-7	0.51	5,7-十二烷二炔-1,12-二醇	醇类
7	5.08	Bicyclo［3.1.0］hex-2-ene,2-methyl-5-（1-methylethyl）-	$C_{10}H_{16}$	2867-05-2	0.44	α-侧柏烯	萜烯及其衍生物
8	1.16	Propanoic acid, anhydride	$C_6H_{10}O_3$	123-62-6	0.36	丙酸酐	其他
9	0.60	Peroxide, dimethyl	$C_2H_6O_2$	690-02-8	0.26	二甲基过氧化氢	其他
10	0.54	Propanal	C_3H_6O	123-38-6	0.18	丙醛	醛类

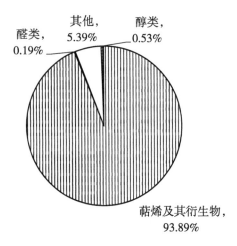

图 144-2　挥发性成分的比例构成

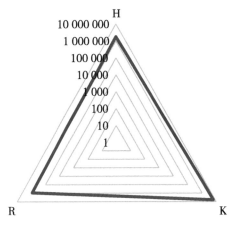

H—药香；K—松柏香；R—玫瑰香

图 144-3　香韵分布雷达

145. Spoower 杧（海南儋州）

经 GC-MS 检测和分析（图 145-1），其果肉中挥发性成分相对含量超过 0.1% 的共有 17 种化合物（表 145-1），主要为萜烯类化合物，占 95.45%（图 145-2），其中，比例最高的挥发性成分为萜品油烯，占 69.68%。

已知挥发性成分的气味 ABC 分析显示：果肉香味主要涵盖 10 种香型，各香味荷载从大到小依次为松柏香、柑橘香、药香、玫瑰香、苯酚香、香膏香、木香、辛香料香、冰凉香、土壤香；其中，松柏香、柑橘香荷载远大于其他香味，可视为该杧果的主要香韵（图 145-3）。

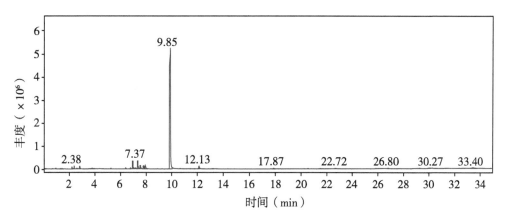

图 145-1 挥发性成分总离子流

表 145-1 挥发性成分 GC-MS 分析结果

编号	保留时间（min）	化合物	分子式	CAS 号	面积加和百分比（%）	中文名称	类别
1	9.85	Cyclohexene, 1-methyl-4-(1-methylethylidene)-	$C_{10}H_{16}$	586-62-9	69.68	萜品油烯	萜烯及其衍生物
2	7.37	3-Carene	$C_{10}H_{16}$	13466-78-9	4.29	3-蒈烯	萜烯及其衍生物
3	7.94	D-Limonene	$C_{10}H_{16}$	5989-27-5	3.05	D-柠檬烯	萜烯及其衍生物
4	7.81	Benzene, 1-methyl-3-(1-methylethyl)-	$C_{10}H_{14}$	535-77-3	1.95	间伞花烃	其他
5	7.56	1,3-Cyclohexadiene, 1-methyl-4-(1-methylethyl)-	$C_{10}H_{16}$	99-86-5	1.86	α-萜品烯	萜烯及其衍生物
6	2.21	Toluene	C_7H_8	108-88-3	0.80	甲苯	其他
7	6.78	Bicyclo［3.1.1］heptane, 6,6-dimethyl-2-methylene-,（1S）-	$C_{10}H_{16}$	18172-67-3	0.45	(−)-β-蒎烯	萜烯及其衍生物
8	7.20	alpha-Phellandrene	$C_{10}H_{16}$	99-83-2	0.39	α-水芹烯	萜烯及其衍生物
9	13.17	Thymol	$C_{10}H_{14}O$	89-83-8	0.39	百里香酚	其他
10	7.08	Cyclohexene, 1-methyl-4-(1-methylethylidene)-	$C_{10}H_{16}$	586-62-9	0.31	萜品油烯	萜烯及其衍生物

（续表）

编号	保留时间（min）	化合物	分子式	CAS 号	面积加和百分比（%）	中文名称	类别
11	31.45	3-Nitrophenyl 3,4-dimethoxycinnamamide	$C_{17}H_{16}N_2O_5$	300672-81-5	0.30	3-硝基苯基3,4-二甲氧基肉桂酰胺	其他
12	5.26	(1R)-2,6,6-Trimethylbicyclo[3.1.1]hept-2-ene	$C_{10}H_{16}$	7785-70-8	0.28	(+)-α-蒎烯	萜烯及其衍生物
13	20.54	Caryophyllene	$C_{15}H_{24}$	87-44-5	0.21	石竹烯	萜烯及其衍生物
14	8.88	Glutaric acid, di(myrtenyl)ester	$C_{25}H_{36}O_4$	1000405-54-6	0.17	戊二酸,二(桃金娘烯基)酯	萜烯及其衍生物
15	14.33	1,3-Dimethyl adamantane-1,3-dicarboxylate	$C_{14}H_{20}O_4$	1000411-47-1	0.15	1,3-二甲基金刚烷-1,3-二甲酸酯	酯类
16	11.45	2-Benzylthio-1-methyl-4(3H)-quinazolinone	$C_{16}H_{14}N_2OS$	304449-45-4	0.15	2-苄硫基-1-甲基-4(3H)-喹唑啉酮	其他
17	1.35	Phenol,3,5-bis(1,1-dimethylethyl)-	$C_{14}H_{22}O$	1138-52-9	0.11	3,5-二叔丁基苯酚	其他

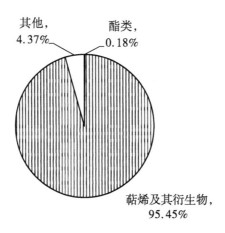

图 145-2　挥发性成分的比例构成

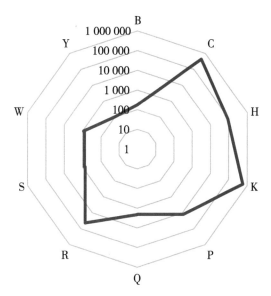

B—冰凉香；C—柑橘香；H—药香；K—松柏香；P—苯酚香；
Q—香膏香；R—玫瑰香；S—辛香料香；W—木香；Y—土壤香

图 145-3 香韵分布雷达

146. 非洲大象牙杧（海南儋州）

经 GC-MS 检测和分析（图 146-1），其果肉中挥发性成分相对含量超过 0.1% 的共有 19 种化合物（表 146-1），主要为醇类和醛类化合物，分别占 45.53% 和 42.72%（图 146-2），其中，比例最高的挥发性成分为异丙醇，占 36.81%。

已知挥发性成分的气味 ABC 分析显示：果肉香味主要涵盖 5 种香型，各香味荷载从大到小依次为脂肪香、青香、果香、柑橘香、药香；其中，脂肪香荷载远大于其他香味，可视为该杧果的主要香韵（图 146-3）。

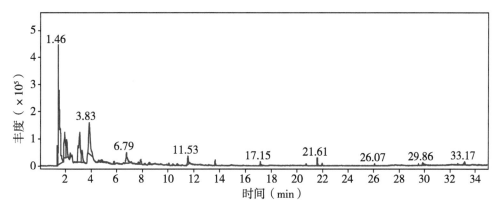

图 146-1 挥发性成分总离子流

表 146-1 挥发性成分 GC-MS 分析结果

编号	保留时间（min）	化合物	分子式	CAS 号	面积加和百分比（%）	中文名称	类别
1	1.46	Isopropyl Alcohol	C_3H_8O	67-63-0	36.81	异丙醇	醇类
2	3.11	Hexanal	$C_6H_{12}O$	66-25-1	14.57	己醛	醛类
3	3.83	2-Hexenal, (E)-	$C_6H_{10}O$	6728-26-3	13.96	反式-2-己烯醛	醛类
4	1.93	Butanal, 2-methyl-	$C_5H_{10}O$	96-17-3	6.18	2-甲基丁醛	醛类
5	1.36	(2-Aziridinylethyl) amine	$C_4H_{10}N_2$	4025-37-0	1.75	2-（氮杂环丙烷-1-基）乙胺	其他
6	7.90	trans-beta-Ocimene	$C_{10}H_{16}$	3779-61-1	1.32	反式-β-罗勒烯	萜烯及其衍生物
7	21.61	trans-beta-Ionone	$C_{13}H_{20}O$	79-77-6	0.99	乙位紫罗兰酮	萜烯及其衍生物
8	29.86	3(2H)-Isothiazolone, 2-octyl-	$C_{11}H_{19}NOS$	26530-20-1	0.90	辛异噻唑酮	酮及内酯
9	4.84	Oxime-, methoxy-phenyl-_	$C_8H_9NO_2$	1000222-86-6	0.86	N-羟基-苯甲亚胺酸甲酯	酯类
10	13.66	1-Cyclohexene-1-carboxaldehyde, 2,6,6-trimethyl-	$C_{10}H_{16}O$	432-25-7	0.83	β-环柠檬醛	萜烯及其衍生物
11	5.83	Thiazolo [3,2-a] pyrimidin-7(7H)-one, 2,3-dihydro-6-ethyl-5-methyl-3-methylene-	$C_{10}H_{12}N_2OS$	1000270-11-6	0.78	2,3-二氢-6-乙基-5-甲基-3-亚甲基噻唑并[3,2-a]嘧啶-7(7H)-酮	其他
12	2.36	Heptanal	$C_7H_{14}O$	111-71-7	0.74	庚醛	醛类
13	8.57	2,7-Dimethyl-2,6-octadien-4-ol	$C_{10}H_{18}O$	37665-99-9	0.67	2,7-二甲基-2,6-辛二烯-4-醇	萜烯及其衍生物
14	7.69	2-Nonen-1-ol, (E)-	$C_9H_{18}O$	31502-14-4	0.61	反式-2-壬烯-1-醇	醇类
15	10.72	2,4,6-Octatriene, 2,6-dimethyl-, (E,E)-	$C_{10}H_{16}$	3016-19-1	0.57	(E,E)-别罗勒烯	萜烯及其衍生物
16	4.61	Oxirane, 2,2'-(1,4-butanediyl) bis-	$C_8H_{14}O_2$	2426-07-5	0.44	1,2,7,8-二环氧辛烷	其他
17	8.20	Ethyl (1-adamantylamino) carbothioylcarbamate	$C_{14}H_{22}N_2O_2S$	36997-89-4	0.40	(1-金刚烷基氨基)硫代氨基甲酸乙酯	酯类

(续表)

编号	保留时间（min）	化合物	分子式	CAS号	面积加和百分比（%）	中文名称	类别
18	10.06	2,5-Dimethylcyclohexanol	$C_8H_{16}O$	3809-32-3	0.36	2,5-二甲基环己醇	醇类
19	20.72	5,9-Undecadien-2-one,6,10-dimethyl-,(E)-	$C_{13}H_{22}O$	3796-70-1	0.24	香叶基丙酮	萜烯及其衍生物

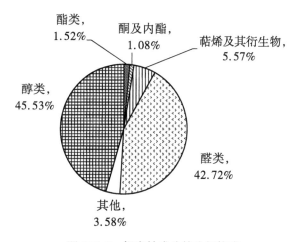

图146-2 挥发性成分的比例构成

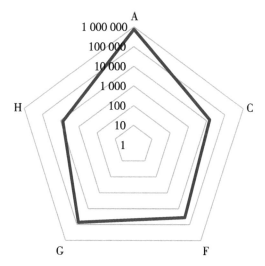

A—脂肪香；C—柑橘香；F—果香；G—青香；H—药香

图146-3 香韵分布雷达

147. 巴基斯坦7号资源（海南儋州）

经 GC-MS 检测和分析（图 147-1），其果肉中挥发性成分相对含量超过 0.1% 的共有 17 种化合物（表 147-1），主要为萜烯类化合物，占 93.39%（图 147-2），其中，比例最高的挥发性成分为 3-蒈烯，占 58.37%。

已知挥发性成分的气味 ABC 分析显示：果肉香味主要涵盖 10 种香型，各香味荷载从大到小依次为松柏香、药香、玫瑰香、脂肪香、柑橘香、青香、木香、香膏香、土壤香、辛香料香；其中，松柏香、药香、玫瑰香荷载远大于其他香味，可视为该杜果的主要香韵（图 147-3）。

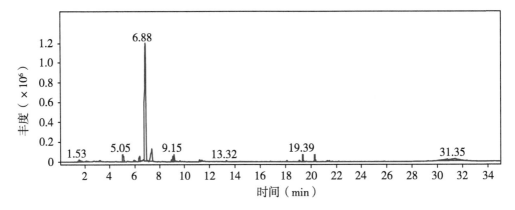

图 147-1 挥发性成分总离子流

表 147-1 挥发性成分 GC-MS 分析结果

编号	保留时间（min）	化合物	分子式	CAS 号	面积加和百分比（%）	中文名称	类别
1	6.88	3-Carene	$C_{10}H_{16}$	13466-78-9	58.37	3-蒈烯	萜烯及其衍生物
2	5.05	alpha-Pinene	$C_{10}H_{16}$	80-56-8	3.84	α-蒎烯	萜烯及其衍生物
3	9.15	Benzene,1-methyl-3-（1-methylethenyl）-	$C_{10}H_{12}$	1124-20-5	2.80	间伞花烃	其他
4	9.08	Cyclohexene,1-methyl-4-（1-methylethylidene）-	$C_{10}H_{16}$	586-62-9	2.42	萜品油烯	萜烯及其衍生物
5	6.40	beta-Myrcene	$C_{10}H_{16}$	123-35-3	2.35	β-月桂烯	萜烯及其衍生物
6	20.34	Humulene	$C_{15}H_{24}$	6753-98-6	2.24	葎草烯	萜烯及其衍生物

（续表）

编号	保留时间（min）	化合物	分子式	CAS 号	面积加和百分比（%）	中文名称	类别
7	19.39	Caryophyllene	$C_{15}H_{24}$	87-44-5	2.17	石竹烯	萜烯及其衍生物
8	5.96	1,3,5 - Cycloheptatriene, 3,7,7 - trimethyl-	$C_{10}H_{14}$	3479-89-8	0.74	3,7,7-三甲基-1,3,5-环庚三烯	其他
9	8.95	Benzene, 1-methyl-4 - (1 - methylethenyl) -	$C_{10}H_{12}$	1195-32-0	0.70	1-甲基-4-(1-甲基乙烯基)苯	其他
10	11.22	2, 6 - Nonadienal, (E,Z) -	$C_9H_{14}O$	557-48-2	0.66	反式-2-,顺式-6-壬二烯醛	醛类
11	19.09	1H - Cycloprop [e] azulene, 1a, 2, 3, 4, 4a, 5, 6, 7b - octahydro-1, 1, 4, 7 - tetramethyl -, [1aR - (1aalpha, 4alpha, 4abeta,7balpha)] -	$C_{15}H_{24}$	489-40-7	0.43	(-)-α-古云烯	萜烯及其衍生物
12	11.40	Verbenol	$C_{10}H_{16}O$	473-67-6	0.40	马鞭草烯醇	萜烯及其衍生物
13	18.12	alpha-Cubebene	$C_{15}H_{24}$	17699-14-8	0.34	α-荜澄茄油烯	萜烯及其衍生物
14	13.32	1-Cyclohexene-1-carboxaldehyde, 2, 6,6-trimethyl-	$C_{10}H_{16}O$	432-25-7	0.30	β-环柠檬醛	萜烯及其衍生物
15	9.63	Nonanal	$C_9H_{18}O$	124-19-6	0.29	壬醛	醛类
16	21.45	Naphthalene, decahydro-4a-methyl-1-methylene-7-(1-methylethenyl) -, [4aR - (4aalpha, 7alpha,8abeta)] -	$C_{15}H_{24}$	17066-67-0	0.27	(+)-β-瑟林烯	萜烯及其衍生物
17	21.30	trans-beta-Ionone	$C_{13}H_{20}O$	79-77-6	0.26	乙位紫罗兰酮	萜烯及其衍生物

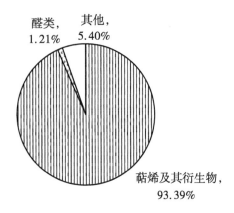

醛类，1.21%　其他，5.40%

萜烯及其衍生物，93.39%

图 147-2　挥发性成分的比例构成

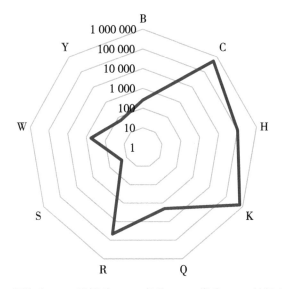

A—脂肪香；C—柑橘香；G—青香；H—药香；K—松柏香；
Q—香膏香；R—玫瑰香；S—辛香料香；W—木香；Y—土壤香

图 147-3　香韵分布雷达

148. 勐底红象牙杧（海南儋州）

经 GC-MS 检测和分析（图 148-1），其果肉中挥发性成分相对含量超过 0.1% 的共有 18 种化合物（表 148-1），主要为萜烯类化合物，占 76.43%（图 148-2），其中，比例最高的挥发性成分为萜品油烯，占 58.74%。

已知挥发性成分的气味 ABC 分析显示：果肉香味主要涵盖 8 种香型，各香味荷载从大到小依次为松柏香、柑橘香、药香、玫瑰香、香膏香、木香、土壤香、辛香料香；其中，松柏香、柑橘香荷载远大于其他香味，可视为该杧果的主要香韵（图 148-3）。

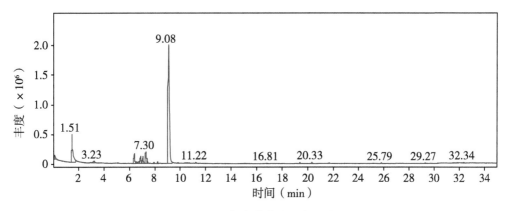

图 148-1 挥发性成分总离子流

表 148-1 挥发性成分 GC-MS 分析结果

编号	保留时间（min）	化合物	分子式	CAS 号	面积加和百分比（%）	中文名称	类别
1	9.08	Cyclohexene,1-methyl-4-（1-methylethylidene）-	$C_{10}H_{16}$	586-62-9	58.74	萜品油烯	萜烯及其衍生物
2	1.51	9-Octadecenoic acid,（2-phenyl-1,3-dioxolan-4-yl）methyl ester, cis-	$C_{28}H_{44}O_4$	56599-45-2	13.86	顺式-9-十八碳烯酸（2-苯基-1,3-二氧戊环-4-基）甲酯	酯类
3	6.40	beta-Myrcene	$C_{10}H_{16}$	123-35-3	4.82	β-月桂烯	萜烯及其衍生物
4	7.30	Benzene,1-methyl-3-（1-methylethyl）-	$C_{10}H_{14}$	535-77-3	4.41	间伞花烃	其他
5	6.88	3-Carene	$C_{10}H_{16}$	13466-78-9	3.39	3-蒈烯	萜烯及其衍生物
6	7.07	1,3-Cyclohexadiene,1-methyl-4-（1-methylethyl）-	$C_{10}H_{16}$	99-86-5	2.81	α-萜品烯	萜烯及其衍生物
7	0.11	Ethyl iso-allo-cholate	$C_{26}H_{44}O_5$	1000043-05-3	1.90	异胆酸乙酯	酯类
8	7.39	D-Limonene	$C_{10}H_{16}$	5989-27-5	1.44	D-柠檬烯	萜烯及其衍生物
9	6.74	Z,Z,Z-1,4,6,9-Nonadecatetraene	$C_{19}H_{32}$	1000131-11-6	1.06	顺,顺,顺-1,4,6,9-十九碳四烯	其他
10	8.22	gamma-Terpinene	$C_{10}H_{16}$	99-85-4	0.58	γ-萜品烯	萜烯及其衍生物

（续表）

编号	保留时间（min）	化合物	分子式	CAS 号	面积加和百分比（%）	中文名称	类别
11	7.94	Cyclopropane, 1, 1 - dimethyl - 2 - (3 - methyl - 1, 3 - buta - dienyl)	$C_{10}H_{16}$	68998-21-0	0.56	1, 1 - 二甲基 - 2 - (3 - 甲基 - 1, 3 - 丁二烯基) 环丙烷	其他
12	20.33	Humulene	$C_{15}H_{24}$	6753-98-6	0.40	葎草烯	萜烯及其衍生物
13	19.39	Caryophyllene	$C_{15}H_{24}$	87-44-5	0.33	石竹烯	萜烯及其衍生物
14	9.81	1, 3, 8 - p - Mentha - triene	$C_{10}H_{14}$	18368-95-1	0.22	1, 3, 8 - 对 - 薄荷基三烯	萜烯及其衍生物
15	5.06	6, 9, 12 - Octadeca - trienoic acid, phenyl - methyl ester, (Z, Z, Z) -	$C_{25}H_{36}O_2$	77509-03-6	0.20	(6Z, 9Z, 12Z) - 6, 9, 12 - 十八碳三烯酸苄基酯	其他
16	10.54	Benzene, 1, 2, 3, 5 - tetramethyl - 4, 6 - dinitro -	$C_{10}H_{12}N_2O_4$	4674-22-0	0.18	异杜烯	其他
17	10.38	6, 9, 12 - Octadeca - trienoic acid, phenyl - methyl ester, (Z, Z, Z) -	$C_{25}H_{36}O_2$	77509-03-6	0.16	(6Z, 9Z, 12Z) - 6, 9, 12 - 十八碳三烯酸苄基酯	其他
18	10.69	Benzenesulfonamide, N - (1H - indazol - 6 - yl) - 5 - methoxy - 2, 4 - dimethyl -	$C_{16}H_{17}N_3O_3S$	1000318-79-0	0.11	N - (1H - 吲唑 - 6 - 基) - 5 - 甲氧基 - 2, 4 - 二甲基苯磺酰胺	其他

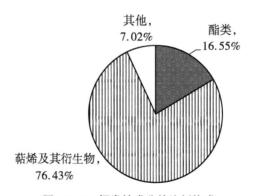

图 148-2　挥发性成分的比例构成

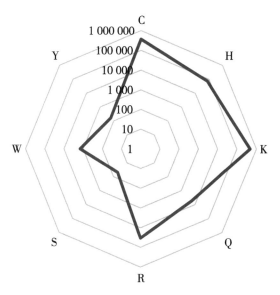

C—柑橘香；H—药香；K—松柏香；Q—香膏香；
R—玫瑰香；S—辛香料香；W—木香；Y—土壤香

图 148-3　香韵分布雷达

149. 农院 3 号（海南儋州）

经 GC-MS 检测和分析（图 149-1），其果肉中挥发性成分相对含量超过 0.1% 的共有 12 种化合物（表 149-1），主要为萜烯类化合物，占 98.44%（图 149-2），其中，比例最高的挥发性成分为萜品油烯，占 82.29%。

已知挥发性成分的气味 ABC 分析显示：果肉香味主要涵盖 6 种香型，各香味荷载从大到小依次为松柏香、柑橘香、药香、玫瑰香、香膏香、冰凉香；其中，松柏香、柑橘香荷载远大于其他香味，可视为该杧果的主要香韵（图 149-3）。

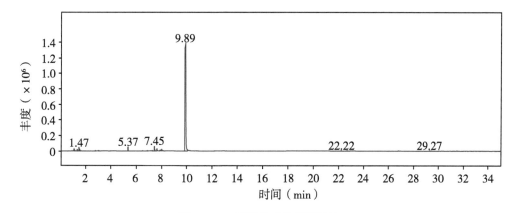

图 149-1　挥发性成分总离子流

表 149-1　挥发性成分 GC-MS 分析结果

编号	保留时间（min）	化合物	分子式	CAS 号	面积加和百分比（%）	中文名称	类别
1	9.89	Cyclohexene,1-methyl-4-(1-methylethylidene)-	$C_{10}H_{16}$	586-62-9	82.29	萜品油烯	萜烯及其衍生物
2	7.45	3-Carene	$C_{10}H_{16}$	13466-78-9	3.19	3-蒈烯	萜烯及其衍生物
3	5.37	Bicyclo［3.1.0］hex-2-ene,2-methyl-5-(1-methylethyl)-	$C_{10}H_{16}$	2867-05-2	2.52	α-侧柏烯	萜烯及其衍生物
4	7.64	1,3-Cyclohexadiene,1-methyl-4-(1-methylethyl)-	$C_{10}H_{16}$	99-86-5	1.84	α-萜品烯	萜烯及其衍生物
5	8.01	3-Carene	$C_{10}H_{16}$	13466-78-9	1.69	3-蒈烯	萜烯及其衍生物
6	1.54	3-Pentanone	$C_5H_{10}O$	96-22-0	0.93	3-戊酮	酮及内酯
7	7.90	o-Cymene	$C_{10}H_{14}$	527-84-4	0.85	邻伞花烃	萜烯及其衍生物
8	22.22	cis-muurola-4(14),5-diene	$C_{15}H_{24}$	1000365-95-5	0.39	顺式-4(14),5-依兰油二烯	萜烯及其衍生物
9	7.27	alpha-Phellandrene	$C_{10}H_{16}$	99-83-2	0.33	α-水芹烯	萜烯及其衍生物
10	6.86	beta-Myrcene	$C_{10}H_{16}$	123-35-3	0.32	β-月桂烯	萜烯及其衍生物
11	2.76	Dimethyl 4-deoxy-2-O-methylhex-4-enopyranosiduronate	$C_9H_{14}O_6$	52545-23-0	0.32	二甲基4-脱氧-2-O-甲基己-4-烯吡喃糖苷二酸甲酯	其他
12	29.27	Phthalic acid,di(2,3-dimethylphenyl) ester	$C_{24}H_{22}O_4$	1000357-09-2	0.23	邻苯二甲酸二(2,3-二甲基苯基)酯	酯类

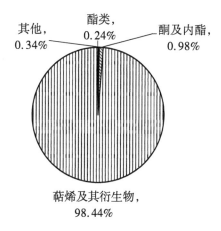

图149-2　挥发性成分的比例构成

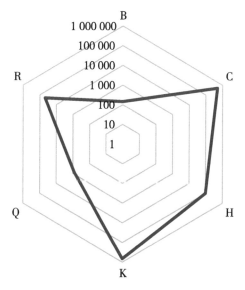

B—冰凉香；C—柑橘香；H—药香；K—松柏香；Q—香膏香；R—玫瑰香

图149-3　香韵分布雷达

150. 高州吕宋杧（海南儋州）

经GC-MS检测和分析（图150-1），其果肉中挥发性成分相对含量超过0.1%的共有16种化合物（表150-1），主要为萜烯类化合物，占84.30%（图150-2），其中，比例最高的挥发性成分为萜品油烯，占70.35%。

已知挥发性成分的气味ABC分析显示：果肉香味主要涵盖5种香型，各香味荷载从大到小依次为松柏香、柑橘香、药香、玫瑰香、香膏香；其中，松柏香、柑橘香荷载远大于其他香味，可视为该杧果的主要香韵（图150-3）。

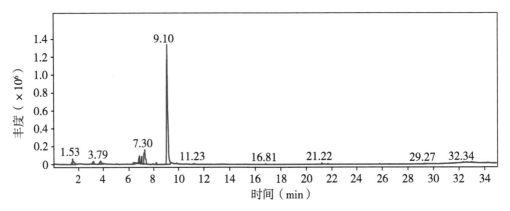

图 150-1　挥发性成分总离子流

表 150-1　挥发性成分 GC-MS 分析结果

编号	保留时间（min）	化合物	分子式	CAS 号	面积加和百分比（%）	中文名称	类别
1	9.10	Cyclohexene,1-methyl-4-(1-methylethylidene)-	$C_{10}H_{16}$	586-62-9	70.35	萜品油烯	萜烯及其衍生物
2	7.30	Benzene, 1-methyl-3-(1-methylethyl)-	$C_{10}H_{14}$	535-77-3	8.12	间伞花烃	其他
3	6.89	3-Carene	$C_{10}H_{16}$	13466-78-9	4.14	3-蒈烯	萜烯及其衍生物
4	7.07	Cyclohexene,1-methyl-4-(1-methylethylidene)-	$C_{10}H_{16}$	586-62-9	3.41	萜品油烯	萜烯及其衍生物
5	1.53	Propanamide,2-hydroxy-	$C_3H_7NO_2$	2043-43-8	3.35	2-羟基丙酰胺	其他
6	3.79	2-Hexenal,(E)-	$C_6H_{10}O$	6728-26-3	2.57	反式-2-己烯醛	醛类
7	6.40	beta-Myrcene	$C_{10}H_{16}$	123-35-3	0.86	β-月桂烯	萜烯及其衍生物
8	8.23	gamma-Terpinene	$C_{10}H_{16}$	99-85-4	0.72	γ-萜品烯	萜烯及其衍生物
9	6.74	Bicyclo［3.1.0］hex-2-ene,2-methyl-5-(1-methylethyl)-	$C_{10}H_{16}$	2867-05-2	0.52	α-侧柏烯	萜烯及其衍生物

（续表）

编号	保留时间 （min）	化合物	分子式	CAS 号	面积加和 百分比 （%）	中文名称	类别
10	34.24	Benzene，1，3 - bis（1，1-dimethyleth-yl）-	$C_{14}H_{22}$	1014-60-4	0.44	1，3 - 二叔丁基苯	其他
11	1.44	n-Hexylmethylamine	$C_7H_{17}N$	35161-70-7	0.41	N - 己基甲胺	萜烯及其衍生物
12	33.03	Phenol,2,5-bis（1,1-dimethylethyl）-	$C_{14}H_{22}O$	5875-45-6	0.36	2，5 - 二叔丁基酚	其他
13	21.22	Naphthalene，deca-hydro - 4a - methyl - 1-methylene-7-（1-methylethenyl）- ，〔4aR-（4aalpha，7alpha,8abeta）〕-	$C_{15}H_{24}$	17066-67-0	0.34	（+）-β-瑟林烯	萜烯及其衍生物
14	9.81	Benzene,1-methyl-4-（1-methylethe-nyl）-	$C_{10}H_{12}$	1195-32-0	0.31	1-甲基-4-（1-甲基乙烯基）苯	其他
15	5.06	Bicyclo〔3.1.1〕hept - 2 - ene，3，6,6-trimethyl-	$C_{10}H_{16}$	4889-83-2	0.26	3,6,6-三甲基-双环（3.1.1)庚-2-烯	萜烯及其衍生物
16	7.97	Cyclohexene，4 - methylene-1-（1-methylethyl）-	$C_{10}H_{16}$	99-84-3	0.25	β-萜品烯	萜烯及其衍生物

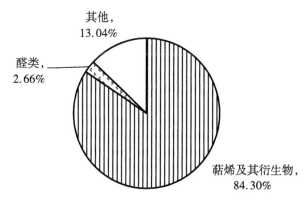

其他，13.04%

醛类，2.66%

萜烯及其衍生物，84.30%

图 150-2　挥发性成分的比例构成

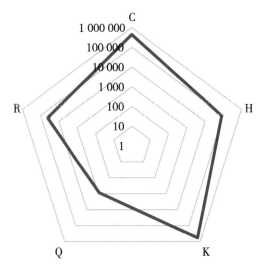

C—柑橘香；H—药香；K—松柏香；Q—香膏香；R—玫瑰香

图 150-3　香韵分布雷达

151. 珊瑚杧（海南儋州）

经 GC-MS 检测和分析（图 151-1），其果肉中挥发性成分相对含量超过 0.1% 的共有 17 种化合物（表 151-1），主要为萜烯类化合物，占 96.19%（图 151-2），其中，比例最高的挥发性成分为萜品油烯，占 68.39%。

已知挥发性成分的气味 ABC 分析显示：果肉香味主要涵盖 6 种香型，各香味荷载从大到小依次为松柏香、食品香、柑橘香、药香、玫瑰香、香膏香；其中，松柏香、食品香、柑橘香荷载远大于其他香味，可视为该杧果的主要香韵（图 151-3）。

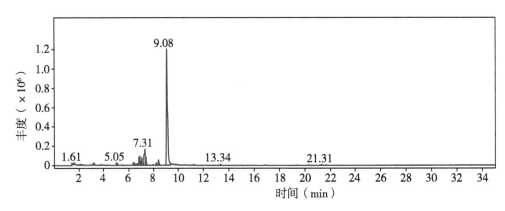

图 151-1　挥发性成分总离子流

表 151-1 挥发性成分 GC-MS 分析结果

编号	保留时间（min）	化合物	分子式	CAS 号	面积加和百分比（%）	中文名称	类别
1	9.08	Cyclohexene,1-methyl-4-(1-methylethylidene)-	$C_{10}H_{16}$	586-62-9	68.39	萜品油烯	萜烯及其衍生物
2	7.31	o-Cymene	$C_{10}H_{14}$	527-84-4	6.89	邻伞花烃	萜烯及其衍生物
3	6.88	3-Carene	$C_{10}H_{16}$	13466-78-9	5.07	3-蒈烯	萜烯及其衍生物
4	7.07	1,3-Cyclohexadiene,1-methyl-4-(1-methylethyl)-	$C_{10}H_{16}$	99-86-5	3.37	α-萜品烯	萜烯及其衍生物
5	7.39	D-Limonene	$C_{10}H_{16}$	5989-27-5	3.27	D-柠檬烯	萜烯及其衍生物
6	8.41	3(2H)-Furanone,4-methoxy-2,5-dimethyl-	$C_7H_{10}O_3$	4077-47-8	2.33	4-甲氧基-2,5-二甲基-3(2H)-呋喃酮	其他
7	6.40	beta-Myrcene	$C_{10}H_{16}$	123-35-3	1.46	β-月桂烯	萜烯及其衍生物
8	5.05	Bicyclo［3.1.0］hex-2-ene,4-methyl-1-(1-methylethyl)-	$C_{10}H_{16}$	28634-89-1	1.41	β-侧柏烯	萜烯及其衍生物
9	6.74	Bicyclo［3.1.0］hex-2-ene,2-methyl-5-(1-methylethyl)-	$C_{10}H_{16}$	2867-05-2	1.05	α-侧柏烯	萜烯及其衍生物
10	8.23	gamma-Terpinene	$C_{10}H_{16}$	99-85-4	0.85	γ-萜品烯	萜烯及其衍生物
11	3.79	2-Hexenal,(E)-	$C_6H_{10}O$	6728-26-3	0.57	反式-2-己烯醛	醛类
12	1.61	Dimethyl sulfide	C_2H_6S	75-18-3	0.52	二甲硫醚	其他
13	13.34	1-Cyclohexene-1-carboxaldehyde,2,6,6-trimethyl-	$C_{10}H_{16}O$	432-25-7	0.39	β-环柠檬醛	萜烯及其衍生物
14	7.95	Cyclohexene,4-methylene-1-(1-methylethyl)-	$C_{10}H_{16}$	99-84-3	0.35	β-萜品烯	萜烯及其衍生物
15	1.44	(2-Aziridinylethyl)amine	$C_4H_{10}N_2$	4025-37-0	0.26	2-(氮杂环丙烷-1-基)乙胺	其他
16	9.80	1,3,8-p-Mentha-triene	$C_{10}H_{14}$	18368-95-1	0.23	1,3,8-对-薄荷基三烯	萜烯及其衍生物
17	21.31	trans-beta-Ionone	$C_{13}H_{20}O$	79-77-6	0.19	乙位紫罗兰酮	萜烯及其衍生物

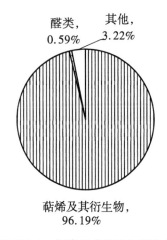

图 151-2　挥发性成分的比例构成

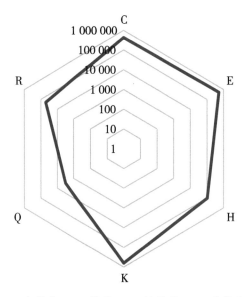

C—柑橘香；E—食品香；H—药香；K—松柏香；Q—香膏香；R—玫瑰香

图 151-3　香韵分布雷达

152. 攀 1 号（海南儋州）

经 GC-MS 检测和分析（图 152-1），其果肉中挥发性成分相对含量超过 0.1% 的共有 12 种化合物（表 152-1），主要为萜烯类化合物，占 79.49%（图 152-2），其中，比例最高的挥发性成分为 3-蒈烯，占 68.38%。

已知挥发性成分的气味 ABC 分析显示：果肉香味主要涵盖 3 种香型，各香味荷载从大到小依次为松柏香、药香、玫瑰香；其中，松柏香荷载远大于其他香味，可视为该杧果的主要香韵（图 152-3）。

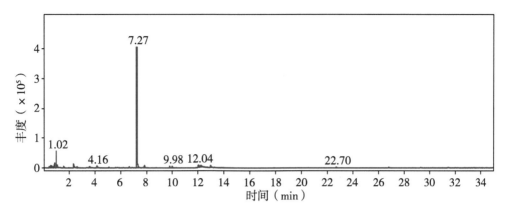

图 152-1　挥发性成分总离子流

表 152-1　挥发性成分 GC-MS 分析结果

编号	保留时间（min）	化合物	分子式	CAS 号	面积加和百分比（%）	中文名称	类别
1	7.27	3-Carene	$C_{10}H_{16}$	13466-78-9	68.38	3-蒈烯	萜烯及其衍生物
2	12.24	2-Nonyn-1-ol	$C_9H_{16}O$	5921-73-3	2.37	2-壬烯-1-醇	醇类
3	2.35	1-Butene, 3-(2-butenyloxy)-	$C_8H_{14}O$	1476-05-7	2.29	3-(2-丁烯氧基)-1-丁烯	其他
4	12.04	4-Decene, 3-methyl-, (E)-	$C_{11}H_{22}$	62338-47-0	2.25	(E)-3-甲基-4-癸烯	其他
5	12.98	d Proline, N methoxycarbonyl-, tetradecyl ester	$C_{21}H_{39}NO_4$	1000320-79-6	1.99	N-甲氧羰基-d-脯氨酸十四酯	酯类
6	4.16	6-Azabicyclo[3,2,0]heptan-7-one	C_6H_9NO	1000144-05-1	1.62	6-氮杂二环[3.2.0]庚烷-7-酮	酮及内酯
7	7.85	Bicyclo [4.1.0] heptane, 7-methyl-ene-	C_8H_{12}	54211-14-2	1.56	7-亚甲基降蒈烷	其他
8	3.59	2-Propenal	C_3H_4O	107-02-8	1.54	2-丙烯醛	醛类
9	9.98	2,3,3-Trimethyl-1-hexene	C_9H_{18}	1000113-52-1	1.27	2,3,3-三甲基-1-己烯	醇类
10	9.79	Benzenemethanol, alpha,4-dimethyl-	$C_9H_{12}O$	536-50-5	1.01	对甲基-α-苯乙醇	醇类
11	1.57	1-Hepten-3-one	$C_7H_{12}O$	2918-13-0	0.93	1-庚烯-3-酮	酮及内酯
12	0.45	Fumaronitrile	$C_4H_2N_2$	764-42-1	0.82	富马酸腈	其他

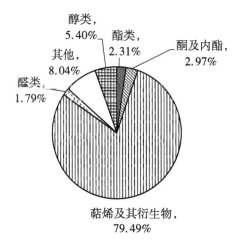

图 152-2　挥发性成分的比例构成

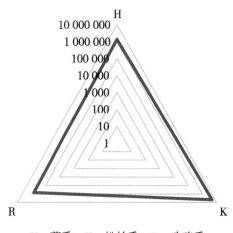

H—药香；K—松柏香；R—玫瑰香

图 152-3　香韵分布雷达

153. Karathakda mban 杧（海南儋州）

经 GC-MS 检测和分析（图 153-1），其果肉中挥发性成分相对含量超过 0.1% 的共有 34 种化合物（表 153-1），主要为萜烯类化合物，占 88.92%（图 153-2），其中，比例最高的挥发性成分为 β-罗勒烯，占 65.96%。

已知挥发性成分的气味 ABC 分析显示：果肉香味主要涵盖 6 种香型，各香味荷载从大到小依次为脂肪香、木香、青香、土壤香、果香、辛香料香；其中，脂肪香、木香荷载远大于其他香味，可视为该杧果的主要香韵（图 153-3）。

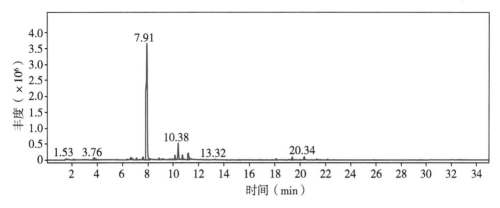

图 153-1 挥发性成分总离子流

表 153-1 挥发性成分 GC-MS 分析结果

编号	保留时间（min）	化合物	分子式	CAS 号	面积加和百分比（%）	中文名称	类别
1	7.91	beta-Ocimene	$C_{10}H_{16}$	13877-91-3	65.96	β-罗勒烯	萜烯及其衍生物
2	10.38	2,6 - Dimethyl - 1,3,5,7-octatetraene, E, E-	$C_{10}H_{14}$	460-01-5	8.32	波斯菊萜	萜烯及其衍生物
3	11.19	2,6 - Nonadienal, (E,Z)-	$C_9H_{14}O$	557-48-2	3.76	反式-2-,顺式-6-壬二烯醛	醛类
4	3.76	2-Hexenal, (E)-	$C_6H_{10}O$	6728-26-3	2.52	反式-2-己烯醛	醛类
5	10.73	2,4,6-Octatriene, 2,6 - dimethyl -, (E,Z)-	$C_{10}H_{16}$	7216-56-0	2.07	(E,Z)-别罗勒烯	萜烯及其衍生物
6	10.12	2,6 - Dimethyl - 1,3,5,7-octatetraene, E, E-	$C_{10}H_{14}$	460-01-5	1.90	波斯菊萜	萜烯及其衍生物
7	7.62	trans - beta - Ocimene	$C_{10}H_{16}$	3779-61-1	1.56	反式-β-罗勒烯	萜烯及其衍生物
8	6.68	trans-2-(2-Pentenyl)furan	$C_9H_{12}O$	70424-14-5	1.30	反式-2-(2-戊烯基)呋喃	其他
9	19.39	Caryophyllene	$C_{15}H_{24}$	87-44-5	1.28	石竹烯	萜烯及其衍生物
10	20.34	Humulene	$C_{15}H_{24}$	6753-98-6	1.24	葎草烯	萜烯及其衍生物
11	1.53	4-Penten-2-ol	$C_5H_{10}O$	625-31-0	0.81	4-戊烯-2-醇	醇类

（续表）

编号	保留时间（min）	化合物	分子式	CAS 号	面积加和百分比（%）	中文名称	类别
12	7.10	1,3,7 - Octatriene,2,7-dimethyl-	$C_{10}H_{16}$	36638-38-7	0.78	(3E)-2,7-二甲基-1,3,7-辛三烯	萜烯及其衍生物
13	8.87	2,6 - Dimethyl - 1,3,5,7-octatetraene,E,E-	$C_{10}H_{14}$	460-01-5	0.77	波斯菊萜	萜烯及其衍生物
14	2.11	Carbonic acid,hexyl methyl ester	$C_8H_{16}O_3$	1000314-61-8	0.72	己基碳酸甲酯	酯类
15	6.77	2,6 - Dimethyl - 1,3,5,7-octatetraene,E,E-	$C_{10}H_{14}$	460-01-5	0.70	波斯菊萜	萜烯及其衍生物
16	18.12	Copaene	$C_{15}H_{24}$	3856-25-5	0.54	古巴烯	萜烯及其衍生物
17	9.08	Cyclooctene,5,6-dimethylene-	$C_{10}H_{14}$	1000151-06-2	0.51	5,6-二亚甲基-环辛烯	其他
18	9.21	1,4 - Cyclohexadiene,3 - ethenyl - 1,2-dimethyl-	$C_{10}H_{14}$	62338-57-2	0.37	1,2-二甲基-3-辛基-1,4-环己二烯	萜烯及其衍生物
19	21.31	trans-beta-Ionone	$C_{13}H_{20}O$	79-77-6	0.37	乙位紫罗兰酮	萜烯及其衍生物
20	9.72	Carveol	$C_{10}H_{16}O$	99-48-9	0.36	香芹醇	萜烯及其衍生物
21	22.19	Naphthalene,1,2,3,5,6,8a - hexahydro-4,7-dimethyl-1-(1-methylethyl)-,(1S-cis)-	$C_{15}H_{24}$	483-76-1	0.35	Δ-杜松烯	萜烯及其衍生物
22	11.38	2-Nonyn-1-ol	$C_9H_{16}O$	5921-73-3	0.31	2-壬烯-1-醇	醇类
23	9.91	1,3,8-p-Menthatriene	$C_{10}H_{14}$	18368-95-1	0.30	1,3,8-对-薄荷基三烯	萜烯及其衍生物
24	5.61	Bicyclo［2.1.1］hexan - 2 - ol,2 - ethenyl-	$C_8H_{12}O$	1000221-37-2	0.28	2-乙烯基双环［2.1.1］己烷-2-醇	醇类
25	13.32	1-Cyclohexene-1-carboxaldehyde,2,6,6-trimethyl-	$C_{10}H_{16}O$	432-25-7	0.21	β-环柠檬醛	萜烯及其衍生物

（续表）

编号	保留时间（min）	化合物	分子式	CAS 号	面积加和百分比（%）	中文名称	类别
26	10.86	Bicyclo［3.1.1］heptan-3-ol,6,6-dimethyl-2-methylene-,［1S-（1alpha,3alpha,5alpha）］-	$C_{10}H_{16}O$	547-61-5	0.21	反式-（-）-松香芹醇	萜烯及其衍生物
27	11.81	Bicyclo［3.1.1］heptan-3-ol,6,6-dimethyl-2-methylene-,［1S-（1alpha,3alpha,5alpha）］-	$C_{10}H_{16}O$	547-61-5	0.20	反式-（-）-松香芹醇	萜烯及其衍生物
28	2.94	Hexanal	$C_6H_{12}O$	66-25-1	0.17	己醛	醛类
29	9.62	9,12-Octadecadienal	$C_{18}H_{32}O$	26537-70-2	0.17	（9Z,12Z）-十八碳-9,12-二烯醛	醛类
30	20.00	2-Butanone,4-（2,6,6-trimethyl-1-cyclohexen-1-yl）-	$C_{13}H_{22}O$	17283-81-7	0.15	4-（2,6,6-三甲基-1-环己烯-1-基）-2-丁酮	酮及内酯
31	1.44	（2-Aziridinylethyl）amine	$C_4H_{10}N_2$	4025-37-0	0.12	2-（氮杂环丙烷-1-基）乙胺	其他
32	21.58	alpha-Muurolene	$C_{15}H_{24}$	31983-22-9	0.12	α-衣兰油烯	萜烯及其衍生物
33	21.44	Naphthalene,1,2,3,5,6,7,8,8a-octahydro-1,8a-dimethyl-7-（1-methylethenyl）-,［1R-（1alpha,7beta,8aalpha）］-	$C_{15}H_{24}$	4630-07-3	0.11	（+）-瓦伦亚烯	萜烯及其衍生物
34	12.62	6,6-Dimethyl-2-vinylidenebicyclo［3.1.1］heptane	$C_{11}H_{16}$	39021-75-5	0.11	6,6-二甲基-2-亚乙烯基二环［3.1.1］庚烷	其他

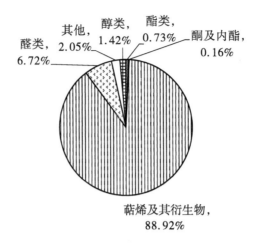

图 153-2　挥发性成分的比例构成

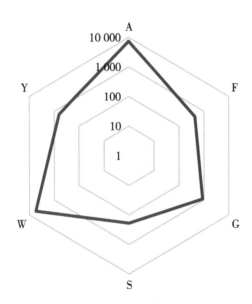

A—脂肪香；F—果香；G—青香；S—辛香料香；W—木香；Y—土壤香

图 153-3　香韵分布雷达

154. Neeiam 杧（海南儋州）

经 GC-MS 检测和分析（图 154-1），其果肉中挥发性成分相对含量超过 0.1% 的共有 16 种化合物（表 154-1），主要为萜烯类化合物，占 99.51%（图 154-2），其中，比例最高的挥发性成分为 β-罗勒烯，占 79.32%。

已知挥发性成分的气味 ABC 分析显示：果肉香味主要涵盖 9 种香型，各香味荷载从大到小依次为松柏香、药香、柑橘香、玫瑰香、木香、香膏香、冰凉香、土壤香、辛香料香；其中，松柏香、药香、柑橘香荷载远大于其他香味，可视为该杧果的主要香韵（图 154-3）。

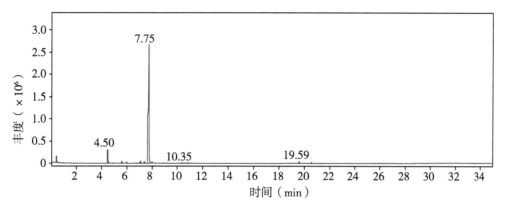

图 154-1 挥发性成分总离子流

表 154-1 挥发性成分 GC-MS 分析结果

编号	保留时间（min）	化合物	分子式	CAS 号	面积加和百分比（%）	中文名称	类别
1	7.75	beta-Ocimene	$C_{10}H_{16}$	13877-91-3	79.32	β-罗勒烯	萜烯及其衍生物
2	4.50	alpha-Pinene	$C_{10}H_{16}$	80-56-8	7.95	α-蒎烯	萜烯及其衍生物
3	7.09	D-Limonene	$C_{10}H_{16}$	5989-27-5	1.38	D-柠檬烯	萜烯及其衍生物
4	5.60	Bicyclo［3.1.1］heptane,6,6-dimethyl-2-methylene-,（1S）-	$C_{10}H_{16}$	18172-67-3	1.28	（-）-β-蒎烯	萜烯及其衍生物
5	7.39	trans-beta-Ocimene	$C_{10}H_{16}$	3779-61-1	1.19	反式-β-罗勒烯	萜烯及其衍生物
6	19.59	Caryophyllene	$C_{15}H_{24}$	87-44-5	1.07	石竹烯	萜烯及其衍生物
7	6.00	beta-Myrcene	$C_{10}H_{16}$	123-35-3	0.72	β-月桂烯	萜烯及其衍生物
8	8.02	3-Carene	$C_{10}H_{16}$	13466-78-9	0.69	3-蒈烯	萜烯及其衍生物
9	20.55	Humulene	$C_{15}H_{24}$	6753-98-6	0.67	葎草烯	萜烯及其衍生物
10	10.74	2,4,6-Octatriene,2,6-dimethyl-,（E,Z）-	$C_{10}H_{16}$	7216-56-0	0.53	（E,Z）-别罗勒烯	萜烯及其衍生物
11	10.35	2,4,6-Octatriene,2,6-dimethyl-,（E,E）-	$C_{10}H_{16}$	3016-19-1	0.40	（E,E）-别罗勒烯	萜烯及其衍生物
12	6.99	Benzene,1-methyl-3-（1-methylethyl）-	$C_{10}H_{14}$	535-77-3	0.36	间伞花烃	其他

（续表）

编号	保留时间（min）	化合物	分子式	CAS 号	面积加和百分比（%）	中文名称	类别
13	8.95	Cyclohexene, 3 - methyl - 6 - (1 - methylethylidene) -	$C_{10}H_{16}$	586-63-0	0.20	闹二烯	萜烯及其衍生物
14	6.74	Cyclohexene, 3 - methyl - 6 - (1 - methylethylidene) -	$C_{10}H_{16}$	586-63-0	0.18	闹二烯	萜烯及其衍生物
15	4.87	Camphene	$C_{10}H_{16}$	79-92-5	0.14	莰烯	萜烯及其衍生物
16	0.58	Methanesulfonic anhydride	$C_2H_6O_5S_2$	7143-01-3	0.11	甲烷磺酸酐	其他

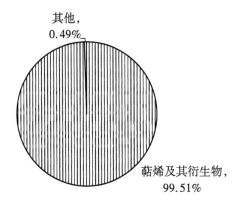

图 154-2 挥发性成分的比例构成

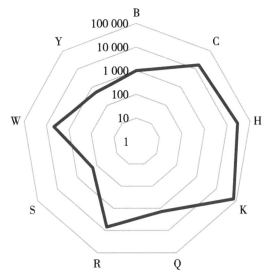

B—冰凉香；C—柑橘香；H—药香；K—松柏香；
Q—香膏香；R—玫瑰香；S—辛香料香；W—木香；Y—土壤香

图 154-3 香韵分布雷达

155. Kamdi mangai 杧 (海南儋州)

经 GC-MS 检测和分析 (图 155-1), 其果肉中挥发性成分相对含量超过 0.1% 的共有 28 种化合物 (表 155-1), 主要为萜烯类化合物, 占 73.19% (图 155-2), 其中, 比例最高的挥发性成分为反式-β-罗勒烯, 占 24.47%。

已知挥发性成分的气味 ABC 分析显示: 果肉香味主要涵盖 8 种香型, 各香味荷载从大到小依次为木香、松柏香、药香、土壤香、玫瑰香、辛香料香、柑橘香、香膏香; 其中, 木香、松柏香荷载远大于其他香味, 可视为该杧果的主要香韵 (图 155-3)。

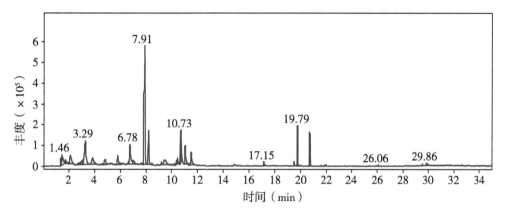

图 155-1　挥发性成分总离子流

表 155-1　挥发性成分 GC-MS 分析结果

编号	保留时间 (min)	化合物	分子式	CAS 号	面积加和百分比 (%)	中文名称	类别
1	7.91	trans – beta – Oci-mene	$C_{10}H_{16}$	3779-61-1	24.47	反式-β-罗勒烯	萜烯及其衍生物
2	8.21	1,3,6-Octatriene, 3,7 – dimethyl –, (Z)-	$C_{10}H_{16}$	3338-55-4	6.90	(Z)-β-罗勒烯	萜烯及其衍生物
3	19.79	Caryophyllene	$C_{15}H_{24}$	87-44-5	4.95	石竹烯	萜烯及其衍生物
4	10.73	trans-3-Caren-2-ol	$C_{10}H_{16}O$	1000151-75-4	4.92	反式 3-蒈烯-2-醇	萜烯及其衍生物
5	20.73	1,4,7,-Cyclounde-catriene,1,5,9,9-tetramethyl –, Z, Z, Z-	$C_{15}H_{24}$	1000062-61-9	4.20	1,5,9,9-四甲基-1,4,7-环己三烯	其他
6	10.68	2,4,6-Octatriene, 2,6 – dimethyl –, (E,Z)-	$C_{10}H_{16}$	7216-56-0	3.88	(E,Z)-别罗勒烯	萜烯及其衍生物

（续表）

编号	保留时间（min）	化合物	分子式	CAS 号	面积加和百分比（%）	中文名称	类别
7	11.08	2,4,6 - Octatriene, 2,6 - dimethyl -, (E,Z) -	$C_{10}H_{16}$	7216-56-0	3.59	（E,Z）-别罗勒烯	萜烯及其衍生物
8	1.46	Propanamide, 2-hydroxy-	$C_3H_7NO_2$	2043-43-8	3.39	2-羟基丙酰胺	其他
9	3.84	2-Hexenal, (E) -	$C_6H_{10}O$	6728-26-3	3.32	反式-2-己烯醛	醛类
10	9.40	1,4 - Cyclohexadiene, 3 - ethenyl - 1,2-dimethyl-	$C_{10}H_{14}$	62338-57-2	2.76	1,2-二甲基-3-辛基-1,4-环己二烯	萜烯及其衍生物
11	4.83	Oxime -, methoxy - phenyl-_	$C_8H_9NO_2$	1000222-86-6	1.73	N-羟基-苯甲亚胺酸甲酯	酯类
12	7.01	Ethyl (1 - adamantylamino) carbothioylcarbamate	$C_{14}H_{22}N_2O_2S$	36997-89-4	1.24	（1-金刚烷基氨基）硫代氨基甲酸乙酯	酯类
13	3.10	2-Amino-2-ethyl-1,3-propanediol	$C_5H_{13}NO_2$	115-70-8	0.99	2-氨基-2-乙基-1,3-丙二醇	醇类
14	29.86	3(2H) -Isothiazolone, 2-octyl-	$C_{11}H_{19}NOS$	26530-20-1	0.81	辛异噻唑酮	酮及内酯
15	2.80	2 - Penten - 1 - ol, (E) -	$C_5H_{10}O$	1576-96-1	0.80	反式-2-戊烯-1-醇	醇类
16	10.46	1,3,8-p - Menthatriene	$C_{10}H_{14}$	18368-95-1	0.78	1,3,8-对-薄荷基三烯	萜烯及其衍生物
17	2.97	cis - 2,3 - Epoxyoctane	$C_8H_{16}O$	23024-54-6	0.76	顺式-2,3-环氧辛烷	其他
18	1.74	4-Hydroxy - 2 - butanone	$C_4H_8O_2$	590-90-9	0.64	4-羟基-2-丁酮	酮及内酯
19	1.37	Amphetamine - 3 - methyl	$C_{10}H_{15}N$	588-06-7	0.61	3-甲基安非他明	其他
20	19.52	1H - Cycloprop [e] azulene, 1a, 2, 3, 4, 4a, 5, 6, 7b - octahydro-1,1,4,7-tetramethyl -, [1aR - (1aalpha, 4alpha, 4abeta, 7balpha)] -	$C_{15}H_{24}$	489-40-7	0.51	（-）-α-古云烯	萜烯及其衍生物

（续表）

编号	保留时间（min）	化合物	分子式	CAS 号	面积加和百分比（%）	中文名称	类别
21	6.64	beta-Myrcene	$C_{10}H_{16}$	123-35-3	0.38	β-月桂烯	萜烯及其衍生物
22	4.61	d-Mannitol, 1-decylsulfonyl-	$C_{16}H_{34}O_7S$	1000154-76-1	0.35	1-癸磺酰基-D-甘露醇	其他
23	10.23	Phthalic acid, di(2-propylphenyl) ester	$C_{26}H_{26}O_4$	1000357-03-1	0.28	邻苯二甲酸二(2-丙基苯基)酯	酯类
24	1.92	4-Hydroxy-2-butanone	$C_4H_8O_2$	590-90-9	0.26	4-羟基-2-丁酮	酮及内酯
25	7.66	1-Hexen-3-yne, 2-tert-butyl-	$C_{10}H_{16}$	99191-89-6	0.25	6,6-二甲基-5-亚甲基-3-庚炔	其他
26	8.46	3-Carene	$C_{10}H_{16}$	13466-78-9	0.24	3-蒈烯	萜烯及其衍生物
27	21.61	trans-beta-Ionone	$C_{13}H_{20}O$	79-77-6	0.11	乙位紫罗兰酮	萜烯及其衍生物
28	10.06	cis-p-Mentha-2,8-dien-1-ol	$C_{10}H_{16}O$	3886-78-0	0.10	顺式-对-薄荷基-2,8-二烯-1-醇	萜烯及其衍生物

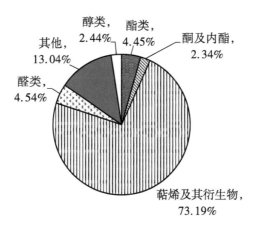

图 155-2 挥发性成分的比例构成

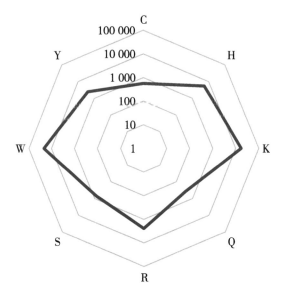

C—柑橘香；H—药香；K—松柏香；Q—香膏香；
R—玫瑰香；S—辛香料香；W—木香；Y—土壤香

图 155-3　香韵分布雷达

156. 泰国 005 号资源（海南儋州）

经 GC-MS 检测和分析（图 156-1），其果肉中挥发性成分相对含量超过 0.1% 的共有 19 种化合物（表 156-1），主要为醇类化合物，占 69.13%（图 156-2），其中，比例最高的挥发性成分为（Z）-4-己烯-1-醇，占 41.14%。

已知挥发性成分的气味 ABC 分析显示：果肉香味主要涵盖 6 种香型，各香味荷载从大到小依次为脂肪香、松柏香、药香、青香、柑橘香、果香；其中，脂肪香荷载远大于其他香味，可视为该杧果的主要香韵（图 156-3）。

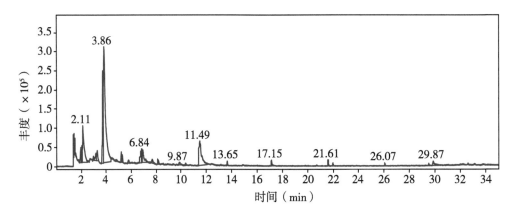

图 156-1　挥发性成分总离子流

表 156-1 挥发性成分 GC-MS 分析结果

编号	保留时间（min）	化合物	分子式	CAS 号	面积加和百分比（%）	中文名称	类别
1	3.86	4 - Hexen - 1 - ol, (Z) -	$C_6H_{12}O$	928-91-6	41.14	(Z)-4-己烯-1-醇	醇类
2	3.75	4-Penten-1-ol, 3-methyl-	$C_6H_{12}O$	51174-44-8	13.17	3-甲基-4-戊烯-1-醇	醇类
3	11.49	2, 6 - Nonadienal, (E,Z) -	$C_9H_{14}O$	557-48-2	9.88	反式-2-,顺式-6-壬二烯醛	醛类
4	6.92	4-Phenyl-2, 4, 6-triazatricyclo［5.4.2.0（2,6）］tridec-12-ene-3,5-dione	$C_{16}H_{17}N_3O_2$	10316-54-8	3.27	4-Phenyl-2, 4, 6 - triazatricyclo［5.4.2.0（2,6）］tridec-12-ene-3,5-one	其他
5	2.03	2 - Penten - 1 - ol, (E) -	$C_5H_{10}O$	1576-96-1	2.19	反式-2-戊烯-1-醇	醇类
6	1.94	Butanal, 2-methyl-	$C_5H_{10}O$	96-17-3	2.01	2-甲基丁醛	醛类
7	1.51	Ethane, 1, 2 - diethoxy-	$C_6H_{14}O_2$	629-14-1	1.67	1,2-二乙氧基乙烷	其他
8	1.44	Benzenemethanol, 2 - (2 - aminopropoxy) -3-methyl-	$C_{11}H_{17}NO_2$	53566-98-6	1.48	2-羟基美西律	其他
9	29.87	3(2H) -Isothiazolone, 2-octyl-	$C_{11}H_{19}NOS$	26530-20-1	1.34	辛异噻唑酮	酮及内酯
10	5.22	(1R) -2,6,6-Trimethylbicyclo［3.1.1］hept-2-ene	$C_{10}H_{16}$	7785-70-8	1.15	(+) -α-蒎烯	萜烯及其衍生物
11	7.69	2,6,6-Trimethyl-bicyclo［3.1.1］hept-3-ylamine	$C_{10}H_{19}N$	69460-11-3	0.84	3-蒎烷胺	其他
12	5.30	(1R) -2,6,6-Trimethylbicyclo［3.1.1］hept-2-ene	$C_{10}H_{16}$	7785-70-8	0.83	(+) -α-蒎烯	萜烯及其衍生物
13	8.15	1, 3, 6 - Octatriene, 3, 7 - dimethyl -, (Z) -	$C_{10}H_{16}$	3338-55-4	0.77	(Z)-β-罗勒烯	萜烯及其衍生物
14	9.87	2 - Nonen - 1 - ol, (Z) -	$C_9H_{18}O$	41453-56-9	0.62	顺式-2-壬烯-1-醇	醇类
15	1.35	(2-Aziridinylethyl) amine	$C_4H_{10}N_2$	4025-37-0	0.53	2-(氮杂环丙烷-1-基)乙胺	其他
16	21.61	trans-beta-Ionone	$C_{13}H_{20}O$	79-77-6	0.45	乙位紫罗兰酮	萜烯及其衍生物

（续表）

编号	保留时间（min）	化合物	分子式	CAS 号	面积加和百分比（%）	中文名称	类别
17	2.95	Hexanal	$C_6H_{12}O$	66-25-1	0.43	己醛	醛类
18	13.65	1-Cyclohexene-1-carboxaldehyde，2，6,6-trimethyl-	$C_{10}H_{16}O$	432-25-7	0.43	β-环柠檬醛	萜烯及其衍生物
19	4.87	Oxime-，methoxy-phenyl-_	$C_8H_9NO_2$	1000222-86-6	0.41	N-羟基-苯甲亚胺酸甲酯	酯类

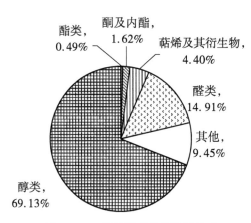

图 156-2　挥发性成分的比例构成

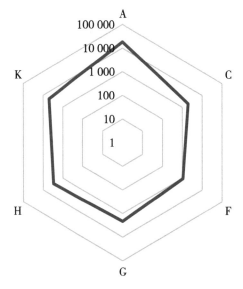

A—脂肪香；C—柑橘香；F—果香；G—青香；H—药香；K—松柏香

图 156-3　香韵分布雷达

157. 热作 003 号资源（海南儋州）

经 GC-MS 检测和分析（图 157-1），其果肉中挥发性成分相对含量超过 0.1% 的共有 20 种化合物（表 157-1），主要为酯类化合物，占 54.38%（图 157-2），其中，比例最高的挥发性成分为顺式-3-己烯酸-顺式-3-己烯酯，占 48.81%。

已知挥发性成分的气味 ABC 分析显示：果肉香味主要涵盖 5 种香型，各香味荷载从大到小依次为松柏香、药香、玫瑰香、柑橘香、香膏香；其中，松柏香、药香荷载远大于其他香味，可视为该杧果的主要香韵（图 157-3）。

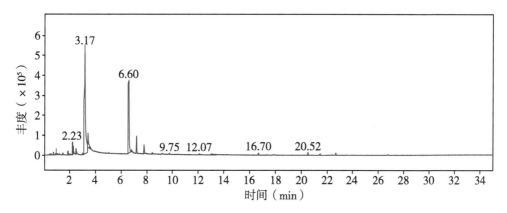

图 157-1　挥发性成分总离子流

表 157-1　挥发性成分 GC-MS 分析结果

编号	保留时间（min）	化合物	分子式	CAS 号	面积加和百分比（%）	中文名称	类别
1	3.17	cis-3-Hexenyl cis-3-hexenoate	$C_{12}H_{20}O_2$	61444-38-0	48.81	顺式-3-己烯酸-顺式-3-己烯酯	酯类
2	6.60	Bicyclo［3.1.1］heptane, 6, 6-dimethyl-2-methylene-, (1S)-	$C_{10}H_{16}$	18172-67-3	21.02	(−)-β-蒎烯	萜烯及其衍生物
3	3.41	Cyclopentane, (2-methylpropyl)-	C_9H_{18}	3788-32-7	5.87	异丁基环戊烷	其他
4	7.20	3-Carene	$C_{10}H_{16}$	13466-78-9	4.39	3-蒈烯	萜烯及其衍生物
5	7.78	D-Limonene	$C_{10}H_{16}$	5989-27-5	2.60	D-柠檬烯	萜烯及其衍生物
6	13.08	Naphthalene	$C_{10}H_8$	91-20-3	1.45	萘	其他
7	1.87	Toluene	C_7H_8	108-88-3	1.34	甲苯	其他

（续表）

编号	保留时间（min）	化合物	分子式	CAS 号	面积加和百分比（%）	中文名称	类别
8	20.52	Bicyclo［7.2.0］undec-4-ene,4,11,11-trimethyl-8-methylene-,［1R-(1R*,4Z,9S*)］-	$C_{15}H_{24}$	118-65-0	0.71	(-)-异丁香烯	萜烯及其衍生物
9	0.96	Butanal,2-methyl-	$C_5H_{10}O$	96-17-3	0.69	2-甲基丁醛	醛类
10	0.74	1H-Pyrazole,1-methyl-	$C_4H_6N_2$	930-36-9	0.63	1-甲基-1H-吡唑	其他
11	16.70	Cyclohexanol,4-(1,1-dimethylethyl)-,acetate,trans-	$C_{12}H_{22}O_2$	1900-69-2	0.57	反式-4-(2-甲基-2-丙基)环己基乙酸酯	酯类
12	8.42	beta-Ocimene	$C_{10}H_{16}$	13877-91-3	0.56	β-罗勒烯	萜烯及其衍生物
13	1.48	5-Methyl-1,5-hexadien-3-ol	$C_7H_{12}O$	17123-61-4	0.39	5-甲基-1,5-己二烯-3-醇	醇类
14	9.75	Cyclohexene,3-methyl-6-(1-methylethylidene)-	$C_{10}H_{16}$	586-63-0	0.38	闹二烯	萜烯及其衍生物
15	21.47	Humulene	$C_{15}H_{24}$	6753-98-6	0.36	葎草烯	萜烯及其衍生物
16	3.01	Cyclohexane,1,1'-(2-methyl-1,3-propanediyl)bis-	$C_{16}H_{30}$	2883-08-1	0.33	1,1'-(2-甲基-1,3-丙二醇)双环己烷	其他
17	0.50	2H-Pyran,tetrahydro-2-(2,5-undecadiynyloxy)-	$C_{16}H_{24}O_2$	55947-04-1	0.21	2-(2,5-十一碳二炔氧基)四氢-2H-吡喃	其他
18	0.46	1-Methylcyclopropanemethanol	$C_5H_{10}O$	2746-14-7	0.19	1-甲基环丙烷甲醇	醇类
19	1.19	1,3-Pentadiene,2,4-dimethyl-	C_7H_{12}	1000-86-8	0.18	1,1,3-三甲基丁二烯	其他
20	2.04	3-Methyl-1-adamantaneacetic acid	$C_{13}H_{20}O_2$	14202-13-2	0.15	3-甲基-1-金刚烷乙酸	酸类

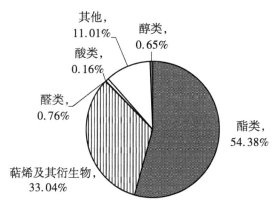

图 157-2　挥发性成分的比例构成

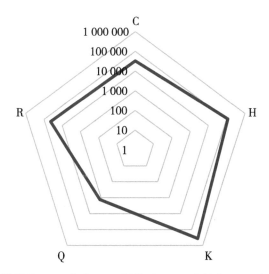

C—柑橘香；H—药香；K—松柏香；Q—香膏香；R—玫瑰香

图 157-3　香韵分布雷达

158. 热作 007 号资源（海南儋州）

经 GC-MS 检测和分析（图 158-1），其果肉中挥发性成分相对含量超过 0.1% 的共有 16 种化合物（表 158-1），主要为萜烯类化合物，占 85.08%（图 158-2），其中，比例最高的挥发性成分为 β-月桂烯，占 65.46%。

已知挥发性成分的气味 ABC 分析显示：果肉香味主要涵盖 6 种香型，各香味荷载从大到小依次为脂肪香、柑橘香、药香、松柏香、香膏香、青香；其中，脂肪香荷载远大于其他香味，可视为该杧果的主要香韵（图 158-3）。

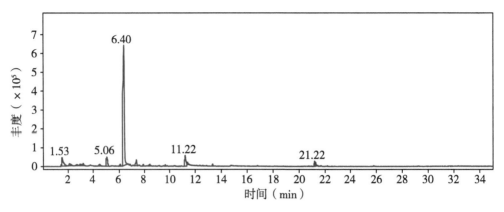

图158-1 挥发性成分总离子流

表158-1 挥发性成分 GC-MS 分析结果

编号	保留时间（min）	化合物	分子式	CAS 号	面积加和百分比（%）	中文名称	类别
1	6.40	beta-Myrcene	$C_{10}H_{16}$	123-35-3	65.46	β-月桂烯	萜烯及其衍生物
2	11.22	2，6 - Nonadienal，(E,Z)-	$C_9H_{14}O$	557-48-2	5.64	反式 - 2 -，顺式-6-壬二烯醛	醛类
3	5.06	alpha-Pinene	$C_{10}H_{16}$	80-56-8	5.17	α-蒎烯	萜烯及其衍生物
4	2.10	Carbonic acid, hexyl methyl ester	$C_8H_{16}O_3$	1000314-61-8	1.85	己基碳酸甲酯	酯类
5	21.22	Naphthalene, deca-hydro - 4a - methyl - 1-methylene-7-(1-methylethenyl) -，[4aR-(4aalpha, 7alpha, 8abeta)]-	$C_{15}H_{24}$	17066-67-0	1.52	(+)-β-瑟林烯	萜烯及其衍生物
6	11.39	2，6 - Nonadienal，(E,Z)-	$C_9H_{14}O$	557-48-2	1.21	反式 - 2 -，顺式-6-壬二烯醛	醛类
7	2.96	Glutaraldehyde	$C_5H_8O_2$	111-30-8	1.15	戊二醛	醛类
8	8.44	Pivaloylacetone, enol form	$C_8H_{14}O_2$	1000202-24-3	1.09	烯醇式特戊酰丙酮	酮及内酯
9	4.50	Heptanal	$C_7H_{14}O$	111-71-7	1.02	庚醛	醛类
10	21.31	trans-beta-Ionone	$C_{13}H_{20}O$	79-77-6	0.98	乙位紫罗兰酮	萜烯及其衍生物
11	6.09	Bicyclo [2.2.1] heptane, 2,2-dime-thyl - 3 - methyl-ene-，(1R)-	$C_{10}H_{16}$	5794-03-6	0.93	(-)-莰烯	萜烯及其衍生物
12	2.68	2-Pentenal,(E)-	C_5H_8O	1576-87-0	0.81	反式-2-戊烯醛	醛类

（续表）

编号	保留时间 （min）	化合物	分子式	CAS 号	面积加和 百分比 （%）	中文名称	类别
13	13.33	1-Cyclohexene-1-carboxaldehyde, 2,6,6-trimethyl-	$C_{10}H_{16}O$	432-25-7	0.67	β-环柠檬醛	萜烯及其衍生物
14	7.93	1,3,6-Octatriene, 3,7-dimethyl-, (Z)-	$C_{10}H_{16}$	3338-55-4	0.57	(Z)-β-罗勒烯	萜烯及其衍生物
15	9.64	Nonanal	$C_9H_{18}O$	124-19-6	0.53	壬醛	醛类
16	6.86	Cyclohexene, 4-methylene-1-(1-methylethyl)-	$C_{10}H_{16}$	99-84-3	0.42	β-萜品烯	萜烯及其衍生物

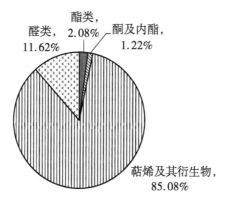

图 158-2　挥发性成分的比例构成

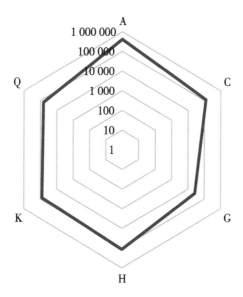

A—脂肪香；C—柑橘香；G—青香；H—药香；K—松柏香；Q—香膏香

图 158-3　香韵分布雷达

159. 热作 005 号资源（海南儋州）

经 GC-MS 检测和分析（图 159-1），其果肉中挥发性成分相对含量超过 0.1% 的共有 24 种化合物（表 159-1），主要为萜烯类化合物，占 78.68%（图 159-2），其中，比例最高的挥发性成分为萜品油烯，占 63.34%。

已知挥发性成分的气味 ABC 分析显示：果肉香味主要涵盖 8 种香型，各香味荷载从大到小依次为松柏香、柑橘香、药香、玫瑰香、香膏香、木香、土壤香、辛香料香；其中，松柏香、柑橘香荷载远大于其他香味，可视为该杧果的主要香韵（图 159-3）。

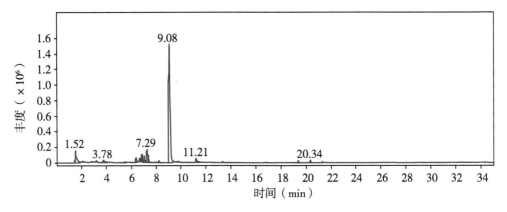

图 159-1　挥发性成分总离子流

表 159-1　挥发性成分 GC-MS 分析结果

编号	保留时间（min）	化合物	分子式	CAS 号	面积加和百分比（%）	中文名称	类别
1	9.08	Cyclohexene,1-methyl-4-(1-methylethylidene)-	$C_{10}H_{16}$	586-62-9	63.34	萜品油烯	萜烯及其衍生物
2	1.52	Ethanol,2-nitro-	$C_2H_5NO_3$	625-48-9	7.15	2-硝基乙醇	醇类
3	7.29	Benzene,1-methyl-3-(1-methylethyl)-	$C_{10}H_{14}$	535-77-3	5.29	间伞花烃	其他
4	6.88	3-Carene	$C_{10}H_{16}$	13466-78-9	3.66	3-蒈烯	萜烯及其衍生物
5	7.06	(+)-4-Carene	$C_{10}H_{16}$	29050-33-7	2.66	4-蒈烯	萜烯及其衍生物
6	7.38	D-Limonene	$C_{10}H_{16}$	5989-27-5	2.60	D-柠檬烯	萜烯及其衍生物
7	11.21	2,6-Nonadienal,(E,Z)-	$C_9H_{14}O$	557-48-2	2.41	反式-2-,顺式-6-壬二烯醛	醛类

（续表）

编号	保留时间（min）	化合物	分子式	CAS 号	面积加和百分比（%）	中文名称	类别
8	6.40	beta-Myrcene	$C_{10}H_{16}$	123-35-3	2.21	β-月桂烯	萜烯及其衍生物
9	3.78	4-Penten-1-ol, 3-methyl-	$C_6H_{12}O$	51174-44-8	2.17	3-甲基-4-戊烯-1-醇	醇类
10	6.69	Cyclohexane, 1-butenylidene-	$C_{10}H_{16}$	36144-40-8	1.70	1-亚丁烯基环己烷	其他
11	20.34	Humulene	$C_{15}H_{24}$	6753-98-6	0.82	葎草烯	萜烯及其衍生物
12	8.22	gamma-Terpinene	$C_{10}H_{16}$	99-85-4	0.74	γ-萜品烯	萜烯及其衍生物
13	2.09	1,5-Hexadien-3-ol	$C_6H_{10}O$	924-41-4	0.71	1,5-己二烯-3-醇	醇类
14	19.39	Caryophyllene	$C_{15}H_{24}$	87-44-5	0.60	石竹烯	萜烯及其衍生物
15	5.44	3-Oxatricyclo[3.2.1.0(2,4)]octane, (1alpha, 2beta, 4beta, 5alpha)-	$C_7H_{10}O$	3146-39-2	0.53	外-2,3-环氧降莰烷	其他
16	1.43	Benzenemethanol, alpha-(1-amino-oethyl)-, [R-(R*,R*)]-	$C_9H_{13}NO$	37577-07-4	0.49	L-(-)-去甲伪麻黄碱	其他
17	7.96	3-Carene	$C_{10}H_{16}$	13466-78-9	0.40	3-蒈烯	萜烯及其衍生物
18	13.33	1-Cyclohexene-1-carboxaldehyde, 2,6,6-trimethyl-	$C_{10}H_{16}O$	432-25-7	0.35	β-环柠檬醛	萜烯及其衍生物
19	21.31	trans-beta-Ionone	$C_{13}H_{20}O$	79-77-6	0.31	乙位紫罗兰酮	萜烯及其衍生物
20	9.80	1,3,8-p-Menthatriene	$C_{10}H_{14}$	18368-95-1	0.29	1,3,8-对-薄荷基三烯	萜烯及其衍生物
21	2.84	3-Octen-2-ol, (Z)-	$C_8H_{16}O$	69668-89-9	0.19	(3Z)-3-辛烯-2-醇	醇类
22	7.61	1,11-Dodecadiyne	$C_{12}H_{18}$	20521-44-2	0.19	1,11-十二烷二炔	其他
23	9.64	3-Cyclohexen-1-ol, 5-methylene-6-(1-methylethenyl)-	$C_{10}H_{14}O$	54274-41-8	0.17	6-异丙烯基-5-亚甲基-3-环己烯-1-醇	醇类
24	2.94	4-Ethylcyclohexanol	$C_8H_{16}O$	4534-74-1	0.13	4-乙基环己醇	醇类

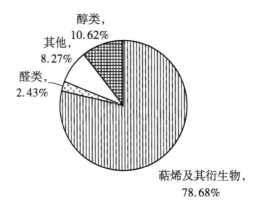

图 159-2　挥发性成分的比例构成

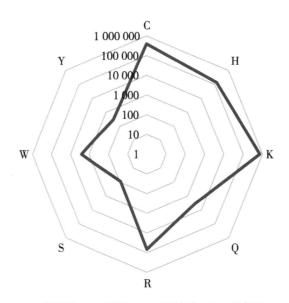

C—柑橘香；H—药香；K—松柏香；Q—香膏香；
R—玫瑰香；S—辛香料香；W—木香；Y—土壤香

图 159-3　香韵分布雷达

160. 热作 009 号资源（海南儋州）

经 GC-MS 检测和分析（图 160-1），其果肉中挥发性成分相对含量超过 0.1% 的共有 34 种化合物（表 160-1），主要为萜烯类化合物，占 55.38%（图 160-2），其中，比例最高的挥发性成分为反式-β-罗勒烯，占 27.45%。

已知挥发性成分的气味 ABC 分析显示：果肉香味主要涵盖 8 种香型，各香味荷载从大到小依次为青香、松柏香、药香、玫瑰香、木香、土壤香、柑橘香、辛香料香；其中，青香荷载远大于其他香味，可视为该杧果的主要香韵（图 160-3）。

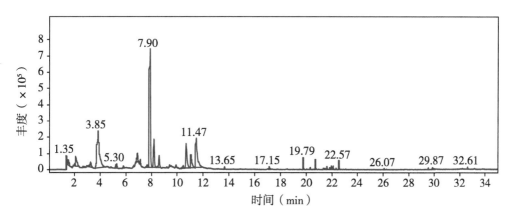

图 160-1　挥发性成分总离子流

表 160-1　挥发性成分 GC-MS 分析结果

编号	保留时间（min）	化合物	分子式	CAS 号	面积加和百分比（%）	中文名称	类别
1	7.90	trans - beta - Oci-mene	$C_{10}H_{16}$	3779-61-1	27.45	反式-β-罗勒烯	萜烯及其衍生物
2	3.85	3 - Hexen - 1 - ol, (Z) -	$C_6H_{12}O$	928-96-1	20.51	叶醇	醇类
3	11.47	2, 6 - Nonadienal, (E, Z) -	$C_9H_{14}O$	557-48-2	9.33	反式-2-, 顺式-6-壬二烯醛	醛类
4	10.68	2, 4, 6 - Octatriene, 2, 6 - dimethyl -, (E, Z) -	$C_{10}H_{16}$	7216-56-0	6.75	(E, Z) - 别罗勒烯	萜烯及其衍生物
5	8.20	1, 3, 6 - Octatriene, 3, 7 - dimethyl -, (Z) -	$C_{10}H_{16}$	3338-55-4	6.54	(Z) - β - 罗勒烯	萜烯及其衍生物
6	11.09	2, 4, 6 - Octatriene, 2, 6 - dimethyl -, (E, Z) -	$C_{10}H_{16}$	7216-56-0	3.01	(E, Z) - 别罗勒烯	萜烯及其衍生物
7	8.60	3 (2H) - Furanone, 4 - methoxy - 2, 5 - dimethyl-	$C_7H_{10}O_3$	4077-47-8	2.47	4-甲氧基-2, 5-二甲基-3(2H)-呋喃酮	其他
8	6.92	trans-2-(2-Pente-nyl)furan	$C_9H_{12}O$	70424-14-5	1.89	反式-2-(2-戊烯基)呋喃	其他
9	19.79	Caryophyllene	$C_{15}H_{24}$	87-44-5	1.41	石竹烯	萜烯及其衍生物
10	1.53	Dimethylphosphine	C_2H_7P	676-59-5	1.30	二甲膦	其他
11	20.73	1, 4, 7, -Cyclounde-catriene, 1, 5, 9, 9-tetramethyl -, Z, Z, Z-	$C_{15}H_{24}$	1000062-61-9	1.13	1, 5, 9, 9-四甲基-1, 4, 7-环己三烯	其他

（续表）

编号	保留时间（min）	化合物	分子式	CAS 号	面积加和百分比（%）	中文名称	类别
12	22.57	cis-Calamenene	$C_{15}H_{22}$	72937-55-4	1.01	顺式-菖蒲烯	萜烯及其衍生物
13	7.15	3-Carene	$C_{10}H_{16}$	13466-78-9	0.95	3-蒈烯	萜烯及其衍生物
14	1.44	Propanamide,2-hydroxy-	$C_3H_7NO_2$	2043-43-8	0.93	2-羟基丙酰胺	其他
15	1.35	Phenethylamine, p, alpha-dimethyl-	$C_{10}H_{15}N$	64-11-9	0.78	4-甲基苯丙胺	其他
16	10.46	Phthalic acid,3,5-dimethylphenyl 3-phenylpropyl ester	$C_{25}H_{24}O_4$	1000315-58-9	0.65	3,5-二甲苯基-3-苯丙基-邻苯二甲酸酯	酯类
17	29.87	3(2H)-Isothiazolone,2-octyl-	$C_{11}H_{19}NOS$	26530-20-1	0.61	辛异噻唑酮	酮及内酯
18	5.30	3-Carene	$C_{10}H_{16}$	13466-78-9	0.61	3-蒈烯	萜烯及其衍生物
19	5.22	(1R)-2,6,6-Trimethylbicyclo[3.1.1]hept-2-ene	$C_{10}H_{16}$	7785-70-8	0.58	(+)-α-蒎烯	萜烯及其衍生物
20	9.90	3-Nonen-1-ol,(Z)-	$C_9H_{18}O$	10340-23-5	0.52	顺式-3-壬烯-1-醇	醇类
21	22.12	Azulene,1,2,3,5,6,7,8,8a-octahydro-1,4-dimethyl-7-(1-methylethenyl)-,[1S-(1alpha,7alpha,8abeta)]-	$C_{15}H_{24}$	3691-11-0	0.38	D-愈创木烯	萜烯及其衍生物
22	2.70	Bicyclo[4.1.0]heptan-2-ol,(1alpha,2beta,6alpha)-	$C_7H_{12}O$	7432-49-7	0.37	(1R,2S,6S)-双环[4.1.0]庚烷-2-醇	醇类
23	13.65	1-Cyclohexene-1-carboxaldehyde,2,6,6-trimethyl-	$C_{10}H_{16}O$	432-25-7	0.32	β-环柠檬醛	萜烯及其衍生物
24	21.62	trans-beta-Ionone	$C_{13}H_{20}O$	79-77-6	0.32	乙位紫罗兰酮	萜烯及其衍生物
25	4.84	Oxime-, methoxy-phenyl-_	$C_8H_9NO_2$	1000222-86-6	0.32	N-羟基-苯甲亚胺酸甲酯	酯类
26	9.41	2,4,6-Octatriene,2,6-dimethyl-	$C_{10}H_{16}$	673-84-7	0.28	别罗勒烯	萜烯及其衍生物
27	21.84	Guaia-1(10),11-diene	$C_{15}H_{24}$	1000374-19-7	0.24	δ-愈创木烯	萜烯及其衍生物

（续表）

编号	保留时间 （min）	化合物	分子式	CAS 号	面积加和 百分比 （%）	中文名称	类别
28	20.32	alpha-Guaiene	$C_{15}H_{24}$	3691-12-1	0.24	α-愈创木烯	萜烯及其衍生物
29	8.47	3-Carene	$C_{10}H_{16}$	13466-78-9	0.17	3-蒈烯	萜烯及其衍生物
30	9.21	2,6-Dimethyl-1,3,5,7-octatet-raene,E,E-	$C_{10}H_{14}$	460-01-5	0.17	波斯菊萜	萜烯及其衍生物
31	3.07	3-（Prop-2-enoy-loxy）dodecane	$C_{15}H_{28}O_2$	1000245-66-6	0.16	3-（丙烯酰氧基）十二烷	其他
32	21.47	Germacrene D	$C_{15}H_{24}$	23986-74-5	0.16	Germacrene D	萜烯及其衍生物
33	21.34	Naphthalene,1,2,3,4,4a,5,6,8a-octahydro-7-meth-yl-4-methylene-1-（1-methylethyl）-,（1alpha,4abeta,8aalpha）-	$C_{15}H_{24}$	39029-41-9	0.14	（+）-γ-荜澄茄烯	萜烯及其衍生物
34	22.33	（1R,2S,6S,7S,8S）-8-Isopropyl-1-methyl-3-meth-ylenetricyclo〔4.4.0.02,7〕decane-rel-	$C_{15}H_{24}$	18252-44-3	0.13	β-古巴烯	萜烯及其衍生物

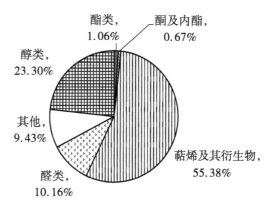

图 160-2　挥发性成分的比例构成

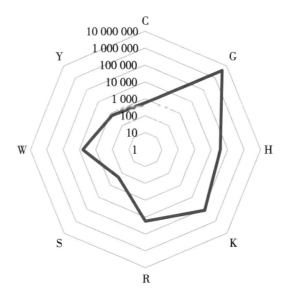

C—柑橘香；G—青香；H—药香；K—松柏香；
R—玫瑰香；S—辛香料香；W—木香；Y—土壤香

图 160-3　香韵分布雷达

161. 斯里兰卡 804 号资源（海南儋州）

　　经 GC-MS 检测和分析（图 161-1），其果肉中挥发性成分相对含量超过 0.1% 的共有 12 种化合物（表 161-1），主要为萜烯类化合物，占 99.84%（图 161-2），其中，比例最高的挥发性成分为闹二烯，占 87.49%。

　　已知挥发性成分的气味 ABC 分析显示：果肉香味主要涵盖 6 种香型，各香味荷载从大到小依次为松柏香、药香、玫瑰香、柑橘香、香膏香、冰凉香；其中，松柏香、药香、玫瑰香荷载远大于其他香味，可视为该杜果的主要香韵（图 161-3）。

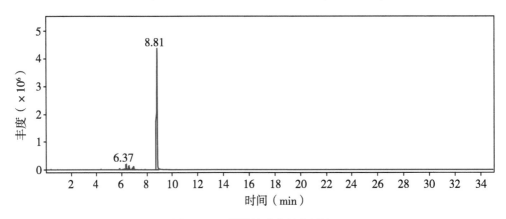

图 161-1　挥发性成分总离子流

表 161-1　挥发性成分 GC-MS 分析结果

编号	保留时间（min）	化合物	分子式	CAS 号	面积加和百分比（%）	中文名称	类别
1	8.81	Cyclohexene, 3 - methyl - 6 - (1 - methylethylidene) -	$C_{10}H_{16}$	586-63-0	87.49	闹二烯	萜烯及其衍生物
2	6.37	3-Carene	$C_{10}H_{16}$	13466-78-9	3.57	3-蒈烯	萜烯及其衍生物
3	6.92	Cyclohexane, 1 - methylene - 4 - (1 - methylethenyl) -	$C_{10}H_{16}$	499-97-8	2.89	伪柠檬烯	萜烯及其衍生物
4	6.57	1,3-Cyclohexadiene, 1 - methyl - 4 - (1 - methylethyl) -	$C_{10}H_{16}$	99-86-5	2.82	α-萜品烯	萜烯及其衍生物
5	6.82	p-Cymene	$C_{10}H_{14}$	99-87-6	1.01	对-伞花烃	萜烯及其衍生物
6	5.85	beta-Myrcene	$C_{10}H_{16}$	123-35-3	0.66	β-月桂烯	萜烯及其衍生物
7	6.22	alpha-Phellandrene	$C_{10}H_{16}$	99-83-2	0.57	α-水芹烯	萜烯及其衍生物
8	7.84	gamma-Terpinene	$C_{10}H_{16}$	99-85-4	0.24	γ-萜品烯	萜烯及其衍生物
9	4.38	Bicyclo [3.1.1] hept - 2 - ene, 3, 6,6-trimethyl-	$C_{10}H_{16}$	4889-83-2	0.23	3,6,6-三甲基-双环(3.1.1)庚-2-烯	萜烯及其衍生物
10	6.10	(+)-4-Carene	$C_{10}H_{16}$	29050-33-7	0.20	4-蒈烯	萜烯及其衍生物
11	0.41	2,5-Methano-1H-inden-1-one,2,3, 3a,4,5,7a - hexa-hydro-	$C_{10}H_{12}O$	28673-75-8	0.16	2,3,3a,4,5,7a - 六氢-2,5-甲烷-1H-茚-1-酮	酮及内酯
12	7.52	1,3,6-Octatriene, 3,7 - dimethyl -, (Z)-	$C_{10}H_{16}$	3338-55-4	0.11	(Z)-β-罗勒烯	萜烯及其衍生物

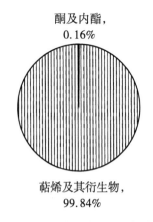

图 161-2　挥发性成分的比例构成

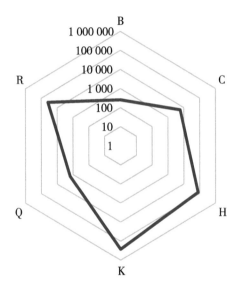

B—冰凉香；C—柑橘香；H—药香；K—松柏香；Q—香膏香；R—玫瑰香

图 161-3　香韵分布雷达

162. 九江杭果山庄实生资源（海南儋州）

经 GC-MS 检测和分析（图 162-1），其果肉中挥发性成分相对含量超过 0.1% 的共有 28 种化合物（表 162-1），主要为萜烯类化合物，占 92.67%（图 162-2），其中，比例最高的挥发性成分为 3-蒈烯，占 59.62%。

已知挥发性成分的气味 ABC 分析显示：果肉香味主要涵盖 10 种香型，各香味荷载从大到小依次为松柏香、药香、玫瑰香、脂肪香、柑橘香、青香、木香、香膏香、土壤香、辛香料香；其中，松柏香、药香、玫瑰香荷载远大于其他香味，可视为该杭果的主要香韵（图 162-3）。

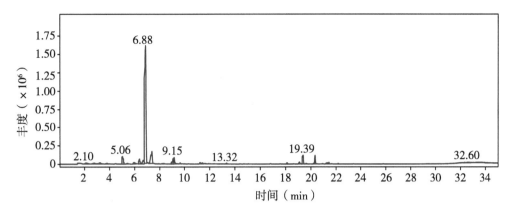

图 162-1 挥发性成分总离子流

表 162-1 挥发性成分 GC-MS 分析结果

编号	保留时间（min）	化合物	分子式	CAS 号	面积加和百分比（%）	中文名称	类别
1	6.88	3-Carene	$C_{10}H_{16}$	13466-78-9	59.62	3-蒈烯	萜烯及其衍生物
2	5.06	alpha-Pinene	$C_{10}H_{16}$	80-56-8	3.98	α-蒎烯	萜烯及其衍生物
3	9.15	Benzene, (2-methyl-1-propenyl)-	$C_{10}H_{12}$	768-49-0	2.91	其他	其他
4	6.71	Cyclohexene, 3-methyl-6-(1-methylethenyl)-, (3R-trans)-	$C_{10}H_{16}$	5113-87-1	2.86	(1R)-(+)-反式-异柠檬烯	萜烯及其衍生物
5	20.34	Humulene	$C_{15}H_{24}$	6753-98-6	2.76	葎草烯	萜烯及其衍生物
6	19.39	Caryophyllene	$C_{15}H_{24}$	87-44-5	2.74	石竹烯	萜烯及其衍生物
7	6.40	beta-Myrcene	$C_{10}H_{16}$	123-35-3	2.43	β-月桂烯	萜烯及其衍生物
8	9.08	Cyclohexene,1-methyl-4-(1-methylethylidene)-	$C_{10}H_{16}$	586-62-9	2.27	萜品油烯	萜烯及其衍生物
9	8.94	Bicyclo[4.2.0]octa-1,3,5-triene, 2,4-dimethyl-	$C_{10}H_{12}$	28749-81-7	0.73	2,4-二甲基二环[4.2.0]辛-1,3,5-三烯	其他
10	2.77	Hydrazinecarboxylic acid, phenylmethyl ester	$C_8H_{10}N_2O_2$	5331-43-1	0.64	肼基甲酸苄酯	其他

（续表）

编号	保留时间（min）	化合物	分子式	CAS 号	面积加和百分比（%）	中文名称	类别
11	19.103	1H－Cycloprop［e］azulene, 1a, 2, 3, 4, 4a, 5, 6, 7b－octa-hydro－1, 1, 4, 7－tet-ramethyl －,［1aR－（1aalpha, 4alpha, 4abeta,7balpha）]－	$C_{15}H_{24}$	489-40-7	0.63	（）α 山云烯	萜烯及其衍生物
12	5.94	1, 3, 5 － Cyclohep-tatriene, 3, 7, 7－trimethyl-	$C_{10}H_{14}$	3479-89-8	0.59	3,7,7-三甲基-1,3,5-环庚三烯	其他
13	21.44	1H－Cyclopropa［a］naphthalene, deca-hydro－1, 1, 3a－tri-methyl － 7 － meth-ylene －,［1aS－（1aalpha, 3aalpha, 7abeta,7balpha）]－	$C_{15}H_{24}$	20071-49-2	0.46	1,1,3a－三甲基-7-亚甲基十氢-1H-环丙烯［a］萘	其他
14	11.40	cis-Verbenol	$C_{10}H_{16}O$	1845-30-3	0.45	cis-马鞭草烯醇	萜烯及其衍生物
15	21.31	trans-beta-Ionone	$C_{13}H_{20}O$	79-77-6	0.40	乙位紫罗兰酮	萜烯及其衍生物
16	6.02	Bicyclo［3.1.1］heptane, 6,6-dim-ethyl－2－methyl-ene-,（1S）-	$C_{10}H_{16}$	18172-67-3	0.40	（-）-β-蒎烯	萜烯及其衍生物
17	5.43	Bicyclo［2.2.1］heptane,7,7-dime-thyl-2-methylene-	$C_{10}H_{16}$	471-84-1	0.34	α-小茴香烯	萜烯及其衍生物
18	18.11	alpha-Cubebene	$C_{15}H_{24}$	17699-14-8	0.34	α-荜澄茄油烯	萜烯及其衍生物
19	3.78	2-Hexenal,（E）-	$C_6H_{10}O$	6728-26-3	0.33	反式-2-己烯醛	醛类
20	8.31	2-Octenal,（E）-	$C_8H_{14}O$	2548-87-0	0.26	反式-2-辛烯醛	醛类
21	13.32	1-Cyclohexene-1-carboxaldehyde, 2,6,6-trimethyl-	$C_{10}H_{16}O$	432-25-7	0.25	β-环柠檬醛	萜烯及其衍生物
22	9.63	Nonanal	$C_9H_{18}O$	124-19-6	0.24	壬醛	醛类

（续表）

编号	保留时间（min）	化合物	分子式	CAS 号	面积加和百分比（%）	中文名称	类别
23	21.22	Naphthalene, decahydro-4a-methyl-1-methylene-7-(1-methylethenyl)-,[4aR-(4alpha,7alpha,8abeta)]-	$C_{15}H_{24}$	17066-67-0	0.22	（+）-β-瑟林烯	萜烯及其衍生物
24	19.63	10,10-Dimethyl-2,6-dimethylenebicyclo[7.2.0]undecane	$C_{15}H_{24}$	357414-37-0	0.18	10,10-二甲基-2,6-双（亚甲基）-双环［7.2.0］十一烷	其他
25	19.18	1R,3Z,9s-4,11,11-Trimethyl-8-methylenebicyclo[7.2.0]undec-3-ene	$C_{15}H_{24}$	1000140-07-3	0.14	蛇麻烯-（v1）	萜烯及其衍生物
26	8.21	gamma-Terpinene	$C_{10}H_{16}$	99-85-4	0.12	γ-萜品烯	萜烯及其衍生物
27	22.19	cis-Calamenene	$C_{15}H_{22}$	72937-55-4	0.12	顺式-菖蒲烯	萜烯及其衍生物
28	20.23	1R,3Z,9s-4,11,11-Trimethyl-8-methylenebicyclo[7.2.0]undec-3-ene	$C_{15}H_{24}$	1000140-07-3	0.11	蛇麻烯-（v1）	萜烯及其衍生物

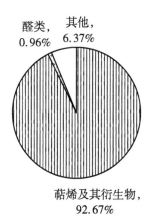

醛类，0.96%　其他，6.37%

萜烯及其衍生物，92.67%

图 162-2　挥发性成分的比例构成

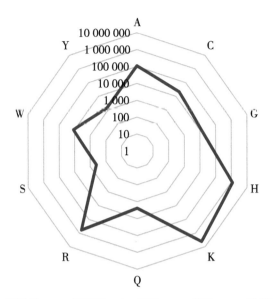

A—脂肪香；C—柑橘香；G—青香；H—药香；K—松柏香；
Q—香膏香；R—玫瑰香；S—辛香料香；W—木香；Y—土壤香

图 162-3　香韵分布雷达

163. 杞果一种 3 号资源（海南儋州）

经 GC-MS 检测和分析（图 163-1），其果肉中挥发性成分相对含量超过 0.1% 的共有 14 种化合物（表 163-1），主要为萜烯类化合物，占 95.31%（图 163-2），其中，比例最高的挥发性成分为 D-柠檬烯，占 94.43%。

已知挥发性成分的气味 ABC 分析显示：果肉香味主要涵盖 10 种香型，各香味荷载从大到小依次为柑橘香、香膏香、松柏香、果香、药香、玫瑰香、冰凉香、木香、土壤香、辛香料香；其中，柑橘香荷载远大于其他香味，可视为该杞果的主要香韵（图 163-3）。

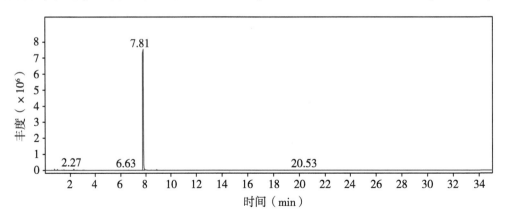

图 163-1　挥发性成分总离子流

表 163-1 挥发性成分 GC-MS 分析结果

编号	保留时间（min）	化合物	分子式	CAS 号	面积加和百分比（%）	中文名称	类别
1	7.81	D-Limonene	$C_{10}H_{16}$	5989-27-5	94.43	D-柠檬烯	萜烯及其衍生物
2	8.85	3(2H)-Furanone, 4-methoxy-2,5-dimethyl-	$C_7H_{10}O_3$	4077-47-8	0.92	4-甲氧基-2,5-二甲基-3(2H)-呋喃酮	其他
3	2.27	Butanoic acid, ethyl ester	$C_6H_{12}O_2$	105-54-4	0.89	丁酸乙酯	酯类
4	0.77	1,4-Dioxane, 2,3-dimethoxy-	$C_6H_{12}O_4$	23918-30-1	0.74	2,3-二甲氧基-1,4-二氧杂环己烷	其他
5	3.01	2-Butenoic acid, ethyl ester, (E)-	$C_6H_{10}O_2$	623-70-1	0.55	巴豆酸乙酯	酯类
6	1.49	1-Hexene, 3,5,5-trimethyl-	C_9H_{18}	4316-65-8	0.52	3,5,5-三甲基-1-己烯	其他
7	1.00	Butanal, 2-methyl-	$C_5H_{10}O$	96-17-3	0.44	2-甲基丁醛	醛类
8	2.51	4,6-di-tert-Butyl-resorcinol	$C_{14}H_{22}O_2$	5374-06-1	0.29	4,6-二叔丁基间苯二酚	其他
9	8.42	3-Carene	$C_{10}H_{16}$	13466-78-9	0.20	3-蒈烯	萜烯及其衍生物
10	6.63	beta-Myrcene	$C_{10}H_{16}$	123-35-3	0.19	β-月桂烯	萜烯及其衍生物
11	20.53	Caryophyllene	$C_{15}H_{24}$	87-44-5	0.14	石竹烯	萜烯及其衍生物
12	1.40	Butanoic acid, methyl ester	$C_5H_{10}O_2$	623-42-7	0.12	丁酸甲酯	酯类
13	0.95	Azacyclohexane, 3-methylamino-1-methyl-	$C_7H_{16}N_2$	4606-66-0	0.11	3-甲氨基-1-甲基-哌啶	其他
14	0.54	Ethanethiol	C_2H_6S	75-08-1	0.11	乙硫醇	其他

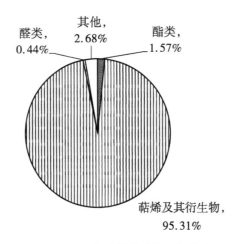

图 163-2　挥发性成分的比例构成

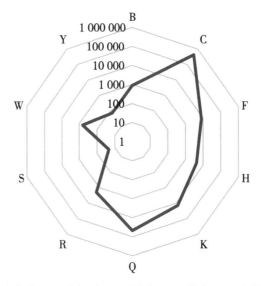

B—冰凉香；C—柑橘香；F—果香；H—药香；K—松柏香；
Q—香膏香；R—玫瑰香；S—辛香料香；W—木香；Y—土壤香

图 163-3　香韵分布雷达

164. 爱店镇 2 号资源（海南儋州）

经 GC-MS 检测和分析（图 164-1），其果肉中挥发性成分相对含量超过 0.1% 的共有 23 种化合物（表 164-1），主要为萜烯类化合物，占 98.23%（图 164-2），其中，比例最高的挥发性成分为萜品油烯，占 70.92%。

已知挥发性成分的气味 ABC 分析显示：果肉香味主要涵盖 9 种香型，各香味荷载从大到小依次为松柏香、柑橘香、药香、玫瑰香、香膏香、木香、冰凉香、土壤香、辛香料香；其中，松柏香、柑橘香荷载远大于其他香味，可视为该杧果的主要香韵

（图 164-3）。

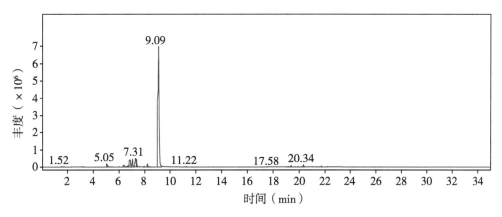

图 164-1 挥发性成分总离子流

表 164-1 挥发性成分 GC-MS 分析结果

编号	保留时间（min）	化合物	分子式	CAS 号	面积加和百分比（%）	中文名称	类别
1	9.09	Cyclohexene,1-methyl-4-(1-methylethylidene)-	$C_{10}H_{16}$	586-62-9	70.92	萜品油烯	萜烯及其衍生物
2	7.31	o-Cymene	$C_{10}H_{14}$	527-84-4	4.95	邻伞花烃	萜烯及其衍生物
3	6.88	3-Carene	$C_{10}H_{16}$	13466-78-9	4.78	3-蒈烯	萜烯及其衍生物
4	7.06	Cyclohexene,1-methyl-4-(1-methylethylidene)-	$C_{10}H_{16}$	586-62-9	4.08	帖品油烯	萜烯及其衍生物
5	7.39	D-Limonene	$C_{10}H_{16}$	5989-27-5	3.31	D-柠檬烯	萜烯及其衍生物
6	5.05	alpha-Pinene	$C_{10}H_{16}$	80-56-8	1.91	α-蒎烯	萜烯及其衍生物
7	6.75	gamma-Terpinene	$C_{10}H_{16}$	99-85-4	1.50	γ-萜品烯	萜烯及其衍生物
8	8.23	gamma-Terpinene	$C_{10}H_{16}$	99-85-4	1.33	γ-萜品烯	萜烯及其衍生物
9	6.35	beta-Myrcene	$C_{10}H_{16}$	123-35-3	1.26	β-月桂烯	萜烯及其衍生物
10	20.34	1,4,7,-Cyclounde-catriene,1,5,9,9-tetramethyl-,Z,Z,Z-	$C_{15}H_{24}$	1000062-61-9	1.03	1,5,9,9-四甲基-1,4,7-环己三烯	其他
11	19.39	Caryophyllene	$C_{15}H_{24}$	87-44-5	0.56	石竹烯	萜烯及其衍生物
12	1.52	Propanamide,2-hydroxy-	$C_3H_7NO_2$	2043-43-8	0.52	2-羟基丙酰胺	其他

（续表）

编号	保留时间（min）	化合物	分子式	CAS 号	面积加和百分比（%）	中文名称	类别
13	7.96	Cyclopentene, 3 - isopropenyl - 5, 5 - dimethyl-	$C_{10}H_{16}$	1000162-25-4	0.41	5 - 异丙烯基 - 3,3 - 二甲基 - 环戊烯	萜烯及其衍生物
14	21.73	Azulene, 1, 2, 3, 5, 6, 7, 8, 8a - octahydro - 1, 4 - dimethyl - 7 - (1 - methylethenyl) -, [1S - (1alpha, 7alpha, 8abeta)] -	$C_{15}H_{24}$	3691-11-0	0.40	D - 愈创木烯	萜烯及其衍生物
15	19.92	alpha-Guaiene	$C_{15}H_{24}$	3691-12-1	0.26	α - 愈创木烯	萜烯及其衍生物
16	5.45	Camphene	$C_{10}H_{16}$	79-92-5	0.25	莰烯	萜烯及其衍生物
17	8.42	3(2H) - Furanone, 4 - methoxy - 2, 5 - dimethyl-	$C_7H_{10}O_3$	4077-47-8	0.19	4 - 甲氧基 - 2, 5 - 二甲基 - 3(2H) - 呋喃酮	其他
18	22.19	Naphthalene, 1, 2, 3, 5, 6, 8a - hexahydro - 4, 7 - dimethyl - 1 - (1 - methylethyl) -, (1S-cis) -	$C_{15}H_{24}$	483-76-1	0.16	Δ - 杜松烯	萜烯及其衍生物
19	19.19	1S,2S,5R - 1, 4, 4 - Trimethyltricyclo[6.3.1.0(2,5)]dodec-8(9)-ene	$C_{15}H_{24}$	1000140-07-5	0.16	1S,2S,5R - 1,4,4 - 三甲基三环[6.3.1.0(2,5)]十二碳 - 8(9) - 烯	萜烯及其衍生物
20	6.02	Bicyclo [3.1.1] heptane, 6, 6 - dimethyl - 2 - methylene -, (1S) -	$C_{10}H_{16}$	18172-67-3	0.16	(-) - β - 蒎烯	萜烯及其衍生物
21	21.57	Alloaromadendrene	$C_{15}H_{24}$	25246-27-9	0.15	别香树烯	萜烯及其衍生物
22	7.62	trans - beta - Ocimene	$C_{10}H_{16}$	3779-61-1	0.14	反式 - β - 罗勒烯	萜烯及其衍生物
23	19.10	(1R, 9R, E) - 4, 11, 11 - Trimethyl - 8 - methylenebicyclo[7.2.0]undec-4-ene	$C_{15}H_{24}$	68832-35-9	0.13	(1R,9R,E) - 4,11,11 - 三甲基 - 8 - 亚甲基二环[7.2.0]十一碳 - 4 - 烯	萜烯及其衍生物

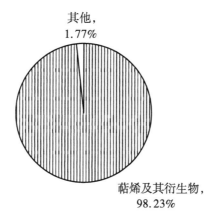

图 164-2　挥发性成分的比例构成

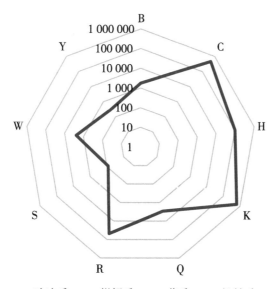

B—冰凉香；C—柑橘香；H—药香；K—松柏香；
Q—香膏香；R—玫瑰香；S—辛香料香；W—木香；Y—土壤香

图 164-3　香韵分布雷达

165. 龙州镇 4 号资源（海南儋州）

经 GC-MS 检测和分析（图 165-1），其果肉中挥发性成分相对含量超过 0.1% 的共有 25 种化合物（表 165-1），主要为萜烯类化合物，占 88.30%（图 165-2），其中，比例最高的挥发性成分为 β-月桂烯，占 82.58%。

已知挥发性成分的气味 ABC 分析显示：果肉香味主要涵盖 6 种香型，各香味荷载从大到小依次为药香、柑橘香、松柏香、香膏香、果香、冰凉香；其中，药香、柑橘香、松柏香、香膏香、果香荷载远大于其他香味，可视为该杧果的主要香韵（图 165-3）。

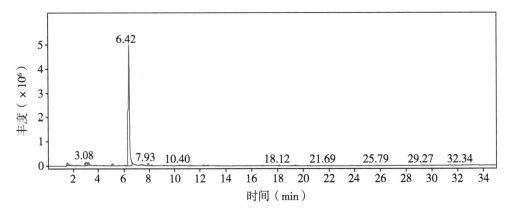

图165-1 挥发性成分总离子流

表165-1 挥发性成分GC-MS分析结果

编号	保留时间（min）	化合物	分子式	CAS号	面积加和百分比（%）	中文名称	类别
1	6.42	beta-Myrcene	$C_{10}H_{16}$	123-35-3	82.58	β-月桂烯	萜烯及其衍生物
2	3.08	Butanoic acid, ethyl ester	$C_6H_{12}O_2$	105-54-4	2.70	丁酸乙酯	酯类
3	3.26	4,6-di-tert-Butyl-resorcinol	$C_{14}H_{22}O_2$	5374-06-1	1.99	4,6-二叔丁基间苯二酚	其他
4	1.53	Dimethyl ether	C_2H_6O	115-10-6	1.70	二甲醚	其他
5	5.14	alpha-Pinene	$C_{10}H_{16}$	80-56-8	1.54	α-蒎烯	萜烯及其衍生物
6	2.95	Butanoic acid, ethyl ester	$C_6H_{12}O_2$	105-54-4	1.38	丁酸乙酯	酯类
7	7.93	beta-Ocimene	$C_{10}H_{16}$	13877-91-3	1.30	β-罗勒烯	萜烯及其衍生物
8	7.40	(S,E)-2,5-Dimethyl-4-vinylhexa-2,5-dien-1-yl acetate	$C_{12}H_{18}O_2$	20384-05-8	0.54	(2-反式)-2,5-二甲基-4-乙烯-1,5-己二烯-1-乙酸酯	酯类
9	10.40	6,7-Dimethyl-3,5,8,8a-tetrahydro-1H-2-benzopyran	$C_{11}H_{16}O$	110028-10-9	0.50	6,7-二甲基-3,5,8,8A-四氢-苯并异吡喃	其他
10	8.19	Propanoic acid, 2-methyl-, 2-methylbutyl ester	$C_9H_{18}O_2$	2445-69-4	0.50	2-甲基丙酸-2-甲基丁酯	酯类
11	9.16	2,4,6-Trimethylbenzylalcohol	$C_{10}H_{14}O$	1000342-65-8	0.46	2,4,6-三甲基苄醇	醇类
12	12.23	cis-3-Hexenyl isobutyrate	$C_{10}H_{18}O_2$	41519-23-7	0.39	异丁酸叶醇酯	酯类

（续表）

编号	保留时间（min）	化合物	分子式	CAS 号	面积加和百分比（%）	中文名称	类别
13	18.12	alpha-Cubebene	$C_{15}H_{24}$	17699-14-8	0.32	α-荜澄茄油烯	萜烯及其衍生物
14	6.10	1,3,6-Octatriene, 3,7-dimethyl-, (Z)-	$C_{10}H_{16}$	3338-55-4	0.27	(Z)-β-罗勒烯	萜烯及其衍生物
15	4.45	Propanoic acid, 2-methyl-, 2-ethyl-3-hydroxyhexyl ester	$C_{12}H_{24}O_3$	74367-31-0	0.26	2-甲基丙酸2-乙基-3-羟基己酯	酯类
16	12.58	Octanoic acid, ethyl ester	$C_{10}H_{20}O_2$	106-32-1	0.26	辛酸乙酯	酯类
17	3.78	2-Octenoic acid	$C_8H_{14}O_2$	1470-50-4	0.25	2-辛烯酸	酸类
18	19.39	Bicyclo[7.2.0]undec-4-ene, 4,11,11-trimethyl-8-methylene-, [1R-(1R*,4Z,9S*)]-	$C_{15}H_{24}$	118-65-0	0.24	(-)-异丁香烯	萜烯及其衍生物
19	10.73	2,4,6-Octatriene, 2,6-dimethyl-, (E,Z)-	$C_{10}H_{16}$	7216-56-0	0.22	(E,Z)-别罗勒烯	萜烯及其衍生物
20	1.47	12,15-Octadecadiynoic acid, methyl ester	$C_{19}H_{30}O_2$	57156-95-3	0.18	12,15-十八碳二炔酸甲酯	酯类
21	20.34	Humulene	$C_{15}H_{24}$	6753-98-6	0.18	葎草烯	萜烯及其衍生物
22	12.38	(1S,2R,5R)-2-Methyl-5-[(R)-6-methylhept-5-en-2-yl]bicyclo[3.1.0]hexan-2-ol	$C_{15}H_{26}O$	58319-05-4	0.16	(1S,2R,5R)-2-甲基-5-[(R)-6-甲基-5-庚烯-2-基]二环[3.1.0]己烷-2-醇	醇类
23	5.62	p-Menth-1-en-3-one, semicarbazone	$C_{11}H_{19}N_3O$	4713-41-1	0.14	对薄荷-1-烯-3-酮半缩氨脲	萜烯及其衍生物
24	10.15	6,7-Dimethyl-3,5,8,8a-tetrahydro-1H-2-benzopyran	$C_{11}H_{16}O$	110028-10-9	0.11	6,7-二甲基-3,5,8,8A-四氢-苯并异吡喃	其他
25	1.80	Acetic acid, pentyl ester	$C_7H_{14}O_2$	628-63-7	0.10	醋酸戊酯	酯类

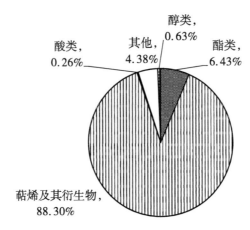

图 165-2　挥发性成分的比例构成

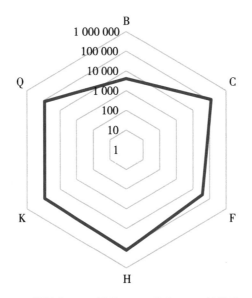

B—冰凉香；C—柑橘香；F—果香；H—药香；K—松柏香；Q—香膏香

图 165-3　香韵分布雷达

166. 龙州镇 7 号资源（海南儋州）

经 GC-MS 检测和分析（图 166-1），其果肉中挥发性成分相对含量超过 0.1% 的共有 17 种化合物（表 166-1），主要为醇类化合物，占 54.55%（图 166-2），其中，比例最高的挥发性成分为叶醇，占 19.17%。

已知挥发性成分的气味 ABC 分析显示：果肉香味主要涵盖 7 种香型，各香味荷载从大到小依次为青香、松柏香、果香、药香、柑橘香、冰凉香、乳酪香；其中，青香荷载远大于其他香味，可视为该杜果的主要香韵（图 166-3）。

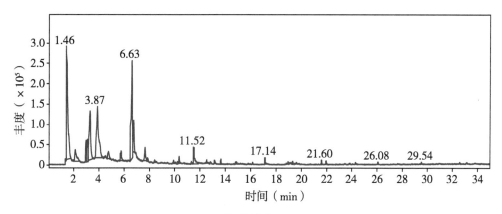

图 166-1 挥发性成分总离子流

表 166-1 挥发性成分 GC-MS 分析结果

编号	保留时间（min）	化合物	分子式	CAS 号	面积加和百分比（%）	中文名称	类别
1	3.87	3 - Hexen - 1 - ol, (Z) -	$C_6H_{12}O$	928-96-1	19.17	叶醇	醇类
2	1.46	Ethanol, 2-nitro-	$C_2H_5NO_3$	625-48-9	18.47	2 - 硝基乙醇	醇类
3	6.63	Bicyclo［3.1.1］heptane, 6,6-dimethyl - 2 - methylene-,（1S）-	$C_{10}H_{16}$	18172-67-3	16.11	(−)-β-蒎烯	萜烯及其衍生物
4	3.08	3 - Mercaptohexyl butanoate	$C_{10}H_{20}O_2S$	136954-21-7	3.83	丁酸 3 - 巯基己酯	酯类
5	2.98	Butanoic acid, ethyl ester	$C_6H_{12}O_2$	105-54-4	3.74	丁酸乙酯	酯类
6	7.67	Cyclohexanol, 2 - methyl - 5 - (1 - methylethenyl) -, (1alpha, 2alpha, 5beta) -	$C_{10}H_{18}O$	18675-33-7	2.47	(+)-新二氢香芹醇	萜烯及其衍生物
7	4.76	Oxime -, methoxy - phenyl-_	$C_8H_9NO_2$	1000222-86-6	1.61	N-羟基-苯甲亚胺酸甲酯	酯类
8	7.86	1,5,9,11-Tridecatetraene, 12 - methyl-,（E,E）-	$C_{14}H_{22}$	62338-27-6	0.58	(5E,9E)-12-甲基-1,5,9,11-十四碳四烯	其他
9	13.65	1-Cyclohexene-1-carboxaldehyde, 2,6,6-trimethyl-	$C_{10}H_{16}O$	432-25-7	0.53	β-环柠檬醛	萜烯及其衍生物
10	13.15	Decanal	$C_{10}H_{20}O$	112-31-2	0.46	癸醛	醛类
11	9.90	Cyclohexanone, 2 - (2-butynyl) -	$C_{10}H_{14}O$	54166-48-2	0.40	2-(2-丁炔基)环己酮	酮及内酯
12	21.60	trans-beta-Ionone	$C_{13}H_{20}O$	79-77-6	0.39	乙位紫罗兰酮	萜烯及其衍生物

(续表)

编号	保留时间（min）	化合物	分子式	CAS 号	面积加和百分比（%）	中文名称	类别
13	12.54	Butanoic acid, 3-hexenyl ester, (E)-	$C_{10}H_{18}O_2$	53398-84-8	0.37	（E）-己-3-烯基丁酸酯	酯类
14	19.34	7-Tetradecene, (Z)-	$C_{14}H_{28}$	41446-60-0	0.25	顺-7-十四碳烯	其他
15	8.42	Butanoic acid, 3-methylbutyl ester	$C_9H_{18}O_2$	106-27-4	0.25	丁酸异戊酯	酯类
16	18.96	7-Tetradecene	$C_{14}H_{28}$	10374-74-0	0.19	7-十四碳烯	其他
17	16.16	Di-n-decylsulfone	$C_{20}H_{42}O_2S$	111530-37-1	0.17	二癸基砜	其他

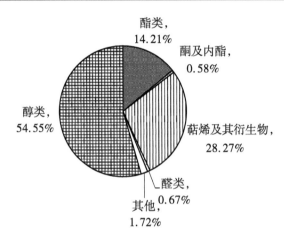

图 166-2　挥发性成分的比例构成

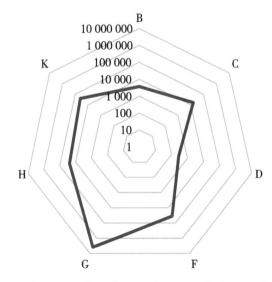

B—冰凉香；C—柑橘香；D—乳酪香；F—果香；G—青香；H—药香；K—松柏香

图 166-3　香韵分布雷达

167. 龙州镇 12 号资源（海南儋州）

经 GC-MS 检测和分析（图 167-1），其果肉中挥发性成分相对含量超过 0.1% 的共有 17 种化合物（表 167-1），主要为醇类化合物，占 79.11%（图 167-2），其中，比例最高的挥发性成分为异丙醇，占 55.73%。

已知挥发性成分的气味 ABC 分析显示：果肉香味主要涵盖 3 种香型，各香味荷载从大到小依次为松柏香、药香、柑橘香；其中，松柏香荷载远大于其他香味，可视为该杧果的主要香韵（图 167-3）。

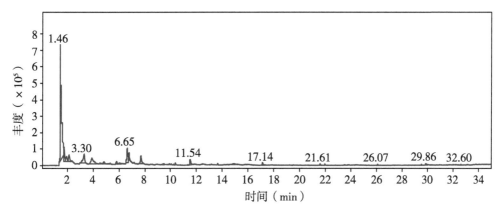

图 167-1 挥发性成分总离子流

表 167-1 挥发性成分 GC-MS 分析结果

编号	保留时间（min）	化合物	分子式	CAS 号	面积加和百分比（%）	中文名称	类别
1	1.46	Isopropyl Alcohol	C_3H_8O	67-63-0	55.73	异丙醇	醇类
2	3.89	4-Penten-1-ol,3-methyl-	$C_6H_{12}O$	51174-44-8	6.02	3-甲基-4-戊烯-1-醇	醇类
3	6.65	beta-Pinene	$C_{10}H_{16}$	127-91-3	5.64	β-蒎烯	萜烯及其衍生物
4	1.74	4-Hydroxy-2-butanone	$C_4H_8O_2$	590-90-9	4.23	4-羟基-2-丁酮	酮及内酯
5	7.70	1-Hexanol,2-ethyl-	$C_8H_{18}O$	104-76-7	3.44	2-乙基己醇	醇类
6	1.94	4-Hydroxy-2-butanone	$C_4H_8O_2$	590-90-9	2.62	4-羟基-2-丁酮	酮及内酯

（续表）

编号	保留时间（min）	化合物	分子式	CAS 号	面积加和百分比（%）	中文名称	类别
7	14.90	benzamide, N-[4-(2-oxo-2H-1-benzopyran-3-yl)phenyl]-	$C_{22}H_{15}NO_3$	1000402-46-9	1.27	N-[4-(2-氧代-2H-1-苯并吡喃-3-基)苯基]苯甲酰胺	其他
8	4.85	Oxime -, methoxy-phenyl-_	$C_8H_9NO_2$	1000222-86-6	1.05	N-羟基-苯甲亚胺酸甲酯	酯类
9	29.86	3(2H)-Isothiazolone, 2-octyl-	$C_{11}H_{19}NOS$	26530-20-1	0.57	辛异噻唑酮	酮及内酯
10	9.48	Benzene, 1-methyl-4-(1-methylethenyl)-	$C_{10}H_{12}$	1195-32-0	0.57	1-甲基-4-(1-甲基乙烯基)苯	其他
11	4.53	Bicyclo [2.1.1]hexan-2-ol, 2-ethenyl-	$C_8H_{12}O$	1000221-37-2	0.45	2-乙烯基双环[2.1.1]己烷-2-醇	醇类
12	5.33	Cyclohexene, 4-isopropenyl-1-methoxymethoxymethyl-	$C_{12}H_{20}O_2$	1000195-93-2	0.35	1-甲氧基甲基-4-异丙烯基-环己烯	萜烯及其衍生物
13	13.65	1-Cyclohexene-1-carboxaldehyde, 2,6,6-trimethyl-	$C_{10}H_{16}O$	432-25-7	0.32	β-环柠檬醛	萜烯及其衍生物
14	9.91	5-Ethyl-5-methyl-2-phenyl-2-oxazoline	$C_{12}H_{15}NO$	91875-70-6	0.31	5-乙基-5-甲基-2-苯基-2-恶唑啉	其他
15	21.61	trans-beta-Ionone	$C_{13}H_{20}O$	79-77-6	0.25	乙位紫罗兰酮	萜烯及其衍生物
16	7.17	1,2,4-Triazole, 3-methylthio-4-phenyl-5-phenylamino-	$C_{15}H_{14}N_4S$	14132-79-7	0.20	3-甲硫基-4-苯基-5-苯基氨基-1,2,4-三唑	其他
17	10.06	2,5-Dimethylcyclohexanol	$C_8H_{16}O$	3809-32-3	0.16	2,5-二甲基环己醇	醇类

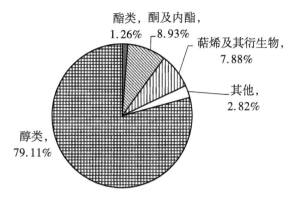

图 167-2　挥发性成分的比例构成

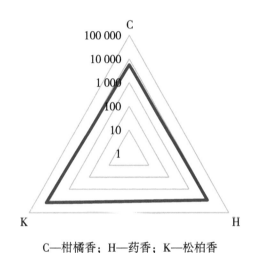

C—柑橘香；H—药香；K—松柏香

图 167-3　香韵分布雷达

168. 497 号资源（海南儋州）

经 GC-MS 检测和分析（图 168-1），其果肉中挥发性成分相对含量超过 0.1% 的共有 20 种化合物（表 168-1），主要为醇类化合物，占 51.59%（图 168-2），其中，比例最高的挥发性成分为叶醇，占 34.42%。

已知挥发性成分的气味 ABC 分析显示：果肉香味主要涵盖 11 种香型，各香味荷载从大到小依次为青香、松柏香、药香、柑橘香、脂肪香、香膏香、木香、果香、冰凉香、土壤香、辛香料香；其中，青香荷载远大于其他香味，可视为该杧果的主要香韵（图 168-3）。

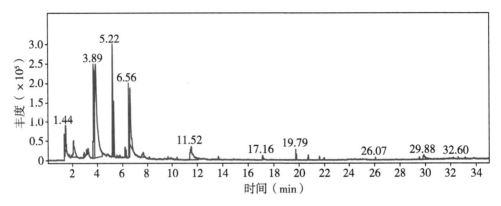

图 168-1　挥发性成分总离子流

表 168-1　挥发性成分 GC-MS 分析结果

编号	保留时间（min）	化合物	分子式	CAS 号	面积加和百分比（%）	中文名称	类别
1	3.89	3 - Hexen - 1 - ol, (Z) -	$C_6H_{12}O$	928-96-1	34.42	叶醇	醇类
2	3.75	3 - Hexen - 1 - ol, (E) -	$C_6H_{12}O$	928-97-2	10.97	反式-3-己烯-1-醇	醇类
3	5.22	alpha-Pinene	$C_{10}H_{16}$	80-56-8	10.08	α-蒎烯	萜烯及其衍生物
4	6.64	beta-Myrcene	$C_{10}H_{16}$	123-35-3	9.53	β-月桂烯	萜烯及其衍生物
5	5.31	(1R) - 2,6,6 - Trimethylbicyclo [3.1.1] hept - 2 - ene	$C_{10}H_{16}$	7785-70-8	6.37	(+) - α - 蒎烯	萜烯及其衍生物
6	6.56	beta-Myrcene	$C_{10}H_{16}$	123-35-3	5.98	β-月桂烯	萜烯及其衍生物
7	1.44	Propanamide, 2 - hydroxy -	$C_3H_7NO_2$	2043-43-8	3.05	2 - 羟基丙酰胺	其他
8	29.87	3(2H) - Isothiazolone, 2 - octyl -	$C_{11}H_{19}NOS$	26530-20-1	1.33	辛异噻唑酮	酮及内酯
9	7.69	(S,E) - 2,5 - Dimethyl - 4 - vinylhexa - 2,5 - dien - 1 - yl acetate	$C_{12}H_{18}O_2$	20384-05-8	1.13	(2-反式) - 2,5 - 二甲基 - 4 - 乙烯 - 1,5 - 己二烯 - 1 - 乙酸酯	酯类
10	6.24	Bicyclo [3.1.1] heptane, 6,6 - dimethyl - 2 - methylene -, (1S) -	$C_{10}H_{16}$	18172-67-3	0.94	(-) - β - 蒎烯	萜烯及其衍生物

（续表）

编号	保留时间（min）	化合物	分子式	CAS 号	面积加和百分比（%）	中文名称	类别
11	1.35	Phenethylamine，p，alpha-dimethyl-	$C_{10}H_{15}N$	64-11-9	0.82	4-甲基苯丙胺	其他
12	19.79	Caryophyllene	$C_{15}H_{24}$	87-44-5	0.78	石竹烯	萜烯及其衍生物
13	6.31	Cyclohexane，1-methylene-4-(1-methylethenyl)-	$C_{10}H_{16}$	499-97-8	0.70	伪柠檬烯	萜烯及其衍生物
14	20.73	Humulene	$C_{15}H_{24}$	6753-98-6	0.44	葎草烯	萜烯及其衍生物
15	2.95	Hexanal	$C_6H_{12}O$	66-25-1	0.40	己醛	醛类
16	13.65	1-Cyclohexene-1-carboxaldehyde，2，6，6-trimethyl-	$C_{10}H_{16}O$	432-25-7	0.30	β-环柠檬醛	萜烯及其衍生物
17	21.62	trans-beta-Ionone	$C_{13}H_{20}O$	79-77-6	0.26	乙位紫罗兰酮	萜烯及其衍生物
18	9.65	(Z,Z)-3,6-Nona-dienal	$C_9H_{14}O$	21944-83-2	0.20	顺式-3,顺式-6-壬二烯醛	醛类
19	8.15	1,3,6-Octatriene，3,7-dimethyl-，(Z)-	$C_{10}H_{16}$	3338-55-4	0.15	(Z)-β-罗勒烯	萜烯及其衍生物
20	5.56	Camphene	$C_{10}H_{16}$	79-92-5	0.11	莰烯	萜烯及其衍生物

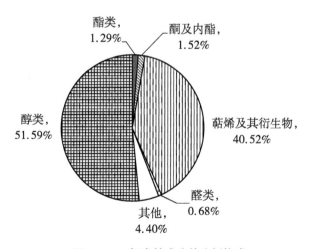

图 168-2 挥发性成分的比例构成

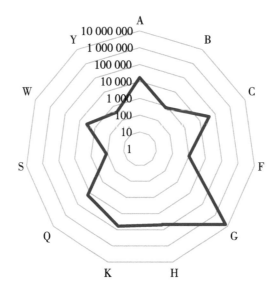

A—脂肪香；B—冰凉香；C—柑橘香；F—果香；G—青香；

H—药香；K—松柏香；Q—香膏香；S—辛香料香；W—木香；Y—土壤香

图 168-3　香韵分布雷达

169. 杞果一种 1 号资源 （海南儋州）

经 GC-MS 检测和分析 （图 169-1），其果肉中挥发性成分相对含量超过 0.1% 的共有 29 种化合物 （表 169-1），主要为萜烯类化合物，占 84.48% （图 169-2），其中，比例最高的挥发性成分为 α-蒎烯，占 32.64%。

已知挥发性成分的气味 ABC 分析显示：果肉香味主要涵盖 11 种香型，各香味荷载从大到小依次为松柏香、药香、柑橘香、脂肪香、玫瑰香、青香、冰凉香、香膏香、木香、土壤香、辛香料香；其中，松柏香、药香、柑橘香、脂肪香荷载远大于其他香味，可视为该杞果的主要香韵 （图 169-3）。

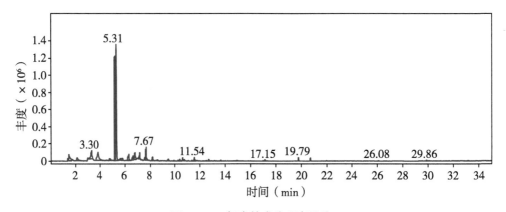

图 169-1　挥发性成分总离子流

表 169-1　挥发性成分 GC-MS 分析结果

编号	保留时间（min）	化合物	分子式	CAS 号	面积加和百分比（%）	中文名称	类别
1	5.31	alpha-Pinene	$C_{10}H_{16}$	80-56-8	32.64	α-蒎烯	萜烯及其衍生物
2	5.23	(1R)-2,6,6-Trimethylbicyclo[3.1.1]hept-2-ene	$C_{10}H_{16}$	7785-70-8	28.21	(+)-α-蒎烯	萜烯及其衍生物
3	3.83	2-Hexenal,(E)-	$C_6H_{10}O$	6728-26-3	5.91	反式-2-己烯醛	醛类
4	7.67	D-Limonene	$C_{10}H_{16}$	5989-27-5	4.16	D-柠檬烯	萜烯及其衍生物
5	1.46	Ethanol,2-nitro-	$C_2H_5NO_3$	625-48-9	2.62	2-硝基乙醇	醇类
6	6.32	Bicyclo[3.1.1]heptane,6,6-dimethyl-2-methylene-,(1S)-	$C_{10}H_{16}$	18172-67-3	2.57	(-)-β-蒎烯	萜烯及其衍生物
7	7.16	3-Carene	$C_{10}H_{16}$	13466-78-9	2.17	3-蒈烯	萜烯及其衍生物
8	8.20	1,3,6-Octatriene,3,7-dimethyl-,(Z)-	$C_{10}H_{16}$	3338-55-4	1.30	(Z)-β-罗勒烯	萜烯及其衍生物
9	6.64	beta-Myrcene	$C_{10}H_{16}$	123-35-3	1.30	β-月桂烯	萜烯及其衍生物
10	4.79	Oxime-,methoxy-phenyl-_	$C_8H_9NO_2$	1000222-86-6	1.01	N-羟基-苯甲亚胺酸甲酯	酯类
11	5.79	Acetic acid,N'-[3-(1-hydroxy-1-phenylethyl)phenyl]hydrazide	$C_{16}H_{18}N_2O_2$	1000211-14-2	0.83	N'-[3-(1-羟基-1-苯基乙基)苯基]乙酰肼	其他
12	9.47	Benzene,1-methyl-4-(1-methylethenyl)-	$C_{10}H_{12}$	1195-32-0	0.70	1-甲基-4-(1-甲基乙烯基)苯	其他
13	7.56	Benzene,1-methyl-3-(1-methylethyl)-	$C_{10}H_{14}$	535-77-3	0.70	间伞花烃	其他
14	19.79	Caryophyllene	$C_{15}H_{24}$	87-44-5	0.67	石竹烯	萜烯及其衍生物

（续表）

编号	保留时间（min）	化合物	分子式	CAS 号	面积加和百分比（%）	中文名称	类别
15	5.66	Camphene	$C_{10}H_{16}$	79-92-5	0.66	莰烯	萜烯及其衍生物
16	10.60	alpha-Campholenal	$C_{10}H_{16}O$	4501-58-0	0.65	α-樟脑烯醛	帖烯及其衍生物
17	20.73	Humulene	$C_{15}H_{24}$	6753-98-6	0.63	葎草烯	萜烯及其衍生物
18	8.62	3(2H)-Furanone, 4-methoxy-2,5-dimethyl-	$C_7H_{10}O_3$	4077-47-8	0.45	4-甲氧基-2,5-二甲基-3(2H)-呋喃酮	其他
19	2.96	Butanoic acid, 2-methylpropyl ester	$C_8H_{16}O_2$	539-90-2	0.37	丁酸异丁酯	酯类
20	12.71	alpha-Terpineol	$C_{10}H_{18}O$	98-55-5	0.35	α-萜品醇	萜烯及其衍生物
21	29.86	3(2H)-Isothiazolone, 2-octyl-	$C_{11}H_{19}NOS$	26530-20-1	0.34	辛异噻唑酮	酮及内酯
22	10.73	2,6-Dimethyl-1,3,5,7-octatetraene, E,E-	$C_{10}H_{14}$	460-01-5	0.32	波斯菊萜	萜烯及其衍生物
23	1.36	Amphetamine-3-methyl	$C_{10}H_{15}N$	588-06-7	0.19	3-甲基安非他明	其他
24	3.08	Cyclopentanol, 3-methyl-	$C_6H_{12}O$	18729-48-1	0.17	3-甲基环戊醇	醇类
25	13.65	1-Cyclohexene-1-carboxaldehyde, 2,6,6-trimethyl-	$C_{10}H_{16}O$	432-25-7	0.16	β-环柠檬醛	萜烯及其衍生物
26	7.00	3-((1S,5S,6R)-2,6-Dimethylbicyclo[3.1.1]hept-2-en-6-yl)propanal	$C_{12}H_{18}O$	203499-08-5	0.16	3-{(1S,5S,6R)-2,6-二甲基二环[3.1.1]庚-2-烯-6-基}丙醛	醛类
27	1.74	(3-Methyl-oxiran-2-yl)-methanol	$C_4H_8O_2$	1000194-22-9	0.15	2,3-环氧-1-丁醇	醇类
28	9.91	Nonanal	$C_9H_{18}O$	124-19-6	0.15	壬醛	醛类
29	12.53	l-Proline, N-methoxycarbonyl-, isohexyl ester	$C_{13}H_{23}NO_4$	1000314-40-2	0.14	N-甲氧羰基-d-脯氨酸异己基酯	酯类

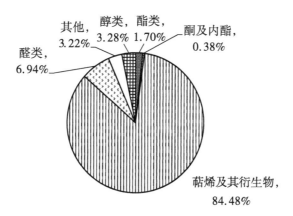

图 169-2　挥发性成分的比例构成

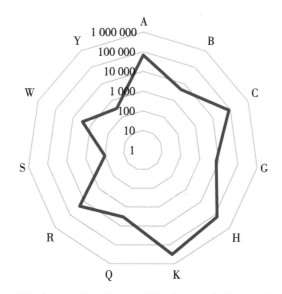

A—脂肪香；B—冰凉香；C—柑橘香；G—青香；H—药香；
K—松柏香；Q—香膏香；R—玫瑰香；S—辛香料香；W—木香；Y—土壤香

图 169-3　香韵分布雷达

170. 斯里兰卡3号资源（海南儋州）

经 GC-MS 检测和分析（图 170-1），其果肉中挥发性成分相对含量超过 0.1% 的共有 34 种化合物（表 170-1），主要为醛类化合物，占 48.47%（图 170-2），其中，比例最高的挥发性成分为反式-2-，顺式-6-壬二烯醛，占 20.47%。

已知挥发性成分的气味 ABC 分析显示：果肉香味主要涵盖 7 种香型，各香味荷载从大到小依次为脂肪香、青香、柑橘香、松柏香、木香、土壤香、辛香料香；其中，脂肪香荷载远大于其他香味，可视为该杧果的主要香韵（图 170-3）。

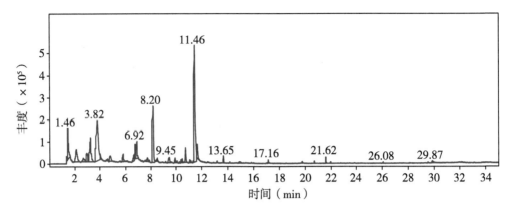

图 170-1　挥发性成分总离子流

表 170-1　挥发性成分 GC-MS 分析结果

编号	保留时间（min）	化合物	分子式	CAS 号	面积加和百分比（%）	中文名称	类别
1	11.46	2, 6 - Nonadienal, (E,Z)-	$C_9H_{14}O$	557-48-2	20.47	反式-2-,顺式-6-壬二烯醛	醛类
2	3.82	2-Hexenal, (E)-	$C_6H_{10}O$	6728-26-3	17.57	反式-2-己烯醛	醛类
3	8.20	beta-Ocimene	$C_{10}H_{16}$	13877-91-3	11.28	β-罗勒烯	萜烯及其衍生物
4	1.46	Ethanol, 2-nitro-	$C_2H_5NO_3$	625-48-9	4.81	2-硝基乙醇	醇类
5	2.13	Carbonic acid, hexyl methyl ester	$C_8H_{16}O_3$	1000314-61-8	4.51	己基碳酸甲酯	酯类
6	6.92	cis-2-(2-Pentenyl) furan	$C_9H_{12}O$	70424-13-4	4.33	顺式-2-(2-戊烯基)呋喃	其他
7	11.66	2-Nonenal, (E)-	$C_9H_{16}O$	18829-56-6	2.61	反式-2-壬烯醛	醛类
8	10.72	1,3,8-p-Menthatriene	$C_{10}H_{14}$	18368-95-1	2.19	1,3,8-对-薄荷基三烯	萜烯及其衍生物
9	2.97	Cyclopentanol, 2-methyl-, trans-	$C_6H_{12}O$	25144-04-1	2.07	反式-2-甲基环戊醇	醇类
10	4.81	Oxime-, methoxy-phenyl-_	$C_8H_9NO_2$	1000222-86-6	1.83	N-羟基-苯甲亚胺酸甲酯	酯类
11	2.68	(1-Allylcyclopropyl) methanol	$C_7H_{12}O$	1000191-16-2	1.60	1-甲基环丙烷甲醇	醇类
12	9.45	Cyclohexene, 1-methyl-4-(1-methylethylidene)-	$C_{10}H_{16}$	586-62-9	1.50	萜品油烯	萜烯及其衍生物

（续表）

编号	保留时间（min）	化合物	分子式	CAS 号	面积加和百分比（%）	中文名称	类别
13	3.07	3-Cyclopentene-1, 2-diol, cis-	$C_5H_8O_2$	694-29-1	1.37	3-环戊烯-1,2-二醇	醇类
14	6.66	Furan, 2-pentyl-	$C_9H_{14}O$	3777-69-3	1.14	2-戊基呋喃	其他
15	7.76	1,3-Hexadiene, 3-ethyl-2-methyl-, (Z)-	C_9H_{16}	74752-97-9	0.95	(3-顺式)-3-乙基-2-甲基-1,3-己二烯	其他
16	8.52	Bicyclo［3.1.1］heptan-3-ol, 2, 6,6-trimethyl-, (1alpha, 2beta, 3alpha, 5alpha)-	$C_{10}H_{18}O$	27779-29-9	0.92	(-)-松莰醇	萜烯及其衍生物
17	13.65	1-Cyclohexene-1-carboxaldehyde, 2, 6,6-trimethyl-	$C_{10}H_{16}O$	432-25-7	0.88	β-环柠檬醛	萜烯及其衍生物
18	9.91	Nonanal	$C_9H_{18}O$	124-19-6	0.73	壬醛	醛类
19	21.62	trans-beta-Ionone	$C_{13}H_{20}O$	79-77-6	0.69	乙位紫罗兰酮	萜烯及其衍生物
20	10.46	2, 6-Dimethyl-1,3,5,7-octatetraene, E, E-	$C_{10}H_{14}$	460-01-5	0.66	波斯菊萜	萜烯及其衍生物
21	29.87	3(2H)-Isothiazolone, 2-octyl-	$C_{11}H_{19}NOS$	26530-20-1	0.53	辛异噻唑酮	酮及内酯
22	4.61	Hexanedial	$C_6H_{10}O_2$	1072-21-5	0.47	己二醛	醛类
23	4.03	Cyclopentane, (3-methylbutyl)-	$C_{10}H_{20}$	1005-68-1	0.40	异戊基环戊烷	其他
24	1.36	(2-Aziridinylethyl) amine	$C_4H_{10}N_2$	4025-37-0	0.40	2-(氮杂环丙烷-1-基)乙胺	其他
25	7.86	trans-beta-Ocimene	$C_{10}H_{16}$	3779-61-1	0.40	反式-β-罗勒烯	萜烯及其衍生物
26	11.07	2, 4, 6-Octatriene, 2, 6-dimethyl-, (E,Z)-	$C_{10}H_{16}$	7216-56-0	0.34	(E,Z)-别罗勒烯	萜烯及其衍生物
27	20.72	Humulene	$C_{15}H_{24}$	6753-98-6	0.29	葎草烯	萜烯及其衍生物
28	11.14	Bicyclo［4.1.0］heptane, -3-cyclopropyl, -7-hydroxymethyl, trans	$C_{11}H_{18}O$	1000223-00-6	0.27	7-甲醇, 3-环丙基-双环［4.1.0］庚烷	其他

（续表）

编号	保留时间 （min）	化合物	分子式	CAS 号	面积加和 百分比 （%）	中文名称	类别
29	10.05	3,4-Dimethylcyclo-hexanol	$C_8H_{16}O$	5715-23-1	0.26	3,4-二甲基环己醇	醇类
30	13.17	Cyclopropane, 2-(1,1-dimethyl-2-propenyl)-1,1-dimethyl-	$C_{10}H_{18}$	81051-15-2	0.25	2-（1,1-二甲基-2-丙烯）-1,1-二甲基环丙烷	其他
31	19.79	Caryophyllene	$C_{15}H_{24}$	87-44-5	0.20	石竹烯	萜烯及其衍生物
32	11.34	Purin-2,6-dione, 1,3-dimethyl-8-[2-(3,4-dimethoxyphenyl) ethenyl]-	$C_{17}H_{18}N_4O_4$	1000127-57-8	0.15	1,3-二甲基-8-[2-(3,4-二甲氧基苯基)乙烯基]嘌呤-2,6-二酮	其他
33	9.17	1,3,5-Cycloheptatriene, 3,7,7-trimethyl-	$C_{10}H_{14}$	3479-89-8	0.15	3,7,7-三甲基-1,3,5-环庚三烯	其他
34	7.55	(S,E)-2,5-Dimethyl-4-vinylhexa-2,5-dien-1-yl acetate	$C_{12}H_{18}O_2$	20384-05-8	0.11	(2-反式)-2,5-二甲基-4-乙烯-1,5-己二烯-1-乙酸酯	酯类

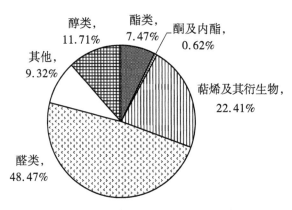

图 170-2　挥发性成分的比例构成

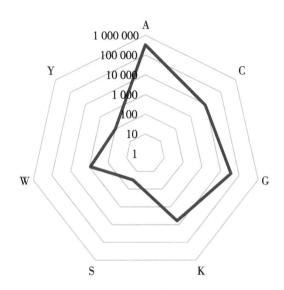

A—脂肪香；C—柑橘香；G—青香；K—松柏香；S—辛香料香；W—木香；Y—土壤香

图 170-3　香韵分布雷达

171. 斯里兰卡 4 号资源（海南儋州）

　　经 GC-MS 检测和分析（图 171-1），其果肉中挥发性成分相对含量超过 0.1% 的共有 33 种化合物（表 171-1），主要为萜烯类化合物，占 76.41%（图 171-2），其中，比例最高的挥发性成分为 β- 罗勒烯，占 55.70%。

　　已知挥发性成分的气味 ABC 分析显示：果肉香味主要涵盖 8 种香型，各香味荷载从大到小依次为脂肪香、柑橘香、松柏香、木香、青香、果香、土壤香、辛香料香；其中，脂肪香、柑橘香、松柏香、木香、青香荷载远大于其他香味，可视为该杧果的主要香韵（图 171-3）。

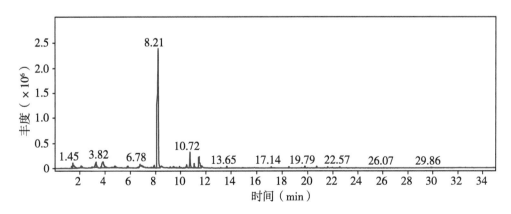

图 171-1　挥发性成分总离子流

表 171-1 挥发性成分 GC-MS 分析结果

编号	保留时间 （min）	化合物	分子式	CAS 号	面积加和 百分比 （%）	中文名称	类别
1	8.21	beta-Ocimene	$C_{10}H_{16}$	13877-91-3	55.70	β-罗勒烯	萜烯及其衍生物
2	3.82	3 - Hexen - 1 - ol, (E) -	$C_6H_{12}O$	928-97-2	7.37	反式-3-己烯-1-醇	醇类
3	10.72	1, 3, 8 - p - Mentha-triene	$C_{10}H_{14}$	18368-95-1	5.89	1,3,8-对-薄荷基三烯	萜烯及其衍生物
4	11.46	2, 6 - Nonadienal, (E,Z) -	$C_9H_{14}O$	557-48-2	5.62	反式-2-,顺式-6-壬二烯醛	醛类
5	1.45	Propanamide, 2-hy-droxy-	$C_3H_7NO_2$	2043-43-8	3.97	2-羟基丙酰胺	其他
6	11.07	2, 4, 6 - Octatriene, 2, 6 - dimethyl -, (E,Z) -	$C_{10}H_{16}$	7216-56-0	1.59	（E,Z）-别罗勒烯	萜烯及其衍生物
7	4.79	Oxime -, methoxy -phenyl-_	$C_8H_9NO_2$	1000222-86-6	1.56	N-羟基-苯甲亚胺酸甲酯	酯类
8	7.90	trans - beta - Oci-mene	$C_{10}H_{16}$	3779-61-1	1.06	反式-β-罗勒烯	萜烯及其衍生物
9	9.42	Cyclohexene, 1-methyl-4-(1-methylethylidene) -	$C_{10}H_{16}$	586-62-9	1.03	萜品油烯	萜烯及其衍生物
10	5.81	Benzoic acid, 2-for-myl - 4, 6 - dime-thoxy -, 8, 8 - dime-thoxyoct-2-yl ester	$C_{20}H_{30}O_7$	312305-58-1	0.98	临薄荷基-1(7),8-二烯-3-醇	萜烯及其衍生物
11	10.46	1, 3, 8 - p - Mentha-triene	$C_{10}H_{14}$	18368-95-1	0.95	1,3,8-对-薄荷基三烯	萜烯及其衍生物
12	11.65	2-Nonyn-1-ol	$C_9H_{16}O$	5921-73-3	0.57	2-壬烯-1-醇	醇类
13	9.89	13-Tetradece-11-yn-1-ol	$C_{14}H_{24}O$	1000131-00-4	0.54	13-十四碳烯-11-炔-1-醇	醇类
14	13.65	1-Cyclohexene-1-carboxaldehyde, 2, 6,6-trimethyl-	$C_{10}H_{16}O$	432-25-7	0.53	β-环柠檬醛	萜烯及其衍生物
15	19.79	Caryophyllene	$C_{15}H_{24}$	87-44-5	0.53	石竹烯	萜烯及其衍生物
16	20.72	Humulene	$C_{15}H_{24}$	6753-98-6	0.50	葎草烯	萜烯及其衍生物
17	1.36	(2-Aziridinylethyl) amine	$C_4H_{10}N_2$	4025-37-0	0.46	2-（氮杂环丙烷-1-基）乙胺	其他
18	8.47	Linalool, methyl ether	$C_{11}H_{20}O$	1000352-63-6	0.42	（±）-O-甲基芳樟醇	萜烯及其衍生物

（续表）

编号	保留时间（min）	化合物	分子式	CAS 号	面积加和百分比（%）	中文名称	类别
19	9.16	2，6 - Dimethyl - 1，3，5，7 - octatetraene，E，E -	$C_{10}H_{14}$	460 - 01 - 5	0.37	波斯菊萜	萜烯及其衍生物
20	7.67	Cyclohexanol，2 - methyl - 5 - （1 - methylethenyl）-，（1 alpha，2 beta，5 alpha）-	$C_{10}H_{18}O$	38049 - 26 - 2	0.35	顺式 - 二氢香芹醇	萜烯及其衍生物
21	18.53	alpha - Copaene	$C_{15}H_{24}$	1000360 - 33 - 0	0.33	α - 古巴烯	萜烯及其衍生物
22	29.86	3（2H）- Isothiazolone，2 - octyl -	$C_{11}H_{19}NOS$	26530 - 20 - 1	0.28	辛异噻唑酮	酮及内酯
23	22.57	cis - Calamenene	$C_{15}H_{22}$	72937 - 55 - 4	0.26	顺式 - 菖蒲烯	萜烯及其衍生物
24	9.66	（Z，Z）- 3，6 - Nonadienal	$C_{9}H_{14}O$	21944 - 83 - 2	0.26	顺式 - 3，顺式 - 6 - 壬二烯醛	醛类
25	21.62	trans - beta - Ionone	$C_{13}H_{20}O$	79 - 77 - 6	0.25	乙位紫罗兰酮	萜烯及其衍生物
26	2.96	Hexanal	$C_{6}H_{12}O$	66 - 25 - 1	0.25	己醛	醛类
27	4.54	1 - Cyclohexylnonene	$C_{15}H_{28}$	114614 - 84 - 5	0.22	1 - 环己基壬烯	其他
28	4.60	5，10 - Dioxatricyclo［7.1.0.0（4，6）］decane	$C_{8}H_{12}O_{2}$	286 - 75 - 9	0.20	1，2，5，6 - 二环氧树脂环辛烷	其他
29	6.92	trans - 2 - （2 - Pentenyl）furan	$C_{9}H_{12}O$	70424 - 14 - 5	0.17	反式 - 2 - （2 - 戊烯基）呋喃	其他
30	7.35	1，3，7 - Octatriene，2，7 - dimethyl -	$C_{10}H_{16}$	36638 - 38 - 7	0.16	（3E）- 2，7 - 二甲基 - 1，3，7 - 辛三烯	萜烯及其衍生物
31	13.17	2 - Butenoic acid，3 - hexenyl ester，（E，Z）-	$C_{10}H_{16}O_{2}$	65405 - 80 - 3	0.15	巴豆酸顺式 - 3 - 己烯 - 1 - 基酯	酯类
32	10.23	Phthalic acid，di（2 - propylphenyl）ester	$C_{26}H_{26}O_{4}$	1000357 - 03 - 1	0.15	邻苯二甲酸二（2 - 丙基苯基）酯	酯类
33	10.05	（S，E）- 2，5 - Dimethyl - 4 - vinylhexa - 2，5 - dien - 1 - yl acetate	$C_{12}H_{18}O_{2}$	20384 - 05 - 8	0.12	（2 - 反式）- 2，5 - 二甲基 - 4 - 乙烯 - 1，5 - 己二烯 - 1 - 乙酸酯	酯类

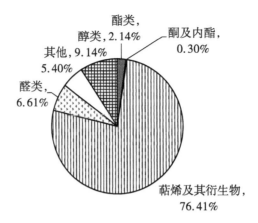

图171-2　挥发性成分的比例构成

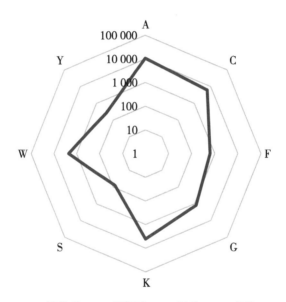

A—脂肪香；C—柑橘香；F—果香；G—青香；
K—松柏香；S—辛香料香；W—木香；Y—土壤香

图171-3　香韵分布雷达

172. 美国8号资源（海南儋州）

经GC-MS检测和分析（图172-1），其果肉中挥发性成分相对含量超过0.1%的共有27种化合物（表172-1），主要为萜烯类化合物，占76.83%（图172-2），其中，比例最高的挥发性成分为3-蒈烯，占62.79%。

已知挥发性成分的气味ABC分析显示：果肉香味主要涵盖8种香型，各香味荷载从大到小依次为松柏香、药香、玫瑰香、脂肪香、青香、柑橘香、果香、香膏香；其中，松柏香、药香、玫瑰香、脂肪香荷载远大于其他香味，可视为该杞果的主要香韵（图172-3）。

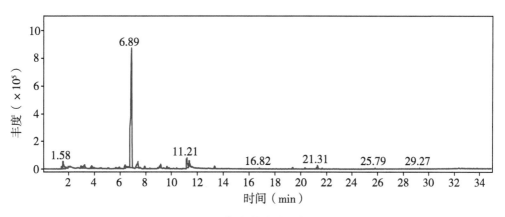

图 172-1 挥发性成分总离子流

表 172-1 挥发性成分 GC-MS 分析结果

编号	保留时间（min）	化合物	分子式	CAS 号	面积加和百分比（%）	中文名称	类别
1	6.89	3-Carene	$C_{10}H_{16}$	13466-78-9	62.79	3-蒈烯	萜烯及其衍生物
2	11.21	2, 6 - Nonadienal, (E,Z) -	$C_9H_{14}O$	557-48-2	4.59	反式-2-,顺式-6-壬二烯醛	醛类
3	1.58	Ethyl ether	$C_4H_{10}O$	60-29-7	3.34	乙醚	其他
4	3.78	2-Hexenal, (E) -	$C_6H_{10}O$	6728-26-3	2.28	反式-2-己烯醛	醛类
5	9.15	Benzene, 1-methyl-4-(2-propenyl) -	$C_{10}H_{12}$	3333-13-9	2.07	1-甲基-4-（2-丙烯基）-苯	其他
6	11.39	2-Nonenal, (E) -	$C_9H_{16}O$	18829-56-6	2.00	反式-2-壬烯醛	醛类
7	2.96	Hexanal	$C_6H_{12}O$	66-25-1	1.45	己醛	醛类
8	6.41	beta-Myrcene	$C_{10}H_{16}$	123-35-3	1.39	β-月桂烯	萜烯及其衍生物
9	21.31	trans-beta-Ionone	$C_{13}H_{20}O$	79-77-6	1.19	乙位紫罗兰酮	萜烯及其衍生物
10	7.93	1, 3, 6 - Octatriene, 3, 7 - dimethyl -, (Z) -	$C_{10}H_{16}$	3338-55-4	1.15	（Z）-β-罗勒烯	萜烯及其衍生物
11	1.53	Cyclobutanol	C_4H_8O	2919-23-5	1.10	环丁醇	醇类
12	9.65	Nonanal	$C_9H_{18}O$	124-19-6	0.88	壬醛	醛类
13	13.34	1-Cyclohexene-1-carboxaldehyde, 2, 6,6-trimethyl-	$C_{10}H_{16}O$	432-25-7	0.87	β-环柠檬醛	萜烯及其衍生物
14	5.68	2-Heptenal, (E) -	$C_7H_{12}O$	18829-55-5	0.55	（E）-2-庚烯醛	醛类

（续表）

编号	保留时间（min）	化合物	分子式	CAS 号	面积加和百分比（%）	中文名称	类别
15	7.55	cis-1,4-Dimethyl-2-methylenecyclohexane	C_9H_{16}	19781-46-5	0.48	顺-1,4-二甲基-2-亚甲基环己烷	其他
16	19.39	Bicyclo[7.2.0]undec-4-ene,4,11,11-trimethyl-8-methylene-,[1R-(1R*,4Z,9S*)]-	$C_{15}H_{24}$	118-65-0	0.48	(−)-异丁香烯	萜烯及其衍生物
17	4.52	Heptanal	$C_7H_{14}O$	111-71-7	0.47	庚醛	醛类
18	1.44	(S)-(+)-1-Cyclohexylethylamine	$C_8H_{17}N$	17430-98-7	0.47	(S)-(+)-1-环己乙胺	其他
19	5.05	Bicyclo[3.1.0]hex-2-ene,4-methyl-1-(1-methylethyl)-	$C_{10}H_{16}$	28634-89-1	0.44	β-侧柏烯	萜烯及其衍生物
20	6.69	Cyclohexane,1-methylene-4-(1-methylethenyl)-	$C_{10}H_{16}$	499-97-8	0.43	伪柠檬烯	萜烯及其衍生物
21	9.79	Cyclohexanol,2,6-dimethyl-	$C_8H_{16}O$	5337-72-4	0.36	2,6-二甲基环己醇	醇类
22	1.78	Oxirane,2-butyl-3-methyl-,cis-	$C_7H_{14}O$	56052-93-8	0.35	顺式-2-丁基-3-甲基氧杂环丙烷	其他
23	20.34	Humulene	$C_{15}H_{24}$	6753-98-6	0.33	葎草烯	萜烯及其衍生物
24	8.97	Benzene,1-methyl-4-(1-methylethenyl)-	$C_{10}H_{12}$	1195-32-0	0.33	1-甲基-4-(1-甲基乙烯基)苯	其他
25	10.40	1,3,8-p-Menthatriene	$C_{10}H_{14}$	18368-95-1	0.30	1,3,8-对-薄荷基三烯	萜烯及其衍生物
26	21.23	Naphthalene,decahydro-4a-methyl-1-methylene-7-(1-methylethenyl)-,[4aR-(4alpha,7alpha,8abeta)]-	$C_{15}H_{24}$	17066-67-0	0.30	(+)-β-瑟林烯	萜烯及其衍生物
27	8.32	2-Octenal,(E)-	$C_8H_{14}O$	2548-87-0	0.27	反式-2-辛烯醛	醛类

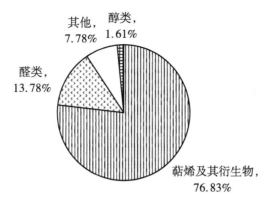

图 172-2　挥发性成分的比例构成

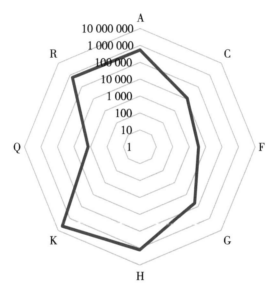

A—脂肪香；C—柑橘香；F—果香；G—青香；
H—药香；K—松柏香；Q—香膏香；R—玫瑰香

图 172-3　香韵分布雷达

173. 美国 6 号资源（海南儋州）

经 GC-MS 检测和分析（图 173-1），其果肉中挥发性成分相对含量超过 0.1% 的共有 23 种化合物（表 173-1），主要为萜烯类化合物，占 93.17%（图 173-2），其中，比例最高的挥发性成分为 3-蒈烯，占 75.91%。

已知挥发性成分的气味 ABC 分析显示：果肉香味主要涵盖 11 种香型，各香味荷载从大到小依次为松柏香、药香、玫瑰香、柑橘香、木香、果香、香膏香、土壤香、冰凉香、辛香料香；其中，松柏香、药香、玫瑰香荷载远大于其他香味，可视为该杧果的主要香韵（图 173-3）。

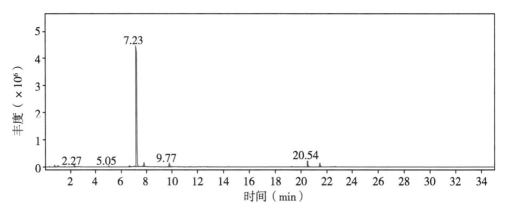

图 173-1　挥发性成分总离子流

表 173-1　挥发性成分 GC-MS 分析结果

编号	保留时间（min）	化合物	分子式	CAS 号	面积加和百分比（%）	中文名称	类别
1	7.23	3-Carene	$C_{10}H_{16}$	13466-78-9	75.91	3-蒈烯	萜烯及其衍生物
2	20.54	Caryophyllene	$C_{15}H_{24}$	87-44-5	4.32	石竹烯	萜烯及其衍生物
3	9.77	Cyclohexene,1-methyl-4-（1-methylethylidene）-	$C_{10}H_{16}$	586-62-9	4.09	萜品油烯	萜烯及其衍生物
4	7.81	D-Limonene	$C_{10}H_{16}$	5989-27-5	3.57	D-柠檬烯	萜烯及其衍生物
5	21.48	1,4,7,-Cycloundecatriene,1,5,9,9-tetramethyl-,Z,Z,Z-	$C_{15}H_{24}$	1000062-61-9	3.05	1,5,9,9-四甲基-1,4,7-环己三烯	其他
6	6.65	Bicyclo［3.1.1］heptane,6,6-dimethyl-2-methylene-,（1S）-	$C_{10}H_{16}$	18172-67-3	1.19	（-）-β-蒎烯	萜烯及其衍生物
7	2.27	Butanoic acid, ethyl ester	$C_6H_{12}O_2$	105-54-4	1.12	丁酸乙酯	酯类
8	0.77	Ethyl Acetate	$C_4H_8O_2$	141-78-6	0.93	乙酸乙酯	酯类
9	7.69	1,3,8-p-Menthatriene	$C_{10}H_{14}$	18368-95-1	0.64	1,3,8-对-薄荷基三烯	萜烯及其衍生物
10	5.05	（1R）-2,6,6-Trimethylbicyclo［3.1.1］hept-2-ene	$C_{10}H_{16}$	7785-70-8	0.64	（+）-α-蒎烯	萜烯及其衍生物

（续表）

编号	保留时间（min）	化合物	分子式	CAS 号	面积加和百分比（%）	中文名称	类别
11	7.43	Cyclohexene, 1-methyl-4-(1-methylethylidene)-	$C_{10}H_{16}$	586-62-9	0.46	萜品油烯	萜烯及其衍生物
12	22.60	1H-Cyclopropa[a]naphthalene, decahydro-1,1,3a-trimethyl-7-methylene-,[1aS-(1aalpha, 3aalpha, 7abeta, 7balpha)]-	$C_{15}H_{24}$	20071-49-2	0.45	1,1,3a-三甲基-7-亚甲基十氢-1H-环丙烯[a]萘	其他
13	7.05	alpha-Phellandrene	$C_{10}H_{16}$	99-83-2	0.44	α-水芹烯	萜烯及其衍生物
14	19.27	alpha-Cubebene	$C_{15}H_{24}$	17699-14-8	0.40	α-荜澄茄油烯	萜烯及其衍生物
15	0.37	5,7-Dodecadiyn-1,12-diol	$C_{12}H_{18}O_2$	74602-32-7	0.35	5,7-十二烷二炔-1,12-二醇	醇类
16	11.37	o-Mentha-1(7),8-dien-3-ol	$C_{10}H_{16}O$	15358-81-3	0.30	2-异丙烯-3-亚甲基环己醇	醇类
17	1.49	3,3-Dimethyl-1,2-epoxybutane	$C_6H_{12}O$	2245-30-9	0.29	3,3-二甲基-1,2-环氧丁烷	其他
18	22.36	Naphthalene, decahydro-4a-methyl-1-methylene-7-(1-methylethenyl)-,[4aR-(4aalpha, 7alpha, 8abeta)]-	$C_{15}H_{24}$	17066-67-0	0.19	(+)-β-瑟林烯	萜烯及其衍生物
19	20.26	1H-Cycloprop[e]azulene, 1a,2,3,4,4a,5,6,7b-octahydro-1,1,4,7-tetramethyl-,[1aR-(1aalpha, 4alpha, 4abeta,7balpha)]-	$C_{15}H_{24}$	489-40-7	0.14	(-)-α-古云烯	萜烯及其衍生物
20	19.75	Cyclohexane, 1-ethenyl-1-methyl-2,4-bis(1-methylethenyl)-,[1S-(1alpha,2beta, 4beta)]-	$C_{15}H_{24}$	515-13-9	0.14	(-)-β-榄香烯	萜烯及其衍生物
21	1.89	Spiro[2,4]hepta-4,6-diene	C_7H_8	765-46-8	0.10	螺[2.4]庚-4,6-二烯	其他

（续表）

编号	保留时间（min）	化合物	分子式	CAS 号	面积加和百分比（%）	中文名称	类别
22	6.06	1, 3, 5 - Cyclohep-tatriene, 3, 7, 7 - tri-methyl-	$C_{10}H_{14}$	3479-89-8	0.10	3,7,7-三甲基-1,3,5-环庚三烯	其他
23	0.63	Propane, 2-methoxy-2-methyl-	$C_5H_{12}O$	1634-04-4	0.06	甲基叔丁基醚	其他

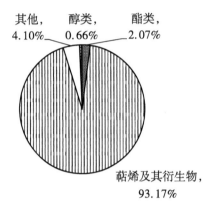

图 173-2　挥发性成分的比例构成

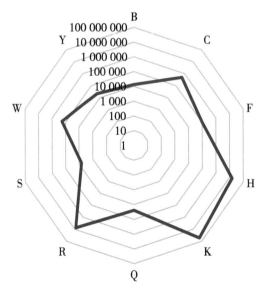

B—冰凉香；C—柑橘香；F—果香；H—药香；K—松柏香；
Q—香膏香；R—玫瑰香；S—辛香料香；W—木香；Y—土壤香

图 173-3　香韵分布雷达

174. Lilly 杧（海南儋州）

经 GC-MS 检测和分析（图 174-1），其果肉中挥发性成分相对含量超过 0.1% 的共有 21 种化合物（表 174-1），主要为萜烯类化合物，占 90.28%（图 174-2），其中，比例最高的挥发性成分为萜品油烯，占 44.91%。

已知挥发性成分的气味 ABC 分析显示：果肉香味主要涵盖 7 种香型，各香味荷载从大到小依次为松柏香、药香、柑橘香、玫瑰香、脂肪香、青香、香膏香；其中，松柏香荷载远大于其他香味，可视为该杧果的主要香韵（图 174-3）。

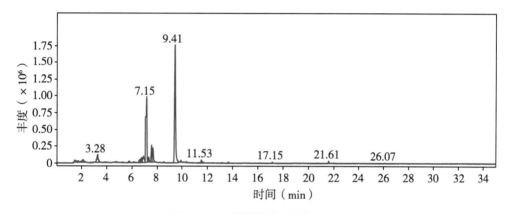

图 174-1　挥发性成分总离子流

表 174-1　挥发性成分 GC-MS 分析结果

编号	保留时间（min）	化合物	分子式	CAS 号	面积加和百分比（%）	中文名称	类别
1	9.41	Cyclohexene, 1-methyl-4-（1-methylethylidene）-	$C_{10}H_{16}$	586-62-9	44.91	萜品油烯	萜烯及其衍生物
2	7.15	3-Carene	$C_{10}H_{16}$	13466-78-9	23.57	3-蒈烯	萜烯及其衍生物
3	7.66	D-Limonene	$C_{10}H_{16}$	5989-27-5	5.22	D-柠檬烯	萜烯及其衍生物
4	7.55	Benzene, 1-methyl-3-（1-methylethyl）-	$C_{10}H_{14}$	535-77-3	4.84	间伞花烃	其他
5	6.91	Cyclohexene, 3-methyl-6-（1-methylethenyl）-,（3R-trans）-	$C_{10}H_{16}$	5113-87-1	3.40	(1R)-(+)-反式-异柠檬烯	萜烯及其衍生物

（续表）

编号	保留时间（min）	化合物	分子式	CAS 号	面积加和百分比（%）	中文名称	类别
6	7.33	1,3-Cyclohexadiene, 1-methyl-4-(1-methylethyl)-	$C_{10}H_{16}$	99-86-5	1.50	α-萜品烯	萜烯及其衍生物
7	1.46	4-Penten-2-ol	$C_5H_{10}O$	625-31-0	1.23	4-戊烯-2-醇	醇类
8	6.63	beta-Myrcene	$C_{10}H_{16}$	123-35-3	1.20	β-月桂烯	萜烯及其衍生物
9	9.89	Nonanal	$C_9H_{18}O$	124-19-6	0.45	壬醛	醛类
10	21.61	trans-beta-Ionone	$C_{13}H_{20}O$	79-77-6	0.44	乙位紫罗兰酮	萜烯及其衍生物
11	1.73	Ethyl Acetate	$C_4H_8O_2$	141-78-6	0.42	乙酸乙酯	酯类
12	4.74	Oxime-, methoxy-phenyl-_	$C_8H_9NO_2$	1000222-86-6	0.39	N-羟基-苯甲亚胺酸甲酯	酯类
13	3.86	1H-imidazole-2-methanol, 1-decyl-	$C_{14}H_{26}N_2O$	1000401-16-8	0.39	1-癸基-1H-咪唑-2-甲醇	醇类
14	2.78	Tert-butyl N-benzylcarbamate	$C_{12}H_{17}NO_2$	1000411-59-5	0.27	N-苄基氨基-甲酸叔丁酯	酯类
15	8.53	3-Carene	$C_{10}H_{16}$	13466-78-9	0.27	3-蒈烯	萜烯及其衍生物
16	1.94	2,4-Hexadiyne	C_6H_6	2809-69-0	0.25	2,4-己二炔	其他
17	13.64	1-Cyclohexene-1-carboxaldehyde, 2,6,6-trimethyl-	$C_{10}H_{16}O$	432-25-7	0.24	β-环柠檬醛	萜烯及其衍生物
18	5.32	alpha-Pinene	$C_{10}H_{16}$	80-56-8	0.22	α-蒎烯	萜烯及其衍生物
19	10.13	6,7-Dimethyl-3,5,8,8a-tetrahydro-1H-2-benzopyran	$C_{11}H_{16}O$	110028-10-9	0.17	6,7-二甲基-3,5,8,8A-四氢-苯并异吡喃	其他
20	13.15	Decanal	$C_{10}H_{20}O$	112-31-2	0.15	癸醛	醛类
21	12.43	Azulene	$C_{10}H_8$	275-51-4	0.15	甘菊蓝	其他

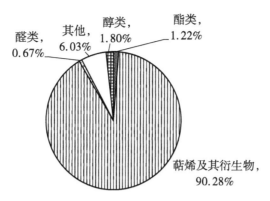

图174-2　挥发性成分的比例构成

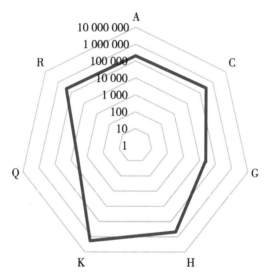

A—脂肪香；C—柑橘香；G—青香；H—药香；K—松柏香；Q—香膏香；R—玫瑰香

图174-3　香韵分布雷达

175. 安哥拉2号资源（海南儋州）

经 GC-MS 检测和分析（图175-1），其果肉中挥发性成分相对含量超过0.1%的共有30种化合物（表175-1），主要为萜烯类化合物，占96.94%（图175-2），其中，比例最高的挥发性成分为 β-罗勒烯，占71.31%。

已知挥发性成分的气味 ABC 分析显示：果肉香味主要涵盖9种香型，各香味荷载从大到小依次为松柏香、药香、玫瑰香、柑橘香、木香、香膏香、土壤香、冰凉香、辛香料香；其中，松柏香、药香、玫瑰香、柑橘香荷载远大于其他香味，可视为该杧果的主要香韵（图175-3）。

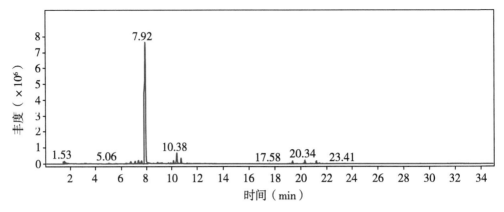

图 175-1　挥发性成分总离子流

表 175-1　挥发性成分 GC-MS 分析结果

编号	保留时间（min）	化合物	分子式	CAS 号	面积加和百分比（%）	中文名称	类别
1	7.92	beta-Ocimene	$C_{10}H_{16}$	13877-91-3	71.31	β-罗勒烯	萜烯及其衍生物
2	10.38	2,6 - Dimethyl - 1,3,5,7 - octatetraene, E, E-	$C_{10}H_{14}$	460-01-5	5.99	波斯菊萜	萜烯及其衍生物
3	10.72	2,4,6 - Octatriene, 2,6 - dimethyl -, (E,Z)-	$C_{10}H_{16}$	7216-56-0	2.42	(E,Z) - 别罗勒烯	萜烯及其衍生物
4	7.37	3-Carene	$C_{10}H_{16}$	13466-78-9	2.41	3-蒈烯	萜烯及其衍生物
5	1.53	Ethanol, 2-nitro-	$C_2H_5NO_3$	625-48-9	1.73	2 - 硝基乙醇	醇类
6	7.62	trans - beta - Ocimene	$C_{10}H_{16}$	3779-61-1	1.68	反式-β-罗勒烯	萜烯及其衍生物
7	20.34	Humulene	$C_{15}H_{24}$	6753-98-6	1.64	葎草烯	萜烯及其衍生物
8	7.10	1,3,7 - Octatriene, 2,7-dimethyl-	$C_{10}H_{16}$	36638-38-7	1.35	(3E) -2,7 - 二甲基-1,3,7 - 辛三烯	萜烯及其衍生物
9	10.12	2,6 - Dimethyl - 1,3,5,7 - octatetraene, E, E-	$C_{10}H_{14}$	460-01-5	1.33	波斯菊萜	萜烯及其衍生物
10	6.76	alpha-Phellandrene	$C_{10}H_{16}$	99-83-2	1.23	α-水芹烯	萜烯及其衍生物

（续表）

编号	保留时间 （min）	化合物	分子式	CAS 号	面积加和 百分比 （%）	中文名称	类别
11	19.39	Caryophyllene	$C_{15}H_{24}$	87-44-5	1.15	石竹烯	萜烯及其衍生物
12	21.22	Naphthalene, deca-hydro-4a-methyl-1-methylene-7-(1-methylethenyl)-,〔4aR-(4aalpha,7alpha,8abeta)〕-	$C_{15}H_{24}$	17066-67-0	1.08	（+）-β-瑟林烯	萜烯及其衍生物
13	8.87	2,6-Dimethyl-1,3,5,7-octatetraene,E,E-	$C_{10}H_{14}$	460-01-5	0.62	波斯菊萜	萜烯及其衍生物
14	9.08	Cyclohexene,1-methyl-4-(1-methylethylidene)-	$C_{10}H_{16}$	586-62-9	0.50	萜品油烯	萜烯及其衍生物
15	1.44	（2-Aziridinylethyl）amine	$C_4H_{10}N_2$	4025-37-0	0.50	2-（氮杂环丙烷-1-基）乙胺	其他
16	9.21	1,4-Cyclohexadiene,3-ethenyl-1,2-dimethyl-	$C_{10}H_{14}$	62338-57-2	0.40	1,2-二甲基-3-辛基-1,4-环己二烯	萜烯及其衍生物
17	6.40	beta-Myrcene	$C_{10}H_{16}$	123-35-3	0.37	β-月桂烯	萜烯及其衍生物
18	5.06	Bicyclo〔3.1.1〕hept-2-ene,3,6,6-trimethyl-	$C_{10}H_{16}$	4889-83-2	0.35	3,6,6-三甲基-双环(3.1.1)庚-2-烯	萜烯及其衍生物
19	9.72	1,3,8-p-Mentha-triene	$C_{10}H_{14}$	18368-95-1	0.35	1,3,8-对-薄荷基三烯	萜烯及其衍生物
20	9.91	1,3,8-p-Mentha-triene	$C_{10}H_{14}$	18368-95-1	0.34	1,3,8-对-薄荷基三烯	萜烯及其衍生物
21	8.16	3-Carene	$C_{10}H_{16}$	13466-78-9	0.33	3-蒈烯	萜烯及其衍生物
22	3.61	2-Butenoic acid,ethyl ester,（E）-	$C_6H_{10}O_2$	623-70-1	0.22	巴豆酸乙酯	酯类
23	21.44	Spiro〔5.5〕undec-2-ene,3,7,7-trimethyl-11-methylene-,（-）-	$C_{15}H_{24}$	18431-82-8	0.22	花柏烯	萜烯及其衍生物

（续表）

编号	保留时间（min）	化合物	分子式	CAS 号	面积加和百分比（%）	中文名称	类别
24	5.61	Bicyclo [2.1.1] hexan-2-ol, 2-ethenyl-	$C_8H_{12}O$	1000221-37-2	0.19	2-乙烯基双环 [2.1.1] 己烷-2-醇	醇类
25	12.06	7(R)-Hydroxymethyl-8(S)-methoxy-trans-bicyclo [4.3.0]-3-nonene	$C_{11}H_{18}O_2$	1000099-27-4	0.13	7(R)-羟甲基-8(s)-甲氧基-反式双环 [4.3.0]-3-壬烯	其他
26	19.18	(1R, 9R, E)-4,11,11-Trimethyl-8-methylenebicyclo [7.2.0] undec-4-ene	$C_{15}H_{24}$	68832-35-9	0.13	(1R,9R,E)-4,11,11-三甲基-8-亚甲基二环 [7.2.0] 十一碳-4-烯	萜烯及其衍生物
27	8.56	1,3-Cyclopentadiene, 5,5-dimethyl-2-propyl-	$C_{10}H_{16}$	1000163-57-0	0.13	5,5-二甲基-2-丙基-1,3-环戊二烯	其他
28	20.77	(4S, 4aR, 6R)-4,4a-Dimethyl-6-(prop-1-en-2-yl)-1,2,3,4,4a,5,6,7-octahydronaphthalene	$C_{15}H_{24}$	54868-40-5	0.12	(4S, 4aR, 6R)-4,4a-Dimethyl-6-(pro对-1-en-2-yl)-1,2,3,4,4a,5,6,7-octahydronaphthalene	萜烯及其衍生物
29	11.39	2,6-Octadiene-1,8-diol, 2,6-dimethyl-	$C_{10}H_{18}O_2$	26489-17-8	0.12	2,6-二甲基-2,6-辛二烯-1,8-二醇	醇类
30	19.04	(1R, 9R, E)-4,11,11-Trimethyl-8-methylenebicyclo [7.2.0] undec-4-ene	$C_{15}H_{24}$	68832-35-9	0.11	(1R,9R,E)-4,11,11-三甲基-8-亚甲基二环 [7.2.0] 十一碳-4-烯	萜烯及其衍生物

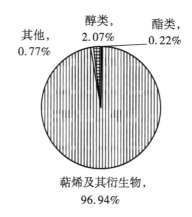

图 175-2 挥发性成分的比例构成

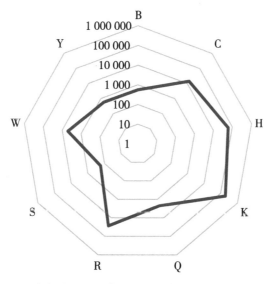

B—冰凉香；C—柑橘香；H—药香；K—松柏香；
Q—香膏香；R—玫瑰香；S—辛香料香；W—木香；Y—土壤香

图 175-3 香韵分布雷达

176. Smith 杧（海南儋州）

经 GC-MS 检测和分析（图 176-1），其果肉中挥发性成分相对含量超过 0.1% 的共有 21 种化合物（表 176-1），主要为萜烯类化合物，占 90.08%（图 176-2），其中，比例最高的挥发性成分为 3-蒈烯，占 77.28%。

已知挥发性成分的气味 ABC 分析显示：果肉香味主要涵盖 10 种香型，各香味荷载从大到小依次为松柏香、药香、玫瑰香、脂肪香、柑橘香、木香、香膏香、土壤香、辛香料香、冰凉香；其中，松柏香、药香、玫瑰香荷载远大于其他香味，可视为该杧果的主要香韵（图 176-3）。

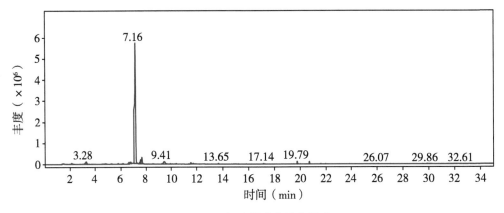

图 176-1 挥发性成分总离子流

表 176-1 挥发性成分 GC-MS 分析结果

编号	保留时间（min）	化合物	分子式	CAS 号	面积加和百分比（%）	中文名称	类别
1	7.16	3-Carene	$C_{10}H_{16}$	13466-78-9	77.28	3-蒈烯	萜烯及其衍生物
2	7.67	D-Limonene	$C_{10}H_{16}$	5989-27-5	3.98	D-柠檬烯	萜烯及其衍生物
3	9.41	Benzenemethanol, 3,5-dimethyl-	$C_9H_{12}O$	27129-87-9	3.43	3,5-二甲基苄醇	醇类
4	7.57	Benzene, 1-methyl-3-(1-methylethyl)-	$C_{10}H_{14}$	535-77-3	2.57	间伞花烃	其他
5	6.64	beta-Myrcene	$C_{10}H_{16}$	123-35-3	0.95	β-月桂烯	萜烯及其衍生物
6	19.79	Caryophyllene	$C_{15}H_{24}$	87-44-5	0.94	石竹烯	萜烯及其衍生物
7	20.73	1,4,7,-Cycloundecatriene,1,5,9,9-tetramethyl-,Z,Z,Z-	$C_{15}H_{24}$	1000062-61-9	0.87	1,5,9,9-四甲基-1,4,7-环己三烯	其他
8	4.82	Oxime-, methoxy-phenyl-_	$C_8H_9NO_2$	1000222-86-6	0.59	N-羟基-苯甲亚胺酸甲酯	酯类
9	6.16	1,3,5-Cycloheptatriene,3,7,7-trimethyl-	$C_{10}H_{14}$	3479-89-8	0.41	3,7,7-三甲基-1,3,5-环庚三烯	其他
10	4.61	Heptanal	$C_7H_{14}O$	111-71-7	0.34	庚醛	醛类
11	13.65	1-Cyclohexene-1-carboxaldehyde, 2,6,6-trimethyl-	$C_{10}H_{16}O$	432-25-7	0.23	β-环柠檬醛	萜烯及其衍生物
12	11.73	p-Mentha-1,5-dien-8-ol	$C_{10}H_{16}O$	1686-20-0	0.23	对-1,5-薄荷基二烯-8-醇	萜烯及其衍生物

（续表）

编号	保留时间（min）	化合物	分子式	CAS 号	面积加和百分比（%）	中文名称	类别
13	8.54	2-Octenal,(E)-	$C_8H_{14}O$	2548-87-0	0.21	反式-2-辛烯醛	醛类
14	5.30	(1R)-2,6,6-Trimethylbicyclo [3.1.1] hept-2-ene	$C_{10}H_{16}$	7785-70-8	0.20	(+)-α-蒎烯	萜烯及其衍生物
15	2.80	Tert-butyl N-benzylcarbamate	$C_{12}H_{17}NO_2$	1000411-59-5	0.18	N-苄基氨基-甲酸叔丁酯	酯类
16	29.86	3(2H)-Isothiazolone,2-octyl-	$C_{11}H_{19}NOS$	26530-20-1	0.18	辛异噻唑酮	酮及内酯
17	3.83	4-Isopropyl-2,6,7-trioxa-1-phosphabicyclo [2.2.2] octane 1-sulphide	$C_7H_{13}O_3PS$	51486-56-7	0.16	4-异丙基-2,6,7-三氧杂-1-磷杂二环 [2.2.2] 辛烷-1-硫化物	其他
18	9.91	Cyclohexanone,2-(2-butynyl)-	$C_{10}H_{14}O$	54166-48-2	0.16	2-(2-丁炔基)环己酮	酮及内酯
19	1.46	Acetic acid,hydroxy-	$C_2H_4O_3$	79-14-1	0.16	乙醇酸	酸类
20	5.23	3-Carene	$C_{10}H_{16}$	13466-78-9	0.12	3-蒈烯	萜烯及其衍生物
21	7.00	alpha-Phellandrene	$C_{10}H_{16}$	99-83-2	0.11	α-水芹烯	萜烯及其衍生物

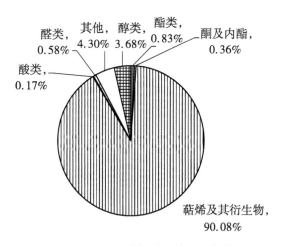

图 176-2 挥发性成分的比例构成

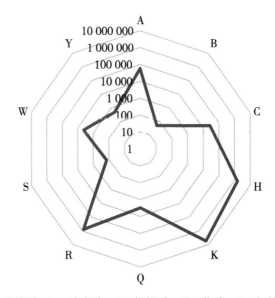

A—脂肪香；B—冰凉香；C—柑橘香；H—药香；K—松柏香；
Q—香膏香；R—玫瑰香；S—辛香料香；W—木香；Y—土壤香

图176-3　香韵分布雷达

参考文献

陈业渊，党志国，林电，等，2020. 中国杧果科学研究 70 年［J］. 热带作物学报，41
　　（10）：2034-2044.

胡祎，张德生，刘康德，2015. 中国芒果产业发展变迁及影响因素研究［J］. 中国农
　　业资源与区划，36（6）：53-59.

林翔云，2013. 调香术［M］. 3 版. 北京：化学工业出版社.

乔飞，江雪飞，丛汉卿，等，2015. 杧果'汤米·阿京斯'香气特征分析［J］. 热带
　　农业科学，35（12）：63-66.